普通高等教育“十三五”规划教材

大学数学

微积分学基础

第3版

王文庆　侯晓阳　叶　帆　邱小丽　潘建丹　编著

中国科学技术大学出版社

内容简介

本书是为了适应普通高等学校应用型本科经济类、管理类专业高等数学课程教学需求所编写的教材，涵盖了普通微积分学教程的主要内容：函数与极限、一元微积分学、多元（主要是二元）微积分学、无穷级数及常微分方程等基本知识.

本书的编写方法较为独特，难易适当，本着“打好基础，够用为度”的原则，强调知识的可理解性、可接受性，对微积分学中繁难之处，适当淡化数学理论上的严格论证，让读者能较便捷地学习掌握微积分学的基本概念、基本理论及基本运算技能，并注重对所学知识的应用. 书中各章后所附习题包括基本题与自测题两部分，基本题帮助读者完成对所学知识的理解和掌握；自测题则考查读者对所学知识进行综合运用的能力，帮助读者自我提升. 此外，为了适应学生学习方式改变的新趋势，书中加入了数字课程，设置了20个微视频，读者可以扫描二维码观看学习。

本书除可作为普通高等学校应用型本科经济类、管理类专业的高等数学基础课教材外，也可作为相关人员的参考用书.

图书在版编目(CIP)数据

大学数学. 微积分学基础/王文庆等编著. —3 版. —合肥：中国科学技术大学出版社，2022. 8

ISBN 978-7-312-02615-7

Ⅰ. 大… Ⅱ. 王… Ⅲ. ①高等数学—高等学校—教材 ② 微积分—高等学校—教材 Ⅳ. ① O13 ② O172

中国版本图书馆 CIP 数据核字(2022)第 123328 号

大学数学：微积分学基础

DAXUE SHUXUE：WEI-JIFEN XUE JICHU

出版 中国科学技术大学出版社
安徽省合肥市金寨路 96 号，230026
http://press. ustc. edu. cn
https://zgkxjsdxcbs. tmall. com

印刷 安徽省瑞隆印务有限公司

发行 中国科学技术大学出版社

开本 710mm×1000mm 1/16

印张 23

字数 503 千

版次 2013 年 8 月第 1 版 2022 年 8 月第 3 版

印次 2022 年 8 月第 5 次印刷

印数 12701—17200 册

定价 52.00 元

前　言

微积分是我国高等教育课程体系中一门非常重要的课程，其教材建设一直受到同行的关注. 从 20 世纪 70 年代末开始到如今，国内高等数学教材已出版了很多版本，在微积分的课程教学中发挥了很大作用. 21 世纪初以来，我国应用型本科教育的发展对微积分的教学提出了新的要求. 这是因为应用型本科教育的人才培养目标定位是“高素质应用型人才”，传统的研究型高校编写的教材往往与应用型人才培养目标的需求不相匹配. 为此，我们在近年来应用型本科教育微积分课程教学中所使用的自编讲义基础上，编写了本教材，并且已先后两次修订再版.

新版教材体现了下列特色：

1. 基础性：选取与经济管理类专业相关程度较高的内容为基本教学内容，以满足经济类、管理类专业对微积分课程的教学需求.

2. 应用性：从经济背景或有关经济问题的提出导入课程内容；其次在章节结构中也单列出“经济应用”的内容；最后在例题的选取上进一步强调经济应用.

3. 通俗性：对传统教材中较难理解的数学语言，如极限理论中的 $\varepsilon-\delta$ 语言，将其等价地转化为描述性语言，并以此来定义一些有关概念，便于学生接受.

4. 直观性：尽量多配置一些图例、表格来帮助学生更直观地理解有关教学内容；作为纸质教材的补充，全书设置了 20 个微视频，学生可以扫描二维码观看学习.

为适应学生学习方式改变的新趋势，笔者结合教材建设了数字课程，数字课程的内容紧密结合纸质教材，主要包括课程介绍、教学大纲、电子课件、微视频、自测题、作业解析等. 结合数字课程，教师可以将课堂教学与线上教学进行有机融合，开展混合式教学，满足学生个性化学习的需求.

读者可注册并登录浙江省高等学校在线开放课程共享平台,选择本数字课程进行学习,数字课程网址为:https://www.zjooc.cn/course/2c91808481b87f5e01821ebdfb1a65f1.

此次修订依据应用型本科教育人才培养目标的基本要求,本着"打好基础,够用为度"的原则,从学生的实际情况出发,在第2版的基础上对导数的应用、定积分的应用等内容进行了重新编写排序,并调整了部分例题和习题,以求难易适当,深入浅出,符合本课程的教学时数.

本书在编写和修订过程中,参考了国内外许多版本的微积分和高等数学教科书,在此向所有参考书籍、文献的作者谨致谢意.

由于成书仓促,书中难免存在疏漏之处,恳请同行专家、学者、读者不吝赐教。

作　者

2022年2月

目　录

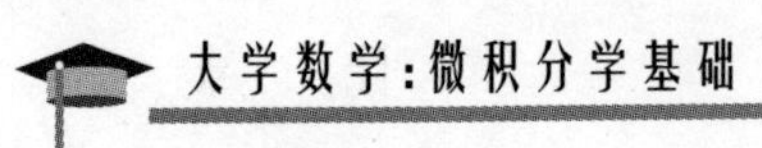

第 1 章 函 数

在一些经济现象中，常常有某两种变化着的经济量之间存在对应关系. 例如，某种商品的需求量 Q，常随着该商品的价格 p 的变化而变化. 若价格每上升一个单位，需求量减少 b 个单位，在经济理论中把这种变化的对应关系表示为

$$Q = a - b \cdot p \quad (a, b \text{ 为常数，且 } a, b > 0).$$

这就是线性需求函数的产生.

函数是现代数学的基本概念之一，是微积分研究的主要对象. 本章将在中学已有知识的基础上，进一步研究有关函数的基本概念和性质，并介绍一些经济学中的常用函数，为今后的学习打下良好的基础.

在讲授之前，先复习一下本书要用到的初等数学知识.

1.1 预 备 知 识

1.1.1 实数及其运算

在中学里，我们已知晓什么是实数. 本书所研究的数学问题，都在实数范围内进行讨论. 高等数学里专门研究实数的那部分内容称为“实数理论”，关于“实数理论”，本书的读者勿需深究，但应熟记下面的几个结论：

(1) 实数与数轴上的点成一一对应关系；

(2) 实数是一个有序的集合，按其大小有序地排列在数轴上；

(3) 实数具有连续性. 连续性的意义可作如下理解：实数在数轴上的分布是连续不间断的，数轴上任意两个不相同的点之间，存在有无穷多个点.

实数有加、减、乘、除、乘方、开方等运算，下面列出这些运算的基本规则，供读者查阅，其中字母 $a, b, c, \cdots$ 都是实数.

1. 加法、乘法运算法则

(1) 加法交换律 $a+b=b+a$； 加法结合律 $(a+b)+c=a+(b+c)$.

(2) 乘法交换律 $a \cdot b=b \cdot a$； 乘法结合律 $(a \cdot b) \cdot c=a \cdot (b \cdot c)$.

(3) 分配律 $a \cdot (b+c)=a \cdot b+a \cdot c$.

2. 正负法则

(1) $-(a+b)=-a-b$; $-(a-b)=-a+b=b-a$.

(2) $a\cdot(-b)=(-a)\cdot b=-a\cdot b$; $(-a)\cdot(-b)=a\cdot b$.

3. 分式法则

(1) $\dfrac{a}{b}=a\cdot\dfrac{1}{b}$ $(b\neq 0)$; $\dfrac{a}{b}+\dfrac{c}{d}=\dfrac{a\cdot d+b\cdot c}{bd}$ $(b,d\neq 0)$.

(2) $\dfrac{a}{b}\cdot\dfrac{c}{d}=\dfrac{a\cdot c}{b\cdot d}$ $(b,d\neq 0)$; $\dfrac{a}{b}\div\dfrac{c}{d}=\dfrac{a}{b}\cdot\dfrac{d}{c}=\dfrac{a\cdot d}{b\cdot c}$ $(b,c,d\neq 0)$.

4. 乘方、开方

(1) $a^n=\underbrace{a\cdot a\cdot\cdots\cdot a}_{n个}$ (n 为正整数); $a^0=1$ $(a\neq 0)$.

(2) $b^{-n}=\dfrac{1}{b^n}$ ($b\neq 0$,n 为正整数).

(3) $a^{\frac{1}{m}}=\sqrt[m]{a}$ (若 m 为偶数,则要求 $a\geqslant 0$); $a^{\frac{n}{m}}=(a^{\frac{1}{m}})^n=(a^n)^{\frac{1}{m}}$.

5. 平方差与立方差、立方和公式

(1) $a^2-b^2=(a+b)(a-b)$.

(2) $a^3-b^3=(a-b)(a^2+ab+b^2)$; $a^3+b^3=(a+b)(a^2-ab+b^2)$.

6. 完全平方公式、完全立方公式

(1) $(a+b)^2=a^2+2ab+b^2$; $(a-b)^2=a^2-2ab+b^2$.

(2) $(a+b)^3=a^3+3a^2b+3ab^2+b^3$; $(a-b)^3=a^3-3a^2b+3ab^2-b^3$.

例如,$\left(\dfrac{2}{3}\right)^{-2}=\left(\dfrac{3}{2}\right)^2=\dfrac{3}{2}\cdot\dfrac{3}{2}=\dfrac{9}{4}$, $\sqrt{25}=25^{\frac{1}{2}}=5$, $\sqrt[3]{-8}=(-8)^{\frac{1}{3}}=-2$, $8^{-\frac{2}{3}}=(8^{\frac{1}{3}})^{-2}=2^{-2}=\left(\dfrac{1}{2}\right)^2=\dfrac{1}{4}$.

1.1.2 集合与区间

1. 集合

一般地,具有某种特定性质的事物的总体称为**集合**,通常用大写英文字母表示.而构成这个集合的事物称为该集合的元素,用小写英文字母表示.若事物 a 是集合 A 的元素,则记为 $a\in A$,读作 a 属于 A;若 a 不是 A 的元素,则记为 $a\notin A$,读作 a 不属于 A.

由有限个元素构成的集合称为**有限集**，由无限多个元素构成的集合称为**无限集**.

若 A 是具有某种特性的元素 x 的全体所构成的集合，则可记为

$$A=\{x \mid x \text{ 所具有的特征}\}.$$

本书中经常用到的是数的集合，例如大于等于 1 且小于等于 10 的所有实数的集合，记为

$$A=\{x \mid 1\leqslant x\leqslant 10\}.$$

有限集一般用列举法表示. 若集合 A 由有限个元素 $a_1,a_2,\cdots,a_n$ 构成，可记为

$$A=\{a_1,a_2,\cdots,a_n\}.$$

若集合 A 的元素都是集合 B 的元素，则称 A 是 B 的**子集**，记为 $A\subset B$ 或 $B\supset A$. 读作 A 包含于 B 或 B 包含 A.

不包含任何元素的集合称为**空集**，记为 $\varnothing$.

设 A 和 B 是两个集合，由 A 和 B 的所有元素构成的集合称为 A 与 B 的**并**，记为 $A\cup B$，即

$$A\cup B=\{x \mid x\in A \quad \text{或} \quad x\in B\}.$$

设 A 和 B 是两个集合，由 A 和 B 的所有公共元素构成的集合称为 A 和 B 的**交**，记为 $A\cap B$，即

$$A\cap B=\{x \mid x\in A \quad \text{且} \quad x\in B\}.$$

下面是几个常用的数集：

N 表示全体自然数的集合；　**Z** 表示全体整数的集合；

Q 表示全体有理数的集合；　**R** 表示全体实数的集合.

2. 区间

前面我们提到实数与数轴上的点是一一对应的，且按大小有序地排列在数轴上，数轴上任意两个不同点之间的部分称为(有限)**区间**. 这两个点称为区间的**端点**，它们之间的距离称为区间的**长度**.

区间所表示的是一个数集，是集合的一种特殊形式. 设 a,b 为两个实数，且 $a<b$，则以 a,b 为端点的区间有如下四种：

(1) 开区间 $(a,b)=\{x \mid a<x<b\}$，如图 1.1.1 所示；

(2) 闭区间 $[a,b]=\{x \mid a\leqslant x\leqslant b\}$，如图 1.1.2 所示；

图 1.1.1　　　　图 1.1.2

(3) 左开右闭区间 $(a,b]=\{x \mid a<x\leqslant b\}$；

(4) 左闭右开区间 $[a,b)=\{x \mid a\leqslant x<b\}$.

此外，还有无限区间. 引入记号 $+\infty$(读作“正无穷大”)和 $-\infty$(读作“负无穷

大”).则无限区间有以下五种:

$(-\infty,a)=\{x|x<a\}$; $(-\infty,a]=\{x|x\leqslant a\}$;

$(a,+\infty)=\{x|x>a\}$; $[a,+\infty)=\{x|x\geqslant a\}$;

$(-\infty,+\infty)=\mathbf{R}$.

注意:符号$+\infty$和$-\infty$都不是一个数.

1.2 函数的概念与性质

在客观物质世界与社会生活中,一切事物都在不断运动和变化着,反映它们的量,如时间、长度、速度、质量、力、人口、成本、收益、利润等都处在运动和变化中.所谓变量,是指在运动过程中不断变化着的量.而常量,是指在某一运动过程中始终保持不变的量.

例如,某铁路线上甲、乙两车站之间的距离是一个常量,而火车在其间运行的速度往往是一个变量.又如在圆的面积公式

$$S=\pi r^2$$

中,$\pi=3.1415\cdots$是常量,圆的面积S和半径r是变量.当半径r变化时,面积S也随着发生变化.

习惯上,常用英文字母中的a,b,c等表示常量,而用x,y,z等表示变量.

通常,数学可分为初等数学与高等数学两大部分.初等数学基本上是常量的数学,高等数学是研究变量的数学.正如恩格斯所说:“数学中的转折点是笛卡儿的变数,有了变数,运动进入了数学;有了变数,辩证法进入了数学;有了变数,微分和积分也就立刻成为必要的了.”

1.2.1 函数的概念

变量的变化不是孤立的,而是互相联系并遵循一定规律的.函数就描述了变量之间的这种联系.

例如,在物体的匀速直线运动中,速度v、时间t和路程S之间有如下关系:

$$S=vt. \tag{1.2.1}$$

在这个关系式中,v是常量,S和t都是变量,路程S随着时间t的变化而变化,则可以称t为自变量,S为t的函数.

1. 函数的定义

定义 1.1 设x,y是两个变量,D是一个给定的非空数集,如果对于每个数$x\in D$,按照某个对应关系(法则)f,有唯一确定的y值和它对应,则称y为x的**函数**,记作

$$y=f(x),\quad x\in D. \tag{1.2.2}$$

其中,x称为**自变量**,y称为**因变量**,数集D称为这个函数的**定义域**.

因变量与自变量的这种依赖关系通常称为**函数关系**.

当自变量 x 取遍 D 的所有数值时,对应的函数值 $f(x)$ 的全体构成的集合称为函数 f 的**值域**,记为 $f(D)$,即

$$f(D)=\{y \mid y=f(x),\quad x\in D\}.$$

2. 函数的两要素

函数的定义域与对应法则是函数的两个要素.

1) 定义域

定义域有两种情况:自然定义域与指定定义域.

如果讨论的是纯数学问题,则函数的定义域就是使函数表达式有意义的一切实数构成的集合.这种定义域称为**自然定义域**.例如,函数 $y=\sin x$ 的定义域为全体实数,即 $(-\infty,+\infty)$;而函数 $y=\ln x$ 的定义域为 $(0,+\infty)$.

在实际问题中,函数的定义域应根据问题的实际意义来确定,称为**指定定义域**.例如,物体受重力作用从地面以上高 h 处自由下落,下落的距离 S 是时间 t 的函数:

$$S=\frac{1}{2}gt^2\quad(g\text{ 为重力加速度}).$$

在这个例子中,自变量 t 应满足 $0\leqslant t\leqslant\sqrt{\frac{2h}{g}}$,超出这范围的 t 对于本问题是没有意义的.

对于一个函数的描述,应按照(1.2.2)式的形式.(1.2.2)式内由两部分组成:前一部分给出函数的对应法则;后一部分给出函数的定义域,若后一部分未给出,就隐含为自然定义域.

2) 对应法则

函数的对应法则习惯上多用字母 f 表示,当然也可用别的字母.例如,$y=g(x)$,$y=h(x)$等.

每个具体的函数都有自己的对应法则,例如,函数

$$f(x)=x^2-2x+3,\tag{1.2.3}$$

式子右端的表达式就描述了这一法则.记号 $f(x)$ 意味着将 f 这一法则作用到自变量 x 上,因此,对于(1.2.3)式中的函数法则 f 就有

$$f(t)=t^2-2t+3,$$

$$f(x^2)=(x^2)^2-2x^2+3=x^4-2x^2+3,$$

$$f(\sin x)=\sin^2 x-2\sin x+3.$$

若设 $g(x)=\mathrm{e}^x+2x$(g 是另外一个函数法则),则

$$g(t+1)=\mathrm{e}^{t+1}+2(t+1),$$

$$g(\sin x)=\mathrm{e}^{\sin x}+2\sin x$$

等等.

【例 1.2.1】 已知 $f(x+1)=x^2+5$,求 $f(x)$.

首先来分析一下题目的含义:题目告诉我们将函数法则"f"作用于 $x+1$ 得到 x^2+5.题目问,将法则"f"作用于 x,将得到一个什么样的表达式?通常,这类题目可用变量替换法求解.

解 令 $x+1=t$,则 $x=t-1$,从而得

$$f(t)=(t-1)^2+5=t^2-2t+6,$$

因而得到

$$f(x)=x^2-2x+6.$$

3) 两个函数的异同

两个函数相同的充分必要条件是它们的定义域和对应法则均相同,而与表示自变量和因变量的字母无关,例如

$$y=\sqrt{1-x},\ x\in(-\infty,1] \quad 与 \quad w=\sqrt{1-u},\ u\in(-\infty,1]$$

是同一个函数;而

$$y=\sin x \quad 与 \quad y=\sin x,\ x\in\left[-\frac{\pi}{2},\frac{\pi}{2}\right]$$

是两个不同的函数,因为两个函数的定义域不相同.

3. 函数的常用表示法

1) 公式法(解析法)

即自变量与因变量之间的关系用数学表达式(又称解析表达式)来表示的方法.如例 1.2.1 中的函数 $f(x)=x^2-2x+6$.

2) 图形法

在坐标系中用图形来表示函数的方法,又称图像法.公式是表示函数最简洁的方法,但图像通常能提供最直观的表示.在平面直角坐标系中,对于函数 $y=f(x)$ $(x\in D)$,取 x 为横坐标,y 为纵坐标,则在坐标系中可确定一个点 (x,y).把集合

$$\{(x,y)\mid y=f(x),\ x\in D\}$$

在坐标系中所对应的点全部描绘出来,就得到函数 $y=f(x)(x\in D)$ 的图形.例如,函数 $y=x^2$ 的图形是顶点在坐标原点,开口向上,并关于 y 轴对称的抛物线.如图 1.2.1 所示.

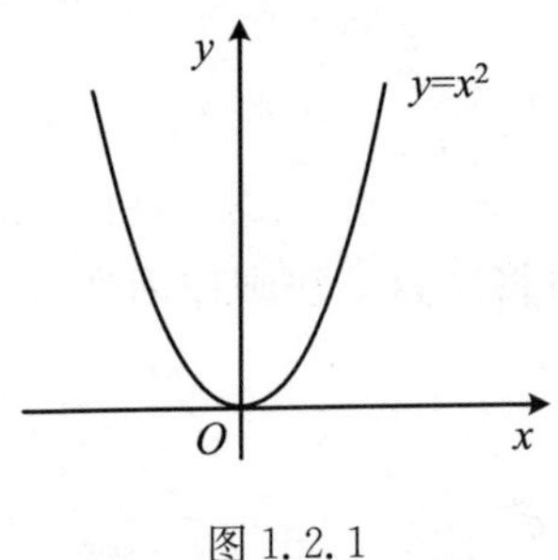

图 1.2.1

3) 表格法

将自变量的值与对应的函数值列成表格来表示的方法.例如,某工厂对该厂某产品的销售状况作市场调研,在不同销售量 q 时所得收益 R 的统计情况列于表 1.1.

表1.1

q(件)	3000	4000	5000	6000	7000	8000
R(万元)	18	24	30	36	42	48

可见,表1.1表明了收益R和销售量q之间的函数关系.

1.2.2　函数的性质

当研究某一函数时,经常从某些方面对该函数进行考查,这可以使我们对该函数有更好的了解和把握,本节讨论函数的几种基本性质.

1. 函数的单调性

设函数$f(x)$的定义域为D,区间$I\subset D$.如果对I中的任意两点x_1和x_2,当$x_1<x_2$时:

(1) 若恒有$f(x_1)<f(x_2)$,则称$f(x)$为区间I上的**单调增加函数**;

(2) 若恒有$f(x_1)>f(x_2)$,则称$f(x)$为区间I上的**单调减少函数**.

例如,$y=2^x$在$(-\infty,+\infty)$上是单调增加的,$y=2^{-x}$在$(-\infty,+\infty)$上是单调减少的,见图1.2.2及图1.2.3.

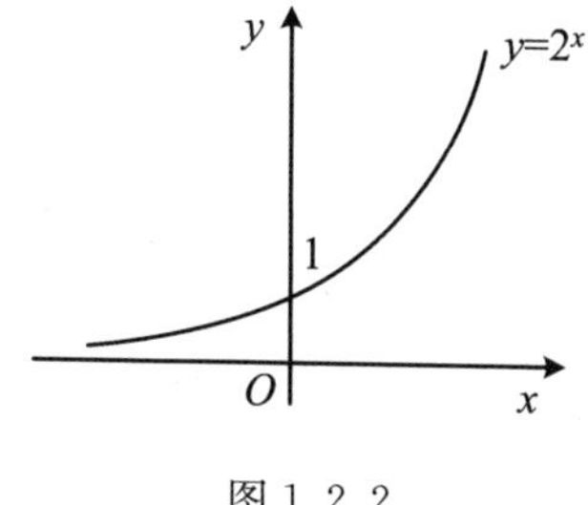

图1.2.2

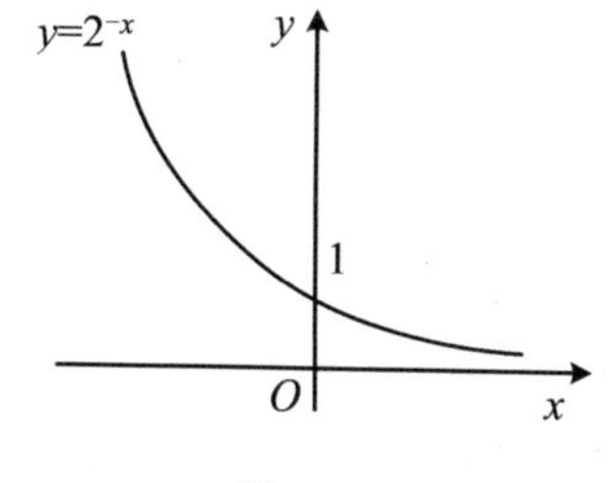

图1.2.3

一个函数可能在它的整个定义域上不是单调的,但在定义域的部分区间上是单调的.例如,$y=x^2$在$(-\infty,+\infty)$不是单调的,但在$(-\infty,0]$上是单调减少的,在$[0,+\infty)$上是单调增加的.

2. 函数的奇偶性

设函数$f(x)$的定义域D关于原点对称,且对任意的$x\in D$(通常用$\forall x\in D$表示)恒有

$$f(-x)=f(x),$$

则称$f(x)$为**偶函数**.

若对$\forall x\in D$恒有

$$f(-x)=-f(x),$$

则称 $f(x)$ 为**奇函数**.

例如,$y=x$,$y=x^3$,$y=\sin x$ 都是奇函数;$y=x^2$,$y=\cos x$ 都是偶函数.

在平面直角坐标系中,偶函数的图形关于 y 轴是对称的(见图 1.2.4),奇函数的图形关于原点是对称的(见图 1.2.5).

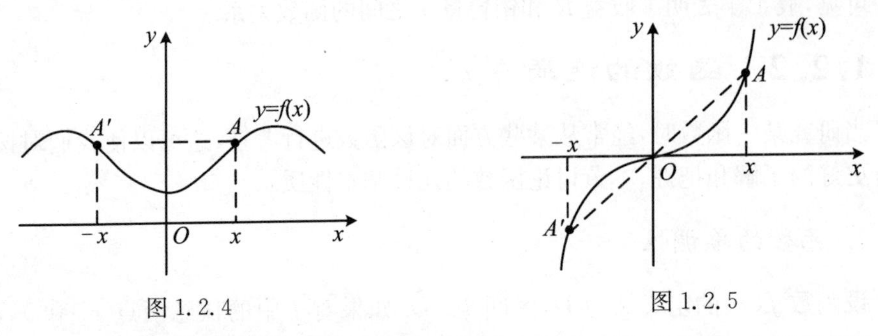

图 1.2.4　　　　图 1.2.5

除了奇函数和偶函数外,还有大量的函数,它们既不是奇函数,也不是偶函数.请读者自行证明下列简单结论,在共同有定义的区间上:

(1) 两个奇(偶)函数的和仍为奇(偶)函数;

(2) 两个偶函数之积仍为偶函数;

(3) 两个奇函数之积成为偶函数;

(4) 奇函数与偶函数之积是奇函数.

3. 函数的周期性

设函数的定义域为 D,如果存在常数 $T>0$,使得对 $\forall x\in D$,只要 $x+T\in D$,就有 $f(x+T)=f(x)$,则称 $f(x)$ 为**周期函数**,T 称为 $f(x)$ 的**周期**.

通常周期函数的周期是指最小正周期.例如,$\sin x$,$\cos x$ 都是以 2π 为周期的周期函数,而 $\tan x$ 是以 π 为周期的周期函数.

4. 函数的有界性

设函数 $f(x)$ 的定义域为 D,若存在一个正数 M,使得对 $\forall x\in D$ 恒有

$$|f(x)|\leqslant M,$$

则称函数 $f(x)$ 在 D 上**有界**,或称 $f(x)$ 为 D 上的有界函数,并称 M 为该函数的**界**(M 不是唯一的).

若具有上述性质的正数 M 不存在,则称函数 $f(x)$ 在 D 上是**无界的**,或称 $f(x)$ 为 D 上的**无界函数**.

例如,正弦函数 $y=\sin x$ 是有界函数,因为对于任意 $x\in\mathbf{R}$,恒有 $|\sin x|\leqslant 1$.而正切函数 $y=\tan x$ 是无界函数.

一个无界函数,在其定义域的部分区间内,可以是有界的.例如,函数 $y=x^2$ 在 $(-\infty,+\infty)$ 上是无界的,但在区间 $[0,10]$ 上是有界的.

若存在常数 A,使得 $\forall x\in D$ 都有 $f(x)\leqslant A$,则称函数 $f(x)$ 在 D 上有**上界**.若存在常数 B,使得 $\forall x\in D$ 都有 $B\leqslant f(x)$,则称 $f(x)$ 在 D 上有**下界**.例如,函数 $y=x^2$ 有下界,而函数 $y=-x^2$ 有上界.

显然,一个函数有界的充分必要条件是该函数既有上界又有下界.

1.3 初 等 函 数

1.3.1 反函数

先来看一个简单的例子.函数

$$y=2x+1,\quad x\in[0,10] \tag{1.3.1}$$

的值域为[1,21].由函数关系式(1.3.1)可解得

$$x=\frac{1}{2}(y-1), \tag{1.3.2}$$

对于 $\forall y\in[1,21]$,由(1.3.2)式可确定唯一的 x 与之对应,就是说,我们得到了一个新的函数:

$$x=\frac{1}{2}(y-1),\quad y\in[1,21]. \tag{1.3.3}$$

无论是在函数(1.3.1)中,还是在函数(1.3.3)中,两个变量 x 与 y 之间的关系是同样的.但自变量和因变量的地位正好相反,称函数(1.3.3)为函数(1.3.1)的反函数.

定义 1.2 设函数 $y=f(x)$ 的定义域为 D,值域为 W.若 $\forall y\in W$,有唯一的 $x\in D$ 与之对应,且满足 $f(x)=y$,则由此确定一个新的函数,将它记为

$$x=f^{-1}(y),$$

称此函数为 $y=f(x)$ 的**反函数**,反函数的定义域为 W,值域为 D.相对于反函数,称函数 $y=f(x)$ 为**直接函数**.

一个函数的反函数并不总是存在的,例如函数

$$y=x^2,\quad x\in[-4,4], \tag{1.3.4}$$

其值域为[0,16].对于 $\forall y\in[0,16]$,可解得 $x=\pm\sqrt{y}$,并不是唯一的 x 值与之对应,而是有两个不同的 x 值与之对应.故函数(1.3.4)的反函数不存在.若将(1.3.4)式改变为

$$y=x^2,\quad x\in[0,4],$$

则存在反函数 $x=\sqrt{y}$,$y\in[0,16]$.

习惯上,总是用 x 表示自变量,y 表示因变量.因此,通常将 $y=f(x)$ 的反函数 $x=f^{-1}(y)$ 改写成

$$y=f^{-1}(x).$$

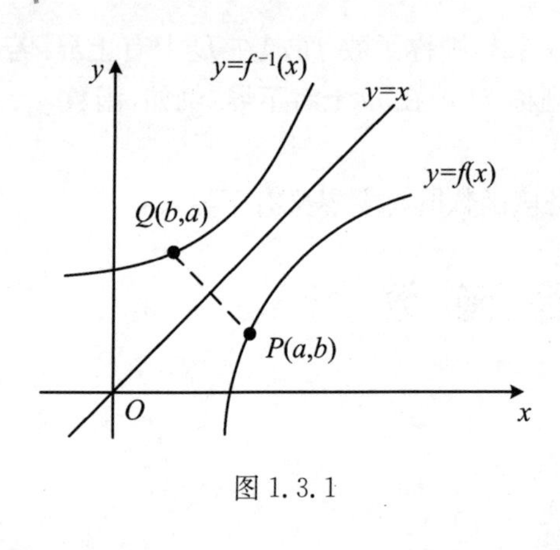

图 1.3.1

图 1.3.1 中,$y=f^{-1}(x)$是 $y=f(x)$的反函数. 显然,如果点 $P(a,b)$在曲线 $y=f(x)$上,那么点 $Q(b,a)$必在曲线 $y=f^{-1}(x)$上. 读者可自行证明,P,Q 两点正好关于直线 $y=x$ 对称.

由此可知反函数的一条重要性质:在同一坐标平面内,直接函数 $y=f(x)$与其反函数 $y=f^{-1}(x)$的图形关于直线 $y=x$ 是对称的.

下面给出一个反函数的存在性定理.

定理 1.1 设函数 $y=f(x)$的定义域为 D,值域为 W,如果 $f(x)$在 D 上是单调增加(或减少)的,则在值域 W 上存在反函数 $x=f^{-1}(y)$,$y\in W$,且 $f^{-1}(y)$在 W 上也是单调增加(或减少)的.

事实上,如图 1.3.2(a)所示,不妨假设函数 $y=f(x)$在$[a,b]$上单调增加,对应值域为$[c,d]$,则对$\forall y_0\in[c,d]$,过 y 轴上坐标为 y_0 的点作 x 轴的平行线,与曲线 $y=f(x)$只有唯一一个交点 $P(x_0,y_0)$. 这就是说,对$\forall y_0\in[c,d]$,只有唯一一个$x_0\in[a,b]$与之对应,即存在反函数 $x=f^{-1}(y)$.

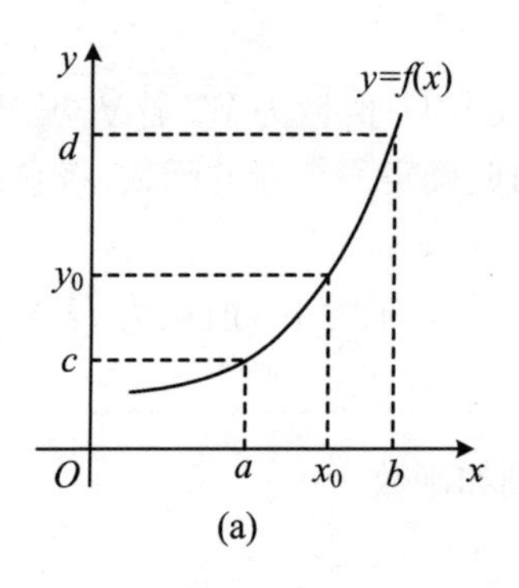

(a)

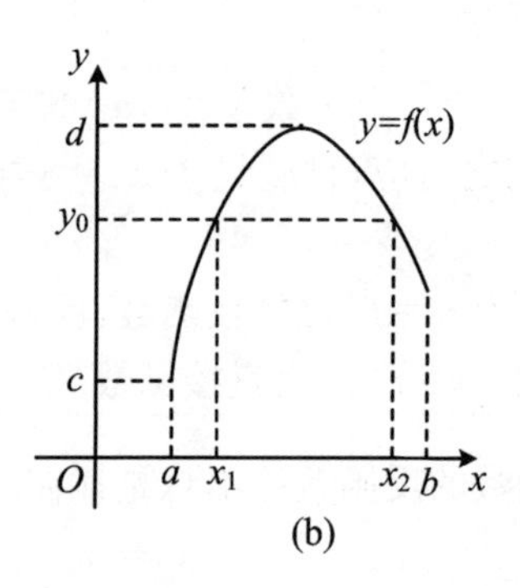

(b)

图 1.3.2

反之,如果函数 $y=f(x)$在$[a,b]$上不是单调的,则不能保证函数 $y=f(x)$,$x\in[a,b]$有反函数. 如图 1.3.2(b)所示,设 $f(x)$的值域为$[c,d]$,存在这样的点 $y_0\in[c,d]$,在$[a,b]$内与之对应的 x 不止一个,故反函数不存在.

【例 1.3.1】 分别求下列函数的反函数.

(1) $y=x^3+1$; (2) $y=\dfrac{2^x}{1+2^x}$.

解 (1) 由 $y=x^3+1$ 可反解出 x、y 的关系,

$$x=\sqrt[3]{y-1},$$

交换变量记号,则所求反函数为

$$y=\sqrt[3]{x-1}.$$

(2) 由 $y=\frac{2^x}{1+2^x}$ 可解得 $2^x=\frac{y}{1-y}$,则

$$x=\log_2\frac{y}{1-y},$$

交换变量记号,则所求反函数为

$$y=\log_2\frac{x}{1-x}.$$

1.3.2 函数的复合与分解

设函数 $y=f(u)$ 的定义域为 D,函数 $u=\varphi(x)$ 的值域为 W,若 $D\cap W\neq\varnothing$,则称函数 $y=f[\varphi(x)]$ 为 x 的**复合函数**,其中 x 称为自变量,u 称为**中间变量**.

例如,函数 $y=f(u)=\sqrt{1-u}$,其定义域 D 为 $(-\infty,1]$. 又如,函数 $u=\varphi(x)=x^2$,其值域 W 为 $[0,+\infty)$. 显然,$D\cap W=[0,1]\neq\varnothing$. 因此,可以产生复合函数 $y=f[\varphi(x)]=\sqrt{1-x^2}$,$x\in[-1,1]$.

需要注意的是,并不是任意两个函数都可以进行复合.

例如,有两个函数分别是 $y=\sqrt{1-u}$,$u=5+x^2$,前者的定义域 D 为 $(-\infty,1]$,而后者的值域 W 为 $[5,+\infty)$,因为 $D\cap W=\varnothing$,所以 $y=f[\varphi(x)]=\sqrt{-4-x^2}$ 没有意义.

另外,两个以上的函数也可以进行复合.

设 $y=f(u)$,$u=\varphi(x)$,$x=h(t)$,则下面的复合函数是可能的,即

$$y=f\{\varphi[h(t)]\}.$$

【例 1.3.2】 设 $y=f(u)=\mathrm{e}^u$,$u=\varphi(x)=x+\sin x$,求复合函数 $f[\varphi(x)]$.

解 所求的复合函数为

$$f[\varphi(x)]=\mathrm{e}^{\varphi(x)}=\mathrm{e}^{x+\sin x}.$$

【例 1.3.3】 设 $y=f(u)=\sin u$,$u=\varphi(x)=\ln x$,$x=h(t)=t^2+1$,求复合函数 $f\{\varphi[h(t)]\}$.

解 所求复合函数为

$$f\{\varphi[h(t)]\}=\sin u=\sin(\ln x)=\sin[\ln(t^2+1)].$$

反之,一个复合函数可以看作是由几个简单函数复合而成的,复合函数的分解没有规律可循,一般从外往里拆,比如 $y=\mathrm{e}^{\cos^2 x}$ 就可以分解为三个简单函数 $y=\mathrm{e}^u$,$u=v^2$,$v=\cos x$.

【例 1.3.4】 试将函数 $y=\ln[\sin(x^2+1)]$ 分解为几个简单函数.

解 所给函数可以由 $y=\ln u, u=\sin v, v=x^2+1$ 三个函数复合而成.

一般说来,复合函数的性态比简单函数要复杂一些. 例如,函数 $y=\sin\frac{1}{x}$,是由简单函数 $y=\sin u$ 和 $u=\frac{1}{x}$ 复合而成,我们可以画出该函数的图形(见图 1.3.3).

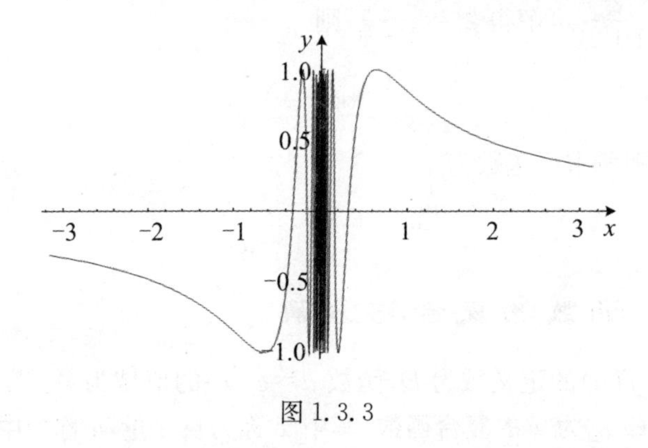

图 1.3.3

通过观察得,函数 $y=\sin\frac{1}{x}$ 是奇函数,函数图形关于原点对称. 在原点 $x=0$ 的两侧,当 x 越来越接近 0 时,函数的值在 1 和 -1 之间做无限多次反复振荡.

1.3.3 基本初等函数

在中学里已经学习过幂函数、指数函数、对数函数、三角函数和反三角函数,这五大类函数加上常值函数总称为基本初等函数. 现对它们作简要复习,并希望读者予以足够重视,对每种函数的表达式、定义域、图形及性质都应非常熟悉,这是学习新知识的重要基础.

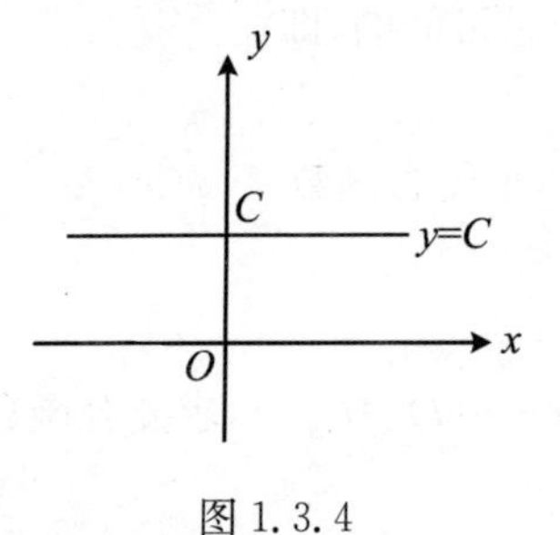

图 1.3.4

1. 常值函数 $y=C$ $(C\in\mathbf{R})$

常值函数的定义域为 $(-\infty,+\infty)$,值域为 $\{C\}$,其图形是 xOy 平面上一条过点 $(0,C)$ 且与 x 轴平行的直线(见图 1.3.4).

2. 幂函数 $y=x^\alpha$ (α 为任意实数)

幂函数 $y=x^\alpha$(α 为任意实数),其定义域根据 α 的不同取值而有区别. 例如,$y=x^2$,定义域为 $(-\infty,+\infty)$;$y=x^{\frac{1}{2}}=\sqrt{x}$,定义域为 $[0,+\infty)$.

以下分别给出 $\alpha=\frac{1}{2}, \alpha=1, \alpha=2, \alpha=3$ 以及 $\alpha=-1$ 时相应幂函数的图形(见图 1.3.5).

注意,不管α的值是多少,幂函数$y=x^\alpha$在区间$(0,+\infty)$内总是有定义,且都是严格单调函数.

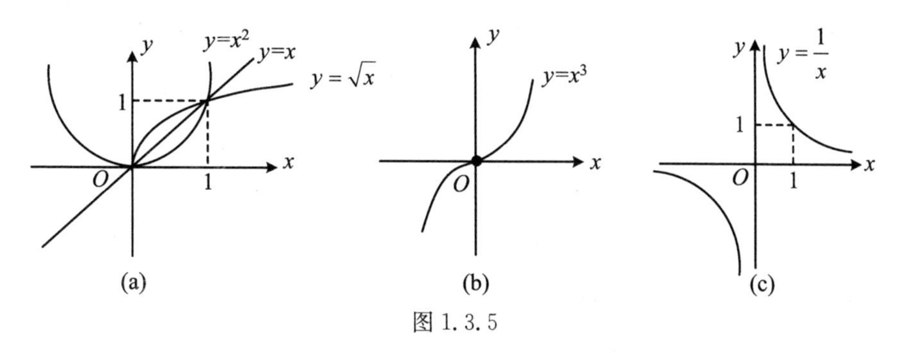

图 1.3.5

3. 指数函数 $y=a^x$ (a为常数,且$a>0,a\neq1$)

指数函数$y=a^x$,其定义域为$(-\infty,+\infty)$,值域为$(0,+\infty)$.当$a>1$时,$y=a^x$为单调增函数;当$0<a<1$时,$y=a^x$为单调减函数(见图1.3.6).

特殊的指数函数有$y=\mathrm{e}^x$,其中,$\mathrm{e}=2.7182818\cdots$,它是一个无理数.

关于指数的计算,有如下的运算法则:

$$a^x\cdot a^y=a^{x+y},\quad \frac{a^x}{a^y}=a^x\cdot a^{-y}=a^{x-y},\quad (a^x)^y=a^{x\cdot y}.$$

例如,$\frac{3^9}{3^6}=3^{9-6}=3^3=27$.

4. 对数函数 $y=\log_a x$ (a为常数,且$a>0,a\neq1$)

对数函数$y=\log_a x$,它是指数函数$y=a^x$的反函数,定义域为$(0,+\infty)$,值域为$(-\infty,+\infty)$.当$a>1$时,函数为单调增函数,当$0<a<1$时,函数为单调减函数(见图1.3.7).

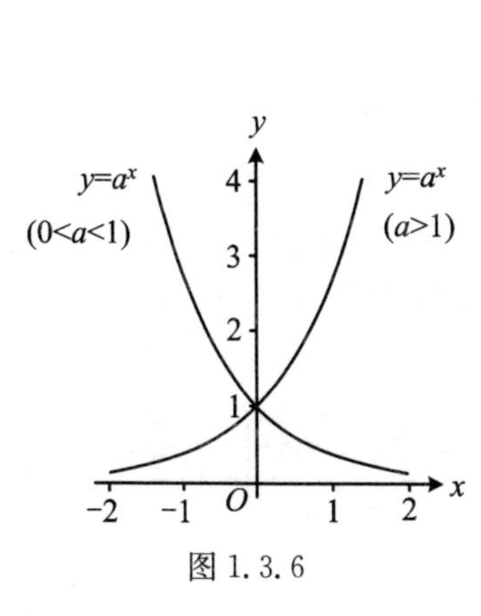

图 1.3.6

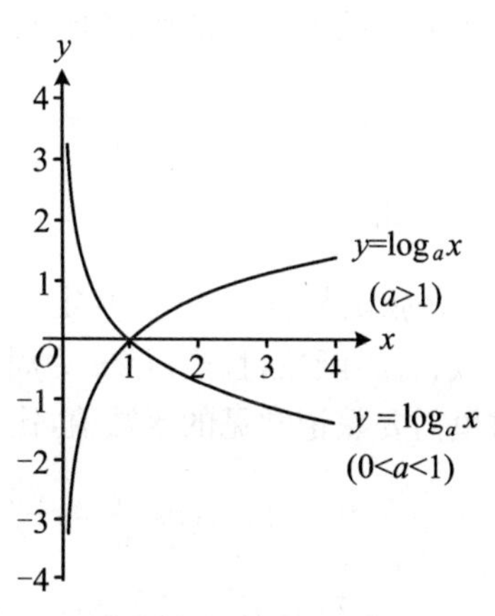

图 1.3.7

特别地,我们把以 e 为底的对数函数称为**自然对数函数**,记为

$$y=\ln x \ (\text{即 } y=\log_e x).$$

关于对数的计算,有如下的运算法则:

$$\log_a x+\log_a y=\log_a(x\cdot y),\quad y\cdot\log_a x=\log_a x^y,$$

从而有

$$\log_a x-\log_a y=\log_a x+\log_a y^{-1}=\log_a\frac{x}{y}.$$

例如,$\ln 8-\ln 4=\ln\frac{8}{4}=\ln 2$.

利用对数的定义,还可以得到一个常用的恒等式

$$u=e^{\ln u}\quad(u>0).$$

请读者自行验证.

5. 三角函数

常见的三角函数有:

(1) 正弦函数 $y=\sin x$,其定义域为$(-\infty,+\infty)$,值域为$[-1,1]$,正弦函数是奇函数、有界函数,且是以 2π 为周期的周期函数(见图 1.3.8).

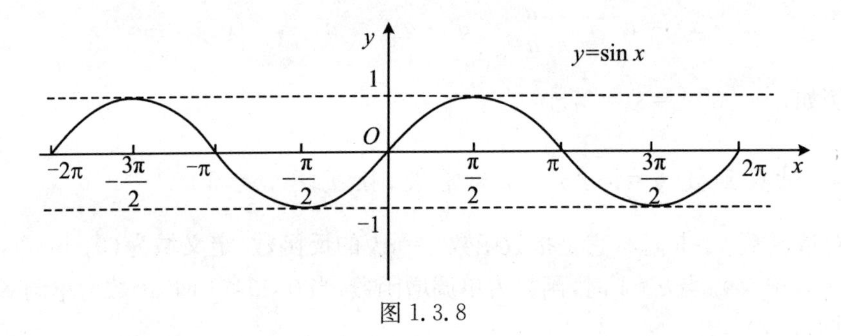

图 1.3.8

这里需要熟记常见的函数值,比如

$$\sin 0=0,\quad \sin\frac{\pi}{6}=\frac{1}{2},\quad \sin\frac{\pi}{4}=\frac{\sqrt{2}}{2},\quad \sin\frac{\pi}{3}=\frac{\sqrt{3}}{2},$$

$$\sin\frac{\pi}{2}=1,\quad \sin\pi=0.$$

(2) 余弦函数 $y=\cos x$,其定义域为$(-\infty,+\infty)$,值域为$[-1,1]$,余弦函数是偶函数、有界函数,且是以 2π 为周期的周期函数(见图 1.3.9).

这里需要熟记常见的函数值,比如

$$\cos 0=1,\quad \cos\frac{\pi}{6}=\frac{\sqrt{3}}{2},\quad \cos\frac{\pi}{4}=\frac{\sqrt{2}}{2},\quad \cos\frac{\pi}{3}=\frac{1}{2},$$

$$\cos\frac{\pi}{2}=0,\quad \cos\pi=-1.$$

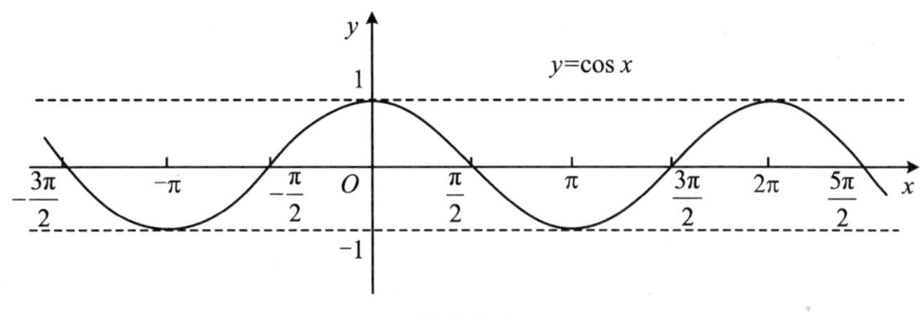

图 1.3.9

(3) 正切函数 $y=\tan x=\dfrac{\sin x}{\cos x}$,其定义域为$\left\{x \,\middle|\, x\neq k\pi+\dfrac{\pi}{2}, k=0,\pm1,\pm2,\cdots\right\}$,值域为$(-\infty,+\infty)$,正切函数是奇函数、无界函数,且是以 π 为周期的周期函数(见图 1.3.10).

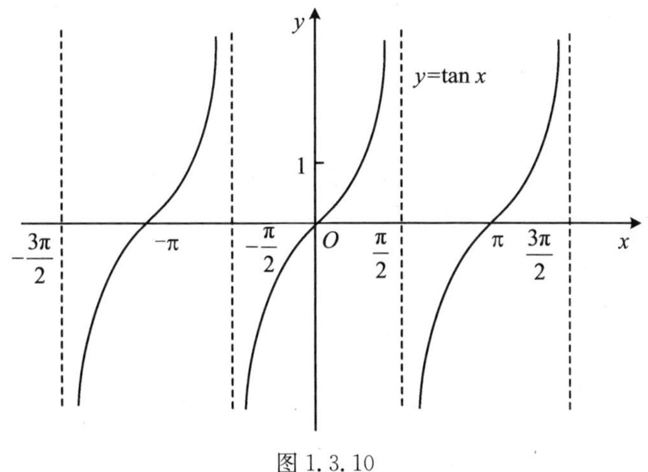

图 1.3.10

这里需要熟记常见的函数值,比如

$$\tan 0=0,\quad \tan\frac{\pi}{6}=\frac{\sqrt{3}}{3},\quad \tan\frac{\pi}{3}=\sqrt{3},\quad \tan\frac{\pi}{4}=1.$$

(4) 余切函数 $y=\cot x=\dfrac{\cos x}{\sin x}$,其定义域为$\{x \mid x\neq k\pi, k=0,\pm1,\pm2,\cdots\}$,值域为$(-\infty,+\infty)$,余切函数是奇函数、无界函数,且是以 π 为周期的周期函数(见图 1.3.11).

为了记号方便,定义正割函数 $y=\sec x$ 和余割函数 $y=\csc x$,它们分别是余弦函数与正弦函数的倒数,即

$$\sec x=\frac{1}{\cos x},\quad \csc x=\frac{1}{\sin x}.$$

根据三角函数之间的关系,显然有以下公式

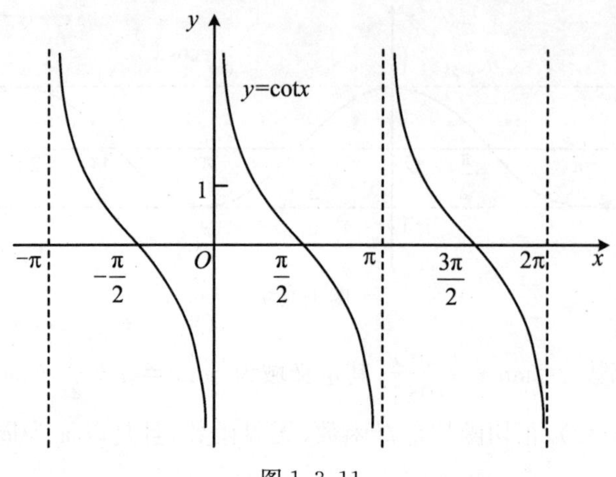

图 1.3.11

$$1+\tan^2 x=\sec^2 x,\quad 1+\cot^2 x=\csc^2 x.$$

6. 反三角函数

三角函数的反函数称为反三角函数，因为三角函数 $y=\sin x$，$y=\cos x$，$y=\tan x$，$y=\cot x$ 在自然定义域内不是单调的，所以不存在反函数. 为了得到它们的反函数，需要把这些函数限定在某个单调区间内来讨论.

常见的反三角函数有：

(1) 反正弦函数 $y=\arcsin x$，是函数 $y=\sin x, x\in\left[-\frac{\pi}{2},\frac{\pi}{2}\right]$的反函数. 函数 $y=\arcsin x$的定义域为$[-1,1]$，值域为$\left[-\frac{\pi}{2},\frac{\pi}{2}\right]$，是单调增函数和奇函数. 它的图形如图 1.3.12 中实线部分所示.

(2) 反余弦函数 $y=\arccos x$，是函数 $y=\cos x, x\in[0,\pi]$的反函数. 函数 $y=\arccos x$的定义域为$[-1,1]$，值域为$[0,\pi]$，是单调减函数. 它的图形如图 1.3.13 中实线部分所示.

(3) 反正切函数 $y=\arctan x$，是函数 $y=\tan x, x\in\left(-\frac{\pi}{2},\frac{\pi}{2}\right)$的反函数. 函数 $y=\arctan x$ 的定义域为$(-\infty,+\infty)$，值域为$\left(-\frac{\pi}{2},\frac{\pi}{2}\right)$，是单调增函数. 它的图形如图 1.3.14 中实线部分所示.

(4) 反余切函数 $y=\operatorname{arccot} x$，是函数 $y=\cot x, x\in(0,\pi)$的反函数. 函数 $y=\operatorname{arccot} x$ 的定义域为$(-\infty,+\infty)$，值域为$(0,\pi)$，是单调减函数，它的图形如图 1.3.15 中实线部分所示.

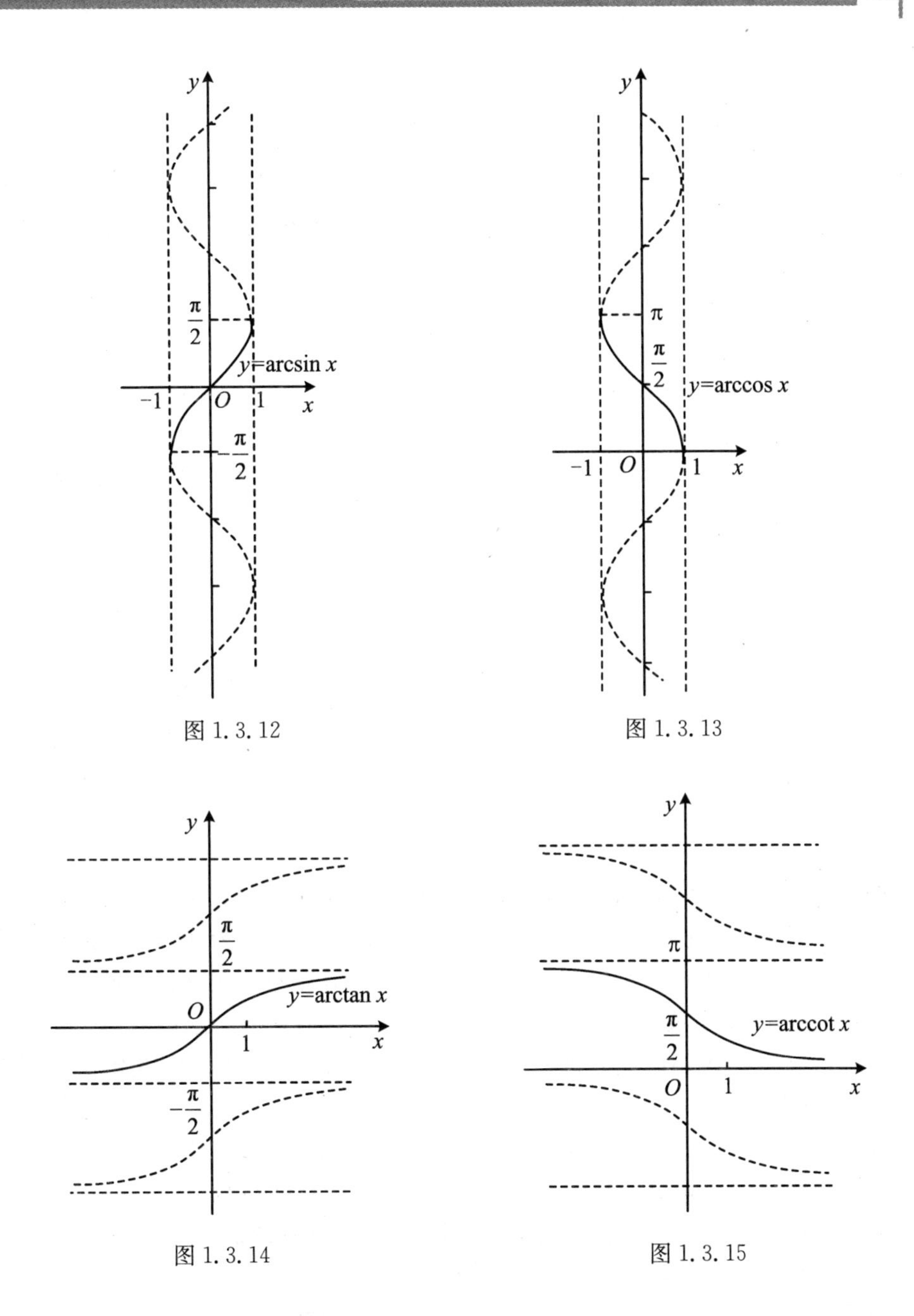

图 1.3.12

图 1.3.13

图 1.3.14

图 1.3.15

1.3.4　初等函数

由基本初等函数经有限次的加、减、乘、除(分母不为零)及复合运算而成，且可用一个式子表示的函数统称为**初等函数**. 如

$$y=x^2+2\sin x+3,\quad y=\mathrm{e}^{\cos x}+\frac{\sqrt{x^2-1}}{\ln(x^2+1)},\quad y=\arctan \mathrm{e}^x$$

都是初等函数.

还有一种类型的函数，如

$$y = x^{\sin x} \quad (x > 0) \quad 与 \quad y = (1 + x^2)^x$$

它们既不是幂函数，也不是指数函数，通常被称为**幂指函数**. 幂指函数不是基本初等函数，但它们是初等函数，因为它们可以通过基本初等函数的复合运算和四则运算得到. 例如

$$y = x^{\sin x} = \mathrm{e}^{\ln(x^{\sin x})} = \mathrm{e}^{\sin x \cdot \ln x},$$

取 $v = \sin x$ 为三角函数，$w = \ln x$ 为对数函数，则 $u = \sin x \cdot \ln x = v \cdot w$ 为两个基本初等函数的积，所以为初等函数. 而 $y = \mathrm{e}^{\sin x \cdot \ln x}$ 为 $y = \mathrm{e}^u$ 与 $u = \sin x \cdot \ln x$ 的复合，因而还是初等函数.

注：这里我们使用了一个恒等式：$u = \mathrm{e}^{\ln u}$，$u > 0$. 这个恒等式在介绍对数函数时曾出现过，以后会经常使用，请读者予以注意.

下面，我们着重讲一下多项式函数.

形如

$$y = a_n x^n + a_{n-1} x^{n-1} + \cdots + a_2 x^2 + a_1 x + a_0$$

的函数，其中，$a_n, a_{n-1}, \cdots, a_2, a_1, a_0$ 都是常数，称为 n 次多项式(函数)，一般也记为 $P_n(x)$. 显然，它是由常值函数与幂函数乘积，再作和得到的初等函数.

特别地，当 n 取 1,2 时，得到

$$y = a_1 x + a_0, \quad a_1 \neq 0,$$
$$y = a_2 x^2 + a_1 x + a_0, \quad a_2 \neq 0,$$

分别是大家熟悉的一次函数和二次函数(也称抛物线函数). 而对于二次及以上函数，经常会碰到把一个多项式在一个范围(如实数范围)内化为几个整式的积的形式，这种式子变形叫作这个多项式的**因式分解**，也叫作把这个多项式分解因式.

因式分解是中学数学中非常重要的恒等变形之一，它被广泛地应用于初等数学之中，在数学求根作图、解一元二次方程方面也有很广泛的应用，是解决许多数学问题的有力工具.

因式分解常见的方法有十字相乘法、待定系数法、求根分解法.

对于 $y = a_2 x^2 + a_1 x + a_0$，$a_2 \neq 0$，若有 $a_2 = ac$，$a_0 = bd$，且有 $ad + bc = a_1$，则 $y = a_2 x^2 + a_1 x + a_0 = (ax + b)(cx + d)$，这种方法叫**十字相乘法**. 下面分别用三种方法求因式分解.

【例 1.3.5】 试将多项式 $y = 6x^2 + 7x - 3$ 因式分解.

解 1 (十字相乘法)将 x^2 的系数分解成 2 与 3 的乘积，常数项分解成 3 与 −1 的乘积，且 $3 \times 3 + 2 \times (-1) = 9 - 2 = 7$，图示如下：

2 ╲╱ 3

3 ╱╲ −1

所以有

$$y = 6x^2 + 7x - 3 = (2x + 3)(3x - 1).$$

解 2　(待定系数法)设 $y=6x^2+7x-3$ 可分解为 $(ax+b)(cx+d)$，即

$$6x^2 + 7x - 3 = (ax + b)(cx + d) = acx^2 + (ad + bc)x + bd.$$

根据系数相等，可得 $ac=6, ad+bc=7, bd=-3$，解得

$$a = 2,\quad b = 3,\quad c = 3,\quad d = -1.$$

所以有

$$y = 6x^2 + 7x - 3 = (2x + 3)(3x - 1).$$

解 3　(求根分解法)令 $y=6x^2+7x-3=0$，利用求根公式可解得上述一元二次方程的根为

$$x_{1,2} = \frac{-b \pm \sqrt{b^2 - 4ac}}{2a} = \frac{-7 \pm \sqrt{7^2 - 4 \times 6 \times (-3)}}{2 \times 6}$$

$$= \frac{-7 \pm \sqrt{121}}{12} = \frac{-7 \pm 11}{12},$$

即

$$x_1 = \frac{-18}{12} = -\frac{3}{2},\quad x_2 = \frac{4}{12} = \frac{1}{3}.$$

所以有

$$y = 6x^2 + 7x - 3 = 6\left(x + \frac{3}{2}\right)\left(x - \frac{1}{3}\right) = (2x + 3)(3x - 1).$$

1.3.5　几个重要函数

在本节的末尾，介绍几个特殊函数，它们在今后的学习过程中会经常碰到.

1. 绝对值函数

$$y = |x| = \begin{cases} x, & x \geqslant 0 \\ -x, & x < 0 \end{cases},\qquad (1.3.5)$$

其定义域为 $(-\infty, +\infty)$，值域为 $[0, +\infty)$，如图 1.3.16 所示.

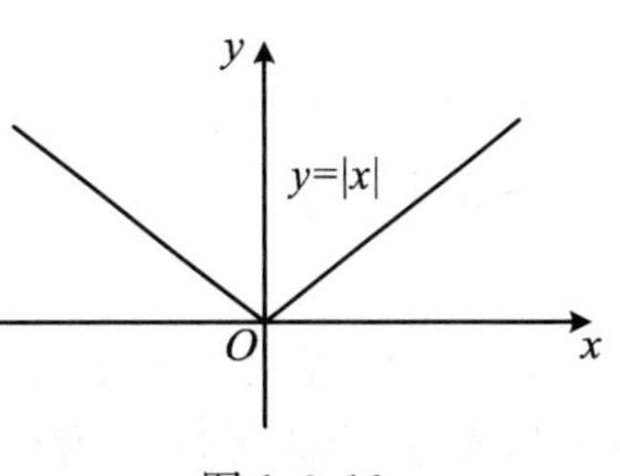

图 1.3.16

关于绝对值，下面的关系经常会碰到，读者应引起重视.

(1) $|x \cdot y| = |x| \cdot |y|$，　$\sqrt{x^2} = |x|$；

(2) $|x| - |y| \leqslant |x \pm y| \leqslant |x| + |y|$；

(3) $|x| \leqslant a \iff -a \leqslant x \leqslant a$，

$|x| < a \iff -a < x < a$；

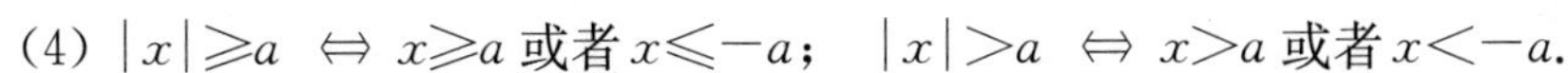

(4) $|x| \geqslant a \iff x \geqslant a$ 或者 $x \leqslant -a$；　$|x| > a \iff x > a$ 或者 $x < -a$.

【例 1.3.6】 求解下列绝对值不等式.

(1) $|3x-2|<1$；

(2) $|2x-3|\geqslant 1$.

解 (1) 由上述等价不等式知

$$|3x-2|<1 \Leftrightarrow -1<3x-2<1 \Leftrightarrow 1<3x<3$$
$$\Leftrightarrow \frac{1}{3}<x<1.$$

(2) $|2x-3|\geqslant 1 \Leftrightarrow 2x-3\geqslant 1$ 或者 $2x-3\leqslant -1$

$\Leftrightarrow 2x\geqslant 4$ 或者 $2x\leqslant 2 \Leftrightarrow x\geqslant 2$ 或者 $x\leqslant 1$.

2. 符号函数

$$y=\operatorname{sgn} x=\begin{cases}1, & x>0\\ 0, & x=0,\\ -1, & x<0\end{cases} \tag{1.3.6}$$

其定义域$(-\infty,+\infty)$，值域为$\{-1,0,1\}$，如图 1.3.17 所示.

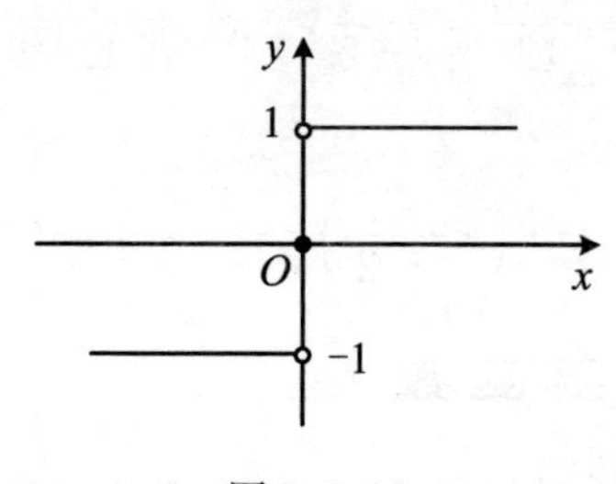

图 1.3.17

3. 取整函数

$$y=[x].$$

记号$[x]$表示不超过 x 的最大整数. 例如

$$[3]=3,\quad [3.1]=3,\quad [3.99]=3,\quad [\sqrt{2}]=1.$$

取整函数的定义域为$(-\infty,+\infty)$，值域为全体整数.

取整函数还可以表示为 $y=n,\ x\in\mathbf{R}$ 且 $n\leqslant x<n+1,\ n\in\mathbf{Z}$. 如图 1.3.18 所示.

像符号函数、取整函数这样的函数，在其定义域的不同范围内，具有不同的解析表达式，这样的函数称为**分段函数**. 分段函数一般不是初等函数，如符号函数 $y=\operatorname{sgn} x$、取整函数 $y=[x]$等都不是初等函数.

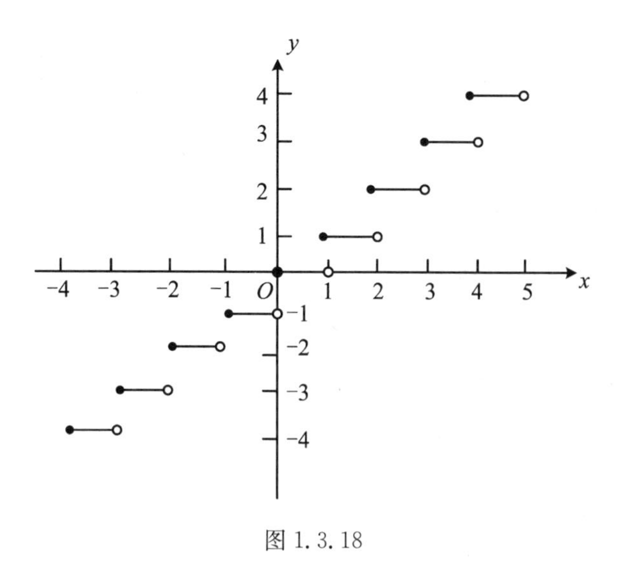

图 1.3.18

1.4　常用经济函数(选读)

本书安排有一定篇幅讲述微积分在经济学中的应用.下面先介绍几种常用的经济函数.

1.4.1　成本函数 $C(x)$

成本函数 $C(x)$表示企业生产某种产品数量为 x 时的总成本,常表示为 $C(x)=C_0+C_x$,即包含固定成本 C_0 和变动成本 C_x 两部分.所谓固定成本,是指在一定时期内不随产量变化的那部分成本,例如厂房、大型机器设备等;所谓变动成本,是指随产量变化而变化的那部分成本.

一般称

$$\overline{C}(x)=\frac{C(x)}{x}$$

为单位成本函数或平均成本函数.

【例 1.4.1】 某工厂每日最多生产某种产品 3 000 个单位,其日固定成本为 2 500 元,每生产 1 个单位产品的可变成本为 20 元,求该工厂生产该种产品的日成本函数及平均成本函数.

解　日成本函数为

$$C(x)=2\,500+20x,\quad x\in[0,3\,000].$$

平均成本函数为

$$\overline{C}(x)=\frac{C(x)}{x}=20+\frac{2\,500}{x}.$$

1.4.2 收益函数 $R(x)$

收益函数 $R(x)$表示销售出某种产品的数量为 x 时的全部收入. 例如,某种产品的单价为 p,则收益函数就是 $R(x)=px$,显然 $R(0)=0$.

1.4.3 利润函数 $L(x)$

利润函数 $L(x)$表示销售出某种产品的数量为 x 时所获得的利润. 利润等于收入减去成本,即

$$L(x)=R(x)-C(x).$$

当 $L(x)>0$ 时,为盈利生产;当 $L(x)<0$ 时,为亏本生产.

当 $L(x)=0$ 时,既不亏本,也不盈利,此时的产量或销售量为生产部门的保本点,或称为盈亏转折点.

当某种产品供不应求时,生产者可根据自己的生产能力适当增加产量;当产品滞销时,生产者可适当减少产量. 因此,一般说来,利润并不总是随产量的增加而增加. 盲目扩大生产反而可能减少利润,根据当前市场需求调节生产规模以获取最大利润是生产管理者应该不断追求的目标.

【例 1.4.2】 某工厂生产某种小型机械,其固定成本为 24 万元,每生产一台的变动成本为 0.7 万元,每台的市场售价为 0.9 万元. 当产品超过 500 台时,超出部分只能按 9 折出售,这样可多出售 100 台. 如果再多生产,本年就销售不出去了. 试求:

(1) 该厂生产该种机械的成本函数与平均成本函数,以及当产量为 100,200 和 500 台时的平均成本;

(2) 该厂产销该种机械的收益函数;

(3) 该厂产销该种机械的利润函数.

解 设该厂年产该种机械的台数为 x.

(1) 成本函数为

$$C(x)=0.7x+24.$$

平均成本函数

$$\overline{C}(x)=\frac{C(x)}{x}=0.7+\frac{24}{x},$$

由此可知

$$\overline{C}(100)=0.7+\frac{24}{100}=0.94\ (\text{万元 / 台}),$$

$$\overline{C}(200)=0.7+\frac{24}{200}=0.82\ (\text{万元 / 台}),$$

$$\overline{C}(500)=0.7+\frac{24}{500}=0.748\ (\text{万元 / 台}).$$

(2) 收益函数为

$$R(x)=\begin{cases}0.9x, & 0\leqslant x\leqslant 500\\ 0.9\times 500+0.9\times 0.9(x-500), & 500<x\leqslant 600,\\ 0.9\times 500+0.9\times 0.9\times 100, & x>600\end{cases}$$

即

$$R(x)=\begin{cases}0.9x, & 0\leqslant x\leqslant 500\\ 450+0.81(x-500), & 500<x\leqslant 600.\\ 531, & x>600\end{cases}$$

(3) 利润函数 $L(x)$，由于 $L(x)=R(x)-C(x)$，因而

$$L(x)=\begin{cases}0.2x-24, & 0\leqslant x\leqslant 500\\ 0.11x+21, & 500<x\leqslant 600.\\ 507-0.7x, & x>600\end{cases}$$

1.4.4 需求函数 $Q(p)$

市场对某种产品的需求是由多种因素决定的. 假定其他因素(例如:消费者的收入状况、相关产品的价格等)忽略不计,则决定某种产品需求量的因素就是这种商品自身的价格.

需求函数 $Q(p)$是指在某一特定时期内,某种产品的价格为 p 时,市场对该产品的需求量. 一般地,当价格提高时,需求量会减少,因此需求函数通常是减函数. 明智地调节产品价格是产品销售者的经营艺术,片面提高产品价格以追求生产利润的做法可能适得其反.

常用的需求函数为线性需求函数

$$Q(p)=a-bp,$$

其中,a、b 为常数,且 $a>0$,$b>0$,该函数对应的图形为一条直线.

1.4.5 供给函数 $S(p)$

在某一特定时期内,市场对某种商品的供给量是由各种因素决定的. 假定其他因素(例如:生产的技术水平、生产成本等)保持不变,则决定某种商品供给量的因素就是这种商品的价格.

供给函数 $S(p)$表示商品价格为 p 时市场对该商品的供给量. 一般地,商品的供给量是随价格的上涨而增加的,所以 $S(p)$是增函数. 当某种商品的供给量大到一定程度时,市场上该种商品将由供不应求转化为供大于求,这时产品就会滞销. 因此,清醒的投资人应该注重市场调研,不能盲目跟风生产.

常用的供给函数为线性供给函数

$$S(p)=cp-d,$$

其中,c、d 为常数,且 $c>0,d>0$,该函数对应的图形为一条直线.

当某种商品的市场需求函数和供给函数相等,我们称之为**市场均衡**,此时所对应的商品价格称为**市场均衡价格**,商品的成交量称为**市场均衡数量**.

以线性需求函数与线性供给函数为例,当商品达到市场均衡时,有

$$Q(p)=a-bp=cp-d=S(p),$$

计算得市场均衡价格 $p=\frac{a+d}{b+c}$,再把市场均衡价格代入需求函数或供给函数,则可计算出相应的市场均衡数量.

均衡价格在一定程度上反映了市场经济活动的内在联系,如何确定市场均衡价格是经济学中非常重要的内容.

【例 1.4.3】 已知某商品价格为 p,需求函数为 $Q=50-5p$,成本函数为 $C=50+2Q$,试求出该商品的利润函数.

解 因为需求函数为 $Q=50-5p$,所以价格 $p=10-\frac{Q}{5}$.

收益函数为

$$R(Q)=Q\cdot p=10Q-\frac{Q^2}{5}.$$

利润函数为

$$L(Q)=R(Q)-C(Q)=-\frac{Q^2}{5}+8Q-50.$$

【例 1.4.4】 设商品的需求函数为 $Q=100-2p$,供给函数为 $S=3p-50$,求商品的市场均衡价格和市场均衡数量.

解 令需求函数等于供给函数,即

$$100-2p=3p-50,$$

解得均衡价格为 $p=30$,再把 $p=30$ 代入需求函数或供给函数,则 $Q=40$.

即商品市场均衡价格为 30,市场均衡数量为 40.

1.4.6 单利、复利与贴现

利息是指借款者向贷款者支付的报酬,它是根据本金的数额按一定的比例计算出来的. 利息的计算方式一般有单利和复利两种.

单利是指只有本金在贷款期限中获得利息,不管时间多长,所生利息均不加入本金重复计算利息.

设初始本金为 P 元,银行年利率为 r. 若按单利计算利息,则

第一年后的本利和为

$$P_1 = P + P \cdot r = P(1+r).$$

第二年后的本利和为

$$P_2 = P + 2P \cdot r = P(1+2r).$$

……

第 k 年后的本利和为

$$P_k = P + kP \cdot r = P(1+k \cdot r).$$

复利是指在每经过一个计息周期后，都要将所生利息加入本金，以计算下期的利息. 因此，对于每一个计息周期，上一期产生的利息都将成为生息的本金，即利上有利，也就是俗称的“利滚利”.

设初始本金为 P 元，银行年利率为 r. 若按复利付息，则

第一年后的本利和为

$$P_1 = P(1+r).$$

第二年后的本利和为

$$P_2 = P(1+r) + P(1+r) \cdot r = P(1+r)^2.$$

……

第 k 年后的本利和为

$$P_k = P(1+r)^k.$$

钱存在银行里可以获得利息，如果不考虑贬值因素，那若干年后的本利和就会高于本金. 如银行的年利率为 5%，那现在的 100 元，一年后会变为 105 元. 那可以理解为 105 元是现在 100 元在一年后的价值.

一般地，现在的一笔资金在未来某一时点上的价值(本利和)称为**终值**，而未来的一笔资金折合到现在的价值可称为**现值**. 设有现值 P 元钱，银行年利率为 r，那 k 年后的终值 F_k 可按以下两种方法计算.

(1) 按单利计算

$$F_k = P(1+k \cdot r).$$

(2) 按复利计算

$$F_k = P(1+r)^k.$$

反之，未来的一笔终值折合成现值会是多少呢？由货币的终值求现值的过程被称为**贴现**. 设第 k 年后有终值 R 元，银行年利率为 r，对应的现值 P 是多少呢？

(1) 按单利计算

$$P = \frac{R}{1+k \cdot r}.$$

(2) 按复利计算

$$P = \frac{R}{(1+r)^k}.$$

【例 1.4.5】 设复利的年利率为 5%，如果希望在 3 年后获得 2 万元，那现在应付的本金为多少？

解 应付的本金为

$$P=\frac{20\,000}{(1+5\%)^3}=17\,276.75(\text{元}).$$

习 题 1

基 本 题

1.1 节

1. 计算下列各式.

(1) 2^{-3}; (2) $\left(\frac{3}{2}\right)^{-2}$; (3) $4^{-\frac{3}{2}}$; (4) $\frac{3^{13}}{3^{11}}$.

2. 对下列多项式作因式分解.

(1) $y=4x^2-25$; (2) $y=2x^2-5x-3$; (3) $y=x^3-x^2-4x+4$.

3. 把下列式子化简为多项式的一般形式.

(1) $y=(x+3)(2x-1)$; (2) $y=(x-2)^3+1$.

4. 计算下列不等式.

(1) $-1<2x+3<5$; (2) $|3x+1|\geqslant 2$; (3) $|2x-3|<3$.

5. 用集合的描述法表示下列集合:

(1) 大于 3 的所有实数集合;

(2) 圆 $x^2+y^2=16$ 内部(不包含圆周)一切点的集合;

(3) 抛物线 $y=x^2$ 与直线 $x-y=0$ 交点的集合.

6. 用集合的列举法表示下列集合:

(1) 集合$\{x\,|\,|x-1|\leqslant 2\text{的整数}\}$;

(2) 方程 $x^2-5x+6=0$ 的根的集合;

(3) 抛物线 $y=x^2$ 与直线 $x-y=0$ 交点的集合.

7. 用区间表示满足下列不等式的所有 x 的集合:

(1) $|x-2|\leqslant 1$; (2) $|x|>6$;

(3) $|x-a|<\varepsilon$, a,ε 为常数,$\varepsilon>0$.

1.2 节

1. 求下列函数的自然定义域.

(1) $y=\frac{\ln(2+x)}{x-1}$; (2) $y=\sqrt{x}+\sqrt{4-x}$;

(3) $y=\frac{1}{1-x^2}+e^x$; (4) $y=\sqrt{\lg\frac{5x-x^2}{4}}$.

2. 已知函数 $f(x)=x-x^2$,试计算:$f(2)$,$f(2+h)$,$f(x+h)$和$\frac{f(x+h)-f(x)}{h}$,

其中 $h\neq 0$.

3. 判断下列函数的单调性.

(1) $y=3x-6$； (2) $y=1-x^3$； (3) $y=x+\ln x$； (4) $y=e^{\sqrt{x}}$.

4. 下列函数中哪些是偶函数，哪些是奇函数，哪些是非奇非偶函数？

(1) $f(x)=\tan x$； (2) $f(x)=\sin x-\cos x$；

(3) $f(x)=2x^4+\cos x$； (4) $f(x)=\ln\dfrac{1+x}{1-x}$；

(5) $f(x)=\dfrac{e^x+1}{e^x-1}$； (6) $f(x)=\ln(x+\sqrt{1+x^2})$.

5. 设下面所考虑函数的定义域关于原点对称，证明：

(1) 两个奇函数的和是奇函数；

(2) 两个偶函数的乘积是偶函数；

(3) 偶函数与奇函数的乘积是奇函数.

6. 证明：当一个函数的定义域关于原点对称时，则这个函数一定能写成一个奇函数与偶函数之和.

7. 下列函数中哪些是周期函数？对于周期函数，指出其周期.

(1) $y=\cos(x-4)$； (2) $y=\sin^2 x$； (3) $y=x\cos x$.

8. 判定下列函数在定义域内是否有界.

(1) $y=1+\sin x$； (2) $y=\ln(x+1)$，$x\in(-1,5)$；

(3) $y=x\sin x$； (4) $y=\dfrac{x}{1+x^2}$.

1.3 节

1. 求下列函数的反函数.

(1) $y=\dfrac{1-x}{1+x}$； (2) $y=\sqrt[3]{x+1}$；

(3) $y=\dfrac{1-\sqrt{1+4x}}{1+\sqrt{1+4x}}$.

2. 设 $f(x)=x^2+x$，$g(x)=\sin 3x$，分别求 $f[g(x)]$，$g[f(x)]$.

3. 设 $f(x)=\begin{cases}1, & x<0\\ 0, & x=0\\ -1, & x>0\end{cases}$，求 $f(x-1)$，$f(x^2-1)$.

4. 设 $f(x)=e^{x^2}$，$f[\varphi(x)]=1-x$，且 $\varphi(x)\geqslant 0$，求 $\varphi(x)$ 及其定义域.

5. 指出下列函数的复合过程.

(1) $y=\sin x^3$； (2) $y=\sqrt{\lg(x^2+1)}$；

(3) $y=e^{\arctan x^2}$； (4) $y=\cos^2\ln(1+\sqrt{1+x^2})$.

6. 设 $f(x)$ 的定义域是 $[0,1]$，求下列函数的定义域.

(1) $f(x^2)$；　　(2) $f(a^{-x})$；　　(3) $f(\ln x)$.

7. 若分段函数 $f(x)=\begin{cases}1, & |x|\leqslant 1\\ 0, & |x|>1\end{cases}$，求 $f[f(x)]$.

1.4 节

1. 某厂生产录音机的成本为每台 50 元，预计当以每台 x 元的价格卖出时，消费者每月购买 $200-x$ 台，请将该厂的月利润表达为价格 x 的函数.

2. 某商品的成本函数是线性函数，并已知产量为零时成本为 100 元，产量为 100 时成本为 400 元，试求：

(1) 成本函数和固定成本；

(2) 产量为 200 时的总成本和平均成本.

3. 某厂生产电冰箱，每台售价 1 250 元，若一年生产 10 000 台以内可全部售出，当超出 10 000 台时经广告宣传后，销量可适当增加，但最多还可以多售出 2 000 台. 假定支付广告费为 25 000 元，试将电冰箱的销售收入表示为销售量的函数.

4. 设某商品的成本函数和收入函数分别为

$$C(q)=7+2q+q^2,\quad R(q)=10q,$$

试求：

(1) 该商品的利润函数；

(2) 销量为 4 时的总利润和平均利润；

(3) 销量为 10 时是盈利还是亏损？

5. 设某种商品的需求量 Q 是价格 P 的线性函数 $Q=a+bP$，已知该商品的最大需求量为 20 000 件(价格为 0 时的需求量)，最高价格为 40 元/件(需求量为 0 时的价格)，求该种商品的需求函数与收益函数.

自　测　题

一、单项选择题

1. 函数 $y=\dfrac{x-1}{\ln x}+\sqrt{16-x^2}$ 的定义域为____.

A. $(0,1)$　　B. $(0,1)\cup(1,4)$

C. $(0,4)$　　D. $(0,1)\cup(1,4]$

2. 下列函数中，是偶函数的是______.

A. $f(x)=\ln\dfrac{x+2}{x-2}$　　B. $f(x)=2^x-2^{-x}$

C. $f(x)=x\ln\left(x+\sqrt{1+x^2}\right)$　　D. $f(x)=x^2\,\dfrac{e^x+1}{e^x-1}$

3. 函数 $y=|x^2-1|$ 在______内是单调减少且有界的.

A. $[-3,0]$　　B. $(-\infty,-1]$

C. $[0,1]$　　D. $[1,+\infty)$

4. 函数 $y=\sqrt{\ln\sqrt{x}}$ 可由基本初等函数复合而成,其复合过程是______.

A. $y=\sqrt{\ln u},u=\sqrt{x}$　　B. $y=\sqrt{u},u=\ln v,v=\sqrt{x}$

C. $y=\sqrt{u},u=\ln x$　　D. $y=\sqrt{u},u=\sqrt{\ln x}$

5. 已知 $f\left(\frac{1}{x+1}\right)=\frac{1-x}{2+x}$,则 $f(x)=$______.

A. $\frac{2x-1}{x+1}$　　B. $\frac{x+3}{x}$

C. $\frac{x}{2x+3}$　　D. $\frac{1-x}{2+x}$

二、填空题

1. 设函数 $f(x)$ 的定义域为 $[0,5]$,则函数 $f(1+\ln x)$ 的定义域为______.

2. 若 $f(x-1)=x^2+1$,则 $f(x_0+\Delta x)=$______.

3. 函数 $y=\frac{\mathrm{e}^x-\mathrm{e}^{-x}}{2}$ 的反函数是______.

4. 若 $f(x)=\frac{1}{2}(x+|x|)$,$g(x)=\begin{cases}x, & x<0\\ x^2, & x\geqslant 0\end{cases}$,则 $f[g(x)]$ 是______.

5. 设 $af(x)+bf\left(\frac{1}{x}\right)=\frac{c}{x}$ $(x\neq 0,a^2\neq b^2)$,则 $f(x)=$______.

三、计算题

1. 已知 $f(x)=\begin{cases}x+1, & x<0\\ x^2-1, & x\geqslant 0\end{cases}$,$\varphi(x)=\lg x$,求 $f[\varphi(0.01)]$,$f[\varphi(100)]$.

2. 已知 $f(x+1)=\begin{cases}x^2-x, & |x|\leqslant 1\\ 0, & |x|>1\end{cases}$,求 $f(x)$.

3. 判断 $y=\frac{\mathrm{e}^x-1}{\mathrm{e}^x+1}\ln\left(\frac{1-x}{1+x}\right)$ $(-1<x<1)$ 的奇偶性.

4. 设 $f(x)=\begin{cases}3x+1, & -3\leqslant x<0\\ 3^x, & 0\leqslant x<1\\ x^2+2, & 1\leqslant x\leqslant 3\end{cases}$,求 $f(x)$ 的反函数.

5. 每印一本杂志的成本为 1.22 元,每售出一本杂志仅能得到 1.20 元的收入,但销售额超过 15 000 本时还能取得超过部分收入的 10%作为广告费收入,试问应至少销售多少本杂志才能保本?销售量达到多少时,才能获利达 1 000 元?

第2章　极限与连续

在微积分中,极限是一种非常重要的数学方法,之所以这么说,不仅仅是因为数学史上许多困扰人类多年的难题,直接依赖极限方法解决,而且还因为微积分中一系列重要概念,如连续、导数、定积分、无穷级数等都是建立在极限概念的基础之上,本章将讨论极限的定义、性质及基本计算方法,并讨论函数的连续性.

2.1　数列的极限

2.1.1　数列

按照一定法则依次排列起来的一列数 $a_1,a_2,\cdots,a_n,\cdots$,称为**数列**,简记为$\{a_n\}$.

数列中的每一个数称为数列的项,第 n 项 a_n 称为数列的**通项**.只要知道一个数列的通项,就可以写出这个数列.例如:

(1) 数列$\left\{\dfrac{1}{n}\right\}$:$1,\dfrac{1}{2},\dfrac{1}{3},\cdots,\dfrac{1}{n},\cdots$;

(2) 数列$\{(-1)^{n+1}\}$:$1,-1,1,-1,\cdots,(-1)^{n+1},\cdots$;

(3) 数列$\{n^2\}$:$1,2^2,3^2,\cdots,n^2,\cdots$;

(4) 数列$\left\{\dfrac{n}{n+1}\right\}$:$\dfrac{1}{2},\dfrac{2}{3},\dfrac{3}{4},\dfrac{4}{5},\cdots,\dfrac{n}{n+1},\cdots$.

数列$\{a_n\}$可以看成是以正整数为自变量的函数,例如,上面的数列(1)可以表示为如下形式:

$$f(n)=\frac{1}{n},\quad n=1,2,3,\cdots$$

2.1.2　数列的极限

所谓数列的极限,就是研究当 n 无限增大时,数列的通项 a_n 的变化趋势,观察上面的四个数列,可以发现有两种不同的情况.

第一种情况:当 n 无限增大时,a_n 无限趋近于某一个常数,例如在数列(1)中,a_n 无限趋近于0(见表2.1);在数列(4)中,a_n 无限趋近于1(见表2.2).

表 2.1

n	1	2	3	4	5	10	100	1000	→	∞
$\left\{\frac{1}{n}\right\}$	1	0.5	0.3333	0.25	0.2	0.1	0.01	0.001	→	0

表 2.2

n	1	2	3	4	5	10	100	1000	→	∞
$\left\{\frac{n}{n+1}\right\}$	0.5	0.6667	0.75	0.8	0.8333	0.9091	0.9901	0.999	→	1

第二种情况：当 n 无限增大时，a_n 不趋近于任何常数，例如数列(2)、数列(3)(见表 2.3 和表 2.4).

表 2.3

n	1	2	3	4	99	100	999	1000	→	∞
$\{(-1)^{n+1}\}$	1	-1	1	-1	1	-1	1	-1	→	趋势不定

表 2.4

n	1	2	3	4	5	10	100	1000	→	∞
$\{n^2\}$	1	4	9	16	25	100	10000	1000000	→	∞

定义 2.1　对于数列 $\{a_n\}$，如果当 n 无限增大时，a_n 与某一常数 A 无限接近，则称常数 A 为数列 $\{a_n\}$ 的极限，记作

$$\lim_{n\to\infty} a_n = A. \tag{2.1.1}$$

读作：当 n 趋向于无穷大时，a_n 的极限等于 A.

所以对于前面的数列(1)和(4)，有

$$\lim_{n\to\infty}\frac{1}{n}=0,\quad \lim_{n\to\infty}\frac{n}{n+1}=1.$$

如果数列 $\{a_n\}$ 的极限存在，就称数列 $\{a_n\}$ 为**收敛数列**，否则就称为**发散数列**. 可见，前面 2.1.1 节中的数列(1)和(4)都是收敛数列；对于数列(2)，当 $n\to\infty$，a_n 始终在 -1，1 之间来回跳动；对于数列(3)，当 $n\to\infty$ 时，$a_n\to\infty$. 这表明数列(2)和(3)都没有极限，它们是发散数列.

【例 2.1.1】　观察下列数列的极限.

(1) $a_n=6$；　　(2) $a_n=\left(-\frac{1}{2}\right)^n$；　　(3) $a_n=1+\frac{(-1)^n}{n}$.

解 由题意列出表 2.5，观察当 $n\to\infty$ 时数列的变化趋势：

表 2.5

n	1	2	3	4	5	→	∞
$a_n=6$	6	6	6	6	6	→	6
$a_n=\left(-\frac{1}{2}\right)^n$	−0.5	0.25	−0.125	0.0625	−0.03125	→	0
$a_n=1+\frac{(-1)^n}{n}$	0	1.5	0.6667	1.25	0.8	→	1

由表 2.5 可以看出，所求极限分别为：

(1) $\lim\limits_{n\to\infty}a_n=\lim\limits_{n\to\infty}6=6$；

(2) $\lim\limits_{n\to\infty}a_n=\lim\limits_{n\to\infty}\left(-\frac{1}{2}\right)^n=0$；

(3) $\lim\limits_{n\to\infty}a_n=\lim\limits_{n\to\infty}\left[1+\frac{(-1)^n}{n}\right]=1$.

一般地，可以总结下列结论：

(1) $\lim\limits_{n\to\infty}C=C$ （C 为常数）；

(2) 等比数列 $\{q^n\}$ 的极限，有如下结论：

$$\lim_{n\to\infty}q^n=\begin{cases}0, & |q|<1\\ 1, & q=1\end{cases},$$

当 $|q|>1$ 和 $q=-1$ 时，数列 $\{q^n\}$ 发散.

注：在定义 2.1 中，所使用的“当 n 无限增大时”和“与常数 A 无限接近”，语意比较模糊，不够精确，所以定义 2.1 仅仅是一种描述性的定义，无法进行精确化的推理与证明. 在数学中，极限还有更为精确的严格定义，有兴趣的读者请参看 2.9 节.

2.2 函数的极限

由上节可知，数列 $\{a_n\}$ 可以看成是以自然数 n 为自变量的函数 $f(n)=a_n$，则数列 $\{a_n\}$ 的极限就是函数 $y=f(x)$ 当 x 取正整数且无限增大时的极限. 一般来说，函数 $y=f(x)$ 中的自变量 x 应该是在某一实数集合中变化的，现在来做更一般性的研究：讨论当自变量 x 处于某种变化过程时，函数 $y=f(x)$ 的变化趋势问题. 分下面两种情况进行讨论.

2.2.1 自变量趋于无穷时函数的极限

自变量趋于无穷大时可分为三种情况：

(1) x 趋于正无穷大，记作 $x\to+\infty$，表示 x 无限增大的变化过程；

(2) x 趋于负无穷大，记作 $x\to-\infty$，表示 $x<0$，且 $|x|$ 无限增大的变化过程；

(3) x 趋于无穷大，记作 $x\to\infty$，表示 $|x|$ 无限增大的变化过程.

1. 极限概念

定义 2.2　设函数 $f(x)$ 在区间 $(a,+\infty)$ 上有定义，若当 $x\to+\infty$ 时函数 $f(x)$ 的值无限接近于某一常数 A，则称 A 为当 $x\to+\infty$ 时函数 $f(x)$ 的极限，记作

$$\lim_{x\to+\infty} f(x)=A. \tag{2.2.1}$$

例如，当 x 无限增大时，函数 $\frac{1}{x}$ 无限变小且趋近于零(见图 2.2.1)，即

$$\lim_{x\to+\infty}\frac{1}{x}=0.$$

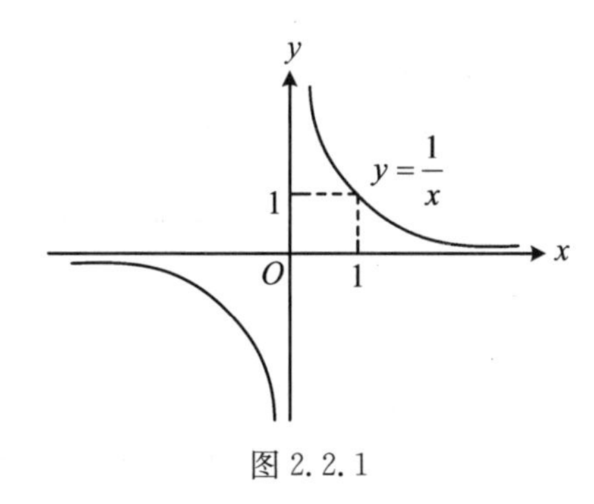

图 2.2.1

类似地，可引入当 $x\to-\infty$ 和 $x\to\infty$ 时函数 $f(x)$ 极限的定义：

定义 2.3　设函数 $f(x)$ 在 $(-\infty,a)$ 上有定义，若当 $x\to-\infty$ 时，$f(x)$ 的值无限趋近于某常数 A，则称 A 为当 $x\to-\infty$ 时函数 $f(x)$ 的极限，记作

$$\lim_{x\to-\infty} f(x)=A. \tag{2.2.2}$$

定义 2.4　设函数 $f(x)$ 在 $|x|>a\,(a>0)$ 上有定义，若当 $x\to\infty$ 时，$f(x)$ 的值无限趋近于某常数 A，则称 A 为当 $x\to\infty$ 时函数 $f(x)$ 的极限，记作

$$\lim_{x\to\infty} f(x)=A. \tag{2.2.3}$$

根据定义我们有下面的两个极限成立，见图 2.2.1.

$$\lim_{x\to-\infty}\frac{1}{x}=0,\quad \lim_{x\to\infty}\frac{1}{x}=0.$$

注：极限 $\lim\limits_{x\to\infty} f(x)=A$ 成立的充分必要条件是下面两个极限同时成立

$$\lim_{x\to-\infty} f(x)=A \quad 和 \quad \lim_{x\to+\infty} f(x)=A.$$

即极限 $\lim\limits_{x\to-\infty} f(x)$ 和极限 $\lim\limits_{x\to+\infty} f(x)$ 必须同时存在并且相等.

例如，对于函数 $y=\arctan x$，观察其图形可知

$$\lim_{x\to+\infty}\arctan x=\frac{\pi}{2},\quad \lim_{x\to-\infty}\arctan x=-\frac{\pi}{2}.$$

说明 $\lim\limits_{x\to+\infty}\arctan x\neq\lim\limits_{x\to-\infty}\arctan x$，则极限 $\lim\limits_{x\to\infty}\arctan x$ 不存在.

2. 极限的几何意义

$\lim\limits_{x\to+\infty} f(x)=A$，$\lim\limits_{x\to-\infty} f(x)=A$ 和 $\lim\limits_{x\to\infty} f(x)=A$ 是 x 趋向于无穷时三种不同情况下的极限，它们有着明显的几何意义.

如果 $\lim\limits_{x\to+\infty} f(x)=A$，则从几何上看，当 $x\to+\infty$ 时，$f(x)$ 的图形将无限接近于直线 $y=A$，故称直线 $y=A$ 为函数 $y=f(x)$ 的**水平渐近线**，如图 2.2.2 所示.

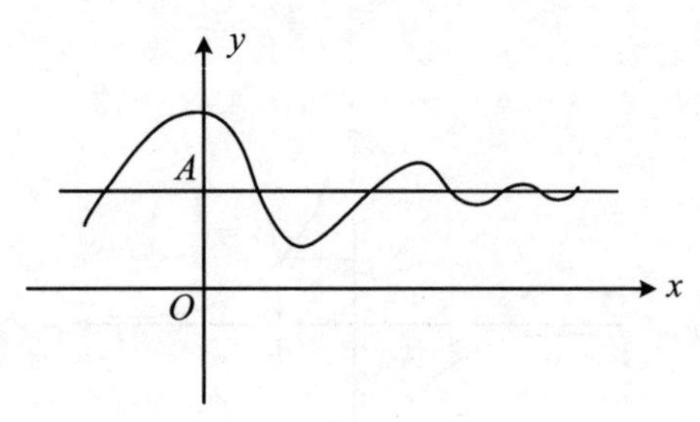

图 2.2.2

同样，当 $\lim\limits_{x\to-\infty} f(x)=A$ 或 $\lim\limits_{x\to\infty} f(x)=A$ 时，直线 $y=A$ 也都是函数 $y=f(x)$ 的水平渐近线，分别如图 2.2.3 和图 2.2.4 所示.

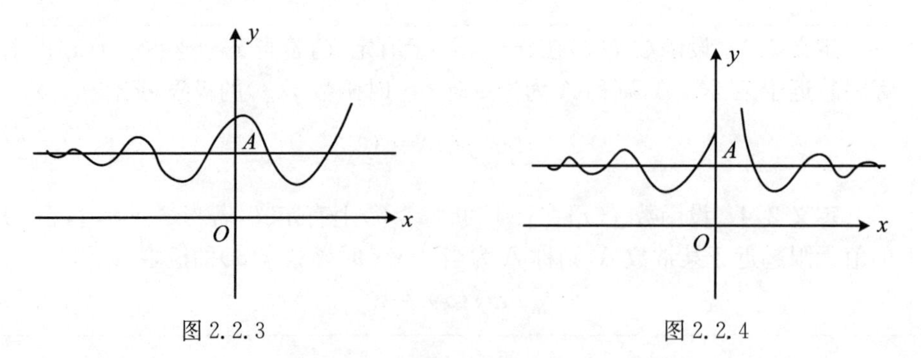

图 2.2.3　　图 2.2.4

例如，由于 $\lim\limits_{x\to\infty}\dfrac{1}{x}=0$，则函数 $y=\dfrac{1}{x}$ 有水平渐近线 $y=0$.

【例 2.2.1】 判断下列函数是否有水平渐近线；若有，试写出其方程.

(1) $y=\mathrm{e}^x$；　(2) $y=\arctan x$；　(3) $y=\sin x$.

解 (1) 由于 $\lim\limits_{x\to-\infty}\mathrm{e}^x=0$，故 $y=\mathrm{e}^x$ 有水平渐近线 $y=0$.

(2) 由于 $\lim\limits_{x\to+\infty}\arctan x=\frac{\pi}{2}$，$\lim\limits_{x\to-\infty}\arctan x=-\frac{\pi}{2}$，故函数 $y=\arctan x$ 有两条水平渐近线 $y=\frac{\pi}{2}$ 和 $y=-\frac{\pi}{2}$.

(3) 由于 $\lim\limits_{x\to+\infty}\sin x$ 和 $\lim\limits_{x\to-\infty}\sin x$ 都不存在，所以函数 $y=\sin x$ 没有水平渐近线.

2.2.2　自变量趋于有限值时函数的极限

现在来讨论当自变量趋近于有限值 x_0 时，函数 $f(x)$ 的极限.

1. 点的邻域

一般地，称数轴上以点 a 为中心，长度为 $2\delta(\delta>0)$ 的开区间 $(a-\delta,a+\delta)$ 为**点 a 的 δ 邻域**. 记作 $U(a,\delta)$，即

$$U(a,\delta)=\{x\mid |x-a|<\delta\}.$$

其中，点 a 称为该**邻域的中心**，δ 称为该**邻域的半径**，如图 2.2.5 所示.

将 a 的 δ 邻域去掉中心 a，称为**点 a 的去心 δ 邻域**，记为 $\mathring{U}(a,\delta)$，如图 2.2.6 所示. 即

$$\mathring{U}(a,\delta)=\{x\mid 0<|x-a|<\delta\}.$$

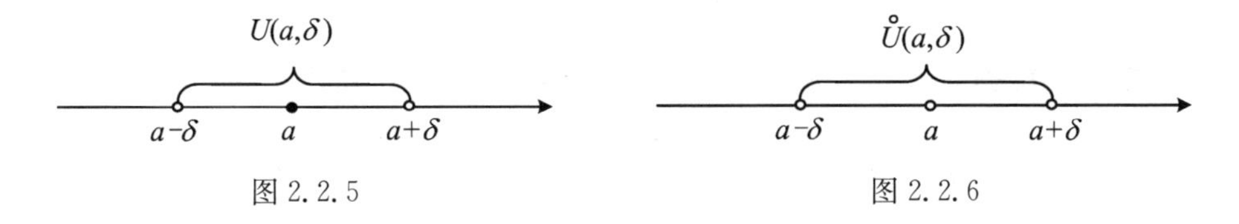

图 2.2.5　　　　图 2.2.6

2. 极限概念

> **定义 2.5**　设函数 $y=f(x)$ 在 x_0 的某去心邻域内有定义，如果自变量 x 无限接近 x_0（但 $x\neq x_0$）时，$f(x)$ 无限接近于某常数 A（或甚至于相等），则称 A 是函数 $f(x)$ 当 x 趋向于 x_0 时的极限. 记为
>
> $$\lim_{x\to x_0}f(x)=A\quad 或\quad f(x)\to A\ （当\ x\to x_0）.$$

这里，需要强调指出的是，在定义极限 $\lim\limits_{x\to x_0}f(x)$ 时，并不要求函数 $f(x)$ 在 x_0 有定义.

下面来看一些具体例子.

【例 2.2.2】　求 $\lim\limits_{x\to 3}x$.

解 这里函数 $f(x)=x$,当自变量 x 无限趋近于 3 时,函数当然也无限趋近于 3,所以$\lim\limits_{x\to 3} x=3$.

一般地说,对任意常数 a,均有$\lim\limits_{x\to a} x=a$.

【例 2.2.3】 求$\lim\limits_{x\to x_0} C$ (C 为常数).

解 这里 $f(x)=C$ 为常数函数,当自变量 x 无限趋近于点 x_0 时,函数的值始终保持为 C 不变,所以$\lim\limits_{x\to x_0} C=C$.

【例 2.2.4】 求$\lim\limits_{x\to 4}\sqrt{x}$.

解 我们来观察当 $x\to 4$ 时,函数 $f(x)=\sqrt{x}$的变化过程,见表 2.6.

表 2.6

x	3.9	3.99	3.999	→	4	←	4.001	4.01	4.1
$f(x)=\sqrt{x}$	1.9748	1.9975	1.9997	→	2	←	2.0002	2.0025	2.0248

当 $x\to 4$ 时,函数$\sqrt{x}$的变化趋势是明确的,这就是

$$\lim_{x\to 4}\sqrt{x}=\sqrt{4}=2.$$

一般地,当 $x_0>0$ 时,都有$\lim\limits_{x\to x_0}\sqrt{x}=\sqrt{x_0}$.

【例 2.2.5】 求极限$\lim\limits_{x\to 1}\dfrac{x^2-1}{x-1}$.

解 注意到函数$\dfrac{x^2-1}{x-1}$在 $x=1$ 处无定义,但是这并不妨碍我们求极限.

因为 $x\neq 1$,有$\dfrac{x^2-1}{x-1}=x+1$,所以

$$\lim_{x\to 1}\frac{x^2-1}{x-1}=\lim_{x\to 1}(x+1)=2.$$

3. 单侧极限

当我们讨论极限$\lim\limits_{x\to x_0} f(x)$时,其中 $x\to x_0$ 的变化过程可能包含有多种情况:x 既可以从 x_0 的左侧趋近于 x_0,又可以从 x_0 的右侧趋近于 x_0,也可忽左忽右趋近于 x_0.

如果只考虑 x 从某一侧趋近于 x_0 时函数的极限,称为**单侧极限**. 为了书写便利,以记号 $x\to x_0^-$ 表示 x 从 x_0 的左侧趋近于 x_0;以记号 $x\to x_0^+$ 表示 x 从 x_0 的右侧趋近于 x_0.

定义 2.6(左极限)　设函数 $y=f(x)$ 在点 x_0 的左半去心邻域 $(x_0-\delta,x_0)$ 内有定义,若当 x 从 x_0 的左侧趋近于 x_0 时,函数 $f(x)$ 无限趋近于某常数 A,则称 A 是函数 $f(x)$ 在 x 处的左极限,记为

$$\lim_{x\to x_0^-}f(x)=A.$$

同理,有如下定义:

定义 2.7(右极限)　设函数 $y=f(x)$ 在点 x_0 的右半去心邻域 $(x_0,x_0+\delta)$ 内有定义,若当 x 从 x_0 的右侧趋近于 x_0 时,函数 $f(x)$ 无限趋近于某常数 A,则称 A 是函数 $f(x)$ 在 x 处的右极限,记为

$$\lim_{x\to x_0^+}f(x)=A.$$

比较定义 2.5,定义 2.6 和定义 2.7,有下面的重要结论:

定理 2.1　函数 $f(x)$ 在 x_0 处的极限为 A 的充分必要条件是 $f(x)$ 在 x_0 处的左、右极限都存在并且都等于 A. 即

$$\lim_{x\to x_0}f(x)=A\ \Leftrightarrow\ \lim_{x\to x_0^-}f(x)=\lim_{x\to x_0^+}f(x)=A.$$

【例 2.2.6】　求 $\lim\limits_{x\to 2}[x]$.

解　取整函数 $[x]$ 的图形如图 2.2.7 所示,从图中可清楚地看出函数 $[x]$ 随 x 的变化而变化的趋势.

由于 $\lim\limits_{x\to 2^-}[x]=1$, $\lim\limits_{x\to 2^+}[x]=2$,所以 $\lim\limits_{x\to 2}[x]$ 不存在.

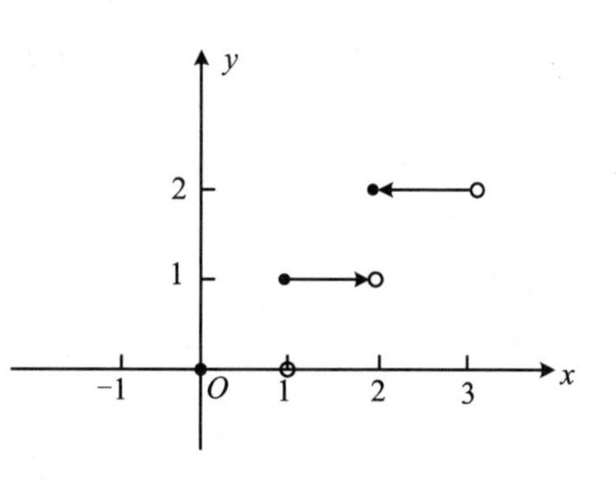

图 2.2.7

【例 2.2.7】　求 $\lim\limits_{x\to 0^+}\sqrt{x}$.

解　当 $x<0$ 时,函数 $\sqrt{x}$ 没有定义,故在 $x=0$ 处,只可以计算右极限

$$\lim_{x\to 0^+}\sqrt{x}=0.$$

【例 2.2.8】　讨论函数 $f(x)=\begin{cases}1+x, & x>0\\ 1, & x=0\\ 1-x, & x<0\end{cases}$ 在 $x=0$ 点极限的存在性.

解　函数 $f(x)$ 在 $x=0$ 点的 $\mathring{U}(0,1)$ 内有定义,当 x 从 0 的左侧趋于 0 时,相

应的函数值 $f(x)=1-x$ 无限趋近于 1,即

$$\lim_{x\to 0^-} f(x) = \lim_{x\to 0^-}(1-x) = 1.$$

当 x 从 0 的右侧趋于 0 时,相应的函数值 $f(x)=1+x$ 无限趋近于 1,即

$$\lim_{x\to 0^+} f(x) = \lim_{x\to 0^+}(1+x) = 1,$$

从而有 $\lim\limits_{x\to 0^+} f(x)=\lim\limits_{x\to 0^-} f(x)=1$,所以$\lim\limits_{x\to 0} f(x)=1$. 如图 2.2.8 所示.

而如果考虑函数 $f(x)=\begin{cases}1+x, & x>0\\ 1, & x=0\\ -1-x, & x<0\end{cases}$,因为

$$\lim_{x\to 0^-} f(x) = \lim_{x\to 0^-}(-1-x) = -1, \quad \lim_{x\to 0^+} f(x) = \lim_{x\to 0^+}(1+x) = 1,$$

所以$\lim\limits_{x\to 0} f(x)$不存在. 如图 2.2.9 所示.

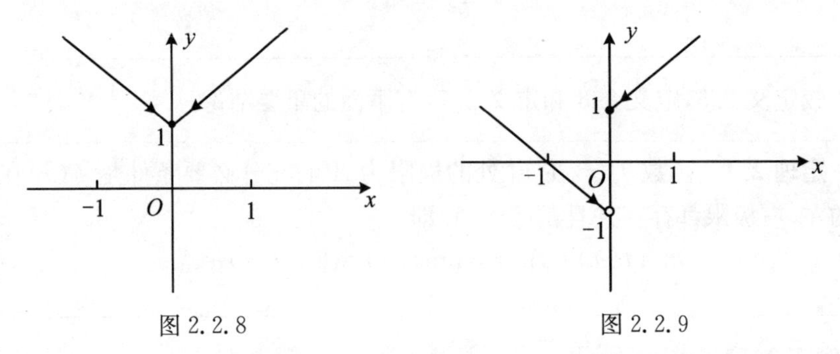

图 2.2.8　　　　图 2.2.9

注:本节中所给出的函数极限定义也仅仅是一种描述性的定义,无法进行严格的推理与证明. 关于函数极限的严格定义,有兴趣的读者可以参看 2.9 节.

4. 基本初等函数的极限

先来看一个例子.

【例 2.2.9】 求$\lim\limits_{x\to \alpha} \sin x$.

解 我们来观察当 $x\to\alpha$ 时,函数 $\sin x$ 的变化趋势.

如图 2.2.10 所示,随着自变量 x 无限接近于 α 时,函数值 $\sin x$ 无限趋近于 $\sin\alpha$. 则

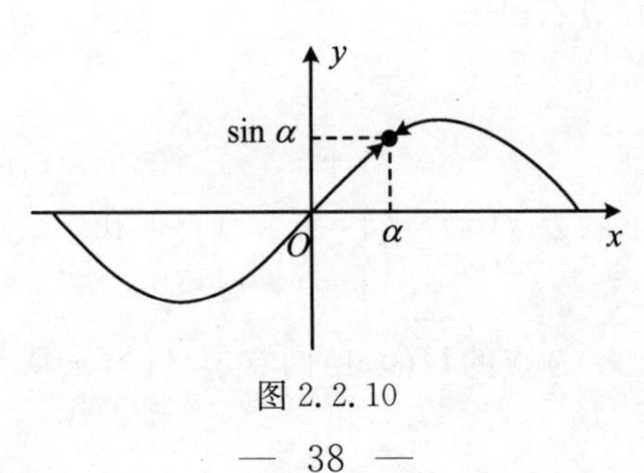

图 2.2.10

$$\lim_{x\to\alpha}\sin x=\sin\alpha.$$

同样,对任意的 α,下列极限式成立:

$$\lim_{x\to\alpha}\cos x=\cos\alpha,$$

$$\lim_{x\to\alpha}\tan x=\tan\alpha,\ \alpha\neq k\pi+\frac{\pi}{2},\ k\in\mathbf{Z},$$

$$\lim_{x\to\alpha}\cot x=\cot\alpha,\ \alpha\neq k\pi,\ k\in\mathbf{Z}.$$

至此,我们已见过不少关于基本初等函数极限的例子,其中例 2.2.3 是关于常数函数的,例 2.2.2、例 2.2.4、例 2.2.7 都是关于幂函数的,例 2.2.9 是关于三角函数的.还有一些基本初等函数未涉及,这里就不再一一讨论了,总之可以证明.

定理 2.2　假设 $f(x)$ 为任意某基本初等函数,它在点 x_0 的邻域内有定义,则当 $x\to x_0$ 时,$f(x)$ 的极限就是 $f(x)$ 在 x_0 处的值,即有

$$\lim_{x\to x_0}f(x)=f(x_0).\tag{2.2.4}$$

注:若 $f(x)$ 不是基本初等函数,我们不能轻易断言说(2.2.4)式成立,如前面所举的例 2.2.6.

2.3　无穷小量与无穷大量

2.3.1　无穷小量

在极限的研究过程中,我们会经常遇到极限为 0 的函数,这种函数有着特殊的作用,需要进行专门讨论.

定义 2.8　若在自变量 x 的某种变化过程中,函数 $f(x)$ 的极限为 0,即 $\lim f(x)=0$,则称函数 $f(x)$ 为该变化过程中的无穷小量,简称**无穷小**.

定义中的 $\lim f(x)=0$ 主要是强调函数的极限为 0,而没有具体给出自变量 x 的变化趋势,说明对于 x 的任何一种情形($x\to x_0^-$,$x\to x_0^+$,$x\to x_0$,$x\to\infty$,$x\to-\infty$ 或 $x\to+\infty$),结论都是成立的.例如:

(1) $\lim\limits_{x\to 0}\sin x=0$,所以函数 $\sin x$ 是当 $x\to 0$ 时的无穷小;

(2) $\lim\limits_{x\to\infty}\dfrac{1}{x}=0$,则函数 $\dfrac{1}{x}$ 是当 $x\to\infty$ 时的无穷小;

(3) $\lim\limits_{x\to-\infty}\mathrm{e}^x=0$,则函数 e^x 是当 $x\to-\infty$ 时的无穷小.

注:(1) 称一个函数为无穷小量,一定要明确指明其自变

量的变化趋势. 例如,对于 $f(x)=x-1$,在 $x\to 1$ 时 $f(x)$的极限为 0,所以在 $x\to 1$ 时 $f(x)$是一个无穷小量;当 $x\to 0$ 时 $f(x)$的极限为 -1,说明当 $x\to 0$ 时 $f(x)$不是无穷小量.

(2) 无穷小量不是常量,它的本质是一个变化过程中的函数,最终在自变量的某一趋向下,函数以零为极限,但零可以被看作无穷小量的唯一常数.

【例 2.3.1】 指出自变量 x 在怎样的趋向下,下列函数为无穷小量.

(1) $y=\dfrac{1}{x+1}$　(2) $y=x^2-1$　(3) $y=a^x$, $a>0, a\neq 1$

解 (1) 因为$\lim\limits_{x\to\infty}\dfrac{1}{x+1}=0$,所以当 $x\to\infty$时,函数 $y=\dfrac{1}{x+1}$是一个无穷小量.

(2) 因为$\lim\limits_{x\to 1}(x^2-1)=0$ 与 $\lim\limits_{x\to -1}(x^2-1)=0$,所以当 $x\to 1$ 与 $x\to -1$ 时函数 $y=x^2-1$都是无穷小量.

(3) 对于 $a>1$,因为 $\lim\limits_{x\to -\infty} a^x=0$,所以当 $x\to -\infty$时,$y=a^x$ 为一个无穷小量. 当 $0<a<1$,因为 $\lim\limits_{x\to +\infty} a^x=0$,所以当 $x\to +\infty$时,$y=a^x$ 为一个无穷小量.

无穷小量具有以下运算性质(证明略).

性质 1 有限个无穷小的代数和、差、积仍为无穷小.

性质 2 常数与无穷小的乘积仍为无穷小.

性质 3 无穷小量与有界变量的乘积仍为无穷小量.

注:(1) 无穷多个无穷小量之和不一定是无穷小量.

例如,当 $n\to\infty$时,$\dfrac{1}{n^2}$、$\dfrac{2}{n^2}$、…、$\dfrac{n}{n^2}$都是无穷小量,但

$$\lim_{n\to\infty}\left(\frac{1}{n^2}+\frac{2}{n^2}+\cdots+\frac{n}{n^2}\right)=\lim_{n\to\infty}\frac{n(n+1)}{2n^2}=\lim_{n\to\infty}\left(\frac{1}{2}+\frac{1}{2n}\right)=\frac{1}{2},$$

即:当 $n\to\infty$时,$\dfrac{1}{n^2}+\dfrac{2}{n^2}+\cdots\dfrac{n}{n^2}$不是无穷小.

(2) 两个无穷小量的商不一定是无穷小量. 比如:当 $x\to 0$ 时,x 与 $2x$ 都是无穷小量,但$\lim\limits_{x\to 0}\dfrac{2x}{x}=2$,所以当 $x\to 0$ 时$\dfrac{2x}{x}$不是无穷小量.

【例 2.3.2】 求极限$\lim\limits_{x\to\infty}\dfrac{1}{x}\sin x$.

解 由于$|\sin x|\leqslant 1$, $\sin x$ 是有界函数,而$\lim\limits_{x\to\infty}\dfrac{1}{x}=0$,即当 $x\to\infty$时,$\dfrac{1}{x}$为无穷小量,从而由无穷小性质得

$$\lim_{x\to\infty}\frac{1}{x}\sin x=\lim_{x\to\infty}\left(\frac{1}{x}\cdot\sin x\right)=0.$$

当 $x\to\infty$,函数$\dfrac{1}{x}$是无穷小量,而函数 $\cos x$, $\cos\dfrac{1}{x}$, $\sin x$, $\sin\dfrac{1}{x}$都是有界函数,则类似可得

$$\lim_{x\to\infty}\frac{1}{x}\cos x=\lim_{x\to\infty}\frac{1}{x}\ \cos\frac{1}{x}=\lim_{x\to\infty}\frac{1}{x}\ \sin\frac{1}{x}=0.$$

无穷小量与函数的极限之间有着密切的联系.

若极限$\lim\limits_{x\to x_0}f(x)=A$，即当 $x\to x_0$ 时，$f(x)$无限趋近于常数 A，说明 $f(x)-A$ 会无限趋近于 0，则极限$\lim\limits_{x\to x_0}[f(x)-A]=0$.

令 $f(x)-A=\alpha(x)$，则

$$f(x)=A+\alpha(x),\text{且}\lim_{x\to x_0}\alpha(x)=0.$$

上述结论可总结为如下定理.

> **定理 2.3**　$\lim\limits_{x\to x_0}f(x)=A$ 的充分必要条件是：$f(x)=A+\alpha(x)$，其中，当 $x\to x_0$ 时，$\alpha(x)$是一个无穷小量.

2.3.2　无穷大量

考察当 $x\to 0$ 时，函数 $f(x)=\dfrac{1}{x}$的变化情况. 在自变量无限接近于 0 时，函数值的绝对值$\left|\dfrac{1}{x}\right|$无限增大，见图 2.3.1.

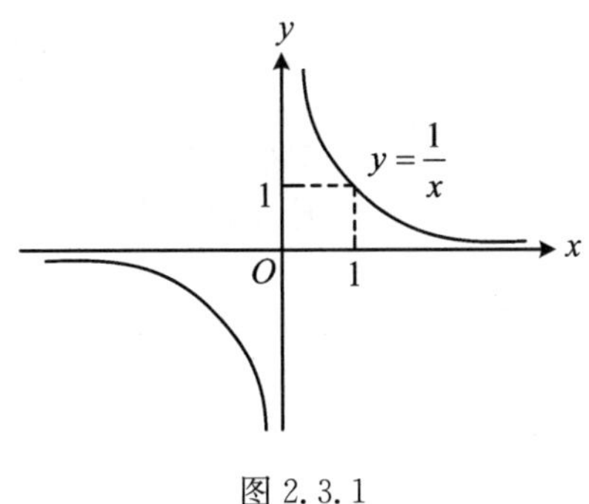

图 2.3.1

> **定义 2.9**　在自变量 x 的某个变化过程中，如果$|f(x)|$无限增大，则称函数 $f(x)$为该变化过程中的一个无穷大量，记为 $\lim f(x)=\infty$.

若相应的函数值 $f(x)$（或$-f(x)$）无限增大，则称函数 $f(x)$为正（或负）无穷大量，记为 $\lim f(x)=+\infty$（或 $\lim f(x)=-\infty$）.

如$\lim\limits_{x\to1^+}\dfrac{1}{x-1}=+\infty$，$\lim\limits_{x\to1^-}\dfrac{1}{x-1}=-\infty$，$\lim\limits_{x\to1}\dfrac{1}{x-1}=\infty$.

与无穷小量相类似，要说明一个函数为无穷大量，必须明确指出其自变量的变

化趋势.例如,对函数$\frac{1}{x}$,当$x\to0$时,它为无穷大量;当$x\to1$时,它以1为极限,则不是无穷大量.

注:(1) 无穷大量也不是一个常量的概念,它的本质是一个变化过程中的函数.其反映了在自变量某种趋势下,函数的绝对值无限地增大的一种趋势.

(2) 无穷大量与无界函数是两个不同的概念,有如下结论:

无穷大量一定是无界函数,但无界函数不一定是无穷大量.

下面给出无穷大量与无穷小量之间的关系:

定理 2.4 在自变量的同一变化过程中,无穷大的倒数为无穷小,恒不为零的无穷小的倒数为无穷大.即

(1) 若$\lim f(x)=\infty$,则$\lim\frac{1}{f(x)}=0$;

(2) 若$\lim f(x)=0$,且$f(x)\neq0$,则$\lim\frac{1}{f(x)}=\infty$.

【例 2.3.3】 指出自变量x在怎样的趋向下,下列函数为无穷大量.

(1) $y=\frac{1}{x-2}$ (2) $y=\ln x$

解 (1) 因为$\lim\limits_{x\to2}(x-2)=0$,根据无穷小量与无穷大量之间的关系有$\lim\limits_{x\to2}\frac{1}{x-2}=\infty$,则当$x\to2$时,函数$\frac{1}{x-2}$是无穷大量.

(2) 因为当$x\to0^+$时,$\ln x\to-\infty$;当$x\to+\infty$时,$\ln x\to+\infty$.所以当$x\to0^+$时,函数$\ln x$为负无穷大量;当$x\to+\infty$时,函数$\ln x$为正无穷大量.

【例 2.3.4】 求$\lim\limits_{x\to\infty}\frac{x^4}{x^3+5}$.

解 $\lim\limits_{x\to\infty}\frac{x^3+5}{x^4}=\lim\limits_{x\to\infty}\left(\frac{1}{x}+\frac{5}{x^4}\right)=0.$

根据无穷小与无穷大之间的关系,有$\lim\limits_{x\to\infty}\frac{x^4}{x^3+5}=\infty$.

2.3.3 极限$\lim\limits_{x\to x_0}f(x)=\infty$的几何意义

如果极限$\lim\limits_{x\to x_0^+}f(x)=+\infty$,则当$x$从$x_0$的右侧趋于$x_0$时,函数值$f(x)$会越来越大.说明在图形中,当$x\to x_0^+$时,曲线$y=f(x)$上的点到直线$x=x_0$的距离会趋于0,并且曲线会顺着直线$x=x_0$无限上升(见图2.3.2).此时我们称直线$x=x_0$是曲线$y=f(x)$的**铅直渐近线**.

同理,当$\lim\limits_{x\to x_0^+}f(x)=-\infty$,$\lim\limits_{x\to x_0^-}f(x)=+\infty$,$\lim\limits_{x\to x_0^-}f(x)=-\infty$,$\lim\limits_{x\to x_0}f(x)=\infty$

等极限成立时，都可称直线 $x=x_0$ 是曲线 $y=f(x)$ 的铅直渐近线.

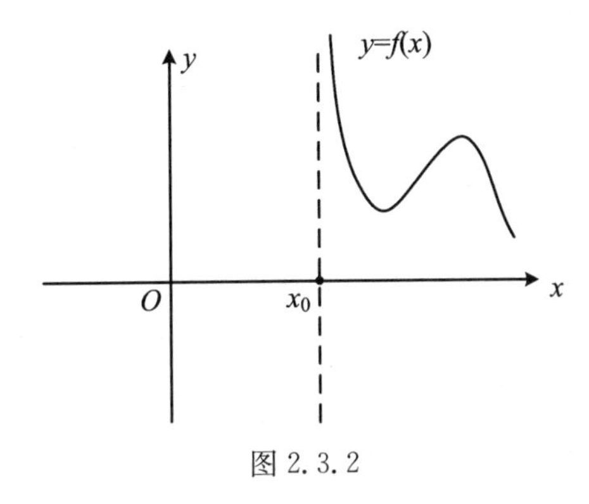

图 2.3.2

例如，因为 $\lim\limits_{x\to 0}\dfrac{1}{x}=\infty$，则直线 $x=0$ 是曲线 $y=\dfrac{1}{x}$ 的铅直渐近线.

又如，$\lim\limits_{x\to 1^+}\dfrac{1}{\sqrt{x-1}}=+\infty$，则直线 $x=1$ 是曲线 $y=\dfrac{1}{\sqrt{x-1}}$ 的铅直渐近线.

【例 2.3.5】 求函数 $y=\dfrac{x-1}{x-2}$ 的水平渐近线和铅直渐近线.

解　因为

$$y=\frac{x-1}{x-2}=1+\frac{1}{x-2},$$

所以

$$\lim_{x\to\infty}\frac{x-1}{x-2}=\lim_{x\to\infty}\left(1+\frac{1}{x-2}\right)=1,$$

则直线 $y=1$ 是曲线 $y=\dfrac{x-1}{x-2}$ 的水平渐近线.

又 $\lim\limits_{x\to 2}\dfrac{x-1}{x-2}=\infty$，则直线 $x=2$ 是曲线 $y=\dfrac{x-1}{x-2}$ 的铅直渐近线.

2.4　极限的运算法则

本节我们将讨论极限的运算法则，并运用它们来计算一些简单函数的极限.

定理 2.5（四则运算法则）　若 $\lim f(x)=A$，$\lim g(x)=B$，则

(1) $\lim(f(x)\pm g(x))=\lim f(x)\pm\lim g(x)=A\pm B$；

(2) $\lim(f(x)\cdot g(x))=\lim f(x)\cdot\lim g(x)=A\cdot B$；

(3) $\lim\dfrac{f(x)}{g(x)}=\dfrac{\lim f(x)}{\lim g(x)}=\dfrac{A}{B}\quad(B\neq 0)$.

注:(1) 定理中记号"lim"下面没有标明自变量的变化过程,是指对 $x\to x_0$, $x\to\infty$以及单侧极限都成立.

(2) 定理 2.5 结论成立的前提条件是:函数 $f(x)$与 $g(x)$的极限必须存在,否则结论不成立.

例如,$\lim\limits_{x\to 0} x\sin\dfrac{1}{x}=\lim\limits_{x\to 0} x\cdot\lim\limits_{x\to 0}\sin\dfrac{1}{x}=0$,这个推理过程是错误的.因为在 $x\to 0$ 时,函数 $\sin\dfrac{1}{x}$没有极限,所以不能将$\lim\limits_{x\to 0} x\sin\dfrac{1}{x}$分成$\lim\limits_{x\to 0} x$ 与$\lim\limits_{x\to 0}\sin\dfrac{1}{x}$的乘积来计算.

推论 2.1 若$\lim f(x)=A$, C 为常数,则$\lim C\cdot f(x)=C\cdot\lim f(x)$.

推论 2.2 若$\lim f(x)=A$, n 为正整数,则$\lim[f(x)]^n=[\lim f(x)]^n=A^n$.

【例 2.4.1】 设多项式函数 $Q_n(x)=a_0x^n+a_1x^{n-1}+\cdots+a_{n-1}x+a_n$,其中,$x\in\mathbf{R}$,证明$\lim\limits_{x\to x_0}Q_n(x)=Q_n(x_0)$.

证
$$\begin{aligned}\lim_{x\to x_0}Q_n(x)&=\lim_{x\to x_0}(a_0x^n+a_1x^{n-1}+\cdots+a_{n-1}x+a_n)\\&=\lim_{x\to x_0}a_0x^n+\lim_{x\to x_0}a_1x^{n-1}+\cdots+\lim_{x\to x_0}a_{n-1}x+\lim_{x\to x_0}a_n\\&=a_0x_0^n+a_1x_0^{n-1}+\cdots+a_{n-1}x_0+a_n=Q_n(x_0).\end{aligned}$$

例 2.4.1 说明当 $x\to x_0$ 时,多项式函数 $Q_n(x)=a_0x^n+a_1x^{n-1}+\cdots+a_{n-1}x+a_n$ 的极限就等于函数在 x_0 处的函数值 $Q_n(x_0)$.

【例 2.4.2】 求$\lim\limits_{x\to 3}(4x^2-5x+1)$.

解 由例 2.4.1 可知
$$\lim_{x\to 3}(4x^2-5x+1)=4\times 3^2-5\times 3+1=22.$$

【例 2.4.3】 设函数 $P(x)=\dfrac{Q_m(x)}{Q_n(x)}$,其中,$Q_m(x)$表示 m 次多项式函数,$Q_n(x)$表示 n 次多项式函数,且 $Q_n(x_0)\neq 0$,证明$\lim\limits_{x\to x_0}P(x)=P(x_0)$.

证 由定理 2.5 及例 2.4.1 有
$$\lim_{x\to x_0}P(x)=\frac{\lim\limits_{x\to x_0}Q_m(x)}{\lim\limits_{x\to x_0}Q_n(x)}=\frac{Q_m(x_0)}{Q_n(x_0)}=P(x_0).$$

【例 2.4.4】 求$\lim\limits_{x\to 1}\dfrac{x^2+3x-1}{2x^4-5}$.

解 因为分母的极限
$$\lim_{x\to 1}(2x^4-5)=2\times 1^4-5=-3\neq 0.$$
所以由上例结论可知
$$\lim_{x\to 1}\frac{x^2+3x-1}{2x^4-5}=\frac{1^2+3\times 1-1}{2\times 1^4-5}=-1.$$

【例 2.4.5】 求$\lim\limits_{x\to 1}\dfrac{x^2+2x-3}{x^2-1}$.

解　因为分母的极限$\lim\limits_{x\to1}(x^2-1)=0$，所以不能直接运用定理 2.5 的运算法则，又因为分子的极限$\lim\limits_{x\to1}(x^2+2x-3)=0$，即当 $x\to1$ 时，分子、分母的极限都为 0，说明分子、分母都含有因式 $x-1$. 所以可先约去因式 $x-1$ 后再求极限.

$$\lim_{x\to1}\frac{x^2+2x-3}{x^2-1}=\lim_{x\to1}\frac{(x-1)(x+3)}{(x-1)(x+1)}=\lim_{x\to1}\frac{x+3}{x+1}=\frac{1+3}{1+1}=2.$$

【例 2.4.6】　求$\lim\limits_{x\to\infty}\dfrac{x^2+2x-3}{x^2-1}$.

解　当 $x\to\infty$时，分子、分母都是无穷大量，所以不能运用定理 2.5 的运算法则. 对于这种形式的极限，先将分子、分母同除以 x 的最高次幂，再进行运算.

$$\lim_{x\to\infty}\frac{x^2+2x-3}{x^2-1}=\lim_{x\to\infty}\frac{1+\dfrac{2}{x}-\dfrac{3}{x^2}}{1-\dfrac{1}{x^2}}=1.$$

又如

$$\lim_{x\to\infty}\frac{3x^2-x+4}{4x^3+1}=\lim_{x\to\infty}\frac{\dfrac{3}{x}-\dfrac{1}{x^2}+\dfrac{4}{x^3}}{4-\dfrac{1}{x^3}}=0,$$

$$\lim_{x\to\infty}\frac{x^4+5}{x^3-2x+3}=\lim_{x\to\infty}\frac{1+\dfrac{5}{x^4}}{\dfrac{1}{x}-\dfrac{2}{x^3}+\dfrac{3}{x^4}}=\infty.$$

综上所述，有如下结论：当 $a_n\neq0,b_m\neq0,m,n$ 为正整数时，

$$\lim_{x\to\infty}\frac{a_nx^n+a_{n-1}x^{n-1}+\cdots+a_1x+a_0}{b_mx^m+b_{m-1}x^{m-1}+\cdots+b_1x+b_0}=\begin{cases}0, & n<m\\ \dfrac{a_n}{b_m}, & n=m.\\ \infty, & n>m\end{cases}$$

【例 2.4.7】　求$\lim\limits_{x\to\infty}(\sqrt{x^2+1}-\sqrt{x^2-1})$.

解　当 $x\to\infty$时，$\sqrt{x^2+1}$和$\sqrt{x^2-1}$的极限都不存在，故不能直接把减号拆开计算. 可先分子有理化，再求极限.

$$\begin{aligned}\lim_{x\to\infty}(\sqrt{x^2+1}-\sqrt{x^2-1})&=\lim_{x\to\infty}\frac{(\sqrt{x^2+1}-\sqrt{x^2-1})(\sqrt{x^2+1}+\sqrt{x^2-1})}{\sqrt{x^2+1}+\sqrt{x^2-1}}\\&=\lim_{x\to\infty}\frac{2}{\sqrt{x^2+1}+\sqrt{x^2-1}}=0.\end{aligned}$$

【例 2.4.8】　求$\lim\limits_{x\to1}\left(\dfrac{x}{x-1}-\dfrac{2}{x^2-1}\right)$.

解　先通分，再求极限.

$$\lim_{x\to1}\left(\frac{x}{x-1}-\frac{2}{x^2-1}\right)=\lim_{x\to1}\frac{(x-1)(x+2)}{(x-1)(x+1)}=\frac{3}{2}.$$

【例 2.4.9】 求$\lim\limits_{x\to 1}\frac{\sqrt{x^2+3}-2}{x-1}$.

解 当$x\to 1$时,分子、分母的极限都为零,应先消去零的公因式,再求极限.

$$\begin{aligned}\lim_{x\to 1}\frac{\sqrt{x^2+3}-2}{x-1}&=\lim_{x\to 1}\frac{(\sqrt{x^2+3}-2)(\sqrt{x^2+3}+2)}{(x-1)(\sqrt{x^2+3}+2)}\\&=\lim_{x\to 1}\frac{x^2-1}{(x-1)(\sqrt{x^2+3}+2)}\\&=\lim_{x\to 1}\frac{x+1}{\sqrt{x^2+3}+2}=\frac{1}{2}.\end{aligned}$$

【例 2.4.10】 设函数$f(x)=\begin{cases}\frac{(1+x)^2-1}{x}, & x>0\\ x+b, & x\leqslant 0\end{cases}$,请问:当$b$取什么值时,$\lim\limits_{x\to 0}f(x)$存在?

解 显然函数$f(x)$是分段函数.求$x\to 0$时$f(x)$的极限,要考察x从0的两侧趋于0时相应的函数值的变化趋势,即分别求在$x=0$处的左右极限.

$$\lim_{x\to 0^-}f(x)=\lim_{x\to 0^-}(x+b)=b,$$

$$\lim_{x\to 0^+}f(x)=\lim_{x\to 0^+}\frac{2x+x^2}{x}=\lim_{x\to 0^+}(2+x)=2.$$

因为$\lim\limits_{x\to 0}f(x)=A$存在充分必要条件是$\lim\limits_{x\to 0^+}f(x)=\lim\limits_{x\to 0^-}f(x)=A$,所以当$b=2$时,$\lim\limits_{x\to 0}f(x)$存在.

一般地,要求复合函数的极限$\lim\limits_{x\to x_0}f[\varphi(x)]$,可采用换元法进行计算.令$u=\varphi(x)$,若$\lim\limits_{x\to x_0}\varphi(x)=u_0$,$\lim\limits_{u\to u_0}f(u)=A$,则有

$$\lim_{x\to x_0}f[\varphi(x)]=\lim_{u\to u_0}f(u)=A.$$

【例 2.4.11】 求极限$\lim\limits_{x\to\infty}e^{\frac{1}{x}}$.

解 令$u=\frac{1}{x}$,当$x\to\infty$时,$u=\frac{1}{x}\to 0$,于是有

$$\lim_{x\to\infty}e^{\frac{1}{x}}=\lim_{u\to 0}e^u=1.$$

【例 2.4.12】 求极限$\lim\limits_{x\to 3}\sqrt{\frac{1}{x+3}}$.

解 令$u=\frac{1}{x+3}$,当$x\to 3$时,$u=\frac{1}{x+3}\to\frac{1}{6}$,则

$$\lim_{x\to 3}\sqrt{\frac{1}{x+3}}=\lim_{u\to\frac{1}{6}}\sqrt{u}=\sqrt{\frac{1}{6}}=\frac{\sqrt{6}}{6}.$$

2.5　两个重要极限

在极限计算过程中，经常会遇到三角函数与幂指函数的极限计算，而最常见的就是两个重要极限$\lim\limits_{x\to 0}\dfrac{\sin x}{x}=1$ 及$\lim\limits_{x\to\infty}\left(1+\dfrac{1}{x}\right)^{x}=\mathrm{e}$.

2.5.1　$\lim\limits_{x\to 0}\dfrac{\sin x}{x}=1$

在证明这个极限公式之前，先给出一个极限存在准则：

准则Ⅰ　设 $f(x)$，$g(x)$，$h(x)$在 x_0 点的去心邻域$\mathring{U}(x_0,\delta)$内有定义，且满足：

(1) 对$\forall\, x\in\mathring{U}(x_0,\delta)$，有 $g(x)\leqslant f(x)\leqslant h(x)$；

(2) $\lim\limits_{x\to x_0}g(x)=\lim\limits_{x\to x_0}h(x)=A$，

则$\lim\limits_{x\to x_0}f(x)=A$.

准则Ⅰ又称为挤压定理，它的几何意义十分明显，如图 2.5.1 所示.

说明：上述准则仅以 $x\to x_0$ 类型的极限给出，对于其他各种类型的极限，挤压定理仍然成立.

极限Ⅰ　$\lim\limits_{x\to 0}\dfrac{\sin x}{x}=1$.

证　因为函数$\dfrac{\sin x}{x}$是偶函数，所以只证明$\lim\limits_{x\to 0^+}\dfrac{\sin x}{x}=1$ 的情形.

先考虑 $0<x<\dfrac{\pi}{2}$的情形. 如图 2.5.2 所示，在单位圆中，

$$\triangle OAB\text{ 的面积}<\text{扇形 }OAB\text{ 的面积}<\triangle OAE\text{ 的面积}.$$

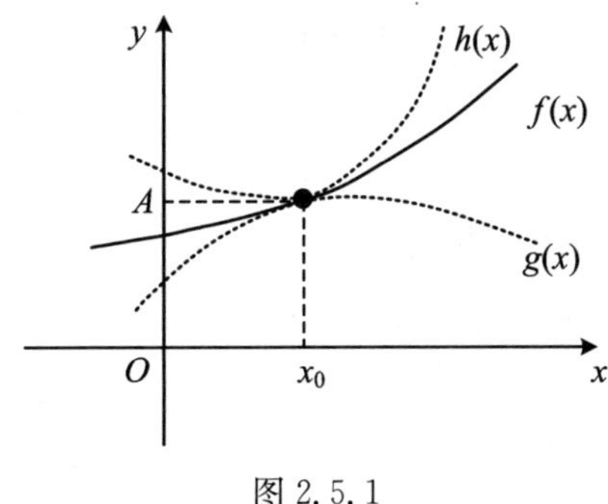

图 2.5.1

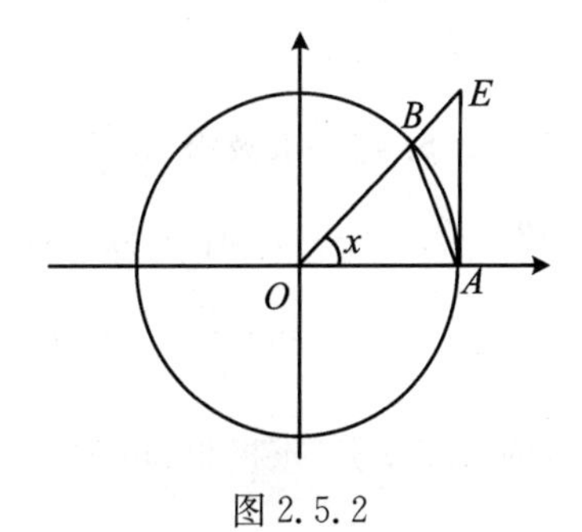

图 2.5.2

所以有

$$\sin x<x<\tan x,$$

从而有

$$\cos x<\frac{\sin x}{x}<1.$$

又因为 $\lim\limits_{x\to0^+}\cos x=1$,根据挤压定理,有

$$\lim_{x\to0^+}\frac{\sin x}{x}=1.$$

由对称性知

$$\lim_{x\to0^-}\frac{\sin x}{x}=\lim_{x\to0^+}\frac{\sin x}{x}=1.$$

综上所述有

$$\lim_{x\to0}\frac{\sin x}{x}=1.$$

【例 2.5.1】 求极限 $\lim\limits_{x\to1}\frac{\sin(x^2-1)}{x^2-1}$.

解 令 $t=x^2-1$,当 $x\to1$ 时,$t\to0$,则有

$$\lim_{x\to1}\frac{\sin(x^2-1)}{x^2-1}=\lim_{t\to0}\frac{\sin t}{t}=1.$$

在实际应用中,此公式一般形式为

$$\lim_{\square\to0}\frac{\sin\square}{\square}=1,$$

其中"□"代表同一变量表达式.

【例 2.5.2】 求极限 $\lim\limits_{x\to0}\frac{\sin 3x}{x}$.

解 $\lim\limits_{x\to0}\frac{\sin 3x}{x}=\lim\limits_{x\to0}3\,\frac{\sin 3x}{3x}=3.$

【例 2.5.3】 求极限 $\lim\limits_{x\to0}\frac{\sin\alpha x}{\sin\beta x}$ $(\alpha\neq0,\beta\neq0)$.

解 $\lim\limits_{x\to0}\frac{\sin\alpha x}{\sin\beta x}=\lim\limits_{x\to0}\left(\frac{\sin\alpha x}{\alpha x}\cdot\frac{\beta x}{\sin\beta x}\cdot\frac{\alpha x}{\beta x}\right)=\frac{\alpha}{\beta}\cdot\lim\limits_{x\to0}\frac{\sin\alpha x}{\alpha x}\cdot\lim\limits_{x\to0}\frac{\beta x}{\sin\beta x}=\frac{\alpha}{\beta}.$

【例 2.5.4】 求极限 $\lim\limits_{x\to\pi}\frac{\sin x}{\pi-x}$.

解 令 $t=\pi-x$,则 $x=\pi-t$,而 $x\to\pi\Leftrightarrow t\to0$,因此

$$\lim_{x\to\pi}\frac{\sin x}{\pi-x}=\lim_{t\to0}\frac{\sin(\pi-t)}{t}=\lim_{t\to0}\frac{\sin t}{t}=1.$$

【例 2.5.5】 求极限 $\lim\limits_{x\to0}\frac{\tan x}{x}$.

解 $\lim\limits_{x\to0}\frac{\tan x}{x}=\lim\limits_{x\to0}\frac{\sin x}{x\cdot\cos x}=\lim\limits_{x\to0}\left(\frac{\sin x}{x}\cdot\frac{1}{\cos x}\right)=1.$

【例 2.5.6】 求极限 $\lim\limits_{x\to0}\frac{1-\cos x}{x^2}$.

解 $\lim\limits_{x\to 0}\frac{1-\cos x}{x^2}=\lim\limits_{x\to 0}\frac{2\sin^2\left(\frac{x}{2}\right)}{x^2}=\lim\limits_{x\to 0}\frac{1}{2}\cdot\left(\frac{\sin\frac{x}{2}}{\frac{x}{2}}\right)^2=\frac{1}{2}.$

2.5.2 $\lim\limits_{x\to\infty}\left(1+\frac{1}{x}\right)^x=\mathrm{e}$

在说明上述极限之前,我们再给出另一个极限存在准则.

> **定义 2.10** 如果数列$\{x_n\}$满足条件$x_1\leqslant x_2\leqslant\cdots\leqslant x_n\leqslant x_{n+1}\leqslant\cdots$,则称数列$\{x_n\}$是单调增加的;如果数列$\{x_n\}$满足条件$x_1\geqslant x_2\geqslant\cdots\geqslant x_n\geqslant x_{n+1}\geqslant\cdots$,则称数列$\{x_n\}$是单调减少的.单调增加和单调减少的数列统称为**单调数列**.

准则Ⅱ 单调有界数列必有极限.

有界的数列不一定收敛,但如果一数列不仅有界,而且是单调的,那么该数列必有极限.

对准则Ⅱ,我们不做证明,从几何上解释如下.

从数轴上看,对应于单调数列的点x_n只能向同一个方向移动,不妨假设x_n为单调增,M为其上界,则必存在一个数$A\leqslant M$,当$n\to\infty$时,A成为x_n的集聚点,即x_n可无限接近A,且始终有$x_n\leqslant A$,如图 2.5.3 所示.

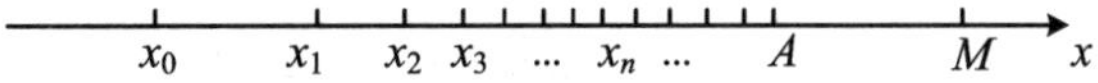

x_0　x_1　x_2　x_3　…　x_n　…　A　M　x

图 2.5.3

例如,若$x_n=1-\frac{1}{n}$,$n=1,2,\cdots$,则显然数列$\{x_n\}$单调增,有上界($x_n<1$).根据单调有界准则,数列$\{x_n\}$必有极限.如图 2.5.4 所示,图中有:$x_1=0$,$x_2=\frac{1}{2}$,$x_3=\frac{2}{3}$,$\cdots$,$x_n=1-\frac{1}{n}$.

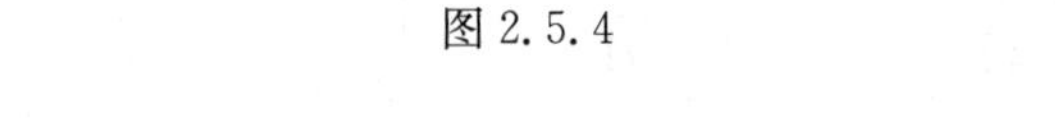

x_1　x_2　x_3　…　x_n　1　x

图 2.5.4

事实上,

$$\lim_{n\to\infty}x_n=\lim_{n\to\infty}\left(1-\frac{1}{n}\right)=1.$$

极限Ⅱ $\lim\limits_{x\to\infty}\left(1+\frac{1}{x}\right)^x=\mathrm{e}.$

首先考虑当x取自然数n时的特殊情况.

令 $a_n=\left(1+\frac{1}{n}\right)^n$,首先证明极限 $\lim\limits_{n\to\infty}a_n$ 的存在性,根据极限存在性的准则Ⅱ,只须说明数列 $\{a_n\}$ 单调有界即可.

*1. 关于 $\{a_n\}$ 的单调性①

对于 $a_n=\left(1+\frac{1}{n}\right)^n$ 用二项展开式展开,得

$$
\begin{aligned}
a_n&=1+n\cdot\frac{1}{n}+\frac{n(n-1)}{2!}\cdot\left(\frac{1}{n}\right)^2+\cdots+\frac{n(n-1)\cdots(n-k+1)}{k!}\left(\frac{1}{n}\right)^k\\
&\quad+\cdots+\frac{n(n-1)\cdots2\cdot1}{n!}\cdot\left(\frac{1}{n}\right)^n\\
&=1+1+\frac{1}{2!}\left(1-\frac{1}{n}\right)+\frac{1}{3!}\left(1-\frac{1}{n}\right)\cdot\left(1-\frac{2}{n}\right)+\cdots\\
&\quad+\frac{1}{k!}\left(1-\frac{1}{n}\right)\cdot\left(1-\frac{2}{n}\right)\cdots\left(1-\frac{k-1}{n}\right)+\cdots\\
&\quad+\frac{1}{n!}\left(1-\frac{1}{n}\right)\cdot\left(1-\frac{2}{n}\right)\cdots\left(1-\frac{n-1}{n}\right).
\end{aligned}\tag{2.5.1}
$$

于是

$$
\begin{aligned}
a_{n+1}&=1+1+\frac{1}{2!}\left(1-\frac{1}{n+1}\right)+\frac{1}{3!}\left(1-\frac{1}{n+1}\right)\cdot\left(1-\frac{2}{n+1}\right)+\cdots\\
&\quad+\frac{1}{k!}\left(1-\frac{1}{n+1}\right)\cdot\left(1-\frac{2}{n+1}\right)\cdots\left(1-\frac{k-1}{n+1}\right)+\cdots\\
&\quad+\frac{1}{n!}\left(1-\frac{1}{n+1}\right)\cdot\left(1-\frac{2}{n+1}\right)\cdots\left(1-\frac{n-1}{n+1}\right)\\
&\quad+\frac{1}{(n+1)!}\left(1-\frac{1}{n+1}\right)\cdot\left(1-\frac{2}{n+1}\right)\cdots\left(1-\frac{n}{n+1}\right).
\end{aligned}
$$

注意到,$1-\frac{k}{n}<1-\frac{k}{n+1}$,$k=1,2,\cdots,n$,并且 a_{n+1} 比 a_n 多一项,所以,$a_n<a_{n+1}$,即 a_n 是单调增加数列.

*2. 关于 $\{a_n\}$ 的有界性

由(2.5.1)式得

$$
\begin{aligned}
a_n&<1+1+\frac{1}{2!}+\frac{1}{3!}+\cdots+\frac{1}{n!}<1+1+\left(1-\frac{1}{2}\right)+\left(\frac{1}{2}-\frac{1}{3}\right)+\cdots\\
&\quad+\left(\frac{1}{n-1}-\frac{1}{n}\right)<3.
\end{aligned}
$$

故 a_n 是单调有界数列. 因此,极限 $\lim\limits_{n\to\infty}a_n$ 存在. 极限值记为 e,即 $\lim\limits_{n\to\infty}\left(1+\frac{1}{n}\right)^n=\mathrm{e}$.

① *表示选修内容.

e 是数学中一个重要的常数，它是无理数，其值为 e=2.718281828459045…

可以证明，对于实数 x，仍有 $\lim\limits_{x\to+\infty}\left(1+\frac{1}{x}\right)^x=\mathrm{e}$. 进而可得

$$\lim_{x\to\infty}\left(1+\frac{1}{x}\right)^x=\mathrm{e}. \tag{2.5.2}$$

在(2.5.2)式中，令 $t=\frac{1}{x}$，则 $x\to\infty$时，$t\to0$，由此可得到极限的另一种形式：

$$\lim_{t\to0}(1+t)^{\frac{1}{t}}=\mathrm{e}.$$

重要极限Ⅱ的一般形式为

$$\lim_{\square\to\infty}\left(1+\frac{1}{\square}\right)^{\square}=\mathrm{e}\quad 或\quad \lim_{\square\to0}(1+\square)^{\frac{1}{\square}}=\mathrm{e}.$$

【例 2.5.7】 求$\lim\limits_{x\to\infty}\left(1+\frac{1}{x}\right)^{kx}$　(k 为非零常数).

解　$\lim\limits_{x\to\infty}\left(1+\frac{1}{x}\right)^{kx}=\left[\lim\limits_{x\to\infty}\left(1+\frac{1}{x}\right)^x\right]^k=\mathrm{e}^k.$

【例 2.5.8】 求$\lim\limits_{x\to\infty}\left(1-\frac{1}{x}\right)^x$.

解法 1　令 $t=-\frac{1}{x}$，则 $x=-\frac{1}{t}$，当 $x\to\infty$时，$t\to0$，得

$$\lim_{x\to\infty}\left(1-\frac{1}{x}\right)^x=\lim_{t\to0}(1+t)^{\frac{-1}{t}}=\lim_{t\to0}\left[(1+t)^{\frac{1}{t}}\right]^{-1}=\mathrm{e}^{-1}.$$

解法 2　$\lim\limits_{x\to\infty}\left(1-\frac{1}{x}\right)^x=\lim\limits_{x\to\infty}\left[1+\left(\frac{-1}{x}\right)\right]^{-x\cdot(-1)}=\mathrm{e}^{-1}.$

这个结论也可以作为公式来使用.

【例 2.5.9】 求$\lim\limits_{x\to0}(1-2x)^{\frac{1}{x}}$.

解　$\lim\limits_{x\to0}(1-2x)^{\frac{1}{x}}=\lim\limits_{x\to0}\left[(1-2x)^{-\frac{1}{2x}}\right]^{-2}=\mathrm{e}^{-2}.$

【例 2.5.10】 求$\lim\limits_{x\to\infty}\left(\frac{x+1}{x-1}\right)^x$.

解　$\lim\limits_{x\to\infty}\left(\frac{x+1}{x-1}\right)^x=\lim\limits_{x\to\infty}\left(\frac{1+\frac{1}{x}}{1-\frac{1}{x}}\right)^x=\frac{\lim\limits_{x\to\infty}\left(1+\frac{1}{x}\right)^x}{\lim\limits_{x\to\infty}\left(1-\frac{1}{x}\right)^x}=\frac{\mathrm{e}}{\mathrm{e}^{-1}}=\mathrm{e}^2.$

2.5.3　连续复利

设初始本金为 P 元，年利率为 r，按复利计息，如果一年分 n 期付息，那么每期利率为$\frac{r}{n}$，则一年后的本利和为

$$P_1=P\left(1+\frac{r}{n}\right)^n,$$

第二年后的本利和为

$$P_k = P\left(1+\frac{r}{n}\right)^{2n},$$

……

第 k 年后的本利和为

$$P_k = P\left(1+\frac{r}{n}\right)^{n\cdot k}.$$

如果一年内复利计息次数越来越大,即令 $n\to\infty$(可以理解为每时每刻计算复利,称为**连续复利**),则 k 年后的本利和为

$$P_k = \lim_{n\to\infty}P\left(1+\frac{r}{n}\right)^{nk} = \lim_{n\to\infty}P\left(1+\frac{r}{n}\right)^{\frac{n}{r}\cdot rk} = Pe^{rk}.$$

上述极限公式称为**连续复利公式**.

如果1000元投资3年,年利率为6%,按复利计息,则3年后1000元本金变成:

(1) 每年计算一次利息　　$1000\times(1.06)^3=1191.02$ (元);

(2) 每半年计算一次利息　$1000\times(1.03)^6=1194.05$ (元);

(3) 每季度计算一次利息　$1000\times(1.015)^{12}=1195.62$ (元);

(4) 每月计算一次利息　　$1000\times(1.005)^{36}=1196.68$ (元);

(5) 每天计算一次利息　　$1000\times\left(1+\frac{0.06}{365}\right)^{365\times 3}=1197.20$ (元).

由此可见,随着计息利率周期增多,所获利息也增加. 若按连续复利计算,则3年后本息和为 $P_3=1000e^{0.06\times 3}=1197.22$(元).

可以发现这个金额与每天付息计算的结果1197.20元十分接近,但采用连续复利的付息方式,计算更为简单. 因此,连续复利可以作为存期较长、付息期数较多情况下的一种近似估计.

2.6 连续函数

2.6.1 连续函数的概念

在自然界中有许多现象都是连续不断地变化的,如气温随着时间的变化而连续变化;又如金属轴的长度随气温有极微小的改变也是连续变化的等等. 这些现象反映在数量关系上就是我们所说的连续性. 下面给出连续函数的概念.

设自变量从初值 x_0 变为终值 x 时,差值 $x-x_0$ 称为**自变量 x 的增量**(又称为改变量),记为 Δx. 注意,增量 Δx 可以是正的,也可以是负的.

现假定函数 $y=f(x)$ 在 x_0 的某一个邻域 $U(x_0,\delta)$ 内是有定义的,当自变量 x 在这邻域内从 x_0 点变到 $x_0+\Delta x$ 时,相应

函数 $f(x)$ 的值从 $f(x_0)$ 变为 $f(x_0+\Delta x)$，称 $f(x_0+\Delta x)-f(x_0)$ 为**函数值的增量**（或改变量），记作 Δy，或者 $\Delta f(x)$.

通常使用函数值增量时，可以有两种形式：令 $x=x_0+\Delta x$，则有

$$\Delta y = f(x_0+\Delta x)-f(x_0) \text{ 或 } \Delta y = f(x)-f(x_0).$$

借助函数增量的定义，我们可以给出函数连续的概念.

> **定义 2.11** 设函数 $y=f(x)$ 在 x_0 的某一个邻域 $U(x_0,\delta)$ 内有定义，若
> $$\lim_{\Delta x\to 0}\Delta y=\lim_{\Delta x\to 0}[f(x_0+\Delta x)-f(x_0)]=0,$$
> 则称函数 $y=f(x)$ 在点 x_0 处**连续**，x_0 称为函数 $y=f(x)$ 的**连续点**（如图 2.6.1 所示）.

相反，若 Δx 趋于 0 时，Δy 不趋于 0，则称函数 $y=f(x)$ 在点 x_0 处不连续（如图 2.6.2 所示）.

该定义表明，函数在某点处连续的本质是：当自变量的变化很小时，对应函数值的变化也很小.

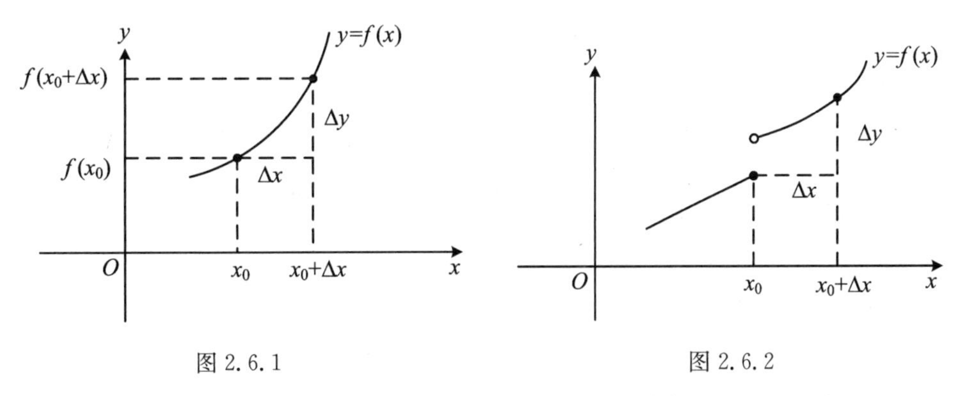

图 2.6.1　　　　图 2.6.2

在定义 2.11 中，若令 $x=x_0+\Delta x$，即 $\Delta x=x-x_0$，则当 $\Delta x\to 0$ 时，有 $x\to x_0$. 所以

$$\lim_{\Delta x\to 0}[f(x_0+\Delta x)-f(x_0)]=\lim_{x\to x_0}[f(x)-f(x_0)]=\lim_{x\to x_0}f(x)-f(x_0)=0.$$

可得到函数 $y=f(x)$ 在点 x_0 处连续的等价定义：

> **定义 2.12** 设函数 $y=f(x)$ 在 x_0 的某一个邻域 $U(x_0,\delta)$ 内有定义，若
> $$\lim_{x\to x_0}f(x)=f(x_0),$$
> 则称函数 $y=f(x)$ 在点 x_0 处连续.

由定义可知，一个函数 $f(x)$ 在点 x_0 连续必须同时满足下列三个条件：

(1) 函数 $y=f(x)$ 在 x_0 的某一个邻域（包含 x_0 点）有定义；

(2) $\lim\limits_{x\to x_0}f(x)$存在;

(3) $\lim\limits_{x\to x_0}f(x)=f(x_0)$,即极限值等于函数值.

前面我们学过了左、右极限,而连续是与极限紧密相关的概念,因此相应于函数在点 x_0 处的左、右极限的概念,可以给出函数在 x_0 点左、右连续的定义.

定义 2.13 设函数 $f(x)$在点 x_0 处左邻域(右邻域)内有定义,若

$$\lim_{x\to x_0^-}f(x)=f(x_0)\quad\left(\lim_{x\to x_0^+}f(x)=f(x_0)\right),$$

则称函数 $y=f(x)$在点 x_0 处**左(右)连续**.

定理 2.6 函数 $f(x)$在点 x_0 处连续的充分必要条件是:函数 $f(x)$在点 x_0 处左连续且右连续.即

$$\lim_{x\to x_0}f(x)=f(x_0)\Leftrightarrow\lim_{x\to x_0^+}f(x)=\lim_{x\to x_0^-}f(x)=f(x_0).$$

【例 2.6.1】 证明函数 $f(x)=\begin{cases}x^2, & x\geqslant 1\\ \dfrac{1}{x}, & 0<x<1\end{cases}$ 在 $x=1$ 处连续.

证 因为 $\lim\limits_{x\to 1^+}f(x)=\lim\limits_{x\to 1^+}x^2=1$, $\lim\limits_{x\to 1^-}f(x)=\lim\limits_{x\to 1^-}\dfrac{1}{x}=1$, $f(1)=1$,故有$\lim\limits_{x\to 1}f(x)=f(1)=1$,所以函数 $f(x)$在 $x=1$ 处连续.

【例 2.6.2】 证明函数 $f(x)=\begin{cases}x\cos\dfrac{1}{x}+1, & x\neq 0\\ 1, & x=0\end{cases}$ 在 $x=0$ 处连续.

证 因为$\lim\limits_{x\to 0}f(x)=\lim\limits_{x\to 0}\left(x\cos\dfrac{1}{x}+1\right)=1$, $f(0)=1$.从而有$\lim\limits_{x\to 0}f(x)=1=f(0)$,所以函数 $f(x)$在 $x=0$ 处连续.

【例 2.6.3】 证明函数 $f(x)=\begin{cases}x^2, & x\geqslant 1\\ \dfrac{\sin x}{x}, & 0<x<1\end{cases}$ 在 $x=1$ 处不连续.

证 因为 $\lim\limits_{x\to 1^+}f(x)=\lim\limits_{x\to 1^+}x^2=1$, $\lim\limits_{x\to 1^-}f(x)=\lim\limits_{x\to 1^-}\dfrac{\sin x}{x}=\sin 1$,即 $\lim\limits_{x\to 1^+}f(x)\neq\lim\limits_{x\to 1^-}f(x)$,所以$\lim\limits_{x\to 1}f(x)$不存在,故函数 $f(x)$在 $x=1$ 处不连续.

定义 2.14 若函数 $f(x)$在开区间(a,b)内每一点都连续,则称函数 $f(x)$在开区间(a,b)内连续.若函数 $f(x)$在开区间(a,b)内连续,且在点 a 右连续,在点 b 左连续,则称函数 $f(x)$在闭区间$[a,b]$上连续.

在区间内每一点都连续的函数,称为该区间内的**连续函数**.

连续函数的图形是一条连续而不间断的曲线.

2.6.2　连续函数的性质

定理 2.7(四则运算)　设函数 $f(x)$ 与 $g(x)$ 在 x_0 处连续,则

(1) $f(x)\pm g(x)$ 在 x_0 处连续;

(2) $f(x)\cdot g(x)$ 在 x_0 处连续;

(3) 当 $g(x_0)\neq 0$ 时,$\dfrac{f(x)}{g(x)}$ 在 x_0 处连续.

证　现就乘积的情形加以证明,其他情形可以用类似方法完成.

已知 $\lim\limits_{x\to x_0}f(x)=f(x_0)$,$\lim\limits_{x\to x_0}g(x)=g(x_0)$,则

$$\lim_{x\to x_0}f(x)g(x)=\lim_{x\to x_0}f(x)\cdot\lim_{x\to x_0}g(x)=f(x_0)\cdot g(x_0).$$

即函数 $f(x)\cdot g(x)$ 在 x_0 处连续.

定理 2.8　若函数 $y=f(x)$ 在某区间上严格单调且连续,则其反函数 $y=f^{-1}(x)$ 在相应的区间上也严格单调且连续.

定理 2.9　若函数 $u=\varphi(x)$ 在 x_0 处连续且 $u_0=\varphi(x_0)$,函数 $y=f(u)$ 在 u_0 处连续,则复合函数 $y=f(\varphi(x))$ 在 x_0 处连续.

例如,$u=\sin x$ 在 $x_0=1$ 处连续,函数 $y=u^2$ 在 $u_0=\sin 1$ 处连续,则复合函数 $y=(\sin x)^2$ 在 $x=1$ 处连续.

2.6.3　初等函数的连续性

在本章第 2.2 节中我们指出,基本初等函数 $f(x)$ 在其定义域内任一点 x_0 处满足 $\lim\limits_{x\to x_0}f(x)=f(x_0)$,则有如下结论:

定理 2.10　所有基本初等函数在其定义域内都是连续函数.

由于初等函数是由基本初等函数经过有限次加、减、乘、除与复合而成,则由定理 2.7 与定理 2.9 可得:

定理 2.11　初等函数在其定义区间内都是连续的.

所谓定义区间是指包含在定义域内的区间.

注:我们说函数在某点连续,一定是在该点的邻域内讨论的,在孤立的点处不存在连续的概念.

定理 2.11 结论非常重要,因为在一般实际应用中所遇到的函数大部分都是初等函数,其连续性的条件总是满足的.根据定理 2.11,如果 $f(x)$是初等函数,且 x_0 是 $f(x)$定义区间内的点,则 $f(x)$在 x_0 的极限值就是该点的函数值,即

$$\lim_{x\to x_0} f(x) = f(x_0).$$

【例 2.6.4】 求极限$\lim\limits_{x\to\pi}\dfrac{e^{\sin x}+\arctan(x-\pi)}{x^2}$.

解 函数 $y=\dfrac{e^{\sin x}+\arctan(x-\pi)}{x^2}$是初等函数且在 $x=\pi$ 处连续,所以

$$\lim_{x\to\pi}\frac{e^{\sin x}+\arctan(x-\pi)}{x^2}=\frac{e^{\sin\pi}+\arctan(\pi-\pi)}{\pi^2}=\frac{1}{\pi^2}.$$

【例 2.6.5】 已知 $f(x)=\begin{cases}\sqrt{x}, & x\geqslant 1\\ \dfrac{1}{x-1}, & x<1\end{cases}$,求$\lim\limits_{x\to 0}f(x)$.

解 当 $x<1$ 时,$f(x)=\dfrac{1}{x-1}$在 $x=0$ 处连续,所以

$$\lim_{x\to 0}f(x)=\lim_{x\to 0}\frac{1}{x-1}=\frac{1}{0-1}=-1.$$

在学习函数连续性的知识后,许多求极限的问题可以处理的更加简捷,下面给出一个很有用的定理:

> **定理 2.12** 若$\lim\limits_{x\to x_0}\varphi(x)=u_0$,函数 $f(u)$在 u_0 处连续,则
>
> $$\lim_{x\to x_0}f[\varphi(x)]=\lim_{u\to u_0}f(u)=f(u_0)=f[\lim_{x\to x_0}\varphi(x)].$$

这表明在定理 2.12 的条件下,求复合函数 $f[\varphi(x)]$的极限时,可以交换极限符号lim与连续函数符号 f 的运算次序.

【例 2.6.6】 求$\lim\limits_{x\to 1}\sqrt{x^2+x-1}$.

解 因为函数 $y=\sqrt{x^2+x-1}$是由 $y=\sqrt{u}$与 $u=x^2+x-1$ 复合而成的,又因为$\lim\limits_{x\to 1}(x^2+x-1)=1$,且 $y=\sqrt{u}$在 $u=1$ 处连续,所以

$$\lim_{x\to 1}\sqrt{x^2+x-1}=\sqrt{\lim_{x\to 1}(x^2+x-1)}=\sqrt{1}=1.$$

【例 2.6.7】 求$\lim\limits_{x\to\infty}\ln\dfrac{2x^2-x}{x^2+1}$.

解 $y=\ln\dfrac{2x^2-x}{x^2+1}$是由 $y=\ln u$ 与 $u=\dfrac{2x^2-x}{x^2+1}$复合而成的,因为$\lim\limits_{x\to\infty}\dfrac{2x^2-x}{x^2+1}=2$,且$y=\ln u$ 在点 $u=2$ 处连续,所以

$$\lim_{x\to\infty}\ln\frac{2x^2-x}{x^2+1}=\ln\lim_{x\to\infty}\frac{2x^2-x}{x^2+1}=\ln 2.$$

2.7　闭区间上连续函数的性质

闭区间上的连续函数有几个重要的基本性质，这些性质从几何直观上看是很明显的，但要严格证明却不太容易. 我们将以定理的形式把这些性质叙述出来，并借助几何直观来理解.

2.7.1　最大值与最小值定理

先说明最大值和最小值概念. 对于在区间 I 上有定义的函数 $f(x)$，如果存在 $x_0\in I$，使得对于任意 $x\in I$ 都有

$$f(x)\leqslant f(x_0)\quad (\text{或 } f(x)\geqslant f(x_0)),$$

则称 $f(x_0)$ 是函数 $f(x)$ 在区间 I 上的**最大值(或最小值)**.

例如，函数 $y=1+\cos x$ 在区间 $[0,2\pi]$ 上有最大值 2 和最小值 0；函数 $y=\operatorname{sgn} x$ 在区间 $(-\infty,+\infty)$ 上有最大值 1 和最小值 -1. 而函数 $y=\dfrac{1}{x}$ 在区间 $(0,1)$ 上既没有最大值也没有最小值.

定理 2.13(最大值和最小值定理)　闭区间上的连续函数一定有最大值和最小值.

定理 2.13 表明：如果函数 $f(x)$ 在闭区间 $[a,b]$ 上连续，那么至少存在一点 $\xi_1\in[a,b]$，使得 $f(\xi_1)$ 是 $f(x)$ 在闭区间 $[a,b]$ 上的最小值；同时至少存在一点 $\xi_2\in[a,b]$，使得 $f(\xi_2)$ 是 $f(x)$ 在闭区间 $[a,b]$ 上的最大值(如图 2.7.1 所示).

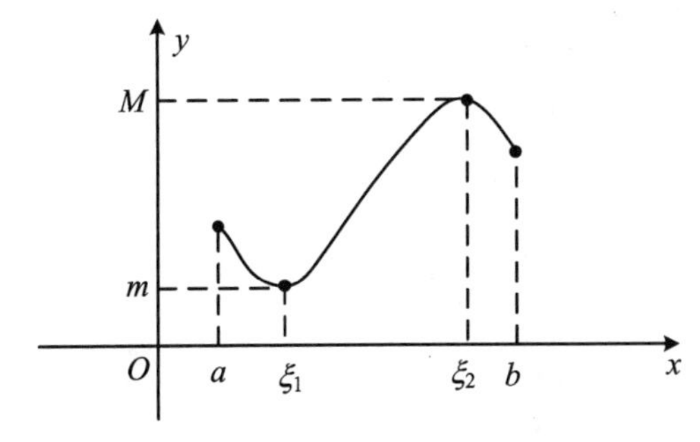

图 2.7.1

这个定理中重要的两个条件是“闭区间$[a,b]$”与“连续”，它们缺一不可.

例如，函数 $y=\tan x$ 在开区间 $\left(-\dfrac{\pi}{2},\dfrac{\pi}{2}\right)$ 连续，但在开区间 $\left(-\dfrac{\pi}{2},\dfrac{\pi}{2}\right)$ 不能取得最大值与最小值.

又如，在闭区间 $[-1,1]$ 上，函数

$$f(x)=\begin{cases}0, & x=-1\\ x, & -1<x<1\\ 0, & x=1\end{cases}$$

是不连续的,可以发现函数 $f(x)$ 在闭区间 $[-1,1]$ 上既无最大值也无最小值(如图 2.7.2 所示).

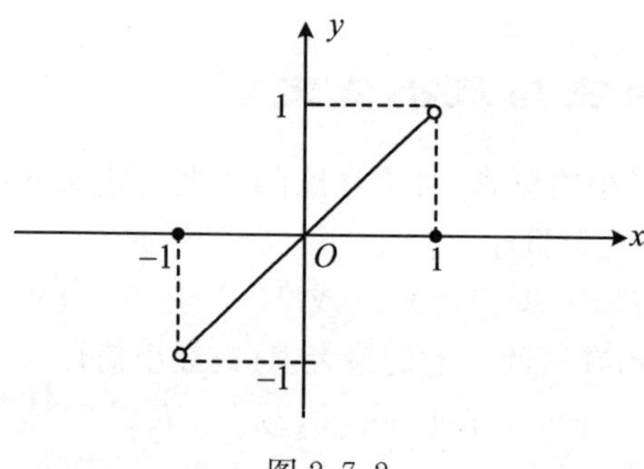

图 2.7.2

但必须注意:定理的条件是充分而非必要的.即不满足这两个条件的函数也可取到最大值与最小值.例如,函数 $y=\operatorname{sgn} x$ 在点 $x=0$ 处不连续,但是在开区间 $(-1,1)$ 上有最大值 1 和最小值 -1.

由定理 2.13 易推出下面结论:

推论 2.3(有界性定理) 闭区间上的连续函数在该区间上一定有界.

2.7.2 介值定理与零点定理

> **定理 2.14(介值定理)** 设函数 $f(x)$ 在闭区间 $[a,b]$ 上连续,且在该区间的端点有不同的函数值 $f(a)=A$ 与 $f(b)=B$,则对介于 A 与 B 之间的任意一个数 C,在开区间 (a,b) 内至少有一点 ξ,使得
> $$f(\xi)=C \quad (a<\xi<b).$$

其几何意义如图 2.7.3 所示.

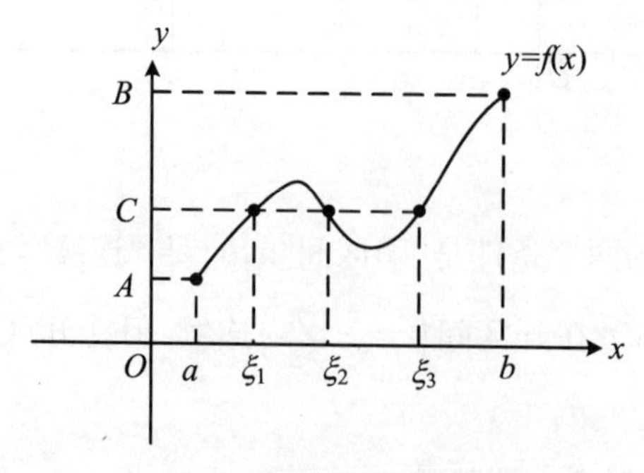

图 2.7.3

注:在图 2.7.3 中,在区间(a,b)上连续的曲线$y=f(x)$与直线$y=C$有三个交点,即在区间(a,b)中有三个点ξ_1,ξ_2,ξ_3,使得

$$f(\xi_1)=f(\xi_2)=f(\xi_3)=C,\ a<\xi_1,\xi_2,\xi_3<b.$$

根据介值定理,可以得到如下结论:

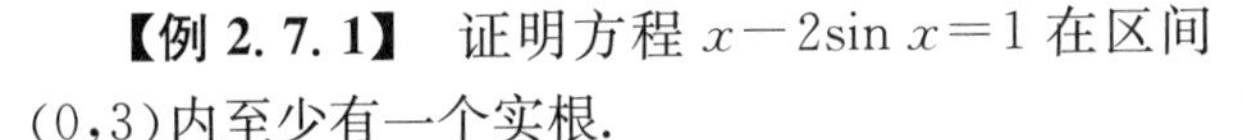

定理 2.15(零点定理)　若函数$f(x)$在闭区间$[a,b]$上连续,且$f(a)$与$f(b)$异号(即$f(a)\cdot f(b)<0$),则在开区间(a,b)内至少存在一点$\xi\ (a<\xi<b)$,使得$f(\xi)=0$.

从几何图形上看,定理 2.15 表明,如果连续曲线$y=f(x)$的两个端点位于x轴的不同侧($f(a)\cdot f(b)<0$),那么连续曲线必定与x轴至少有一个交点$\xi\ (a<\xi<b)$,即$f(\xi)=0$ (如图 2.7.4 所示).

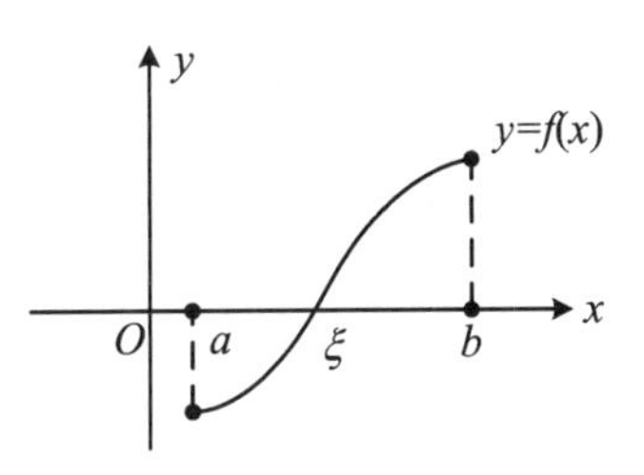

图 2.7.4

注:若存在x_0使$f(x_0)=0$,则称x_0为函数$f(x)$的零点.

【例 2.7.1】　证明方程$x-2\sin x=1$在区间$(0,3)$内至少有一个实根.

证　设$f(x)=x-2\sin x-1$,因为$f(x)$为初等函数,在其定义区间$(-\infty,+\infty)$内连续,所以$f(x)$在$[0,3]$上连续.

又$f(0)=-1<0$, $f(3)=3-2\sin 3-1>0$,根据零点定理,在$(0,3)$内至少存在一个ξ,使得$f(\xi)=0$,即方程$x-2\sin x=1$在区间$(0,3)$内至少有一个实根.

【例 2.7.2】　设函数$f(x)$在闭区间$[a,b]$上连续,且对于任意的$x\in[a,b]$都有$a\leqslant f(x)\leqslant b$,证明:存在$\xi\in[a,b]$,使得$f(\xi)=\xi$.

证　构造辅助函数$F(x)=f(x)-x$,则易知$F(x)$在闭区间$[a,b]$上连续,且$F(a)=f(a)-a\geqslant 0$,$F(b)=f(b)-b\leqslant 0$.

若$F(a)=0$,则可令$\xi=a$,有$f(\xi)=\xi$.

若$F(b)=0$,则可令$\xi=b$,有$f(\xi)=\xi$.

若$F(a)>0$,$F(b)<0$,则由零点定理可知,至少存在一点$\xi\in(a,b)$,使得$F(\xi)=0$,即有$f(\xi)=\xi$.

证毕.

2.8　无穷小量的比较

2.8.1　无穷小比较的概念

无穷小量的比较是研究两个无穷小量趋于零的快慢程度问题. 我们根据两个无穷小量比值的极限来判定这两个无穷小量趋向零的快慢程度.

根据无穷小的运算性质,两个无穷小的和、差、积仍为无穷小,但两个无穷小的商,却会出现不同的情况.

例如,当 $x\to 0$ 时,$x,x^3,\sin x$ 都是无穷小,且

$$\lim_{x\to 0}\frac{x^3}{x}=0,\ \lim_{x\to 0}\frac{x}{x^3}=\infty,\ \lim_{x\to 0}\frac{\sin x}{x}=1.$$

两个无穷小之比的极限的各种不同情况,反映了不同的无穷小趋向于零的"快慢"程度.从上面的例子可以理解:在 $x\to 0$ 的过程中,$x^3\to 0$ 比 $x\to 0$ 快些,反过来说,即 $x\to 0$ 比 $x^3\to 0$ 慢些,而 $\sin x\to 0$ 与 $x\to 0$ 速度大致相同.

下面就无穷小之比的极限的各种情况,来说明两个无穷小之间的比较.

定义 2.15 设 $\alpha(x),\beta(x)$ 是自变量 x 在同一变化过程中的两个无穷小,且 $\alpha(x)\neq 0$,

(1) 若 $\lim\frac{\beta(x)}{\alpha(x)}=0$,则称 $\beta(x)$ 是比 $\alpha(x)$ 高阶的无穷小,记作 $\beta=o(\alpha)$;

(2) 若 $\lim\frac{\beta(x)}{\alpha(x)}=\infty$,则称 $\beta(x)$ 是比 $\alpha(x)$ 低阶的无穷小;

(3) 若 $\lim\frac{\beta(x)}{\alpha(x)}=C\ (C\neq 0)$,则称 $\beta(x)$ 与 $\alpha(x)$ 是同阶的无穷小,特别地,当 $\lim\frac{\beta(x)}{\alpha(x)}=1$ 时,则称 $\beta(x)$ 与 $\alpha(x)$ 是等价的无穷小,记作 $\alpha(x)\sim\beta(x)$;

(4) 若 $\lim\frac{\beta(x)}{\alpha^k(x)}=C\ (C\neq 0,k>0)$,则称 $\beta(x)$ 是关于 $\alpha(x)$ 的 k 阶无穷小.

例如,当 $x\to 0$ 时,$x,x^3,\sin x$ 都是无穷小,且

$$\lim_{x\to 0}\frac{x^3}{x}=0,\quad \lim_{x\to 0}\frac{x}{x^3}=\infty,\quad \lim_{x\to 0}\frac{\sin x}{x}=1.$$

则根据上述定义得,当 $x\to 0$ 时,x^3 是比 x 高阶的无穷小.反之,x 是比 x^3 低阶的无穷小,而 $\sin x$ 与 x 是等价无穷小.

【例 2.8.1】 证明当 $x\to 0$ 时,$2x\sin x^2$ 是 x^2 的高阶无穷小.

解 因为

$$\lim_{x\to 0}\frac{2x\sin x^2}{x^2}=2\lim_{x\to 0}\left(x\cdot\frac{\sin x^2}{x^2}\right)=0,$$

所以当 $x\to 0$ 时,$2x\sin x^2$ 是比 x^2 高阶的无穷小.

【例 2.8.2】 当 $x\to 0$ 时,x^3+x^2 是 x 的几阶无穷小?

解 因为

$$\lim_{x\to 0}\frac{x^3+x^2}{x^2}=\lim_{x\to 0}(x+1)=1,$$

所以当 $x\to 0$ 时,x^3+x^2 是 x 的 2 阶无穷小.

【例 2.8.3】 证明当 $x\to0$ 时，$\ln(1+x)$ 与 x 是等价的无穷小.

证　因为

$$\lim_{x\to0}\frac{\ln(1+x)}{x}=\lim_{x\to0}\ln(1+x)^{\frac{1}{x}}=\ln\lim_{x\to0}(1+x)^{\frac{1}{x}}=\ln e=1,$$

所以当 $x\to0$ 时，$\ln(1+x)$ 与 x 是等价的无穷小.

【例 2.8.4】 证明当 $x\to0$ 时，e^x-1 与 x 是等价的无穷小.

证　令 $t=e^x-1$，则 $x=\ln(1+t)$，当 $x\to0$ 时，$t\to0$. 所以

$$\lim_{x\to0}\frac{e^x-1}{x}=\lim_{t\to0}\frac{t}{\ln(1+t)}=1.$$

故当 $x\to0$ 时，e^x-1 与 x 是等价的无穷小.

2.8.2　等价无穷小的替换

根据等价无穷小的定义，可以证明下列常用的等价无穷小：

> 当 $x\to0$ 时，$\sin x\sim x$，$\tan x\sim x$，$\arcsin x\sim x$，$\arctan x\sim x$，
>
> $a^x-1\sim x\ln a\quad(a>0)$，$e^x-1\sim x$，$1-\cos x\sim\frac{1}{2}x^2$，
>
> $\ln(1+x)\sim x$，$(1+x)^\mu-1\sim\mu x\quad(\mu\neq0)$.

而在这些等价无穷小中，用任意一个无穷小量 $\alpha(x)$ 代替 x，上述等价关系依然成立. 如当 $x\to\infty$ 时，有 $\frac{1}{x}\to0$，即 $\frac{1}{x}\ (x\to\infty)$ 是无穷小量，则

$$\sin\frac{1}{x}\sim\frac{1}{x}\quad(x\to\infty).$$

等价无穷小在计算极限的问题中有着重要的作用，有如下定理：

> **定理 2.16**　设 α，α'，β，β' 是同一过程中的无穷小量，且 $\alpha\sim\alpha'$，$\beta\sim\beta'$，$\lim\frac{\alpha'}{\beta'}$ 存在，则 $\lim\frac{\alpha}{\beta}=\lim\frac{\alpha'}{\beta'}$.

证　$\lim\frac{\alpha}{\beta}=\lim\left(\frac{\alpha\cdot\alpha'\cdot\beta'}{\beta\cdot\alpha'\cdot\beta'}\right)=\lim\frac{\beta'}{\beta}\cdot\lim\frac{\alpha'}{\beta'}\cdot\lim\frac{\alpha}{\alpha'}=\lim\frac{\alpha'}{\beta'}$.

定理 2.16 表明，在求两个无穷小之比的极限时，分子与分母都可以用等价无穷小替换，因此，如果无穷小的替换选得适当的话，可以使极限计算简化.

【例 2.8.5】 求 $\lim\limits_{x\to0}\frac{\tan 2x}{\arcsin 3x}$.

解　当 $x\to0$ 时，$\tan 2x\sim2x$，$\arcsin 3x\sim3x$，于是

$$\lim_{x\to0}\frac{\tan 2x}{\arcsin 3x}=\lim_{x\to0}\frac{2x}{3x}=\frac{2}{3}.$$

【例 2.8.6】 求$\lim\limits_{x\to 0}\dfrac{e^x-1}{x^2+5x}$.

解 当 $x\to 0$ 时，$e^x-1\sim x$，而 x^2+5x 与其自身是等价的，则

$$\lim_{x\to 0}\frac{e^x-1}{x^2+5x}=\lim_{x\to 0}\frac{x}{x^2+5x}=\lim_{x\to 0}\frac{1}{x+5}=\frac{1}{5}.$$

【例 2.8.7】 求$\lim\limits_{x\to 0}\dfrac{\tan x-\sin x}{x^3}$.

错解 当 $x\to 0$ 时，$\sin x\sim x$，$\tan x\sim x$，所以

$$\lim_{x\to 0}\frac{\tan x-\sin x}{x^3}=\lim_{x\to 0}\frac{x-x}{x^3}=0.$$

这个结果是错误的，因为 $(\tan x-\sin x)$ 与 $(x-x)$ 并不等价. 正确解法如下：

解 $$\lim_{x\to 0}\frac{\tan x-\sin x}{x^3}=\lim_{x\to 0}\frac{\sin x\left(\frac{1}{\cos x}-1\right)}{x^3}$$

$$=\lim_{x\to 0}\frac{\sin x(1-\cos x)}{x^3\cdot\cos x}=\lim_{x\to 0}\frac{x\cdot\frac{x^2}{2}}{x^3\cdot 1}=\frac{1}{2}.$$

注：当所求极限的函数中含有乘除因子，那因子中的式子可以分别用相应的等价无穷小进行替换.

在计算极限过程中，可以把乘积因子中极限不为零的部分用其极限值替代，如上例中的乘积因子 $\cos x$ 用其极限值 1 替代，以简化计算.

【例 2.8.8】 求$\lim\limits_{x\to 0}\dfrac{\sin 2x\cdot(e^x-1)\cdot x^2}{\ln(1+x)\cdot\tan 3x\cdot(1-\cos x)}$.

解 因为当 $x\to 0$ 时，$\sin 2x\sim 2x$，$\tan 3x\sim 3x$，$\ln(1+x)\sim x$，$e^x-1\sim x$，$1-\cos x\sim\frac{1}{2}x^2$. 所以

$$\lim_{x\to 0}\frac{\sin 2x\cdot(e^x-1)\cdot x^2}{\ln(1+x)\cdot\tan 3x\cdot(1-\cos x)}=\lim_{x\to 0}\frac{2x\cdot x\cdot x^2}{x\cdot 3x\cdot\frac{1}{2}x^2}=\frac{4}{3}.$$

【例 2.8.9】 求$\lim\limits_{x\to 0^+}\dfrac{(1-e^x)(1-\cos\sqrt{x})}{1-\sqrt{\cos x}}$.

解 因为当 $x\to 0^+$ 时，$1-e^x\sim -x$，$1-\cos\sqrt{x}\sim\frac{1}{2}x$. 所以

$$\lim_{x\to 0^+}\frac{(1-e^x)(1-\cos\sqrt{x})}{1-\sqrt{\cos x}}=\lim_{x\to 0^+}\frac{-x\cdot\frac{1}{2}x(1+\sqrt{\cos x})}{1-\cos x}$$

$$=\lim_{x\to 0^+}\frac{-\frac{1}{2}x^2(1+\sqrt{\cos x})}{\frac{1}{2}x^2}=-2.$$

2.9　极限的严格定义与性质

2.9.1　数列极限的严格定义

数列极限的描述性定义里使用的语言比较模糊，比如“n 无限增大”，“a_n 与 A 无限接近”，这些都没有一个确定标准. 为此，数学上要引入数列极限的严格定义，一般称为数列极限的“$\varepsilon-N$”语言.

> **定义 2.16**　设有数列$\{a_n\}$和常数 A，若对 $\forall\varepsilon>0$，恒存在充分大的正整数 N，使得只要 $n>N$，就有$|a_n-A|<\varepsilon$. 则称 A 是数列$\{a_n\}$的**极限**或数列$\{a_n\}$收敛于 A. 记作
>
> $$\lim_{n\to\infty}a_n=A.$$

先解释一下两个重要事项的含义：

(1) 关于 ε 和$|a_n-A|<\varepsilon$. 这里 ε 通常取很小的正数，例如可取 $\varepsilon=0.01,10^{-5},10^{-10}$等，而$|a_n-A|<\varepsilon$ 表明 a_n 与 A 的接近程度，说明 a_n 与 A 的差别比 ε 还要小.

(2) 关于 N 及 $n>N$，N 是一个充分大的正整数，$n>N$，表明 a_n 是数列中位于 a_N 后面的项：

$$a_1,a_2,\cdots,a_N,\underbrace{a_{N+1},a_{N+2},\cdots}_{a_n\text{的位置}}$$

我们可以用反证法来说明该定义的正确性.

假设$\lim\limits_{n\to\infty}a_n=A$，则对 $\forall\varepsilon>0$，必存在 N，使得只要 $n>N$，就有$|a_n-A|<\varepsilon$ 成立. 反之，若对某一 ε，无论多大的 N，虽然 $n>N$，但是仍有$|a_n-A|\geqslant\varepsilon$. 这就说明，虽然 $n\to\infty$，但仍存在有这样的 a_n 与 A 的差距大于 ε，即 a_n 不能无限接近 A，这与$\lim\limits_{n\to\infty}a_n=A$ 矛盾.

现在来看一个例子，设数列通项为 $a_n=\dfrac{n+1}{n}$，易见$\lim\limits_{n\to\infty}a_n=1$，我们来证明，无论对多么小的 $\varepsilon>0$，总能找到 N，使得只要 $n>N$，就有$|a_n-1|<\varepsilon$. 可以计算：

$$|a_n-1|=\left|\frac{n+1}{n}-1\right|=\frac{1}{n}.$$

若 $\varepsilon=0.01$，可取 $N=100$，只要 $n>N$，就有$|a_n-1|<0.01$；
又若 $\varepsilon=10^{-5}$，可取 $N=10^5$，只要 $n>N$，就有$|a_n-1|<10^{-5}$；
再若 $\varepsilon=10^{-10}$，可取 $N=10^{10}$，只要 $n>N$，就有$|a_n-1|<10^{-10}$.

一般地，对 $\forall\varepsilon>0$，只要取 N 为大于$\dfrac{1}{\varepsilon}$的正整数即可，此时就有

$$|a_n-1|=\frac{1}{n}<\frac{1}{N}<\frac{1}{\frac{1}{\varepsilon}}=\varepsilon.$$

【例 2.9.1】 已知 $a_n=\frac{1}{(n+1)^2}$,证明数列$\{a_n\}$的极限为 0.

证 $|a_n-A|=\left|\frac{1}{(n+1)^2}-0\right|=\frac{1}{(n+1)^2}<\frac{1}{n+1}$.

对$\forall\varepsilon>0$(不妨设$\varepsilon<1$),只要$\frac{1}{n+1}<\varepsilon$,即

$$n>\frac{1}{\varepsilon}-1,$$

则不等式$|a_n-A|<\varepsilon$必定成立. 所以可令$N=\left[\frac{1}{\varepsilon}-1\right]$,则当$n>N$时,就有

$$|a_n-A|=\left|\frac{1}{(n+1)^2}-0\right|=\frac{1}{(n+1)^2}<\frac{1}{n+1}<\varepsilon,$$

所以

$$\lim_{n\to\infty}a_n=\lim_{n\to\infty}\frac{1}{(n+1)^2}=0.$$

> **定义 2.17** 对数列$\{a_n\}$,若存在正数M,使对一切自然数n,恒有$|a_n|\leqslant M$,则称数列$\{a_n\}$**有界**,否则称为**无界**.

例如,数列 $a_n=\frac{n}{n+1}(n=1,2,\cdots)$是有界的,因为对于任何自然数$n$,都有$\left|\frac{n}{n+1}\right|\leqslant 1$. 而数列$b_n=n^2(n=1,2,\cdots)$是无界的.

> **定理 2.17** 收敛数列必有界.

证 设$\lim\limits_{n\to\infty}a_n=a$,由“$\varepsilon-N$”语言描述,对$\varepsilon=1$,存在$N>0$,使得当$n>N$时,恒有$|a_n-a|<1$,即有

$$a-1<a_n<a+1.$$

记$M=\max\{|a_1|,|a_2|,\cdots,|a_N|,|a-1|,|a+1|\}$,则对一切自然数$n$,都有$|a_n|\leqslant M$,故$\{a_n\}$有界.

由定理 2.17 可得到结论:无界数列必发散.

2.9.2 函数极限的严格定义

与数列极限严格定义类似,可给出函数极限的严格定义,并举例说明.

1. 当 $x\to\infty$ 时函数极限的"$\varepsilon-X$"语言描述

定义 2.18 设函数 $y=f(x)$，当 $|x|$ 大于某一正数时有定义，若存在常数 A，对 $\forall\varepsilon>0$，总存在正数 X，使得只要当 $|x|>X$ 时，就有

$$|f(x)-A|<\varepsilon,$$

则称常数 A 为函数 $f(x)$ 当 $x\to\infty$ 时的极限，记作

$$\lim_{x\to\infty}f(x)=A \quad 或 \quad f(x)\to A(x\to\infty).$$

【例 2.9.2】 证明极限 $\lim\limits_{x\to\infty}\dfrac{1}{x}=0$.

证 $|f(x)-0|=\left|\dfrac{1}{x}-0\right|=\dfrac{1}{|x|}$.

对 $\forall\varepsilon>0$，只要 $\dfrac{1}{|x|}<\varepsilon$，即 $|x|>\dfrac{1}{\varepsilon}$ 时，则不等式 $|f(x)-0|<\varepsilon$ 必定成立. 所以可令 $X=\dfrac{1}{\varepsilon}$，则当 $|x|>X$ 时，就有

$$|f(x)-0|=\left|\frac{1}{x}-0\right|=\frac{1}{|x|}<\varepsilon.$$

所以

$$\lim_{x\to\infty}\frac{1}{x}=0.$$

2. 当 $x\to x_0$ 时函数极限的"$\varepsilon-\delta$"语言描述

定义 2.18 设函数 $y=f(x)$ 在点 x_0 的某去心邻域内有定义，若存在常数 A，对 $\forall\varepsilon>0$，必存在 $\delta>0$，使得只要 $0<|x-x_0|<\delta$，就有

$$|f(x)-A|<\varepsilon,$$

则称常数 A 为函数 $f(x)$ 当 $x\to x_0$ 时的极限，记作

$$\lim_{x\to x_0}f(x)=A \quad 或 \quad f(x)\to A(x\to x_0).$$

【例 2.9.3】 证明极限 $\lim\limits_{x\to 1}\dfrac{x^2-1}{x-1}=2$.

证 函数 $f(x)=\dfrac{x^2-1}{x-1}$ 在 $x=1$ 处没有定义，但仍然可以计算函数在 $x=1$ 处的极限. 因为

$$|f(x)-2|=\left|\frac{x^2-1}{x-1}-2\right|=|x-1|,$$

对$\forall \varepsilon>0$,只要$|x-1|<\varepsilon$,则不等式$|f(x)-2|<\varepsilon$必定成立.

所以可令$\delta=\varepsilon$,则当$0<|x-1|<\delta$时,就有

$$|f(x)-2|=\left|\frac{x^2-1}{x-1}-2\right|=|x-1|<\varepsilon.$$

所以

$$\lim_{x\to 1}\frac{x^2-1}{x-1}=2.$$

3. 极限$\lim\limits_{x\to x_0}f(x)=A$的几何意义

若$\lim\limits_{x\to x_0}f(x)=A$,则其几何意义为,任意给定一正数$\varepsilon$,作平行于$x$轴的两条直线$y=A+\varepsilon$和$y=A-\varepsilon$(在图2.9.1中用虚线表示),根据定义,对于给定的ε,存在点x_0的一个δ去心邻域$0<|x-x_0|<\delta$,当$y=f(x)$的图形上的点的横坐标x落在该邻域内时,这些点对应的纵坐标落在带形区域$A-\varepsilon<f(x)<A+\varepsilon$内(如图2.9.1所示).

类似也可以给出左、右极限$\lim\limits_{x\to x_0^+}f(x)=A$和$\lim\limits_{x\to x_0^-}f(x)=A$的几何解释.

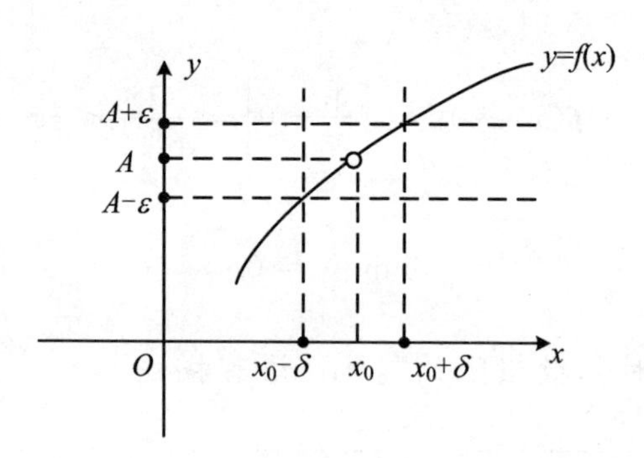

图2.9.1

2.9.3 函数极限的性质

根据函数极限的定义,我们还可以给出函数极限的几个重要性质. 由于函数极限的定义按自变量的变化过程不同有各种形式,下面仅以"$\lim\limits_{x\to x_0}f(x)$"这种形式为代表给出这些性质,并就其中的几个给出证明.

性质2.1(唯一性) 若$\lim\limits_{x\to x_0}f(x)$存在,则极限是唯一的.

性质2.1的正确性是显然的,设A,B是两个不相等的常数,则不可能同时有$\lim\limits_{x\to x_0}f(x)=A$和$\lim\limits_{x\to x_0}f(x)=B$. 即当$x\to x_0$时,$f(x)$不可能既无限接近$A$,又无限接近$B$.

> **性质 2.2(局部有界性)**　若$\lim\limits_{x\to x_0}f(x)=A$，则存在常数$M>0$和$\delta>0$，使得当$0<|x-x_0|<\delta$时，有$|f(x)|\leqslant M$.

证　因为$\lim\limits_{x\to x_0}f(x)=A$，所以令$\varepsilon=1$，则存在$\delta>0$，当$0<|x-x_0|<\delta$时，有$|f(x)-A|<1$. 则

$$|f(x)|=|f(x)-A+A|\leqslant|f(x)-A|+|A|<|A|+1.$$

记$M=|A|+1$，则有

$$|f(x)|\leqslant M.$$

> **性质 2.3(局部保号性)**　如果$\lim\limits_{x\to x_0}f(x)=A$，且$A>0$(或$A<0$)，则存在$\delta>0$，使得当$0<|x-x_0|<\delta$时，有$f(x)>0$(或$f(x)<0$).

证　先就$A>0$的情况证明.

因为$\lim\limits_{x\to x_0}f(x)=A>0$，所以令$\varepsilon=\dfrac{A}{2}>0$，则存在$\delta>0$，当$0<|x-x_0|<\delta$时，有$|f(x)-A|<\dfrac{A}{2}$. 则

$$f(x)-A>-\frac{A}{2}\Rightarrow f(x)>A-\frac{A}{2}=\frac{A}{2}>0.$$

所以当$0<|x-x_0|<\delta$时，有$f(x)>0$.

当$A<0$时，证明方法与之类似(略).

推论 2.1　如果在x_0某个去心邻域$\mathring{U}(x_0,\delta)$内，有$f(x)\geqslant 0$(或$f(x)\leqslant 0$)，并且$\lim\limits_{x\to x_0}f(x)=A$，则$A\geqslant 0$(或$A\leqslant 0$).

注：若$f(x)$在x_0某个去心邻域$\mathring{U}(x_0,\delta)$内，有$f(x)>0$，且$\lim\limits_{x\to x_0}f(x)=A$，则只能保证$A\geqslant 0$，但不能保证$A>0$.

例如，设函数$f(x)=\begin{cases}x^2, & x\neq 0\\ 1, & x=0\end{cases}$，则$f(x)$在定义域$R$上恒大于0，但$\lim\limits_{x\to 0}f(x)=0$.

2.10　间　断　点

若函数$f(x)$在点x_0处不连续，则称函数$f(x)$在点x_0处**间断**，称点x_0是函数$f(x)$一个**间断点**.

由函数$f(x)$在点x_0连续的定义可知，函数$f(x)$在点x_0处间断应**至少有下列**

三种情形之一:

(1) $f(x)$在点 x_0 无定义;(2) $\lim\limits_{x\to x_0} f(x)$不存在;(3) $\lim\limits_{x\to x_0} f(x)\neq f(x_0)$.

一般情况下,函数的间断点分为两类:

设 x_0 是 $f(x)$的间断点,若 $f(x)$在 x_0 的左、右极限都存在,则称 x_0 为 $f(x)$的**第一类间断点**;如果 $f(x)$在 x_0 的左、右极限至少有一个不存在,则称 x_0 为 $f(x)$的**第二类间断点**.

在第一类间断点中,若 $f(x)$在 x_0 的左、右极限相等,则 x_0 为**可去间断点**;若 $f(x)$在 x_0 的左、右极限不相等,则 x_0 为**跳跃间断点**.

【例 2.10.1】 设函数 $f(x)=\begin{cases} x+1, & x\geqslant 0 \\ x-1, & x<0 \end{cases}$,讨论在点 $x=0$ 处的连续性.

解 虽然 $f(0)=0$,但

$$\lim_{x\to 0^-} f(x) = \lim_{x\to 0^-}(x-1) = -1,$$

$$\lim_{x\to 0^+} f(x) = \lim_{x\to 0^+}(x+1) = 1,$$

即 $f(x)$在 $x=0$ 处左、右极限存在,但不相等,故$\lim\limits_{x\to 0} f(x)$不存在,函数 $f(x)$在点 x_0 处是间断的,且是第一类间断点中的跳跃间断点(见图 2.10.1).

【例 2.10.2】 设函数 $f(x)=\begin{cases} x, & x>0 \\ 0, & x=1 \\ x^2, & x<1 \end{cases}$,讨论在点 $x=1$ 处的连续性.

解 函数 $f(x)$在 $x=1$ 有定义,$f(1)=0$,$\lim\limits_{x\to 1^-} f(x)=\lim\limits_{x\to 1^-} x^2=1$,$\lim\limits_{x\to 1^+} f(x)=\lim\limits_{x\to 1^+} x=1$,故$\lim\limits_{x\to 1} f(x)=1$,但$\lim\limits_{x\to 1} f(x)\neq f(1)$,所以 $x=1$ 是函数 $f(x)$的间断点,且是第一类间断点中的可去间断点(如图 2.10.2).

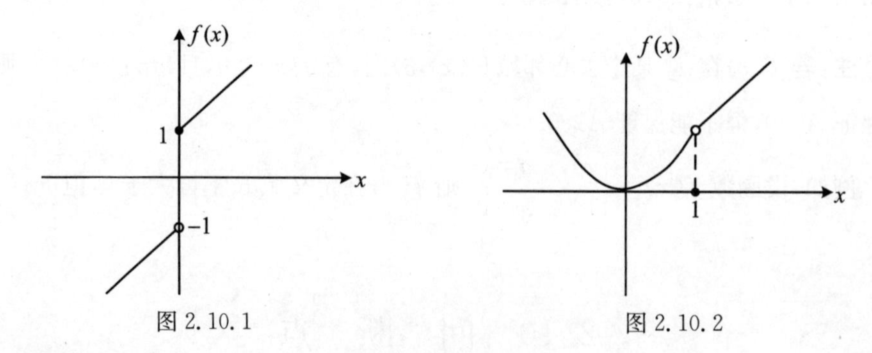

图 2.10.1　　图 2.10.2

如果重新定义 $f(1)$,使 $f(1)=1$,那么函数 $f(x)$将成为一个新的函数 $g(x)=\begin{cases} x, & x>1 \\ 1, & x=1 \\ x^2, & x<1 \end{cases}$,则 $g(x)$在点 $x=1$ 处是连续的.

【例 2.10.3】 设函数 $f(x)=\dfrac{1}{x}$，讨论在点 $x=0$ 处的连续性.

解 函数 $f(x)$ 在 $x=0$ 无定义，$x=0$ 是函数 $f(x)$ 的间断点，又 $\lim\limits_{x\to 0}\dfrac{1}{x}$ 不存在，则 $x=0$ 是第二类间断点.

【例 2.10.4】 设函数 $f(x)=\sin\dfrac{1}{x}$，讨论 $f(x)$ 在点 $x=0$ 处的连续性.

解 函数 $f(x)$ 在 $x=0$ 无定义，$x=0$ 是函数 $f(x)$ 的间断点. 当 $x\to 0$ 时，相应的函数值在 -1 与 1 之间振荡，$\lim\limits_{x\to 0}\sin\dfrac{1}{x}$ 不存在，则 $x=0$ 是第二类间断点.

【例 2.10.5】 求函数 $f(x)=\dfrac{x^2-4}{x^2-5x+6}$ 的间断点，指出间断点的类型，若是可去间断点，请补充或改变函数的定义使它连续.

解 初等函数 $f(x)$ 在 $x=2$ 与 $x=3$ 处无定义，故 $x=2$ 与 $x=3$ 是 $f(x)$ 的间断点. 对于 $x=2$，有

$$\lim_{x\to 2}\frac{x^2-4}{x^2-5x+6}=\lim_{x\to 2}\frac{(x-2)(x+2)}{(x-2)(x-3)}=\lim_{x\to 2}\frac{x+2}{x-3}=-4,$$

所以 $x=2$ 是 $f(x)$ 的可去间断点.

定义新的函数：$g(x)=\begin{cases} f(x), & x\neq 2 \\ -4, & x=2 \end{cases}$，则 $g(x)$ 在 $x=2$ 是连续的.

对于 $x=3$，有

$$\lim_{x\to 3^+}\frac{x^2-4}{x^2-5x+6}=\lim_{x\to 3^+}\frac{(x-2)(x+2)}{(x-2)(x-3)}=\lim_{x\to 3^+}\frac{x+2}{x-3}=+\infty,$$

所以 $x=3$ 是 $f(x)$ 的第二类间断点.

习　题　2

基　本　题

2.1 节

1. 观察下列各数列的变化趋势，判别哪些数列有极限，如果有极限，请写出它们的极限.

(1) $x_n=\left(\dfrac{7}{8}\right)^n$；　(2) $x_n=(-1)^n\dfrac{1}{n}$；　(3) $x_n=3^{\frac{1}{n}}$；

(4) $x_n=\dfrac{n-1}{n+1}$；　(5) $x_n=\mathrm{e}^{-n}$；　(6) $x_n=\sin\dfrac{n\pi}{2}$；

(7) $x_n=\arctan n$；　(8) $x_n=\dfrac{1+(-1)^n}{n}$.

2. 用观察方法判断下列数列是否收敛.

(1) $a_n: \frac{1}{2}, -\frac{1}{4}, \frac{1}{8}, -\frac{1}{16}, \frac{1}{32}, \cdots$　　(2) $a_n: 0, \frac{1}{2}, 0, \frac{1}{4}, 0, \frac{1}{6}, 0, \frac{1}{8}, \cdots$

(3) $a_n: 1, 4, 9, 16, 25, \cdots$　　(4) $a_n: \frac{1}{3}, \frac{2}{4}, \frac{3}{5}, \frac{4}{6}, \frac{5}{7}, \cdots$

3. 设 $a_1=0.9, a_2=0.99, a_3=0.999, \cdots, a_n=0.\underbrace{99\cdots9}_{n}$,问:

(1) $\lim\limits_{n\to\infty} a_n=?$

(2) n 应为何值时,才能使 a_n 与其极限之差的绝对值小于 0.0001?

4. 试举例说明,数列$\{|u_n|\}$有极限,但数列$\{u_n\}$未必有极限.

2.2 节

1. 从极限的直观定义出发,求下列极限.

(1) $\lim\limits_{x\to\infty}\frac{2}{3x+1}$　(2) $\lim\limits_{x\to+\infty}\frac{1}{2^x}$　(3) $\lim\limits_{x\to+\infty}\frac{1}{\ln x}$　(4) $\lim\limits_{x\to\infty}\frac{x+1}{x}$

2. 从极限的几何意义出发,判断下列极限是否存在,若极限存在,求其值.

(1) $\lim\limits_{x\to+\infty} e^{-x}$　(2) $\lim\limits_{x\to\infty}\cos x$

(3) $\lim\limits_{x\to+\infty}\operatorname{arccot} x$　(4) $\lim\limits_{x\to\infty}\cos 1$

3. 根据数值计算求下列函数的极限.

(1) $\lim\limits_{x\to 2} x^2$　(2) $\lim\limits_{x\to 0}\cos x$　(3) $\lim\limits_{x\to -1}\frac{x+1}{x^2-1}$

(4) $\lim\limits_{x\to 0} 2^x$　(5) $\lim\limits_{x\to 2}\ln 2$　(6) $\lim\limits_{x\to\frac{1}{5}}\operatorname{sgn} x$

4. 求下列函数在指定点的左、右极限,并问在该点处的极限是否存在,如果存在,试求之.

(1) $f(x)=\begin{cases}\sqrt{x}, & x\geqslant 1\\ x^2, & x<1\end{cases}$,在 $x=1$;

(2) $f(x)=\begin{cases}3, & x\geqslant 2\\ 4x, & x<2\end{cases}$,在 $x=2$;

(3) $f(x)=\begin{cases}x, & x\geqslant 0\\ \sin x, & x<0\end{cases}$,在 $x=0, x=2$;

(4) $f(x)=\begin{cases}x-1, & x\geqslant 1\\ x^2, & x<1\end{cases}$,在 $x=1, x=5$.

5. 证明函数 $f(x)=\frac{|x-2|}{x-2}$ 当 $x\to 2$ 时极限不存在.

2.3 节

1. 指出当 x 趋于什么时,下列函数 $f(x)$ 是无穷小还是无穷大,并指出这些函数的渐近线.

(1) $f(x)=e^{\frac{1}{x^3}}$；　(2) $f(x)=\ln(x-2)$；　(3) $f(x)=\dfrac{x^2+2x+1}{x^2-x-2}$.

2. 利用无穷小的性质求下列极限.

(1) $\lim\limits_{x\to 0}x^2\sin\dfrac{1}{x}$；　(2) $\lim\limits_{x\to\infty}\left[\dfrac{1}{x}(1+\sin x)\arctan x\right]$.

3. 函数 $y=x\sin x$ 在区间 $(-\infty,+\infty)$ 内是否有界？当 $x\to+\infty$ 时，函数是否为无穷大？为什么？

2.4 节

1. 求下列极限.

(1) $\lim\limits_{n\to\infty}\dfrac{2n^2+n}{4n^2+1}$；　(2) $\lim\limits_{n\to\infty}\sqrt{n}(\sqrt{n+2}-\sqrt{n-3})$；

(3) $\lim\limits_{n\to\infty}\left(1+\dfrac{1}{2}+\dfrac{1}{2^2}+\cdots+\dfrac{1}{2^n}\right)$；　(4) $\lim\limits_{n\to\infty}\dfrac{5^n+(-2)^n}{5^{n+1}+(-2)^{n+1}}$.

2. 求下列极限.

(1) $\lim\limits_{x\to 1}\dfrac{2x^2+1}{5x+4}$；　(2) $\lim\limits_{x\to\infty}\left(2-\dfrac{1}{x}+\dfrac{1}{x^2}\right)$；

(3) $\lim\limits_{x\to\infty}\dfrac{3x^2+5x+1}{x^2+3x+4}$；　(4) $\lim\limits_{x\to 2}\dfrac{x^2-3x-4}{x^2-4}$；

(5) $\lim\limits_{x\to 1}\dfrac{x^2-2x+1}{x^2-1}$；　(6) $\lim\limits_{x\to 0}\dfrac{\sqrt{1+x}-1}{x}$；

(7) $\lim\limits_{h\to 0}\dfrac{(x+h)^2-x^2}{h}$；　(8) $\lim\limits_{h\to 0}\dfrac{\sqrt{x+h}-\sqrt{x}}{h}$；

(9) $\lim\limits_{x\to 0}\dfrac{\sqrt{x^2+1}-1}{\sqrt{x^2+9}-3}$；　(10) $\lim\limits_{x\to\infty}\dfrac{x}{x^2+1}(1+\cos x)$；

(11) $\lim\limits_{x\to 1}\left(\dfrac{1}{1-x}-\dfrac{3}{1-x^3}\right)$；　(12) $\lim\limits_{x\to+\infty}(\sqrt{(x+2)(x-1)}-x)$；

(13) $\lim\limits_{x\to 1}\dfrac{\sqrt[3]{x}-1}{\sqrt{x}-1}$；　(14) $\lim\limits_{x\to\infty}\dfrac{(2x-1)^{30}(3x-1)^{20}}{(2x+1)^{50}}$.

3. 求下列极限.

(1) $\lim\limits_{x\to 0^+}\dfrac{1+e^{\frac{1}{x}}}{1-e^{\frac{1}{x}}}$；　(2) $\lim\limits_{x\to 0^-}\dfrac{1+e^{\frac{1}{x}}}{1-e^{\frac{1}{x}}}$；

(3) $\lim\limits_{x\to\infty}\dfrac{1+2^{\frac{1}{x}}}{1-2^{\frac{1}{x}}}$；　(4) $\lim\limits_{x\to 0}\operatorname{arccot}\dfrac{1}{x^2}$.

4. 设 $\lim\limits_{x\to x_0}f(x)=A$，$\lim\limits_{x\to x_0}g(x)$ 不存在，证明 $\lim\limits_{x\to x_0}[f(x)+g(x)]$ 不存在.

2.5 节

1. 求下列极限.

(1) $\lim\limits_{x\to 0}\dfrac{\sin 2x}{\sin 3x}$;　(2) $\lim\limits_{x\to 0}\dfrac{x\sin 2x}{\sin x^2}$;

(3) $\lim\limits_{x\to 0}\dfrac{1-\cos x}{2x}$;　(4) $\lim\limits_{x\to 0}\dfrac{x-\sin x}{x+\sin x}$;

(5) $\lim\limits_{x\to 0}\dfrac{x^2\sin\dfrac{1}{x}}{\sin 2x}$;　(6) $\lim\limits_{x\to \pi}\dfrac{\sin x}{\pi-x}$;

(7) $\lim\limits_{t\to 0^-}\dfrac{\sqrt{1-\cos^2 t}}{2t}$;　(8) $\lim\limits_{x\to 0}\left(x\sin\dfrac{1}{x}+\dfrac{1}{x}\sin\dfrac{x}{3}\right)$.

2. 求下列极限.

(1) $\lim\limits_{x\to 0}(1+x)^{\frac{2}{x}}$;　(2) $\lim\limits_{x\to \infty}\left(1+\dfrac{1}{4x+1}\right)^{x+1}$;

(3) $\lim\limits_{x\to \infty}\left(1-\dfrac{2}{x}\right)^{\frac{x}{2}+1}$;　(4) $\lim\limits_{x\to \infty}\left(\dfrac{x}{1+x}\right)^{x}$;

(5) $\lim\limits_{x\to \infty}\left(\dfrac{x+1}{x-1}\right)^{x}$;　(6) $\lim\limits_{x\to 0}(1+3\tan^2 x)^{\cot^2 x}$.

3. 已知$\lim\limits_{x\to \infty}\left(\dfrac{x+c}{x-c}\right)^{\frac{x}{2}}=3$,求 c.

4. 某公司发行债券,以年利率 6.5%的连续复利计算利息,10 年后每份债券一次偿还本息 1 000 元,问发行时每份债券的价格应定为多少元?

2.6 节

1. 指出下列函数的连续区间.

(1) $f(x)=\begin{cases}x, & -1\leqslant x\leqslant 1\\ 1, & x<-1 \text{ 或 } x>1\end{cases}$;　(2) $f(x)=\begin{cases}x^2, & 0\leqslant x\leqslant 1\\ 2-x, & 1<x\leqslant 2\end{cases}$.

2. 下列函数 $f(x)$在 $x=0$ 处是否连续?并说明理由.

(1) $f(x)=\begin{cases}x^2\sin\dfrac{1}{x}, & x\neq 0\\ 0, & x=0\end{cases}$;　(2) $f(x)=\begin{cases}\dfrac{\sin x}{|x|}, & x\neq 0\\ 1, & x=0\end{cases}$.

3. 设函数 $f(x)=\begin{cases}a+x+x^2, & x\leqslant 0\\ \dfrac{\sin 3x}{x}, & x>0\end{cases}$,求 a 的值,使 $f(x)$在 $x=0$ 处连续.

4. 函数 $f(x)=\begin{cases}2x, & 0\leqslant x<1\\ 3-x, & 1\leqslant x\leqslant 2\end{cases}$在闭区间[0,2]上是否连续,并画出 $f(x)$的图形.

5. 求函数 $f(x)=\dfrac{1}{\sqrt[3]{x^2+x-6}}$ 的连续区间，并求极限 $\lim\limits_{x\to 0}f(x)$.

6. 利用函数的连续性求下列极限.

(1) $\lim\limits_{x\to 0}\sqrt{x^2-2x+3}$；　　(2) $\lim\limits_{x\to 1^+}\sqrt{\sin(x-1)}$；

(3) $\lim\limits_{x\to \pi}\dfrac{\sin x}{x}$；　　(4) $\lim\limits_{x\to 0}\left(\dfrac{\sin x}{x}-x\right)$；

(5) $\lim\limits_{x\to 0}\cos\left(x\sin\dfrac{1}{x}\right)$；　　(6) $\lim\limits_{x\to 0^+}[\ln(2\sin 2x)-\ln(\tan 3x)]$.

2.7 节

1. 证明下列方程在指定区间内至少有一个实根.

(1) $x^4-x-1=0$ 在区间 $(1,2)$；　　(2) $e^x-2=x$ 在区间 $(0,2)$.

2. 设 $f(x)$ 在区间 $[0,1]$ 上连续，且 $0\leqslant f(x)\leqslant 1$，证明至少有一点 $c\in[0,1]$，使 $f(c)=c$.

3. 设函数 $f(x)$ 在区间 $[0,2a]$ 上连续，且 $f(0)=f(2a)$，证明在 $[0,a]$ 上至少存在一点 ξ，使 $f(\xi)=f(\xi+a)$.

2.8 节

1. 当 $x\to 0$ 时，下列函数都是无穷小，试确定哪些是 x 的高阶无穷小？同阶无穷小？等价无穷小？

(1) x^2+x；　　(2) $x+\sin x$；　　(3) $x-\sin x$.

2. 证明当 $x\to 0$ 时，有

(1) $x^2+\sqrt[3]{x}$ 是 x 的 $\dfrac{1}{3}$ 阶无穷小；　　(2) $e^{-\tan^2 x}-1$ 是 x 的 2 阶无穷小.

3. 证明当 $x\to 0$ 时，有

(1) $\sec x-1\sim\dfrac{1}{2}x^2$；　　(2) $\sqrt{1+x^2}-\sqrt{1-x^2}\sim x^2$.

4. 利用等价无穷小的性质，求下列极限.

(1) $\lim\limits_{x\to 0}\dfrac{\ln(1+x^2)}{1-\cos x}$；　　(2) $\lim\limits_{x\to 0}\dfrac{(e^x-1)\sin 2x}{\tan x^2}$；

(3) $\lim\limits_{x\to 0}\dfrac{\ln(1-2x)}{\sin 5x}$；　　(4) $\lim\limits_{x\to 0}\dfrac{\tan x-\sin x}{\sin^3 x}$；

(5) $\lim\limits_{x\to 0}\dfrac{\tan^m(x)}{\sin(x^n)}$ $(m>0,n>0)$；　　(6) $\lim\limits_{x\to 0}\dfrac{\sqrt{1+x\sin x}-1}{x\arcsin x}$.

2.9 节

1. 利用数列极限的严格定义证明下列极限.

(1) $\lim\limits_{n\to\infty}\frac{1}{n^2}=0$； (2) $\lim\limits_{n\to\infty}\frac{n+1}{2n+1}=\frac{1}{2}$； (3) $\lim\limits_{n\to\infty}\frac{\sin n}{n}=0$.

2. 利用函数极限的严格定义证明下列极限.

(1) $\lim\limits_{x\to 2}(3x+2)=8$； (2) $\lim\limits_{x\to 2}\frac{x^2-4}{x-2}=4$； (3) $\lim\limits_{x\to\infty}\frac{3x+1}{x}=3$.

3. 已知 $y=x^2+2$，当 $x\to 2$ 时，显然有 $y\to 6$. 问 δ 取何值，且 $0<|x-2|<\delta$ 时，$|y-6|<0.001$?

2.10 节

1. 下列函数在指出的点处间断，判断这些间断点的类型，如果是可去间断点，则补充或改变函数的定义使它连续.

(1) $y=\frac{1}{(x+2)^2}$，$x=-2$；

(2) $y=\frac{x^2-4}{x^2-5x+6}$，$x=2$，$x=3$；

(3) $y=\begin{cases}2x-1 & x\leqslant 1\\ 4-5x & x<1\end{cases}$，$x=1$；

(4) $y=\frac{x}{\sin x}$，$x=k\pi$，$(k=0,\pm 1,\pm 2,\pm 3,\cdots)$.

2. 讨论下列函数的连续性，若存在间断点，判断其类型.

(1) $y=\lim\limits_{n\to\infty}\frac{nx}{1+nx^3}$； (2) $y=\lim\limits_{n\to\infty}\frac{1-x^{2n}}{1+x^{2n}}x$.

自　测　题

一、选择题

1. $\lim\limits_{x\to 0}\arctan\frac{1}{x}$ 等于______.

A. $\frac{\pi}{2}$ B. $-\frac{\pi}{2}$ C. 0 D. 不存在

2. 设曲线方程为 $y=\frac{\sin(1-x)}{1-x}$，则______.

A. $y=-1$ 是曲线水平渐近线 B. $y=0$ 是曲线水平渐近线
C. $x=-1$ 是曲线铅直渐近线 D. $x=1$ 是曲线铅直渐近线

3. 当 $x\to\infty$ 时，下列函数较 $1-\cos\frac{2}{x}$ 为高阶无穷小的是______.

A. $\sin\frac{1}{x}$ B. $\frac{1}{x^2}$ C. $\sqrt{1+\frac{1}{x^3}}-1$ D. $\tan^2\frac{1}{x}$

4. $\lim\limits_{x\to+\infty}(x-\sqrt{x^2-1})$ 等于______.

A. 0 B. ∞ C. 1 D. -1

5. 设 $f(x)=\dfrac{1-2e^{\frac{1}{x}}}{1+e^{\frac{1}{x}}}\arctan\dfrac{1}{x}$，则 $x=0$ 是 $f(x)$ 的______.

A. 可去间断点　　B. 跳跃间断点

C. 第二类间断点　　D. 连续点

二、填空题

1. 若 $\lim\limits_{x\to 0}\dfrac{\tan x-\sin x}{x^p}=\dfrac{1}{2}$，则常数 $p=$____________.

2. 极限 $\lim\limits_{x\to\infty}\dfrac{1}{(x+\cos x)^2}=$____________.

3. 若当 $x\to 0$ 时，x^2+3x^3 与 $\sqrt{1+ax^2}-1$ 等价，则 $a=$____________.

4. 若 $\lim\limits_{x\to 2}\dfrac{x^2-3x+a}{x-2}=1$，则 $a=$____________.

5. 函数 $f(x)=\sqrt{|x|(x^3-1)}$ 的定义域为____________；连续区间为____________.

三、求极限

1. $\lim\limits_{x\to 1}\dfrac{\sqrt{3-x}-\sqrt{1+x}}{x^2-1}$；

2. $\lim\limits_{x\to+\infty}x(\sqrt{x^2+1}-x)$；

3. $\lim\limits_{x\to\infty}\dfrac{x\cos\sqrt{x}}{1+x^2}$；

4. $\lim\limits_{x\to 0}\dfrac{\sqrt{1+x\sin x}-\cos x}{\sin^2\dfrac{x}{2}}$；

5. $\lim\limits_{n\to\infty}\dfrac{a^{n+1}+b^{n+1}}{a^n+b^n}$，$a\neq 0, b\neq 0$；

6. $\lim\limits_{x\to-\infty}\dfrac{\ln(1+3^x)}{\ln(1+2^x)}$；

7. $\lim\limits_{x\to\infty}x^2\left(1-\cos\dfrac{1}{x}\right)$；

8. $\lim\limits_{x\to e}\dfrac{\ln x-1}{x-e}$.

四、求函数 $f(x)=\lim\limits_{n\to\infty}\dfrac{1-x^{2n}}{1+x^{2n}}\cdot x$ 的连续区间，若存在间断点，判断其类型.

五、证明方程 $x\cdot 3^x=2$ 至少有一个小于 1 的正根.

六、证明：若 $f(x)$ 及 $g(x)$ 都在 $[a,b]$ 上连续，且 $f(a)<g(a)$，$f(b)>g(b)$，则存在点 $c\in(a,b)$，使得 $f(c)=g(c)$.

七、试证：方程 $\dfrac{5}{x-1}+\dfrac{7}{x-2}+\dfrac{16}{x-3}=0$ 有一个根介于 1 与 2 之间，另一个根介于 2 与 3 之间.

第3章 导数与微分

数学中研究导数、微分及其应用的部分称为微分学,研究不定积分、定积分及其应用的部分称为积分学. 微分学与积分学统称为微积分学.

微积分学是高等数学最基本、最重要的组成部分,是现代数学许多分支的基础,是人类认识客观世界、探索宇宙奥秘乃至人类自身的典型数学模型之一.

积分的雏形可追溯到古希腊和我国魏晋时期,但微分概念直至16世纪才应运萌生.

本章将以极限概念为基础,从实际应用问题中引出导数和微分的概念,并得到导数与微分基本公式和求导的运算法则.

3.1 导数的概念

从15世纪初文艺复兴时期起,欧洲的工业、农业、航海事业与商贾贸易得到大规模的发展,形成了一个新的经济时代. 而16世纪的欧洲,正处在资本主义萌芽时期,生产力得到了很大的发展. 生产实践的发展对自然科学提出了新的课题,迫切要求力学、天文学等基础科学的发展,而这些学科都是深刻依赖于数学的,因而也推动了数学的发展. 在各类学科对数学提出的种种要求中,下列三类问题导致了微分学的产生:

(1) 求变速运动的瞬时速度;

(2) 求曲线上一点处的切线;

(3) 求最大值和最小值.

这三类实际问题的现实原型在数学上都可归结为函数相对于自变量变化而变化的快慢程度,即所谓函数的变化率问题. 牛顿从上述第一个问题出发,莱布尼茨则从第二个问题出发,分别给出了导数的概念.

3.1.1 引例

1. 变速直线运动的瞬时速度

设一质点作变速直线运动,若质点的运动路程 s 与运动时间 t 的关系为 $s=s(t)$,求质点在 t_0 时刻的瞬时速度.

分析　如果质点做匀速直线运动，那么任给一个时间增量 Δt，则质点由 t_0 到 $t_0+\Delta t$ 这段时间间隔内的平均速度就是质点在时刻 t_0 的瞬时速度

$$v_0=\bar{v}=\frac{s(t_0+\Delta t)-s(t_0)}{\Delta t}.$$

但是质点作变速直线运动，它的运动速度时刻都在发生变化，考虑在时刻 t_0 任给一个时间增量 Δt，质点由 t_0 到 $t_0+\Delta t$ 这段时间的平均速度

$$\bar{v}=\frac{\Delta s}{\Delta t}=\frac{s(t_0+\Delta t)-s(t_0)}{\Delta t}.$$

当时间间隔 Δt 越小，其平均速度就越接近时刻 t_0 的瞬时速度. 用极限思想来解释就是：当 $\Delta t\to 0$，对平均速度取极限

$$\lim_{\Delta t\to 0}\frac{\Delta s}{\Delta t}=\lim_{\Delta t\to 0}\frac{s(t_0+\Delta t)-s(t_0)}{\Delta t}.$$

若这个极限存在，该极限值称为质点在时刻 t_0 的瞬时速度.

2. 曲线切线的斜率

设一曲线的方程为：$y=f(x)$，求该曲线在点 $P(x_0,y_0)$ 的切线的斜率.

我们来考虑如下问题：什么是曲线的切线？

设有曲线 C，曲线 C 上有一定点 P_0，在该曲线 C 上任取一点 P，过 P_0 与 P 作一直线 L，直线 L 一般称为曲线 C 的割线，当动点 P 沿曲线 C 无限趋近于定点 P_0 时，割线若有唯一的极限位置，这个极限位置的直线 L_0 就称为曲线过 P_0 点的切线（见图 3.1.1）.

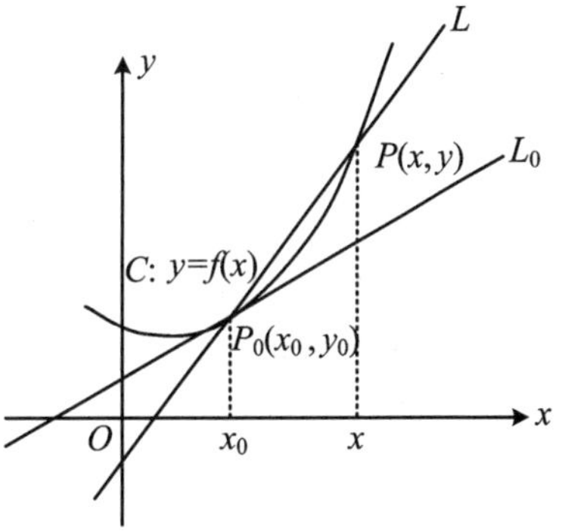

图 3.1.1

由上述关于切线的定义，我们可以先求出割线 L 的斜率

$$K_{割}=\frac{f(x)-f(x_0)}{x-x_0}.$$

注意到 P 无限趋近于定点 P_0 等价于 $x\to x_0$，因此，曲线 C 过 P_0 点的切线的斜率为

$$K_{切}=\lim_{x\to x_0}\frac{f(x)-f(x_0)}{x-x_0}.$$

如果令 $\Delta x=x-x_0$，那么 $x=x_0+\Delta x$，并且 $x\to x_0\Leftrightarrow\Delta x\to 0$，所以

$$K_{切}=\lim_{\Delta x\to 0}\frac{f(x_0+\Delta x)-f(x_0)}{\Delta x}.$$

3. 产品总成本的变化率

设某产品的总成本 C 是产量 x 的函数，即 $C=C(x)$，当产量由 x_0 变到 $x_0+\Delta x$

时,总成本相应的改变量为

$$\Delta C = C(x_0 + \Delta x) - C(x_0).$$

当产量由 x_0 变到 $x_0+\Delta x$ 时,总成本的平均变化率为

$$\frac{\Delta C}{\Delta x} = \frac{C(x_0 + \Delta x) - C(x_0)}{\Delta x}.$$

当 $\Delta x \to 0$ 时,如果极限

$$\lim_{\Delta x \to 0} \frac{\Delta C}{\Delta x} = \lim_{\Delta x \to 0} \frac{C(x_0 + \Delta x) - C(x_0)}{\Delta x}$$

存在,则称此极限是产量为 x_0 时的总成本的变化率.

上面三个例子从各自的具体意义来说,毫不相干,但是若把它们从具体意义抽象出来的话,问题都是当自变量改变量趋于零时,求函数值改变量与自变量改变量之比的极限.

我们撇开这些问题的实际背景,抽象出数学符号的概念来,即用数学语言描述的话,就是下面介绍的导数概念.

3.1.2 导数的定义

定义 3.1 设函数 $y=f(x)$ 在点 x_0 的某邻域内有定义,当自变量 x 在 x_0 有一个改变量 Δx 时,相应的函数 $f(x)$ 在 x_0 点也有一个改变量 $\Delta y=f(x_0+\Delta x)-f(x_0)$,若

$$\lim_{\Delta x \to 0}\frac{\Delta y}{\Delta x}=\lim_{\Delta x \to 0}\frac{f(x_0+\Delta x)-f(x_0)}{\Delta x}$$

存在,则称函数 $f(x)$ 在点 x_0 处可导,并称该极限值为函数 $f(x)$ 在点 x_0 处的**导数**,记作

$$f'(x_0) \quad 或 \quad y'|_{x=x_0}, \quad \left.\frac{\mathrm{d}y}{\mathrm{d}x}\right|_{x=x_0} \quad 或 \quad \left.\frac{\mathrm{d}f}{\mathrm{d}x}\right|_{x=x_0}.$$

即

$$f'(x_0)=\lim_{\Delta x \to 0}\frac{f(x_0+\Delta x)-f(x_0)}{\Delta x}. \tag{3.1.1}$$

令 $x=x_0+\Delta x, \Delta y=f(x)-f(x_0)$,则(3.1.1)式可改写为

$$f'(x_0) = \lim_{x \to x_0} \frac{f(x) - f(x_0)}{x - x_0}. \tag{3.1.2}$$

由此可见,导数就是函数增量 Δy 与自变量增量 Δx 之比的极限.

若(3.1.1)式或(3.1.2)式极限不存在,则称 $f(x)$ 在点 x_0 处不可导.

注:导数概念是函数变化率这一概念的精确描述,它撇开了自变量和因变量所代表的几何或物理等方面的特殊意义,

纯粹从数量方面来刻画函数变化率的本质. 函数值改变量与自变量改变量的比值 $\frac{\Delta y}{\Delta x}$是函数 y 在以 x_0 和 $x_0+\Delta x$ 为端点的区间上的平均变化率,而导数 $y'|_{x=x_0}$ 则是函数 y 在点 x_0 处的变化率,它反映了函数随自变量变化而变化的快慢程度.

【例 3.1.1】 求函数 $f(x)=x^2+x$ 在点 $x=2$ 处的导数.

解 由定义得

$$f'(2)=\lim_{\Delta x\to 0}\frac{f(2+\Delta x)-f(2)}{\Delta x}=\lim_{\Delta x\to 0}\frac{(2+\Delta x)^2+(2+\Delta x)-6}{\Delta x}$$
$$=\lim_{\Delta x\to 0}(\Delta x+5)=5.$$

【例 3.1.2】 证明函数 $f(x)=|x|$在点 $x=0$ 处不可导.

证 因为

$$\frac{\Delta y}{\Delta x}=\frac{f(x)-f(0)}{x-0}=\frac{|x|-0}{x}=\frac{|x|}{x}=\begin{cases}1, & x>0\\ -1, & x<0\end{cases},$$

当 $x\to 0$ 时,上式的极限不存在,所以 $f(x)$在点 $x=0$ 处不可导.

在引入极限概念之后,接着引入了单侧极限的概念;介绍了连续函数的概念之后,进而引入了左右连续的概念. 而导数是建立在极限的基础之上的,因此也具有类似于“左右极限”、“左右连续”的概念.

定义 3.2 设函数 $y=f(x)$在点 x_0 的某右邻域$(x_0,x_0+\delta)$内有定义,若 $\lim\limits_{\Delta x\to 0^+}\frac{\Delta y}{\Delta x}=\lim\limits_{\Delta x\to 0^+}\frac{f(x_0+\Delta x)-f(x_0)}{\Delta x}$存在,则称 $f(x)$在点 x_0 处右可导,该极限值称为 $f(x)$在 x_0 处的右导数,记为 $f'_+(x_0)$, 即

$$f'_+(x_0)=\lim_{\Delta x\to 0^+}\frac{f(x_0+\Delta x)-f(x_0)}{\Delta x}=\lim_{x\to x_0^+}\frac{f(x)-f(x_0)}{x-x_0}.$$

类似地,我们可定义左导数

$$f'_-(x_0)=\lim_{\Delta x\to 0^-}\frac{f(x_0+\Delta x)-f(x_0)}{\Delta x}=\lim_{x\to x_0^-}\frac{f(x)-f(x_0)}{x-x_0}.$$

右导数和左导数统称为**单侧导数**.

定理 3.1 若函数 $y=f(x)$在点 x_0 的某邻域内有定义,则 $f'(x_0)$存在的充要条件是 $f'_+(x_0)$与 $f'_-(x_0)$都存在,且 $f'_+(x_0)=f'_-(x_0)$.

【例 3.1.3】 求函数 $f(x)=\begin{cases}\sin x, & x<0\\ x, & x\geqslant 0\end{cases}$在 $x=0$ 处的导数.

解 $f'_-(0)=\lim\limits_{x\to 0^-}\frac{f(x)-f(0)}{x}=\lim\limits_{x\to 0^-}\frac{\sin x}{x}=1,$

$$f'_+(0)=\lim_{\Delta x\to 0^+}\frac{\Delta y}{\Delta x}=\lim_{\Delta x\to 0^+}\frac{\Delta x}{\Delta x}=1,$$

由 $f'_-(0)=f'_+(0)=1$,得 $f'(0)=1$.

定义 3.3 设函数 $f(x)$ 在 (a,b) 内每一点都可导,则称函数 $f(x)$ 在开区间 (a,b) 内可导;若函数 $f(x)$ 在开区间 (a,b) 内可导,且在 a 点右可导,在 b 点左可导,则称函数 $f(x)$ 在闭区间 $[a,b]$ 上可导.

如果函数 $y=f(x)$ 在开区间 I 内的每点处都可导,则称函数 $f(x)$ 在开区间 I 内可导.

设函数 $y=f(x)$ 在开区间 I 内可导,则对 I 内每一点 x,都有一个导数值 $f'(x)$ 与之对应,因此,$f'(x)$ 也是 x 的函数,称其为 $f(x)$ 的导函数,也称导数,记作

$$f'(x),\ y',\ \frac{\mathrm{d}y}{\mathrm{d}x}\ \text{或}\ \frac{\mathrm{d}f}{\mathrm{d}x}.$$

3.1.3 导数的几何意义

根据本节前述引例 2“曲线切线的斜率”的讨论可知,若函数 $y=f(x)$ 在 x_0 点处可导,则其导数 $f'(x_0)$ 在数值上就等于曲线 $y=f(x)$ 在点 $M(x_0,\ f(x_0))$ 处切线的斜率. 即

$$f'(x_0)=\tan\alpha.$$

其中,α 是曲线 $y=f(x)$ 在 M 处切线与 x 轴正方向的夹角(见图 3.1.2).

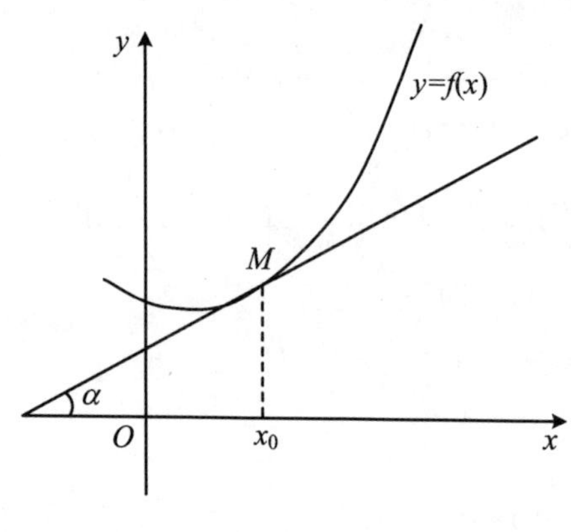

图 3.1.2

由导数的几何意义,可以得到曲线在点 $M(x_0,\ f(x_0))$ 的切线与法线方程. 所以曲线在点 $M(x_0,y_0)$ 的**切线方程**为

$$y-y_0=f'(x_0)(x-x_0).$$

大家都知道,曲线 $y=f(x)$ 在点 $M(x_0,y_0)$ 处的法线是过此点且与切线垂直的直线,所以它的斜率为:$-\frac{1}{f'(x_0)}$ $(f'(x_0)\neq 0)$. 因此,曲线 $y=f(x)$ 在 $M(x_0,y_0)$ 的**法线方程**为

$$y-y_0=-\frac{1}{f'(x_0)}(x-x_0).$$

当 $f'(x_0)=0$ 时,法线方程为:$x=x_0$;

当 $f'(x_0)=\pm\infty$ 时,法线方程为:$y=y_0$.

【例 3.1.4】 求曲线 $y=x^2+x$ 在(2,6)处的切线方程及法线方程.

解 由例 3.1.1 可知 $y'\big|_{x=2}=5$,因此

所求切线方程为　$y-6=5(x-2)$，　即　$5x-y-4=0$；

所求法线方程为　$y-6=-\frac{1}{5}(x-2)$，　即　$x+5y-32=0$.

导数在物理学和经济学中也有广泛的应用.

例如，根据本节前述引例 1"变速直线运动的瞬时速度"中的讨论可知，作变速直线运动的物体在时刻 t_0 的瞬时速度 $v(t_0)$ 是路程函数 $s=s(t)$ 在时刻 t_0 的导数，即

$$v(t_0)=s'(t_0).$$

而根据本节前述引例 3"产品总成本的变化率"中的讨论可知，产品总成本 $C=C(x)$ 在产量为 x_0 时的变化率就是函数 $C=C(x)$ 在点 x_0 处的导数 $C'(x_0)$.

【例 3.1.5】　设某产品的收益 R(元)为产量 x(吨)的函数

$$R=R(x)=800x-\frac{x^2}{4},\ x\geqslant 0.$$

求：(1) 生产 200 吨到 300 吨时的总收益的平均变化率；

(2) 生产 100 吨时收益对产量的变化率.

解　(1) $\Delta x=300-200=100$，$\Delta R=R(300)-R(200)=67\,500$，

故
$$\frac{\Delta R}{\Delta x}=\frac{R(300)-R(200)}{\Delta x}=\frac{67\,500}{100}=675\ (元/吨).$$

(2) 设产量由 x_0 变到 $x_0+\Delta x$，则

$$\frac{\Delta R}{\Delta x}=\frac{R(x_0+\Delta x)-R(x_0)}{\Delta x}=800-\frac{1}{2}x_0-\frac{1}{4}\Delta x.$$

故
$$R'(x_0)=\lim_{\Delta x\to 0}\frac{\Delta R}{\Delta x}=\lim_{\Delta x\to 0}\left(800-\frac{1}{2}x_0-\frac{1}{4}\Delta x\right)=800-\frac{1}{2}x_0.$$

当 $x_0=100$ 时，收益对产量的变化率为

$$R'(100)=800-\frac{1}{2}\times 100=750\ (元/吨).$$

3.1.4　可导与连续的关系

> **定理 3.2**　若函数 $f(x)$ 在点 x_0 处可导，则它在点 x_0 处必连续.

证　因为函数 $f(x)$ 在 x_0 点处可导，设自变量 x 在 x_0 处有改变量 Δx，相应函数值有改变量 Δy，由导数的定义可得

$$\lim_{\Delta x\to 0}\frac{\Delta y}{\Delta x}=\lim_{\Delta x\to 0}\frac{f(x_0+\Delta x)-f(x_0)}{\Delta x}=f'(x_0),$$

$$\lim_{\Delta x\to 0}\Delta y=\lim_{\Delta x\to 0}\left(\frac{\Delta y}{\Delta x}\cdot\Delta x\right)=\lim_{\Delta x\to 0}\frac{\Delta y}{\Delta x}\cdot\lim_{\Delta x\to 0}\Delta x=f'(x_0)\cdot 0=0,$$

所以 $f(x)$ 在 x_0 点连续.

注：该定理的逆命题不成立，即函数在某点连续，但在该点不一定可导.

【例 3.1.6】　讨论函数

$$f(x)=|x|=\begin{cases}x, & x\geqslant 0\\ -x, & x<0\end{cases}$$

在 $x=0$ 处的连续性与可导性(见图 3.1.3).

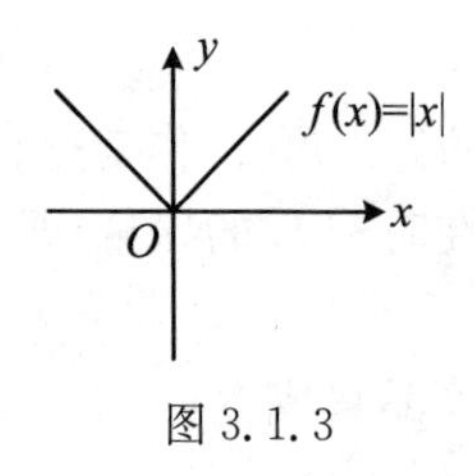

图 3.1.3

解 易见函数 $f(x)=|x|$ 在 $x=0$ 处是连续的,事实上

$$\lim_{x\to 0^+}f(x)=\lim_{x\to 0^+}|x|=\lim_{x\to 0^+}x=0,$$

$$\lim_{x\to 0^-}f(x)=\lim_{x\to 0^-}|x|=\lim_{x\to 0^-}(-x)=0.$$

因为 $$\lim_{x\to 0^+}f(x)=\lim_{x\to 0^-}f(x)=0=f(0),$$

所以函数 $f(x)=|x|$ 在 $x=0$ 处是连续的.

而由例 3.1.2 知,$f(x)=|x|$ 在 $x=0$ 处不可导.

注:上述例子说明,函数在某点处连续是函数在该点处可导的必要条件,但不是充分条件.也就是说:可导一定连续,但连续不一定可导.由定理 3.2 还知道,若函数在某点处不连续,则它在该点处一定不可导.

3.2 导数的四则运算法则

上一节,我们已经从导数的定义直接得出求导数的一般方法.但对于任何函数,如果都用那样复杂的步骤来求它的导数,从理论上来说是可行,可是在实际过程中是不现实的,为此我们希望找到一些基本公式,借助它们来简化求导的计算.

3.2.1 基本初等函数的导数

函数求导通常要以基本初等函数的导数公式为基础,下面介绍基本初等函数的导数公式,学习过程中必须达到熟记的程度.

(1) $C'=0$, C 为常数;

(2) $(x^\alpha)'=\alpha x^{\alpha-1}$, 其中 α 为常数且 $\alpha\neq 0$;

(3) $(\sin x)'=\cos x$, $(\cos x)'=-\sin x$;

(4) $(\tan x)'=\sec^2 x$, $(\cot x)'=-\csc^2 x$;

(5) $(\sec x)'=\sec x\cdot\tan x$, $(\csc x)'=-\csc x\cdot\cot x$;

(6) $(a^x)'=a^x\ln a$, $a>0$ 且 $a\neq 1$,特别地,$(\mathrm{e}^x)'=\mathrm{e}^x$;

(7) $(\log_a x)'=\dfrac{1}{x\ln a}$, $a>0$ 且 $a\neq 1$,特别地,$(\ln x)'=\dfrac{1}{x}$;

(8) $(\arcsin x)'=\dfrac{1}{\sqrt{1-x^2}}$, $x\in(-1,1)$,

$(\arccos x)'=-\dfrac{1}{\sqrt{1-x^2}}$, $x\in(-1,1)$;

(9) $(\arctan x)'=\dfrac{1}{1+x^2}$, $x\in\mathbf{R}$,

$$(\operatorname{arccot} x)'=-\frac{1}{1+x^2},\ x\in\mathbf{R}.$$

这些公式大多可用导数定义予以验证，有的也可运用后面的求导法则推导得到. 这里以部分公式为例，说明如何利用导数定义证明这些公式.

【例 3.2.1】 设 $f(x)=C$（C 为常数），求 $f'(x)$.

解　$$f'(x)=\lim_{\Delta x\to 0}\frac{f(x+\Delta x)-f(x)}{\Delta x}=\lim_{\Delta x\to 0}0=0.$$

【例 3.2.2】 设 n 为正整数，幂函数 $f(x)=x^n$，求 $f'(x)$.

解　$$\begin{aligned}f'(x)&=\lim_{\Delta x\to 0}\frac{f(x+\Delta x)-f(x)}{\Delta x}=\lim_{\Delta x\to 0}\frac{(x+\Delta x)^n-x^n}{\Delta x}\\&=\lim_{\Delta x\to 0}\frac{nx^{n-1}\Delta x+C_n^2x^{n-2}(\Delta x)^2+\cdots+(\Delta x)^n}{\Delta x}\\&=\lim_{\Delta x\to 0}[nx^{n-1}+C_n^2x^{n-2}\Delta x+\cdots+(\Delta x)^{n-1}]=nx^{n-1}.\end{aligned}$$

更一般地，对于幂函数 $y=x^\mu$（μ 为常数且 $\mu\neq 0$），有

$$(x^\mu)'=\mu x^{\mu-1}.$$

【例 3.2.3】 设 $f(x)=\sin x$，求 $f'(x)$.

解　因为 $f(x+\Delta x)-f(x)=\sin(x+\Delta x)-\sin x=2\cos\left(x+\frac{\Delta x}{2}\right)\cdot\sin\frac{\Delta x}{2}$，

所以　$$f'(x)=\lim_{\Delta x\to 0}\frac{f(x+\Delta x)-f(x)}{\Delta x}=\lim_{\Delta x\to 0}\cos\left(x+\frac{\Delta x}{2}\right)\cdot\frac{\sin\frac{\Delta x}{2}}{\frac{\Delta x}{2}}=\cos x.$$

类似可得：余弦函数 $f(x)=\cos x$ 的导数 $f'(x)=-\sin x$.

【例 3.2.4】 设 $f(x)=\log_a x$（$a>0$ 且 $a\neq 1$），求 $f'(x)$.

解　$f(x+\Delta x)-f(x)=\log_a(x+\Delta x)-\log_a x=\log_a\left(1+\frac{\Delta x}{x}\right)$，

$$\begin{aligned}f'(x)&=\lim_{\Delta x\to 0}\frac{f(x+\Delta x)-f(x)}{\Delta x}=\lim_{\Delta x\to 0}\frac{1}{\Delta x}\log_a\left(1+\frac{\Delta x}{x}\right)\\&=\lim_{\Delta x\to 0}\log_a\left(1+\frac{\Delta x}{x}\right)^{\frac{1}{\Delta x}}=\lim_{\Delta x\to 0}\frac{1}{x}\log_a\left(1+\frac{\Delta x}{x}\right)^{\frac{x}{\Delta x}}\\&=\frac{1}{x}\log_a \mathrm{e}=\frac{1}{x\ln a}.\end{aligned}$$

特别地，当 $a=\mathrm{e}$ 时，即当 $f(x)=\ln x$ 时，$f'(x)=\frac{1}{x}$.

【例 3.2.5】 利用导数公式，求下列函数的导数.

(1) $y=\pi$；　(2) $y=x^{10}$；　(3) $y=\frac{1}{x\sqrt{x}}$；

(4) $y=3^x$；　(5) $y=\lg x$.

解　(1) 由常数函数导数公式得 $y'=0$；

(2) 由幂函数导数公式得 $y'=10x^9$;

(3) 由幂函数导数公式得 $y'=(x^{-\frac{3}{2}})'=-\dfrac{3}{2}x^{-\frac{5}{2}}=-\dfrac{3}{2x^2\sqrt{x}}$;

(4) 由指数函数导数公式得 $y'=3^x\ln 3$;

(5) 由对数函数导数公式得 $y'=\dfrac{1}{x\ln 10}$.

【例 3.2.6】 求:(1) $y=\cos\dfrac{\pi}{4}$的导数;(2) $y=\cos x$ 在 $x=\dfrac{\pi}{4}$处的导数.

解 (1) 由于函数 $y=\cos\dfrac{\pi}{4}$是一个常数函数,由常数函数导数公式得 $y'=0$,即

$$\left(\cos\frac{\pi}{4}\right)'=0.$$

(2) 由三角函数导数公式得

$$y'\Big|_{x=\frac{\pi}{4}}=(\cos x)'\Big|_{x=\frac{\pi}{4}}=(-\sin x)\Big|_{x=\frac{\pi}{4}}=-\sin\frac{\pi}{4}=-\frac{\sqrt{2}}{2}.$$

为了对较复杂的由几个函数组成的表达式(如函数的和、差、积、商、复合等)求导,我们还要建立一些运算法则,使较复杂函数的求导问题得以简化.

3.2.2 导数的四则运算法则

> **定理 3.3** 设函数 $u=u(x)$、$v=v(x)$在区间 I 上是可导函数,则 $u\pm v$, uv, $\dfrac{u}{v}(v\neq 0)$在区间 I 上也是可导函数,并且满足:
>
> (1) $(u\pm v)'=u'\pm v'$; (2) $(uv)'=u'v+uv'$; (3) $\left(\dfrac{u}{v}\right)'=\dfrac{u'v-uv'}{v^2}$.

证 在此只证明本定理的法则(3),法则(1)和法则(2)请读者自己证明.

设 $f(x)=\dfrac{u(x)}{v(x)}\quad(v(x)\neq 0)$,则

$$f'(x)=\lim_{\Delta x\to 0}\frac{f(x+\Delta x)-f(x)}{\Delta x}=\lim_{\Delta x\to 0}\frac{\dfrac{u(x+\Delta x)}{v(x+\Delta x)}-\dfrac{u(x)}{v(x)}}{\Delta x}$$

$$=\lim_{\Delta x\to 0}\frac{u(x+\Delta x)\cdot v(x)-u(x)\cdot v(x+\Delta x)}{v(x+\Delta x)\cdot v(x)\cdot\Delta x}$$

$$=\lim_{\Delta x\to 0}\frac{u(x+\Delta x)\cdot v(x)-u(x)\cdot v(x)+u(x)\cdot v(x)-u(x)\cdot v(x+\Delta x)}{v(x+\Delta x)\cdot v(x)\cdot\Delta x}$$

$$=\lim_{\Delta x\to 0}\frac{1}{v(x+\Delta x)v(x)}\left[\frac{u(x+\Delta x)-u(x)}{\Delta x}\cdot v(x)-u(x)\cdot\frac{v(x+\Delta x)-v(x)}{\Delta x}\right]$$

$$= \frac{u'v - uv'}{v^2}.$$

所以，函数$\frac{u}{v}$可导，且$\left(\frac{u}{v}\right)' = \frac{u'v - uv'}{v^2}$.

注：定理 3.3 的法则(1)和法则(2)均可以推广到有限多个函数运算的情形，例如，设函数 $u=u(x)$，$v=v(x)$，$w=w(x)$均可导，则有

$$(u - v + w)' = u' - v' + w',$$

$$(uvw)' = [(uv)w]' = (uv)'w + (uv)w' = u'vw + uv'w + uvw',$$

即

$$(uvw)' = u'vw + uv'w + uvw'.$$

若在定理 3.3 的法则(2)中，令 $v(x)=C$（C 为常数），则有

$$[Cu(x)]' = Cu'(x).$$

若在定理 3.3 的法则(3)中，令 $u(x)=C$（C 为常数），则有

$$\left[\frac{C}{v(x)}\right]' = -C\frac{v'(x)}{v^2(x)}.$$

读者特别要注意积和商的求导公式，其实商的求导公式可以转化为积的求导公式.

【例 3.2.7】 设 $f(x)=x^4+2x^2+6x+10$，求 $f'(x)$.

解 由定理 3.3(1)式可知

$$f'(x) = (x^4)' + 2(x^2)' + 6x' + 10' = 4x^3 + 4x + 6.$$

【例 3.2.8】 设 $y=x^3\mathrm{e}^x$，求 y'.

解 由定理 3.3(2)式可得

$$y' = (x^3)'\mathrm{e}^x + x^3(\mathrm{e}^x)' = 3x^2\mathrm{e}^x + x^3\mathrm{e}^x = (3+x)x^2\mathrm{e}^x.$$

【例 3.2.9】 证明：$(\tan x)' = \sec^2 x$；$(\cot x)' = -\csc^2 x$.

证

$$(\tan x)' = \left(\frac{\sin x}{\cos x}\right)' = \frac{(\sin x)'\cos x - \sin x(\cos x)'}{\cos^2 x}$$

$$= \frac{\cos^2 x + \sin^2 x}{\cos^2 x} = \sec^2 x.$$

同理可证

$$(\cot x)' = -\csc^2 x.$$

【例 3.2.10】 证明：$(\sec x)' = \sec x \cdot \tan x$；$(\csc x)' = -\csc x \cdot \cot x$.

证

$$(\sec x)' = \left(\frac{1}{\cos x}\right)' = -\frac{(\cos x)'}{\cos^2 x} = \frac{\sin x}{\cos^2 x} = \sec x \cdot \tan x$$

同理可证

$$(\csc x)' = -\csc x \cdot \cot x.$$

3.3　复合函数、反函数的导数

利用已有的基本公式与求导四则运算法则，可以解决一部分初等函数的直接求导问题，但我们所遇到的初等函数往往是较为复杂的复合函数，为此我们还需要介绍一些特殊的求导法则和技巧.

3.3.1 复合函数的导数

先看一个例子,我们利用导数的定义,求出函数 $y=\sin 2x$ 的导数 y',由于

$$\Delta y=\sin 2(x+\Delta x)-\sin 2x=2\cos(2x+\Delta x)\sin\Delta x,$$

因此

$$y'=\lim_{\Delta x\to 0}\frac{\Delta y}{\Delta x}=\lim_{\Delta x\to 0}2\cos(2x+\Delta x)\frac{\sin\Delta x}{\Delta x}=2\cos 2x.$$

由此可知,虽然

$$\frac{\mathrm{d}(\sin x)}{\mathrm{d}x}=\cos x,$$

但是

$$\frac{\mathrm{d}(\sin 2x)}{\mathrm{d}x}\neq\cos 2x.$$

事实上,$y=\sin 2x$ 是由 $y=\sin u$ 和 $u=2x$ 复合而成的复合函数,不能简单地套用基本初等函数求导公式.而在实际运算中遇到的函数大多是复合函数,这就需要用到下面介绍的复合函数的求导法则.

定理 3.4 设 $y=f[\varphi(x)]$ 是由函数 $y=f(u)$ 与 $u=\varphi(x)$ 复合而成的,若 $u=\varphi(x)$ 在 x 处可导,而 $y=f(u)$ 在对应的 $u=\varphi(x)$ 处可导,则复合函数 $y=f[\varphi(x)]$ 在 x 处也可导,且

$$\{f[\varphi(x)]\}'=f'(u)\cdot\varphi'(x)=f'[\varphi(x)]\cdot\varphi'(x),$$

简记为

$$\frac{\mathrm{d}y}{\mathrm{d}x}=\frac{\mathrm{d}y}{\mathrm{d}u}\cdot\frac{\mathrm{d}u}{\mathrm{d}x}.$$

证 设自变量 x 有增量 Δx,则相应中间变量 u 有增量 Δu,从而 y 有增量 Δy.

当 $\Delta u\neq 0$ 时,由于 $u=\varphi(x)$ 在点 x 可导,因此 $u=\varphi(x)$ 在点 x 必连续,即当 $\Delta x\to 0$ 时,必有 $\Delta u\to 0$. 于是

$$\begin{aligned}\frac{\mathrm{d}y}{\mathrm{d}x}&=\lim_{\Delta x\to 0}\frac{\Delta y}{\Delta x}=\lim_{\Delta x\to 0}\frac{\Delta y}{\Delta u}\cdot\frac{\Delta u}{\Delta x}\\&=\lim_{\Delta x\to 0}\frac{\Delta y}{\Delta u}\cdot\lim_{\Delta x\to 0}\frac{\Delta u}{\Delta x}\\&=\lim_{\Delta u\to 0}\frac{\Delta y}{\Delta u}\cdot\lim_{\Delta x\to 0}\frac{\Delta u}{\Delta x}\\&=\frac{\mathrm{d}y}{\mathrm{d}u}\cdot\frac{\mathrm{d}u}{\mathrm{d}x}.\end{aligned}$$

当 $\Delta u=0$ 时,也可得上述结果(证明略).

这个定理可以简叙为:函数对最终自变量的导数等于函数对中间变量的导数乘以中间变量对自变量的导数.这一法则又称为**链式法则**.

复合求导法则可以推广到多个中间变量的情形.

推论 3.1　设函数 $y=f(u)$，$u=\varphi(v)$，$v=\psi(x)$ 在所对应自变量处可导，则复合函数 $y=f\{\varphi[\psi(x)]\}$ 在最终的自变量 x 处可导，且

$$\frac{\mathrm{d}y}{\mathrm{d}x}=\frac{\mathrm{d}y}{\mathrm{d}u}\cdot\frac{\mathrm{d}u}{\mathrm{d}v}\cdot\frac{\mathrm{d}v}{\mathrm{d}x}.$$

【例 3.3.4】　设 $y=\sqrt{a^2+x^2}$，求 $\frac{\mathrm{d}y}{\mathrm{d}x}$.

解　设 $y=\sqrt{u}$，$u=a^2+x^2$，则

$$\frac{\mathrm{d}y}{\mathrm{d}u}=\frac{1}{2\sqrt{u}},\quad \frac{\mathrm{d}u}{\mathrm{d}x}=2x.$$

所以

$$\frac{\mathrm{d}y}{\mathrm{d}x}=\frac{\mathrm{d}y}{\mathrm{d}u}\cdot\frac{\mathrm{d}u}{\mathrm{d}x}=\frac{1}{2\sqrt{u}}2x=\frac{x}{\sqrt{a^2+x^2}}.$$

【例 3.3.5】　设 $y=\cos^2 x$，求 $\frac{\mathrm{d}y}{\mathrm{d}x}$.

解　设 $y=u^2$，$u=\cos x$，则

$$\frac{\mathrm{d}y}{\mathrm{d}u}=2u,\quad \frac{\mathrm{d}u}{\mathrm{d}x}=-\sin x.$$

所以

$$\frac{\mathrm{d}y}{\mathrm{d}x}=\frac{\mathrm{d}y}{\mathrm{d}u}\cdot\frac{\mathrm{d}u}{\mathrm{d}x}=2u\cdot(-\sin x)=-2\cos x\cdot\sin x=-\sin 2x.$$

【例 3.3.6】　设 $y=\sin^3(2x+1)$，求 $\frac{\mathrm{d}y}{\mathrm{d}x}$.

解　设 $y=u^3$，$u=\sin v$，$v=2x+1$，则

$$\frac{\mathrm{d}y}{\mathrm{d}u}=3u^2,\quad \frac{\mathrm{d}u}{\mathrm{d}v}=\cos v,\quad \frac{\mathrm{d}v}{\mathrm{d}x}=2.$$

所以

$$\begin{aligned}\frac{\mathrm{d}y}{\mathrm{d}x}&=\frac{\mathrm{d}y}{\mathrm{d}u}\cdot\frac{\mathrm{d}u}{\mathrm{d}v}\cdot\frac{\mathrm{d}v}{\mathrm{d}x}=3u^2\cdot\cos v\cdot 2\\&=3\sin^2(2x+1)\cdot\cos(2x+1)\cdot 2\\&=6\sin^2(2x+1)\cdot\cos(2x+1).\end{aligned}$$

注：对复合函数的分解比较熟悉后，不必写出中间变量，可直接利用求导法则计算函数的导数.

本例可写成

$$\begin{aligned}y'&=3\sin^2(2x+1)\cdot[\sin(2x+1)]'=3\sin^2(2x+1)\cdot\cos(2x+1)\cdot(2x+1)'\\&=3\sin^2(2x+1)\cdot\cos(2x+1)\cdot 2=6\sin^2(2x+1)\cos(2x+1).\end{aligned}$$

【例 3.3.7】　设 $y=2^{\tan\frac{x}{2}}$，求 $\frac{\mathrm{d}y}{\mathrm{d}x}$.

解　$y'=2^{\tan\frac{x}{2}}\ln 2\cdot\left(\tan\frac{x}{2}\right)'=2^{\tan\frac{x}{2}}\ln 2\cdot\sec^2\frac{x}{2}\cdot\left(\frac{x}{2}\right)'=\frac{\ln 2}{2}2^{\tan\frac{x}{2}}\sec^2\frac{x}{2}.$

【例 3.3.8】　设 $y=\ln(1+\sqrt{1+x^2})$，求 $\frac{\mathrm{d}y}{\mathrm{d}x}$.

解 $y'=\frac{1}{1+\sqrt{1+x^2}}(1+\sqrt{1+x^2})'=\frac{1}{1+\sqrt{1+x^2}}[0+(\sqrt{1+x^2})']$

$=\frac{1}{1+\sqrt{1+x^2}}\left[\frac{1}{2\sqrt{1+x^2}}(1+x^2)'\right]$

$=\frac{1}{1+\sqrt{1+x^2}}\left(\frac{1}{2\sqrt{1+x^2}}2x\right)$

$=\frac{x}{(1+\sqrt{1+x^2})\sqrt{1+x^2}}.$

【例 3.3.9】 设 $y=e^{2x}\cos x^2$,求$\frac{dy}{dx}$.

解 $y'=(e^{2x})'\cos x^2+e^{2x}(\cos x^2)'$

$=e^{2x}(2x)'\cos x^2-e^{2x}\sin x^2\ (x^2)'$

$=2e^{2x}\cos x^2-2xe^{2x}\sin x^2.$

【例 3.3.10】 已知函数 $f(u)$可导,求 $[f(\ln x)]'$, $\{f[(x+a)^n]\}'$ 及 $\{[f(x+a)]^n\}'$.

解 要注意作为导数符号的"′"在不同位置表示对不同变量求导数,做题时应注意区分.

$f'(\ln x)$表示对 $\ln x$ 求导,$[f(\ln x)]'$表示对 x 求导. 因此

$$[f(\ln x)]' = f'(\ln x)(\ln x)' = \frac{1}{x}f'(\ln x),$$

$$\{f[(x+a)^n]\}' = f'[(x+a)^n][(x+a)^n]' = n(x+a)^{n-1}f'[(x+a)^n],$$

$$\{[f(x+a)]^n\}' = n[f(x+a)]^{n-1}f'(x+a).$$

3.3.2 反函数的求导法则

> **定理 3.5** 设函数 $x=\varphi(y)$在某区间 I_y 内严格单调、可导,且 $\varphi'(y)\neq 0$,那么它的反函数 $y=f(x)$在对应区间 I_x 内也严格单调、可导,且 $f'(x)=\frac{1}{\varphi'(y)}$.

设 $x=\varphi(y)$是直接函数,$y=f(x)$是它的反函数,则定理 3.5 可叙述为:反函数的导数等于直接函数导数的倒数.

【例 3.3.11】 求证$(\arcsin x)'=\frac{1}{\sqrt{1-x^2}}$; $(\arccos x)'=-\frac{1}{\sqrt{1-x^2}}$.

证 由于 $y=\arcsin x$, $x\in(-1,1)$是 $x=\sin y$, $y\in\left(-\frac{\pi}{2},\frac{\pi}{2}\right)$的反函数,且 $x=\sin y$ 满足定理 3.5 的条件. 所以由定理 3.5 可知

$$(\arcsin x)' = \frac{1}{(\sin y)'} = \frac{1}{\cos y} = \frac{1}{\sqrt{1-\sin^2 y}} = \frac{1}{\sqrt{1-x^2}},\quad x \in (-1,1).$$

同理可证

$$(\arccos x)' = \frac{1}{(\cos y)'} = -\frac{1}{\sin y} = -\frac{1}{\sqrt{1-x^2}},\quad x \in (-1,1).$$

【例 3.3.12】 求证：$(\arctan x)'=\dfrac{1}{1+x^2}$；$(\operatorname{arccot} x)'=-\dfrac{1}{1+x^2}$.

证　由于 $y=\arctan x, x\in \mathbf{R}$ 是 $x=\tan y, y\in\left(-\dfrac{\pi}{2},\dfrac{\pi}{2}\right)$ 的反函数，且 $x=\tan y$ 满足定理 3.5 的条件，所以由定理 3.5 可知

$$(\arctan x)' = \frac{1}{(\tan y)'} = \frac{1}{\sec^2 y} = \frac{1}{1+\tan^2 y} = \frac{1}{1+x^2},\quad x \in \mathbf{R}.$$

同理可证

$$(\operatorname{arccot} x)' = -\frac{1}{1+x^2},\quad x \in \mathbf{R}.$$

【例 3.6.13】 求 $y=a^x(a>0$ 且 $a\neq 1)$ 的导数.

解　因为 $y=a^x(a>0$ 且 $a\neq 1)$ 是函数 $x=\log_a y(a>0$ 且 $a\neq 1)$ 的反函数，而在第 3.2.1 节“基本初等函数的导数”已求出 $(\log_a y)'=\dfrac{1}{y\ln a}$，所以

$$y' = (a^x)' = \frac{1}{(\log_a y)'} = y\ln a = a^x \ln a.$$

特别是当 $a=\mathrm{e}$ 时，有

$$(\mathrm{e}^x)' = \mathrm{e}^x.$$

3.4　高 阶 导 数

由本章 3.1 节引例 1 可知，物体作变速直线运动，其瞬时速度 $v(t)$ 就是路程函数 $s=s(t)$ 对时间 t 的导数，即

$$v(t) = s'(t).$$

根据物理学知识，速度函数 $v(t)$ 对于时间的变化率就是加速度 $a(t)$，即 $a(t)$ 是速度函数 $v(t)$ 对于时间 t 的导数，即

$$a(t) = v'(t) = [s'(t)]'.$$

于是，加速度就是路程函数 $s(t)$ 对时间 t 的导数的导数，称为 $s(t)$ 对 t 的二阶导数，记为：$s''(t)$. 因此，变速直线运动的加速度就是路程函数 $s(t)$ 对 t 的二阶导数，即

$$a(t) = s''(t).$$

3.4.1 高阶导数的概念及其计算

定义 3.4 若函数 $y=f(x)$ 的导数 $f'(x)$ 在点 x 处可导,即

$$[f'(x)]'=\lim_{\Delta x\to 0}\frac{f'(x+\Delta x)-f'(x)}{\Delta x}$$

存在,则称 $f(x)$ 二阶可导. 称 $[f'(x)]'$ 为函数 $f(x)$ 在点 x 处的**二阶导数**,通常记作:

$$y'',\ f''(x),\ \frac{\mathrm{d}^2 y}{\mathrm{d}x^2} \text{ 或 } \frac{\mathrm{d}^2 f}{\mathrm{d}x^2}.$$

如果 $f''(x)$ 关于 x 仍然可导,那么 $f''(x)$ 的导数称为 $f(x)$ 的三阶导数,通常记为

$$y''',\ f'''(x),\ \frac{\mathrm{d}^3 y}{\mathrm{d}x^3} \text{ 或 } \frac{\mathrm{d}^3 f}{\mathrm{d}x^3}.$$

依上述进行下去,如果 $f(x)$ 的 $n-1$ 阶导数存在且仍然可导,那么 $n-1$ 阶导数的导数称为 $f(x)$ 的 n 阶导数,一般记为:

$$y^{(n)},\ f^{(n)}(x),\ \frac{\mathrm{d}^n y}{\mathrm{d}x^n} \text{ 或 } \frac{\mathrm{d}^n f}{\mathrm{d}x^n}.$$

二阶或者二阶以上的导数统称为**高阶导数**. 相应地, $f(x)$ 称为零阶导数; $f'(x)$ 称为一阶导数.

特别指出的是:在 n 阶导数 $f^{(n)}(x)$ 的表达式中,阶数 n 必须用小括号括起来.

【例 3.4.1】 设 $y=ax+b$,求 y''.

解 $y'=a, y''=(a)'=0$.

【例 3.4.2】 设 $y=\arctan x$,求 $f'''(0)$.

解 $y'=\dfrac{1}{1+x^2}, y''=\left(\dfrac{1}{1+x^2}\right)'=\dfrac{-2x}{(1+x^2)^2}, y'''=\left(\dfrac{-2x}{(1+x^2)^2}\right)'=\dfrac{2(3x^2-1)}{(1+x^2)^3}$,

$$f'''(0)=\left.\frac{2(3x^2-1)}{(1+x^2)^3}\right|_{x=0}=-2.$$

【例 3.4.3】 设函数 $y=\mathrm{e}^{ax}$,求 $y^{(n)}$.

解 $y'=(\mathrm{e}^{ax})'=a\mathrm{e}^{ax}$, $y''=(a\mathrm{e}^{ax})'=a^2\mathrm{e}^{ax}$, $y'''=(a^2\mathrm{e}^{ax})'=a^3\mathrm{e}^{ax}$.

用数学归纳法可得: $y^{(n)}=a^n\mathrm{e}^{ax}$. 特别地, $(\mathrm{e}^x)^{(n)}=\mathrm{e}^x$.

【例 3.4.4】 设幂函数 $y=x^n$ (n 为正整数),求 $y^{(k)}$.

解 $y'=nx^{n-1}, y''=(y')'=(nx^{n-1})'=n(n-1)x^{n-2}$,

不妨假设

$$y^{(k-1)}=n(n-1)\cdots(n-k+2)x^{n-k+1},$$

那么

$$\begin{aligned} y^{(k)} &= (y^{(k-1)})' = (n(n-1)\cdots(n-k+2)x^{n-k+1})' \\ &= n(n-1)\cdots(n-k+1)x^{n-k} \quad (k\leqslant n). \end{aligned}$$

当 $k=n$ 时，$y^{(k)}=y^{(n)}=n(n-1)(n-2)\cdots(n-n+1)x^{n-n}=n!$

当 $k>n$ 时，因为 $y^{(n)}=n!$ 为常量函数，所以 $y^{(n+1)}=0$，因此有

$$y^{(k)}=0 \quad (k>n).$$

【例 3.4.5】 求 $y=\ln(1+x)$ 的 n 阶导数.

解 $y'=\frac{1}{1+x}$，$y''=-\frac{1}{(1+x)^2}$，$y'''=\frac{2!}{(1+x)^3}$，$y^{(4)}=-\frac{3!}{(1+x)^4}$.

一般地，可得

$$y^{(n)}=(-1)^{n-1}\frac{(n-1)!}{(1+x)^n} \quad (n\geqslant 1),\ 0!=1.$$

【例 3.4.6】 设 $y=\sin x$，求 $y^{(n)}$.

解 $y'=\cos x=\sin\left(x+\frac{\pi}{2}\right)$

$$y''=\left[\sin\left(x+\frac{\pi}{2}\right)\right]'=\cos\left(x+\frac{\pi}{2}\right)=\sin\left(x+\frac{2\pi}{2}\right),$$

$$y'''=\left[\sin\left(x+\frac{2\pi}{2}\right)\right]'=\cos\left(x+\frac{2\pi}{2}\right)=\sin\left(x+\frac{3\pi}{2}\right),$$

$$y^{(4)}=\left[\sin\left(x+\frac{3\pi}{2}\right)\right]'=\cos\left(x+\frac{3\pi}{2}\right)=\sin\left(x+\frac{4\pi}{2}\right).$$

用数学归纳法可得

$$y^{(n)}=\sin\left(x+\frac{n\pi}{2}\right).$$

同理可得

$$\cos^{(n)}x=\cos\left(x+\frac{n\pi}{2}\right).$$

3.4.2　高阶导数的运算法则

由导数的运算法则不难得出

$$[u(x)\pm v(x)]^{(n)}=u^{(n)}(x)\pm v^{(n)}(x).$$

利用复合求导法则，还可证得下列常用结论：

$$[Cu(x)]^{(n)}=Cu^{(n)}(x),$$

$$[u(ax+b)]^{(n)}=a^n u^{(n)}(ax+b) \quad (a\neq 0),$$

$$\left(\frac{1}{ax+b}\right)^{(n)}=(-1)^n\frac{n!a^n}{(ax+b)^{n+1}}.$$

但是乘积 $u(x)v(x)$ 的高阶求导法则较为复杂. 设 $y=uv$，则

$$y'=u'v+uv',\quad y''=(u'v+uv')'=u''v+2u'v'+uv'',$$

$$y'''=(u''v+2u'v'+uv'')'=u'''v+3u''v'+3u'v''+uv'''.$$

一般地，可用数学归纳法验证

$$(uv)^{(n)}=u^{(n)}v+C_n^1u^{(n-1)}v'+C_n^2u^{(n-2)}v''+\cdots+C_n^ku^{(n-k)}v^{(k)}+\cdots+uv^{(n)}$$

$$=\sum_{k=0}^{n} C_n^k u^{(n-k)} v^{(k)}.$$

上式称为**莱布尼茨公式**. 其中约定:$u^{(0)}=u, v^{(0)}=v$.

注意,莱布尼茨公式中各项系数与下列二项展开式的系数相同:

$$(u+v)^n = u^n + C_n^1 u^{n-1} v + C_n^2 u^{n-2} v^2 + \cdots + C_n^k u^{n-k} v^k + \cdots + v^n$$

$$=\sum_{k=0}^{n} C_n^k u^{n-k} v^k.$$

求函数的高阶导数时,除直接按定义逐阶求出指定的高阶导数(直接法)外,还常常利用已知的高阶导数公式,通过导数的四则运算、变量代换等方法,间接求出指定的高阶导数(间接法).

【例 3.4.7】 设函数 $y=\dfrac{1}{x^2-1}$,求 $y^{(100)}$.

解 因为 $y=\dfrac{1}{x^2-1}=\dfrac{1}{2}\left(\dfrac{1}{x-1}-\dfrac{1}{x+1}\right)$,所以

$$y^{(100)}=\frac{1}{2}\left(\frac{1}{x-1}-\frac{1}{x+1}\right)^{(100)}=\frac{1}{2}\left[\left(\frac{1}{x-1}\right)^{(100)}-\left(\frac{1}{x+1}\right)^{(100)}\right]$$

$$=\frac{1}{2}\left[\frac{100!}{(x-1)^{101}}-\frac{100!}{(x+1)^{101}}\right].$$

【例 3.4.8】 设函数 $y=x^2 e^{3x}$,求 $y^{(n)}(n>2)$.

解 由于$(x^2)'=2x$,$(x^2)''=2$,当 $k>2$ 时,$(x^2)^{(k)}=0$. 而

$$(e^{3x})^{(n)} = 3^n e^{3x},$$

故有

$$y^{(n)} = (e^{3x})^{(n)} x^2 + C_n^1 (e^{3x})^{(n-1)} (x^2)' + C_n^2 (e^{3x})^{(n-2)} (x^2)''$$

$$= 3^n e^{3x} x^2 + n3^{n-1} e^{3x} 2x + \frac{n(n-1)}{2} 3^{n-2} e^{3x} 2$$

$$= [3^n x^2 + 2n3^{n-1} x + n(n-1)3^{n-2}] e^{3x}.$$

3.5 隐函数的导数

3.5.1 隐函数及其导数

前面我们介绍的都是以 $y=f(x)$的形式出现的显式函数的求导法则. 但在实际中,有许多函数关系式是隐藏在一个方程 $F(x,y)=0$ 中,并且在此类情况下,往往从方程 $F(x,y)=0$ 中是不易或无法解出 y 的,即隐函数不易或无法显化. 也就是说这个函数不一定能写成 $y=f(x)$的形式,例如,$y-x-\sin y=0$,$xy+e^x+e^y-e=0$ 所确定的函数就不能写成 $y=f(x)$的形式. 尽管有时能够表示,但从问题的需要来说没有这个必要.

> **定义 3.5**　由二元方程 $F(x,y)=0$ 所确定的 y 与 x 的函数关系式称为**隐函数**.

隐函数求导法则:就是指不从方程 $F(x,y)=0$ 中解出 y,而求 y'.

具体解法如下:

(1) 对方程 $F(x,y)=0$ 的两端同时关于 x 求导,在求导过程中把 y 看成 x 的函数,也就是把它作为中间变量来看待;

(2) 求导之后得到一个关于 y' 的一次方程,解此方程,便得 y' 的表达式,当然,在此表达式内可能会含有 y.

【例 3.5.1】　设 $xy+e^x+e^y-e=0$,求 y'.

解　对 $xy+e^x+e^y-e=0$ 两边关于 x 求导,得

$$y+xy'+e^x+e^y y'=0,$$

所以

$$(x+e^y)y'=-(y+e^x),$$

即

$$y'=-\frac{y+e^x}{x+e^y}.$$

注:从本例可见,求隐函数的导数时,只需将确定隐函数的方程两边对自变量求导,凡遇到含有因变量 y 的项时,把 y 看作中间变量,即 y 是 x 的函数,再按复合函数求导法则求之,然后解出 $\frac{dy}{dx}$.

【例 3.5.2】　求由方程 $xy+\ln y=1$ 所确定的函数 $y=f(x)$ 在点 $M(1,1)$ 处的切线方程.

解　在题设方程两边同时对自变量 x 求导数,得

$$y+xy'+\frac{1}{y}y'=0,$$

解得

$$y'=-\frac{y^2}{xy+1}.$$

在点 $M(1,1)$ 处,

$$y'\Big|_{\substack{x=1\\y=1}}=-\frac{1^2}{1\times1+1}=-\frac{1}{2}.$$

于是,在点 $M(1,1)$ 处的切线方程为

$$y-1=-\frac{1}{2}(x-1),\ \text{即}\ x+2y-3=0.$$

【例 3.5.3】　求由下列方程所确定的函数的二阶导数:

$$y-2x=(x-y)\ln(x-y).$$

解　在题设方程两边同时对自变量 x 求导数,得

$$y'-2=(1-y')\ln(x-y)+(x-y)\frac{1-y'}{x-y}.$$

解得 $$y'=1+\frac{1}{2+\ln(x-y)}.$$

而 $$y''=(y')'=\left(\frac{1}{2+\ln(x-y)}\right)'=-\frac{[2+\ln(x-y)]'}{[2+\ln(x-y)]^2}$$
$$=-\frac{1-y'}{(x-y)[2+\ln(x-y)]^2},$$

代入 y',得到

$$y''=\frac{1}{(x-y)[2+\ln(x-y)]^3}.$$

注:求隐函数的二阶导数时,在得到一阶导数的表达式后,再进一步求二阶导数的表达式,此时,要注意将一阶导数的表达式代入其中.

3.5.2 对数求导法

在介绍了隐函数求导法之后,我们要向读者介绍一种较实用,也是比较重要的一种求导法——对数求导法.对幂指函数 $y=u(x)^{v(x)}$,直接使用前面介绍的求导法则不能求出其导数,对于这类函数,可以先在函数两边取对数,然后在等式两边同时对自变量 x 求导,最后解出所求导数,我们把这种方法称为**对数求导法**.

【例 3.5.4】 设 $y=x^{\sin x}(x>0)$,求$\frac{dy}{dx}$.

解 对 $y=x^{\sin x}$ 两边取对数,得到

$$\ln y=\ln x^{\sin x}=\sin x\ln x,$$

上式两边关于 x 求导数,得

$$\frac{1}{y}\cdot y'=\cos x\ln x+\frac{\sin x}{x},$$

整理得

$$y'=y\left(\cos x\ln x+\frac{\sin x}{x}\right)=x^{\sin x}\left(\cos x\ln x+\frac{\sin x}{x}\right).$$

更一般地,若 $y=u(x)^{v(x)}$,其中 $u(x)$, $v(x)$关于 x 都可导,且 $u(x)>0$,那么,**"等式两边先取对数,再关于 x 求导数"**,用此法后,先得到 $\ln y=v(x)\ln u(x)$,再按隐函数求导法则求导即可.

【例 3.5.5】 设$(\cos y)^x=(\sin x)^y$,求$\frac{dy}{dx}$.

解 对题设等式两边取对数,得

$$x\ln\cos y=y\ln\sin x.$$

上式两边关于 x 求导数,得

$$\ln\cos y-x\frac{\sin y}{\cos y}\cdot y'=y'\ln\sin x+y\cdot\frac{\cos x}{\sin x}.$$

整理得

$$y'=\frac{\ln\cos y-y\cot x}{x\tan y+\ln\sin x}.$$

此外，对数求导法还常用于求多个函数乘积的导数.

【例 3.5.6】 求 $y=\frac{(x+1)\sqrt[3]{x-1}}{(x+4)^2\mathrm{e}^x}\quad(x>1)$的导数.

解 对题设等式两边取对数，得

$$\ln y=\ln(x+1)+\frac{1}{3}\ln(x-1)-2\ln(x+4)-x.$$

上式两边同时对 x 求导数，得

$$\frac{y'}{y}=\frac{1}{x+1}+\frac{1}{3(x-1)}-\frac{2}{x+4}-1,$$

所以
$$y'=\frac{(x+1)\sqrt[3]{x-1}}{(x+4)^2\mathrm{e}^x}\left[\frac{1}{x+1}+\frac{1}{3(x-1)}-\frac{2}{x+4}-1\right].$$

上面的例子就体现了对数求导法的好处，能较完整、简捷地写出导数的结果，如果直接用四则运算法则计算导数，则非常困难和繁琐.

我们给出如下提示，供读者参考.

当函数关系式是**由幂指函数以及若干个简单函数经过乘方、开方、乘、除等运算组合而成的时候**，应考虑用**对数求导法**求这类函数的导数.

3.5.3　参数方程表示的函数的导数

在实际问题中，有许多函数是以参数方程形式给出的，即

$$\begin{cases}x=\varphi(t)\\y=\psi(t)\end{cases}\quad(\alpha\leqslant t\leqslant\beta).\tag{3.5.1}$$

称此函数关系所表示的函数为**参数方程表示的函数**.

有时我们需要计算由参数方程(3.5.1)所表示的函数的导数，但要从方程(3.5.1)中消去参数 t 有时会有困难. 因此，希望有一种能直接由参数方程出发，计算出它所表示函数的导数的方法. 下面我们来具体讨论这个问题.

定理 3.6 对参数方程$\begin{cases}x=\varphi(t)\\y=\psi(t)\end{cases}\quad(\alpha\leqslant t\leqslant\beta)$，如果 $y=\psi(t)$，$x=\varphi(t)$在$[\alpha,\beta]$内可导，并且 $x=\varphi(t)$严格单调，$\varphi'(t)\neq0$，则 y 关于 x 可导，且$\frac{\mathrm{d}y}{\mathrm{d}x}=\frac{\psi'(t)}{\varphi'(t)}$.

证 因为 $x=\varphi(t)$在$[\alpha,\beta]$内严格单调、可导，所以 $x=\varphi(t)$有连续的反函数 $t=\varphi^{-1}(x)$. 因此，$y=\psi(t)=\psi[\varphi^{-1}(x)]$，由反函数和复合函数的求导法则可知

$$\frac{\mathrm{d}y}{\mathrm{d}x}=\frac{\mathrm{d}y}{\mathrm{d}t}\cdot\frac{\mathrm{d}t}{\mathrm{d}x}=\psi'(t)\frac{1}{\varphi'(t)}=\frac{\psi'(t)}{\varphi'(t)}.$$

如果函数 $y=\psi(t)$,$x=\varphi(t)$二阶可导,则可进一步求出函数的二阶导数

$$\frac{d^2y}{dx^2}=\frac{d}{dx}\left(\frac{dy}{dx}\right)=\frac{d}{dx}\left(\frac{\psi'(t)}{\varphi'(t)}\right)=\frac{d}{dt}\left(\frac{\psi'(t)}{\varphi'(t)}\right)\frac{dt}{dx}=\frac{\psi''(t)\varphi'(t)-\psi'(t)\varphi''(t)}{\varphi'^2(t)}\cdot\frac{1}{\varphi'(t)}.$$

即
$$\frac{d^2y}{dx^2}=\frac{\psi''(t)\varphi'(t)-\psi'(t)\varphi''(t)}{\varphi'^3(t)}.$$

【例 3.5.7】 设参数方程为$\begin{cases}x=a\cos^4 t\\ y=b\sin^4 t\end{cases}$ (t 为参数),求$\frac{dy}{dx}$.

解 由定理 3.6 可知

$$\frac{dy}{dx}=\frac{\frac{dy}{dt}}{\frac{dx}{dt}}=\frac{4b\sin^3 t\cos t}{-4a\cos^3 t\sin t}=-\frac{b\sin^2 t}{a\cos^2 t}=-\frac{b}{a}\tan^2 t.$$

【例 3.5.8】 求由参数方程$\begin{cases}x=a(t-\sin t)\\ y=a(1-\cos t)\end{cases}$ $(0\leqslant t\leqslant 2\pi)$所确定的函数的一阶导数与二阶导数.

解 $\frac{dx}{dt}=a(1-\cos t)$, $\frac{dy}{dt}=a\sin t$,因此

$$\frac{dy}{dx}=\frac{\sin t}{(1-\cos t)},$$

$$\frac{d^2y}{dx^2}=\frac{d\left(\frac{dy}{dx}\right)}{dx}=\frac{\left[\frac{\sin t}{(1-\cos t)}\right]'}{[a(t-\sin t)]'}=\frac{\frac{\cos t(1-\cos t)-\sin t\cdot\sin t}{(1-\cos t)^2}}{a(1-\cos t)}$$

$$=-\frac{1}{a(1-\cos t)^2}.$$

3.6 函数的微分

在理论研究和实际应用中,常常会遇到这样的问题:当自变量 x 有微小变化时,求函数 $y=f(x)$的微小改变量

$$\Delta y=f(x+\Delta x)-f(x),$$

这个问题初看起来似乎只要做减法运算就可以,然而对于较复杂的函数 $f(x)$,差值 $f(x+\Delta x)-f(x)$却是一个更复杂的表达式,不易求出其值. 一个想法是:我们设法将 Δy 表示成 Δx 的线性函数,即线性化,从而把复杂问题化为简单的问题来解决. 微分就是实现这种线性化的一种数学模型.

3.6.1 微分的定义

【例 3.6.1】 一边长为 x 的正方形金属薄片,受热后边长增加 Δx,问其面积增加多少?

分析 由已知可得受热前的面积 $S=x^2$,那么受热后面积的增量是:

$$\Delta S = (x+\Delta x)^2 - x^2 = 2x\Delta x + (\Delta x)^2.$$

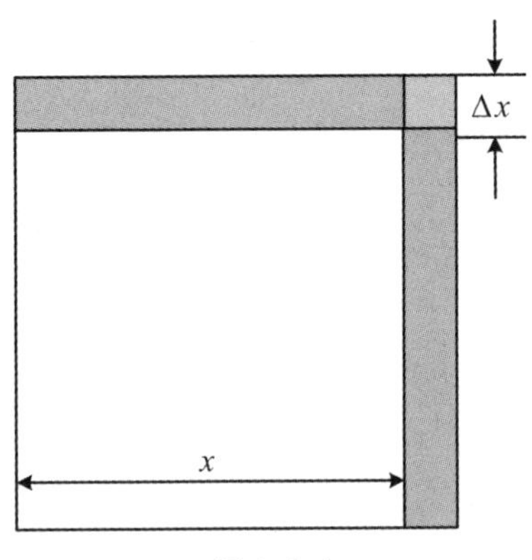

图 3.6.1

其几何图形如图 3.6.1 所示，可以看到，面积的增量可分为两个部分，一是两个矩形的面积总和 $2x\Delta x$（阴影部分），它是 Δx 的线性部分，为函数的导数 $2x$ 与 Δx 的乘积；二是右上角的正方形的面积 $(\Delta x)^2$，它是 Δx 高阶无穷小部分. 由此可见，如果边长有微小改变时（即 $|\Delta x|$ 很小时），面积的增量主要部分就是 $2x\Delta x$，而 $(\Delta x)^2$ 可以忽略不计，也就是说，可以用 $2x\Delta x$ 近似代替面积的增量.

从函数的角度来说，函数 $S=x^2$ 具有这样的特征：任给自变量一个增量 Δx，相应函数值的增量 Δy 可表示成关于 Δx 的线性部分（即 $2x\Delta x$）与高阶无穷小部分（即 $(\Delta x)^2$）的和.

人们把这种特征性质从具体意义中抽象出来，再赋予它一个数学名词——**可微**，从而产生了微分的概念. 微分是微分学的一个基本概念，在研究由于自变量的微小变化而引起函数变化的近似计算问题中起着重要的作用.

定义 3.6　设函数 $y=f(x)$ 在点 x_0 处可导，Δx 是自变量 x 的改变量，称 $f'(x_0)\Delta x$ 为函数 $y=f(x)$ 在点 x_0 处的**微分**，记作 $\mathrm{d}y|_{x=x_0}$，即 $\mathrm{d}y|_{x=x_0}=f'(x_0)\Delta x$，并称 $f(x)$ 在点 x_0 处**可微**。

当 $y=f(x)=x$ 时，可得

$$\mathrm{d}x = x'\Delta x = \Delta x.$$

由此可见，自变量 x 的微分 $\mathrm{d}x$ 即为 Δx，于是 $\mathrm{d}y|_{x=x_0}=f'(x_0)\Delta x$ 可改写为

$$\mathrm{d}y|_{x=x_0} = f'(x_0)\Delta x.$$

对于函数 $y=f(x)$ 在任一可导点 x 处的微分，有

$$\mathrm{d}y = f'(x)\mathrm{d}x.$$

【例 3.6.2】 求函数 $y=x^2$ 当 x 由 1 改变到 1.01 时,函数的改变量和微分.

解 因为 $x_0=1,\Delta x=1.01-1=0.01$,由题设条件知

$$\Delta y = f(x_0+\Delta x)-f(x_0) = 1.01^2-1^2 = 0.0201,$$

$$\mathrm{d}y = f'(x_0)\Delta x = 2x_0\Delta x,$$

所以

$$\mathrm{d}y\big|_{x_0=1,\Delta x=0.1} = 2\times 1\times 0.01 = 0.02.$$

【例 3.6.3】 求函数 $y=x^3$ 在 $x=2$ 处的微分.

解 函数 $y=x^3$ 在 $x=2$ 处的微分为

$$\mathrm{d}y = (x^3)'\big|_{x=2}\mathrm{d}x = (3x^2)\big|_{x=2}\mathrm{d}x = 12\mathrm{d}x.$$

3.6.2 微分的几何意义

如图 3.6.2 所示,设曲线方程为 $y=f(x)$,PT 是曲线上点 $P(x,y)$处的切线,且设 PT 的倾斜角为 α,则 $\tan\alpha=f'(x)$.

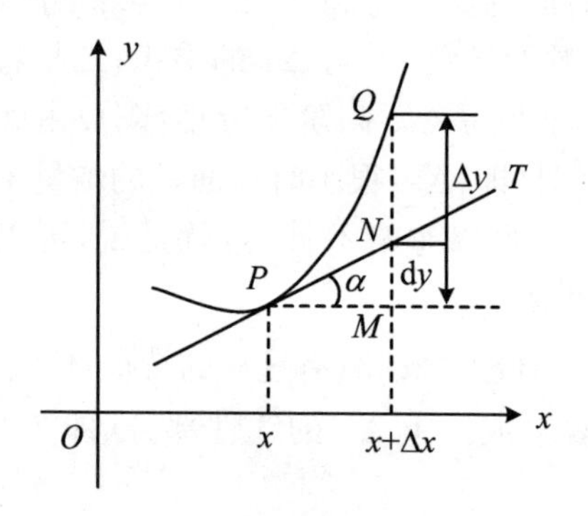

图 3.6.2

在曲线上取一点 $Q(x+\Delta x,y+\Delta y)$,则 $PM=\Delta x,MQ=\Delta y,MN=PM\tan\alpha$,所以 $MN=\Delta x f'(x)=\mathrm{d}y$,因此函数的微分 $\mathrm{d}y=f'(x)\Delta x$ 是:当 x 改变了 Δx 时,曲线过点 P 的切线纵坐标的改变量,这就是微分的几何意义.

3.6.3 基本初等函数的微分公式与微分运算法则

根据微分函数的表达式 $\mathrm{d}y=f'(x)\mathrm{d}x$,函数的微分等于函数的导数乘以自变量的微分(改变量).由此可以得到基本初等函数的微分公式和微分运算法则.

1. 基本微分公式

(1) $\mathrm{d}c=0$ (C 为常数);

(2) $\mathrm{d}(x^a)=ax^{a-1}\mathrm{d}x$ (α 为任意常数);

(3) $\mathrm{d}(\sin x)=\cos x\mathrm{d}x$, $\mathrm{d}(\cos x)=-\sin x\mathrm{d}x$;

(4) $\mathrm{d}(\tan x)=\sec^2 x\mathrm{d}x$, $\mathrm{d}(\cot x)=-\csc^2 x\mathrm{d}x$;

(5) $d(\sec x)=\sec x\cdot\tan x\,dx$，　$d(\csc x)=-\csc x\cdot\cot x\,dx$；

(6) $d(a^x)=a^x\ln a\,dx$，　$d(e^x)=e^x\,dx$；

(7) $d(\log_a x)=\dfrac{1}{x\ln a}dx$，　$d(\ln x)=\dfrac{1}{x}dx$；

(8) $d(\arcsin x)=\dfrac{1}{\sqrt{1-x^2}}dx$　$x\in(-1,1)$，

$d(\arccos x)=-\dfrac{1}{\sqrt{1-x^2}}$　$x\in(-1,1)$；

(9) $d(\arctan x)=\dfrac{1}{1+x^2}dx$，　$d(\text{arccot}\, x)=-\dfrac{1}{1+x^2}dx$.

2. 基本微分法则

(1) $d(u\pm v)=du\pm dv$；

(2) $d(uv)=vdu+udv$；

(3) $d\left(\dfrac{u}{v}\right)=\dfrac{vdu-udv}{v^2}$.

3. 一阶微分形式的不变性

设 $y=f(u)$，$u=\varphi(x)$，现在我们进一步来推导复合函数 $y=f[\varphi(x)]$ 的微分法则.

若视 x 为自变量，$\varphi(x)$ 为中间变量时，由复合函数的求导链式法则

$$\frac{dy}{dx}=f'(u)\cdot\varphi'(x)$$

可知 $dy=f'(u)\cdot\varphi'(x)dx$，而 $du=\varphi'(x)dx$，故 $dy=f'(u)du$.

而视 u 为自变量时，由 $y=f(u)$ 求微分有

$$dy=f'(u)du. \tag{3.6.1}$$

由此可见，无论 u 是自变量还是复合函数的中间变量，函数 $y=f(u)$ 的微分形式总是可以按公式(3.6.1)的形式来写，即有

$$dy=f'(u)du.$$

这一性质称为**一阶微分形式的不变性**. 利用这一特性，可以简化微分的有关运算.

【例 3.6.4】　设 $y=\sin(2x+1)$，求 dy.

解　设 $y=\sin u$，$u=2x+1$，则

$$\begin{aligned}dy&=d(\sin u)=\cos u\,du=\cos(2x+1)d(2x+1)\\&=\cos(2x+1)\cdot 2dx=2\cos(2x+1)dx.\end{aligned}$$

注：熟练以后，在求复合函数的微分时，可以不写出中间变量，即可以写成

$$dy=d\sin(2x+1)=\cos(2x+1)d(2x+1)=2\cos(2x+1)dx$$

【例 3.6.5】　设 $y=x^3\ln x+e^x\sin x$，求 dy.

解 $\mathrm{d}y=\mathrm{d}(x^3\ln x)+\mathrm{d}(\mathrm{e}^x\sin x)$

$=\ln x\mathrm{d}(x^3)+x^3\mathrm{d}(\ln x)+\sin x\mathrm{d}(\mathrm{e}^x)+\mathrm{e}^x\mathrm{d}(\sin x)$

$=3x^2\ln x\mathrm{d}x+x^2\mathrm{d}x+\mathrm{e}^x\sin x\mathrm{d}x+\mathrm{e}^x\cos x\mathrm{d}x$

$=[x^2(3\ln x+1)+\mathrm{e}^x(\sin x+\cos x)]\mathrm{d}x.$

【例 3.6.6】 设函数 $y=f(x)$是由方程 $x^2y+\mathrm{e}^y=\mathrm{e}$ 所确定的隐函数,求微分 $\mathrm{d}y$.

解 方程两边对 x 求微分,得

$$\mathrm{d}(x^2y)+\mathrm{d}(\mathrm{e}^y)=0,$$

即

$$2xy\mathrm{d}x+x^2\mathrm{d}y+\mathrm{e}^y\mathrm{d}y=0,$$

所以

$$\mathrm{d}y=\frac{-2xy}{x^2+\mathrm{e}^y}\mathrm{d}x.$$

3.6.4 微分的应用

这里主要介绍微分在近似计算中的运用. 当 $y=f(x)$在 x_0 可微时,有

$$\Delta y=f'(x_0)\Delta x+o(\Delta x),$$

所以

$$f(x_0+\Delta x)-f(x_0)=f'(x_0)\Delta x+o(\Delta x),$$

即

$$f(x_0+\Delta x)=f(x_0)+f'(x_0)\Delta x+o(\Delta x),$$

所以当 Δx 很小时,我们可以由下式:

$$f(x_0+\Delta x)\approx f(x_0)+f'(x_0)\Delta x$$

近似地计算出 $f(x_0+\Delta x)$.

【例 3.6.7】 求$\sqrt[3]{7.928}$的近似值.

解 $\sqrt[3]{7.928}=\sqrt[3]{8-0.072}=\sqrt[3]{8(1-0.009)}=2\sqrt[3]{1-0.009}.$

$$f(x)=\sqrt[3]{x},\ f'(x)=\frac{1}{3}x^{-2/3},\ x_0=1,\ \Delta x=-0.009.$$

于是

$$\sqrt[3]{1-0.009}=f(x_0+\Delta x)\approx f(x_0)+f'(x_0)\Delta x\approx 1-\frac{0.009}{3},$$

故

$$\sqrt[3]{7.928}=2\sqrt[3]{1-0.009}\approx 2(1-0.003)=1.994.$$

【例 3.6.8】 半径为 10 cm 的金属圆片加热后,半径伸长了 0.05 cm,问面积增大了多少?

解 圆面积 $A=\pi r^2$(r 为半径),令 $r=10$,$\Delta r=0.05$,因为 Δr 相对于 r 较小,

所以可用微分 $\mathrm{d}A$ 近似代替 ΔA. 由

$$\Delta A \approx \mathrm{d}A = (\pi r^2)'\mathrm{d}r = 2\pi r\mathrm{d}r,$$

当 $\mathrm{d}r=\Delta r=0.05$ 时,得

$$\Delta A \approx 2\pi \times 10 \times 0.05 = \pi(\mathrm{cm}^2).$$

习　题　3

基　本　题

3.1 节

1. 按导数定义求函数 $y=2x^2$ 在点 $x=1$ 处的导数.

2. 按导数定义求函数 $y=\dfrac{1}{x}$ 的导数,并求 $y'|_{x=1}$ 及 $y'|_{x=2}$.

3. 设函数 $f(x)=\mathrm{e}^x$,按导数定义求 $f'(x)$,然后求出 $f'(0)$,$f'(1)$.

4. 设函数 $f(x)$ 在点 x_0 处可导,按导数的定义确定下列极限:

(1) $\lim\limits_{h\to 0}\dfrac{f(x_0+2h)-f(x_0)}{h}$　　(2) $\lim\limits_{\Delta x\to 0}\dfrac{f(x_0)-f(x_0-\Delta x)}{\Delta x}$

(3) $\lim\limits_{\Delta x\to 0}\dfrac{f(x_0+\Delta x)-f(x_0-\Delta x)}{\Delta x}$

5. 设函数 $f(x)$ 在点 $x=0$ 处导数为 2,且 $f(0)=0$,求 $\lim\limits_{x\to 0}\dfrac{f(x)}{x}$.

6. 已知物体的运动规律 $s=t^2+2t$,求:

(1) 物体在 $t=2$ 秒至 $t=4$ 秒这段时间内的平均速度;

(2) 在 $t=2$ 秒时的瞬时速度.

7. 求曲线 $y=\sqrt{x}$ 在点(4,2)处的切线方程和法线方程.

8. 讨论 $y=\sqrt[3]{x}$ 在点 $x=0$ 处的连续性和可导性.

9. 设函数 $y=\begin{cases} x^2, & x\leqslant 1 \\ ax+b, & x>1 \end{cases}$ 在 $x=1$ 处连续且可导,求常数 a,b.

10. 讨论函数 $y=\begin{cases} x^2\sin\dfrac{1}{x}, & x\neq 0 \\ 0, & x=0 \end{cases}$ 在点 $x=0$ 处的连续性与可导性.

3.2 节

1. 求下列函数的导数.

(1) $y=\dfrac{4}{x^5}+\dfrac{7}{x^4}-\dfrac{2}{x}+12$;　　(2) $y=(\sqrt{x}+1)\left(\dfrac{1}{\sqrt{x}}-1\right)$;

(3) $y=\tan x-3\csc x$;　　(4) $y=x^3\lg x+\ln 10$;

(5) $y=2e^x-2^x+e^2$;

(6) $y=e^x\sin x$;

(7) $y=\dfrac{\ln x}{x}$;

(8) $y=(1+x^2)\arctan x$;

(9) $y=x\sin x\ln x$;

(10) $y=\dfrac{\cos x}{1+\sin x}$;

(11) $y=\dfrac{1}{\ln x}$;

(12) $y=\dfrac{3^x}{1+x}$;

(13) $y=\dfrac{1+x^2}{1-x^2}$;

(14) $y=\dfrac{\csc x}{1+\cot x}$;

(15) $y=x^2(\cos x+\sqrt{x})$;

(16) $y=\sqrt[3]{x}\sin x+a^x e^x$.

2. 计算下列函数在指定点的导数.

(1) $y=x^3-x\sqrt{x}+3$,求$\dfrac{dy}{dx}\Big|_{x=1}$.

(2) $y=x\sin x+2\cos x$,求$y'\left(\dfrac{\pi}{4}\right)$.

(3) $y=e^x(x^2-3x+1)$,求$\dfrac{dy}{dx}\Big|_{x=0}$.

(4) $y=\dfrac{3^x}{x^2}$,求$y'(2)$.

(5) $y=x\ln x+\dfrac{1}{\sqrt{x}}$,求$\dfrac{dy}{dx}$及$\dfrac{dy}{dx}\Big|_{x=1}$.

3. 把一物体上抛,经过 t 秒后,上升距离为 $s=12t-5t^2$,求:

(1) 物体在 t 时刻的即时速度 $v(t)$;

(2) 经过多少时间物体到达最高点?

4. 在曲线 $y=x^2-x$ 上求一点,使曲线在这点处的切线与曲线 $y=\sqrt{x}$在点 $x=1$处的切线互相平行.

5. 若曲线 $y=ax^2$ 与曲线 $y=\ln x$ 相切,求常数 a.

3.3 节

1. 求下列函数的导数.

(1) $y=\cos(4-3x)$;

(2) $y=e^{-3x^2}$;

(3) $y=\tan\dfrac{x}{2}$;

(4) $y=\arctan(e^x)$;

(5) $y=\ln\cos x$;

(6) $y=\cos\ln x$;

(7) $y=10^{\frac{1}{x}}$;

(8) $y=(\arcsin x)^2$;

(9) $y=\log_3(x^2+3x+5)$;

(10) $y=\ln\ln x$;

(11) $y=\ln(\sec x+\tan x)$.

2. 求下列函数的导数.

(1) $y=\ln\tan\dfrac{x}{2}$;

(2) $y=\dfrac{1}{\cos^n x}$;

(3) $y=\sin^3(2x-1)$;

(4) $y=e^{\tan(1-2x)}$;

(5) $y=\sec^2\dfrac{1}{x}$;

(6) $y=\mathrm{e}^{\arctan\sqrt{x}}$;

(7) $y=(3x+5)^3(5x+4)^5$;

(8) $y=\ln\sqrt{x}+\sqrt{\ln x}$;

(9) $y=x\sin^3 x$;

(10) $y=\sqrt[3]{x+\sqrt{x}}$;

(11) $y=\dfrac{1}{x+\sqrt{1+x^2}}$;

(12) $y=\sqrt{\dfrac{1-x^2}{1+x^2}}$;

(13) $y=\ln(\sqrt{x^2+a^2}-x)$;

(14) $y=\arcsin\sqrt{\dfrac{1-x}{1+x}}$;

(15) $y=10^{x\ln x}$;

(16) $y=\dfrac{\mathrm{e}^x-\mathrm{e}^{-x}}{\mathrm{e}^x+\mathrm{e}^{-x}}$.

3. 设 $f(x)$为可导函数,求$\dfrac{\mathrm{d}y}{\mathrm{d}x}$.

(1) $y=f(x^2)$;

(2) $y=f(\sin^2 x)+f(\cos^2 x)$;

(3) $y=f(\mathrm{e}^x+x^{\mathrm{e}})$;

(4) $y=f(\mathrm{e}^x)\mathrm{e}^{f(x)}$.

4. 已知 $f(x)$和 $g(x)$可导,求下列函数的导数$\dfrac{\mathrm{d}y}{\mathrm{d}x}$.

(1) $y=\sqrt{f^2(x)+g^2(x)+1}$;

(2) $y=f(\mathrm{e}^x)+f(\mathrm{e}^2)$;

(3) $y=f(\ln x)+\ln[g^2(x)]$;

(4) $y=\mathrm{e}^{f(x)}f[f(x)]$.

3.4 节

1. 求下列函数的二阶导数.

(1) $y=2x^3+\ln x$;

(2) $y=\mathrm{e}^{-3x+4}$;

(3) $y=\ln\cos x$;

(4) $y=\mathrm{e}^{-t}\sin t$;

(5) $y=\dfrac{1+x}{1-x}$;

(6) $y=\sqrt{a^2-x^2}$;

(7) $y=(1+x^2)\arctan x$;

(8) $y=\ln(x+\sqrt{1+x^2})$;

(9) $y=\dfrac{\mathrm{e}^x}{x}$;

(10) $y=\sec x$.

2. 已知函数 $f(x)=x^2\cos x$,求 $f''(0)$.

3. 设 y 的 $n-2$ 阶导数 $y^{(n-2)}=\dfrac{x}{\ln x}$,求 y 的 n 阶导数 $y^{(n)}$.

4. 验证函数 $y=\cos\ln x+\sin\ln x$ 满足关系式:$x^2y''+xy'+y=0$.

5. 求下列函数的 n 阶导数.

(1) $y=\mathrm{e}^{-2x}$;

(2) $y=\ln(1-x)$;

(3) $y=\dfrac{1}{1-x^2}$;

(4) $y=\sin^2 x$.

3.5节

1. 求由下列方程所确定的隐函数 y 的导数.

(1) $\sin y+\cos x=1$；　　(2) $x^3+y^3-3axy=0$；

(3) $xy=e^{x+y}$；　　(4) $\arctan\dfrac{y}{x}=\ln\sqrt{x^2+y^2}$.

2. 求曲线$\dfrac{x^2}{9}+\dfrac{y^2}{4}=1$在$x=\dfrac{3}{2}$处的切线方程和法线方程.

3. 求由下列方程所确定的隐函数 y 的二阶导数.

(1) $\dfrac{x^2}{a^2}+\dfrac{y^2}{b^2}=1$；　　(2) $x-y+\dfrac{1}{2}\sin y=0$；

(3) $e^y+xy=e$，求$\left.\dfrac{d^2y}{dx^2}\right|_{x=0}$.

4. 利用对数求导法，求下列函数的导数.

(1) $y=x^{\sin x}$；　　(2) $y=\left(\dfrac{x}{1+x}\right)^x$；

(3) $y=\dfrac{xe^{2x}}{(x-1)(3x+2)}$.

5. 求由下列参数方程所确定的函数 y 的一阶导数$\dfrac{dy}{dx}$.

(1) $\begin{cases}x=te^t\\ y=3t+t^3\end{cases}$；　　(2) $\begin{cases}x=\theta(1-\sin\theta)\\ y=\theta\cos\theta\end{cases}$.

6. 求曲线$\begin{cases}x=\dfrac{t}{1+t^2}\\ y=\dfrac{t^2}{1+t^2}\end{cases}$在$t=\dfrac{1}{2}$所对应点处的切线与法线方程.

3.6节

1. 将适当的函数填入下列括号内使等式成立.

(1) d(　　)$=2dx$；　(2) d(　　)$=3xdx$；　(3) d(　　)$=\sin\omega x dx$；

(4) d(　　)$=\dfrac{1}{1+x}dx$；(5) d(　　)$=e^{-2x}dx$；(6) d(　　)$=\dfrac{1}{\sqrt{x}}dx$；

(7) d(　　)$=\sec^2 3x dx$.

2. 已知函数 $y=2x^2-x$，计算在 $x=2$ 处当 Δx 分别等于 1，0.1，0.01 时的 Δy 和 dy.

3. 求下列函数的微分.

(1) $y=x\sin 2x$；　　(2) $y=(e^x+e^{-x})^2$；　　(3) $y=[\ln(1-x)]^2$；

(4) $y=\arctan\dfrac{1-x^2}{1+x^2}$；　　(5) $xy=a^2$；　　(6) $y=1+xe^y$.

4. 利用微分求下列各数的近似值.

(1) $\ln 1.01$；　(2) $\cos 29°$；　(3) $\arcsin 0.5002$；　(4) $\sqrt[5]{31}$.

5. 一平面圆环，其内径为 10 cm，宽为 0.1 cm，求其面积的精确值与近似值.

6. 设扇形的圆心角 $\alpha=60°$，其半径 $R=100$ cm. 如果 R 不变，α 减少 $30'$，问扇形面积大约会改变多少？又如果 α 不变，R 增加 1 cm，问扇形面积大约会改变多少？

自　测　题

一、选择题

1. 若 $f'(1)$存在，且 $f(1)=0$，则$\lim\limits_{x\to 1}\dfrac{f(x)}{x-1}$等于(　　).

A. $f'(1)$　　B. 1　　C. 0　　D. ∞

2. 若函数 $f(x)=\begin{cases} e^x, & x<0 \\ a-bx, & x\geqslant 0 \end{cases}$在 $x=0$ 处可导，则 a,b 的值为(　　).

A. $a=b=-1$　　B. $a=-1,b=1$

C. $a=1,b=-1$　　D. $a=b=1$

3. 下列函数在 $x=1$ 处连续且可导的是(　　).

A. $y=|x-1|$　　B. $y=x|x-1|$

C. $y=\sqrt[3]{x-1}$　　D. $y=(x-1)^2$

4. 下列等式成立的是(　　).

A. $d(e^{-x})=e^{-x}dx$　　B. $d(\sin x^3)=\cos x^3 d(x^3)$

C. $d\left(\dfrac{1}{x}\right)=\ln x dx$　　D. $d(\tan x)=\dfrac{1}{1+x^2}dx$

5. 设函数 $y=f(u)$可导，则$\left[f\left(1-\dfrac{1}{x}\right)\right]'$的值为(　　).

A. $f'\left(1-\dfrac{1}{x}\right)$　　B. $f'\left(1-\dfrac{1}{x}\right)\left(-\dfrac{1}{x^2}\right)$

C. $\dfrac{1}{x^2}f'\left(1-\dfrac{1}{x}\right)$　　D. $-f'\left(1-\dfrac{1}{x}\right)$

二、填空题

1. 设函数 $f(x)$在 $x=2$ 处可导，且 $f'(2)=2$，则$\lim\limits_{h\to 0}\dfrac{f(2+mh)-f(2+nh)}{h}=$__________.(其中，$m,n$ 不为零)

2. 过曲线 $y=x^2+x-2$ 上的一点 M 作切线，若切线与直线 $y=4x-1$ 平行，则切点坐标为________.

3. 设函数 $f(x^2)=x^4+x^2+\ln 2$，则 $f'(0)=$__________.

4. 设作变速直线运动的物体其运动规律为 $s=3\cos\left(\frac{\pi}{6}t+\frac{\pi}{3}\right)$,则此物体在 $t=2$ 秒时的速度为________,加速度为________.

5. 函数 $y=\ln(1+x^2)$ 在 $x=1,\Delta x=0.01$ 处的微分为________.

6. 函数 $y=\ln\sin x$ 的二阶导数为________.

7. 函数 $y=x^2e^{2x}$,则 $y^{(5)}=$________.

8. 设 $x=te^{-t},y=2t^3+t^2$,则 $\left.\frac{dy}{dx}\right|_{t=-1}=$________.

三、求下列函数的导数.

1. 设 $y=\frac{x^2}{\sqrt{x^2+a^2}}$,求 dy.

2. 设 $y=e^{\frac{\sin 2x}{x}}$,求 y'.

3. 设 $y=\ln\tan\frac{x}{2}-\cot x\cdot\ln(1+\sin x)-x$,求 dy.

4. 设 $y=(\cos x)^{\sin x}$,求 y'.

5. 设 $y=\ln\sqrt{\frac{1-x}{1+x^2}}$,求 y''.

四、设 $e^y+xy=e$ 确定函数 $y=y(x)$,求 $y'(0)$.

五、求曲线 $\begin{cases}x=\ln(1+t^2)\\ y=\frac{\pi}{2}-\arctan t\end{cases}$ 上一点的坐标,使在该点处的切线平行于直线 $x+2y=0$.

第 4 章　中值定理与导数的应用

导数作为函数的变化率，在研究函数变化的性态中有着十分重要的意义，在经济管理、自然科学、工程技术以及社会科学等领域中得到了广泛的应用. 本章以微分学基本定理——微分中值定理为基础，进一步介绍利用导数研究函数的性态. 例如，判断函数的单调性和凸性，求函数的极值、最值以及函数作图的方法，最后讨论导数在工程技术、经济学中的应用.

4.1 中 值 定 理

4.1.1 罗尔(Rolle)定理

如图 4.1.1 所示，连续曲线 $y=f(x)$ 除端点外处处都具有不垂直于 x 轴的切线，且两端点等高，那么其上至少有一条平行于 x 轴的切线.

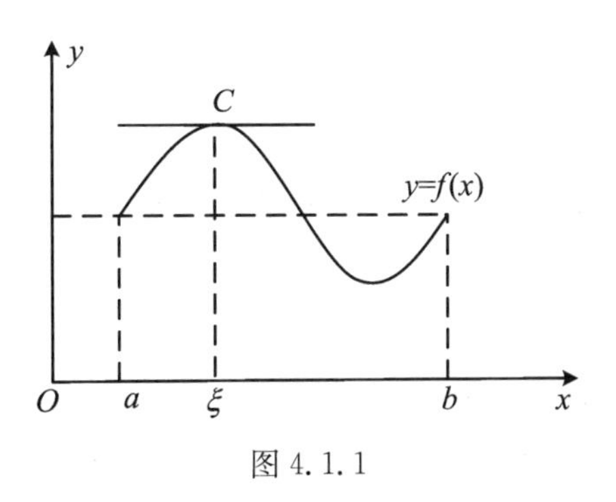

图 4.1.1

这一几何性质可描述为以下定理：

定理 4.1(罗尔定理)　若函数 $f(x)$ 满足下列条件：

(1) 在闭区间 $[a,b]$ 上连续；

(2) 在开区间 (a,b) 内可导；

(3) $f(a)=f(b)$，

则在 (a,b) 内至少存在一点 ξ，使得 $f'(\xi)=0$.

证 因为 $f(x)$ 在闭区间 $[a,b]$ 上连续,根据闭区间上连续函数的最值定理,$f(x)$ 在 $[a,b]$ 上必能取得最大值 M 和最小值 m.

当 $M=m$ 时,即 $f(x)$ 在 $[a,b]$ 上的最大值和最小值相等,此时 $f(x)$ 为常数,所以 $f'(x)=0$,由此可以知道 ξ 为 (a,b) 内任一点时,都有 $f'(\xi)=0$.

当 $M>m$ 时,在 M 和 m 中,必有一个不等于 $f(a)$,不妨设 $M\neq f(a)$,这时必然在 (a,b) 内存在一点 ξ,使得 $f(\xi)=M$,即 $f(x)$ 在 ξ 点取得最大值.下面来证明:$f'(\xi)=0$.

由定理 4.1 条件(2)知 $f'(\xi)$ 是存在的,由导数的定义知

$$f'(\xi)=\lim_{x\to\xi}\frac{f(x)-f(\xi)}{x-\xi}=\lim_{x\to\xi}\frac{f(x)-M}{x-\xi}. \qquad (4.1.1)$$

因为 M 为最大值,故对任意的点 x,有 $f(x)\leqslant M$,即 $f(x)-M\leqslant 0$.

当 $x>\xi$ 时,有

$$\frac{f(x)-f(\xi)}{x-\xi}=\frac{f(x)-M}{x-\xi}\leqslant 0,$$

当 $x<\xi$ 时,有

$$\frac{f(x)-f(\xi)}{x-\xi}=\frac{f(x)-M}{x-\xi}\geqslant 0,$$

又因为(4.1.1)式的极限存在,因而(4.1.1)式极限的左、右极限都存在,且都等于 $f'(\xi)$,即 $f'_+(\xi)=f'_-(\xi)=f'(\xi)$.

因为

$$f'(\xi)=f'_-(\xi)=\lim_{x\to\xi^-}\frac{f(x)-f(\xi)}{x-\xi}\geqslant 0$$

和

$$f'(\xi)=f'_+(\xi)=\lim_{x\to\xi^+}\frac{f(x)-f(\xi)}{x-\xi}\leqslant 0,$$

所以

$$f'(\xi)=0.$$

值得注意的是,该定理要求函数 $y=f(x)$ 应同时满足三个条件,若定理的三个条件不全满足的话,则定理的结论不一定成立,如图 4.1.2 中的三个函数.

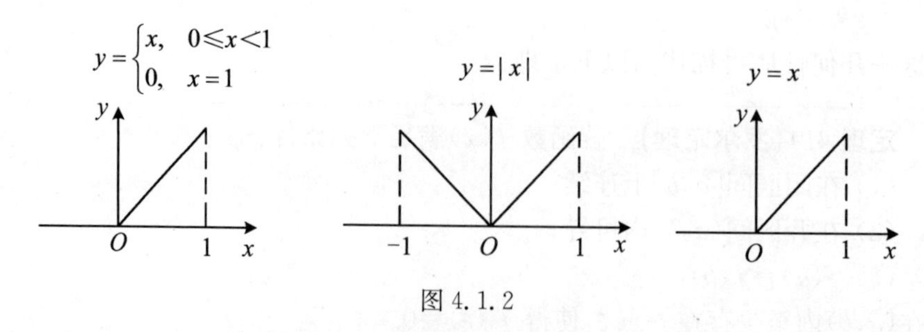

图 4.1.2

【例 4.1.1】 验证函数 $f(x)=1-x^2$ 在区间 $[-1,1]$ 上满足罗尔定理的三个

条件，并求出满足 $f'(\xi)=0$ 的点 ξ.

解　由于 $f(x)=1-x^2$ 在 $(-\infty,+\infty)$ 内连续且可导，故它在 $[-1,1]$ 上连续，在 $(-1,1)$ 内可导，$f(-1)=0$，$f(1)=0$，即 $f(-1)=f(1)$.

因此，$f(x)$ 满足罗尔定理的三个条件.

而 $f'(x)=-2x$，令 $f'(x)=0$，得 $x=0\in(-1,1)$.

取 $\xi=0$，即有 $f'(\xi)=0$.

【例 4.1.2】　不求导数，判断函数 $f(x)=(x-1)(x-2)(x-3)$ 的导数有几个零点及这些零点所在的范围.

解　因为 $f(1)=f(2)=f(3)=0$，所以 $f(x)$ 在闭区间 $[1,2]$、$[2,3]$ 上满足罗尔定理的三个条件，从而在 $(1,2)$ 内至少存在一点 ξ_1，使 $f'(\xi_1)=0$，即 ξ_1 是 $f'(x)$ 的一个零点；又在 $(2,3)$ 内至少存在一点 ξ_2，使 $f'(\xi_2)=0$，即 ξ_2 也是 $f'(x)$ 的一个零点.

又因为 $f'(x)$ 为二次多项式，最多只能有两个零点，故 $f'(x)$ 恰好有两个零点，分别在区间 $(1,2)$ 和 $(2,3)$ 内.

4.1.2　拉格朗日(Lagrange)中值定理

如图 4.1.3 所示，连续曲线 $y=f(x)$ 两端点不一定等高，除端点外处处都具有不垂直于 x 轴的切线，则在曲线内部至少有一点，该点处的切线平行于两端点的连线.

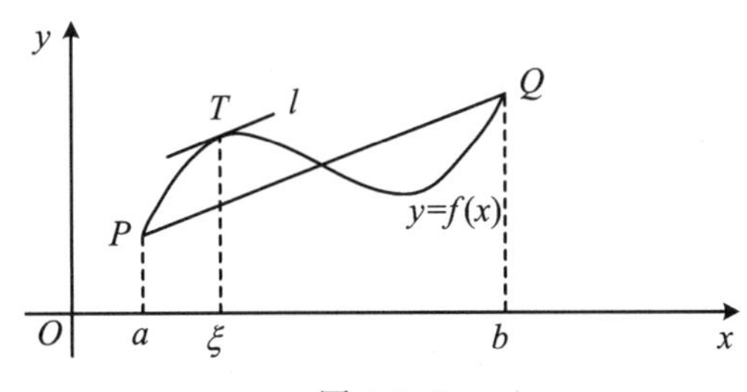

图 4.1.3

这一几何性质可描述为以下定理：

> **定理 4.2(拉格朗日中值定理)**　若函数 $f(x)$ 满足下列条件：
>
> (1) 在闭区间 $[a,b]$ 上连续；
>
> (2) 在开区间 (a,b) 内可导，
>
> 则在 (a,b) 内至少存在一点 ξ，使得
>
> $$f(b)-f(a)=f'(\xi)(b-a).$$

证　将问题转化为证明

$$f'(\xi)-\frac{f(b)-f(a)}{b-a}=0.$$

作辅助函数

$$\varphi(x)=f(x)-\frac{f(b)-f(a)}{b-a}x,$$

显然，$\varphi(x)$在$[a,b]$上连续，在(a,b)内可导，且

$$\varphi(a)=\frac{bf(a)-af(b)}{b-a}=\varphi(b),$$

由罗尔定理知，至少存在一点$\xi\in(a,b)$，使$\varphi'(\xi)=0$，即定理结论成立.

由拉格朗日中值定理，可得以下推论.

推论 4.1 如果函数$f(x)$在区间I上恒有$f'(x)=0$，则$f(x)$在区间I上是一个常数.

证 在I上任取两点$x_1,x_2(x_1<x_2)$，在区间$[x_1,x_2]$上应用拉格朗日中值定理，得

$$f(x_2)-f(x_1)=f'(\xi)(x_2-x_1)=0,\ x_1<\xi<x_2.$$

所以

$$f(x_2)=f(x_1),$$

由x_1,x_2的任意性知，$f(x)$在I上为常数.

推论 4.2 如果函数$f(x)$与$g(x)$在区间I上恒有$f'(x)=g'(x)$，则在区间I上$f(x)=g(x)+C$ （C为常数）.

【例 4.1.3】 证明$\arcsin x+\arccos x=\frac{\pi}{2}$，$-1\leqslant x\leqslant 1$.

证 设$f(x)=\arcsin x+\arccos x$，$x\in[-1,1]$.

当$x\in(-1,1)$时

$$f'(x)=\frac{1}{\sqrt{1-x^2}}+\left(-\frac{1}{\sqrt{1-x^2}}\right)=0,$$

从而

$$f(x)\equiv C\quad x\in(-1,1),$$

又因为$f(0)=\arcsin 0+\arccos 0=0+\frac{\pi}{2}=\frac{\pi}{2}$，故$C=\frac{\pi}{2}$.

当$x=\pm1$时，$f(x)=\frac{\pi}{2}$. 因此

$$\arcsin x+\arccos x=\frac{\pi}{2}.$$

【例 4.1.4】 证明$|\sin b-\sin a|\leqslant|b-a|$.

证 当$a=b$时不等式显然成立，所以只需证明$a\neq b$时不等式也成立. 不妨假设$a<b$.

设$f(x)=\sin x$，则$f(x)$在以$[a,b]$上满足拉格朗日中值定理的条件. 故

$$f(b)-f(a)=f'(\xi)(b-a)\quad(a<\xi<b).$$

因为$f'(x)=\cos x$，从而$|f'(\xi)|\leqslant 1$，所以

$$|\sin b-\sin a|\leqslant|b-a|.$$

4.1.3 柯西(Cauchy)中值定理

定理 4.3(柯西中值定理)　若函数 $f(x)$ 及 $g(x)$ 满足下列条件:

(1) 在闭区间$[a,b]$上连续;(2) 在开区间(a,b)内可导,且 $g'(x)$在(a,b)内的每一点处均不为零,则在(a,b)内至少存在一点 ξ,使得

$$\frac{f(b)-f(a)}{g(b)-g(a)}=\frac{f'(\xi)}{g'(\xi)}.$$

证明从略.

注:柯西中值定理是拉格朗日中值定理的推广.事实上,令 $g(x)=x$,就得到拉格朗日中值定理.

【例 4.1.5】　对函数 $f(x)=x^3$ 及 $g(x)=x^2+1$ 在区间$[1,2]$上验证柯西中值定理的正确性.

解　易知 $f(x)$,$g(x)$在$[1,2]$上连续,在$(1,2)$内可导.

当 $x\in(1,2)$时,$g'(x)\neq0$.

又因为 $f(1)=1$,$f(2)=8$,$g(1)=2$,$g(2)=5$,$f'(x)=3x^2$,$g'(x)=2x$,设

$$\frac{f(2)-f(1)}{g(2)-g(1)}=\frac{3\xi^2}{2\xi},$$

解得

$$\xi=\frac{14}{9}\in(1,2),$$

故可取 $\xi=\frac{14}{9}$,使 $\frac{f(2)-f(1)}{g(2)-g(1)}=\frac{f'(\xi)}{g'(\xi)}$成立.

4.2　洛必达(L'Hospital)法则

如果当 $x\to x_0$ 时,$f(x)$和 $g(x)$都趋于零或都趋于无穷大,那么极限$\lim\limits_{x\to x_0}\frac{f(x)}{g(x)}$可能存在,也可能不存在,要根据具体的函数来进一步确定,如$\lim\limits_{x\to0}\frac{x^m}{x^n}$,$\lim\limits_{x\to\infty}\frac{x^m}{x^n}$.我们通常把这种极限称为$\frac{0}{0}$或$\frac{\infty}{\infty}$型的未定式,这种未定式是不能用“商的极限等于极限的商”这一法则来计算的.下面我们将利用柯西中值定理推导出一种求未定式极限的方法——洛必达法则.

4.2.1 $\dfrac{0}{0}$型洛必达法则

> **定理 4.4** 若 $f(x),g(x)$满足:
>
> (1) $\lim\limits_{x\to x_0}f(x)=\lim\limits_{x\to x_0}g(x)=0$;
>
> (2) $f(x),g(x)$在 x_0 的某去心邻域内可导,且 $g'(x)\neq 0$;
>
> (3) $\lim\limits_{x\to x_0}\dfrac{f'(x)}{g'(x)}=A$ (A 可为有限值,也可为$+\infty$或$-\infty$),
>
> 则
> $$\lim_{x\to x_0}\frac{f(x)}{g(x)}=\lim_{x\to x_0}\frac{f'(x)}{g'(x)}.$$

证 由于函数在 x_0 点的极限与函数在 x_0 点的函数值无关,因此,求$\lim\limits_{x\to x_0}\dfrac{f(x)}{g(x)}$与 $f(x_0),g(x_0)$的值无关,不妨补充定义:$f(x_0)=0,g(x_0)=0$,这样 $f(x)$、$g(x)$在 x_0 点就连续了,x_0 的去心邻域内任取一点 x,在以 x_0 和 x 为端点的区间上运用柯西中值定理,则至少存在一点 ξ (ξ 介于 x_0 和 x 之间),使得

$$\frac{f(x)}{g(x)}=\frac{f(x)-f(x_0)}{g(x)-g(x_0)}=\frac{f'(\xi)}{g'(\xi)},$$

再令 $x\to x_0$,因为 ξ 介于 x_0 与 x 之间,故当 $\xi\to x_0$ 时,有

$$\lim_{x\to x_0}\frac{f(x)}{g(x)}=\lim_{\xi\to x_0}\frac{f'(\xi)}{g'(\xi)}=A.$$

注:(1) “$x\to x_0$”可改为“$x\to+\infty$”或“$x\to-\infty$”,只不过对定理 4.4 的条件(2)作相应的修改,结论仍成立.

(2) 若$\lim\limits_{x\to x_0}\dfrac{f'(x)}{g'(x)}$仍为$\dfrac{0}{0}$型未定式,且 $f'(x)$、$g'(x)$能满足定理中的条件,则可再次使用洛必达法则.

(3) 洛必达法则的三个条件缺一不可,表现在:(a) 若不是未定式,则不能使用,否则会导致错误;(b) 即使条件(3)不成立,原极限不一定不存在,可使用其他方法求出原极限.

【例 4.2.1】 计算$\lim\limits_{x\to 1}\dfrac{\ln x}{(x-1)^2}$.

解 所求极限为$\dfrac{0}{0}$型,且满足洛必达法则条件,则

$$\lim_{x\to 1}\frac{\ln x}{(x-1)^2}=\lim_{x\to 1}\frac{\dfrac{1}{x}}{2(x-1)}=\lim_{x\to 1}\frac{1}{2x(x-1)}=\infty.$$

【例 4.2.2】 计算$\lim\limits_{x\to 0}\dfrac{(1+x)^n-1}{\sin x}$.

解 所求极限为$\dfrac{0}{0}$型,且满足洛必达法则条件,则

$$\lim_{x\to 0}\frac{(1+x)^n-1}{\sin x}=\lim_{x\to 0}\frac{n(1+x)^{n-1}}{\cos x}=n.$$

【例 4.2.3】 计算$\lim\limits_{x\to 0}\frac{x-\sin x}{x^3}$.

解　所求极限为$\frac{0}{0}$型,且满足洛必达法则条件,则

$$\lim_{x\to 0}\frac{x-\sin x}{x^3}=\lim_{x\to 0}\frac{1-\cos x}{3x^2}=\lim_{x\to 0}\frac{\sin x}{6x}=\frac{1}{6}.$$

【例 4.2.4】 计算$\lim\limits_{x\to 0}\frac{x^2\sin\frac{1}{x}}{\sin x}$.

解　所求极限为$\frac{0}{0}$型,运用洛必达法则,得

$$\lim_{x\to 0}\frac{x^2\sin\frac{1}{x}}{\sin x}=\lim_{x\to 0}\frac{2x\sin\frac{1}{x}-\cos\frac{1}{x}}{\cos x},$$

此极限式的极限不存在,故洛必达法则失效.但不能由此而认为原极限一定不存在,事实上有

$$\lim_{x\to 0}\frac{x^2\sin\frac{1}{x}}{\sin x}=\lim_{x\to 0}\left(\frac{x}{\sin x}\right)\left(x\sin\frac{1}{x}\right)=\lim_{x\to 0}\frac{x}{\sin x}\cdot\lim_{x\to 0}x\sin\frac{1}{x}=1\times 0=0.$$

4.2.2　$\frac{\infty}{\infty}$型洛必达法则

定理 4.5　若 $f(x)$,$g(x)$满足:

(1) $\lim\limits_{x\to x_0}|f(x)|=\lim\limits_{x\to x_0}|g(x)|=+\infty$;

(2) $f(x)$,$g(x)$在 x_0 的某去心邻域内可导,且 $g'(x)\neq 0$;

(3) $\lim\limits_{x\to x_0}\frac{f'(x)}{g'(x)}=A$ (A 可为有限值,也可为$+\infty$或$-\infty$),

则

$$\lim_{x\to x_0}\frac{f(x)}{g(x)}=\lim_{x\to x_0}\frac{f'(x)}{g'(x)}.$$

证明从略.

【例 4.2.5】 计算$\lim\limits_{x\to 0^+}\frac{\ln\sin 3x}{\ln\sin x}$.

解　这是一个$\frac{\infty}{\infty}$型的未定式,且满足洛必达法则的条件,则

$$\lim_{x\to0^+}\frac{\ln\sin 3x}{\ln\sin x}=\lim_{x\to0^+}\frac{\frac{\cos 3x}{\sin 3x}\cdot 3}{\frac{\cos x}{\sin x}}=3\lim_{x\to0^+}\frac{\sin x}{\sin 3x}=1.$$

【例 4.2.6】 计算 $\lim\limits_{x\to+\infty}\frac{\ln x}{x^n}\quad(n>0)$.

解 这是一个$\frac{\infty}{\infty}$型的未定式,且满足洛必达法则的条件,则

$$\lim_{x\to+\infty}\frac{\ln x}{x^n}=\lim_{x\to+\infty}\frac{\frac{1}{x}}{nx^{n-1}}=\lim_{x\to+\infty}\frac{1}{nx^n}=0.$$

【例 4.2.7】 计算 $\lim\limits_{x\to+\infty}\frac{x^n}{e^x}$, n 为正整数.

解 这是一个$\frac{\infty}{\infty}$型的未定式,且满足洛必达法则的条件,连续应用洛必达法则 n 次,即有

$$\lim_{x\to+\infty}\frac{x^n}{e^x}=\lim_{x\to+\infty}\frac{nx^{n-1}}{e^x}=\lim_{x\to+\infty}\frac{n(n-1)x^{n-2}}{e^x}=\cdots=\lim_{x\to+\infty}\frac{n!}{e^x}=0.$$

通过上述两例说明,当 x 趋向于无穷大时,$\ln x$,$x^n(n>0)$,e^x 都是无穷大量,其中,e^x 是增长速度最快的无穷大量.

4.2.3 其他类型未定式

其他类型未定式包括 $0\cdot\infty$,$\infty-\infty$,0^0,1^∞,∞^0,它们总是可以通过适当的变换成为$\frac{0}{0}$型或$\frac{\infty}{\infty}$型,然后再运用洛必达法则.

1. $0\cdot\infty$型可化为$\frac{0}{0}$型或$\frac{\infty}{\infty}$型未定式

【例 4.2.8】 计算 $\lim\limits_{x\to+\infty}x\left(\frac{\pi}{2}-\arctan x\right)$.

解 所求极限为 $0\cdot\infty$型,故可化为

$$\lim_{x\to+\infty}x\left(\frac{\pi}{2}-\arctan x\right)=\lim_{x\to+\infty}\frac{\frac{\pi}{2}-\arctan x}{\frac{1}{x}}=\lim_{x\to+\infty}\frac{-\frac{1}{1+x^2}}{-\frac{1}{x^2}}=\lim_{x\to+\infty}\frac{x^2}{1+x^2}=1.$$

2. $\infty-\infty$型一般可化为$\frac{0}{0}$型未定式

【例 4.2.9】 计算$\lim\limits_{x\to0}\left(\frac{1}{\sin x}-\frac{1}{x}\right)$.

解 所求极限为$\infty-\infty$型,故

$$\lim_{x\to0}\left(\frac{1}{\sin x}-\frac{1}{x}\right)=\lim_{x\to0}\frac{x-\sin x}{x\sin x}.$$

这是$\frac{0}{0}$型，如果直接用洛必达法则，那么分母的导数较繁，如果作一个等价无穷小替代，那么运算就方便得多了.

$$\lim_{x\to 0}\left(\frac{1}{\sin x}-\frac{1}{x}\right)=\lim_{x\to 0}\frac{x-\sin x}{x\sin x}=\lim_{x\to 0}\frac{x-\sin x}{x^2}=\lim_{x\to 0}\frac{1-\cos x}{2x}=\lim_{x\to 0}\frac{\sin x}{2}=0.$$

3. $0^0, 1^\infty, \infty^0$ 型未定式

利用$[f(x)]^{g(x)}=\mathrm{e}^{\ln[f(x)]^{g(x)}}=\mathrm{e}^{g(x)\ln f(x)}$可化为 $0\cdot\infty$型，再化为$\frac{0}{0}$或$\frac{\infty}{\infty}$型.

【例 4.2.10】 计算 $\lim\limits_{x\to 0^+}x^{\tan x}$.

解　所求极限为 0^0 型，将它变形为 $\lim\limits_{x\to 0^+}x^{\tan x}=\mathrm{e}^{\lim\limits_{x\to 0^+}\tan x\ln x}$. 由于

$$\lim_{x\to 0^+}\tan x\ln x=\lim_{x\to 0^+}\frac{\ln x}{\cot x}=\lim_{x\to 0^+}\frac{\frac{1}{x}}{-\csc^2 x}=\lim_{x\to 0^+}\frac{-\sin^2 x}{x}$$
$$=\lim_{x\to 0^+}\frac{-2\sin x\cos x}{1}=0,$$

所以

$$\lim_{x\to 0^+}x^{\tan x}=\mathrm{e}^0=1.$$

【例 4.2.11】 计算 $\lim\limits_{x\to 0^+}(\cot x)^{\frac{1}{\ln x}}$.

解　所求极限为∞^0 型，由于

$$\lim_{x\to 0^+}(\cot x)^{\frac{1}{\ln x}}=\lim_{x\to 0^+}\mathrm{e}^{\ln(\cot x)^{\frac{1}{\ln x}}}=\lim_{x\to 0^+}\mathrm{e}^{\frac{\ln(\cot x)}{\ln x}},$$

$$\lim_{x\to 0^+}\frac{\ln(\cot x)}{\ln x}=\lim_{x\to 0^+}\frac{\frac{1}{\cot x}(-\csc^2 x)}{\frac{1}{x}}=\lim_{x\to 0^+}\frac{-1}{\cos x}\cdot\frac{x}{\sin x}=-1,$$

故

$$\lim_{x\to 0^+}(\cot x)^{\frac{1}{\ln x}}=\mathrm{e}^{-1}.$$

【例 4.2.12】 计算$\lim\limits_{x\to 1}x^{\frac{1}{1-x}}$.

解　所求极限为 1^∞型，故

$$\lim_{x\to 1}x^{\frac{1}{1-x}}=\lim_{x\to 1}\mathrm{e}^{\frac{1}{1-x}\ln x}=\mathrm{e}^{\lim\limits_{x\to 1}\frac{\ln x}{1-x}}=\mathrm{e}^{\lim\limits_{x\to 1}\frac{\frac{1}{x}}{-1}}=\mathrm{e}^{-1}.$$

4.3　函数的单调性与极值

4.3.1　函数的单调性

第 1 章已经给出函数在某个区间内单调性的定义，但是，直接用定义判别函数

的单调性,通常是比较困难的,现介绍利用导数判定函数单调性的方法.

从图 4.3.1 上看,单调增加(减少)函数是一条沿 x 轴正向上升(下降)的曲线,曲线上各点处切线斜率都是非负的(非正的),即

$$y' = f'(x) \geqslant 0 \quad (y' = f'(x) \leqslant 0).$$

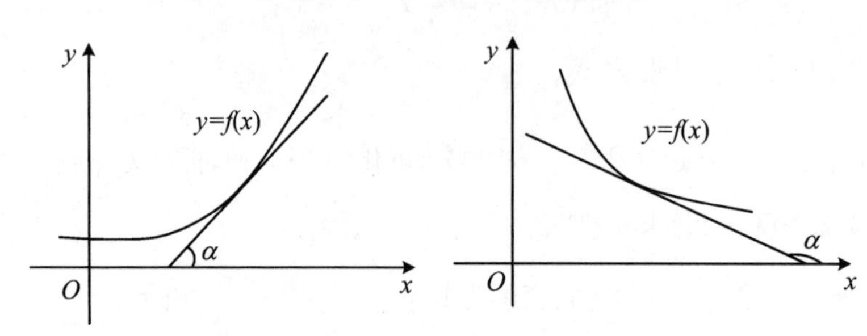

图 4.3.1

由此可见,函数的单调性与导数的符号有着密切的关系.反过来,能否用导数的符号来判定函数的单调性呢?我们有如下判定定理:

定理 4.6 设函数 $f(x)$在闭区间$[a,b]$上连续,在开区间(a,b)内可导,
(1) 如果在(a,b)内 $f'(x)>0$,则 $f(x)$在$[a,b]$上单调增加;
(2) 如果在(a,b)内 $f'(x)<0$,则 $f(x)$在$[a,b]$上单调减少.

证 在$[a,b]$内任取两点 $x_1, x_2(x_1<x_2)$,在区间$[x_1,x_2]$上应用拉格朗日中值定理,故在(x_1,x_2)内至少存在一点 ξ,使得

$$f(x_2) - f(x_1) = f'(\xi)(x_2 - x_1),$$

因为 $x_2-x_1>0$,所以 $f(x_2)-f(x_1)$与 $f'(\xi)$同号.

(1) 若在(a,b)内,$f'(x)>0$,则有 $f'(\xi)>0$,即 $f(x_2)>f(x_1)$,此时函数单调增加;

(2) 若在(a,b)内,$f'(x)<0$,则有 $f'(\xi)<0$,即 $f(x_2)<f(x_1)$,此时函数单调减少.

如将定理中的闭区间换成其他各种区间(包括无限区间),定理 4.6 的结论仍成立,使定理 4.6 结论成立的区间,称为函数的单调区间.

【例 4.3.1】 讨论函数 $f(x)=3x-x^3$ 的单调性.

解 函数的定义域为$(-\infty,+\infty)$,

$$f'(x) = 3 - 3x^2 = 3(1-x)(1+x),$$

令 $f'(x)=0$,得

$$x = \pm 1.$$

点 $x=\pm 1$ 将定义域$(-\infty,+\infty)$分成 3 个子区间,列表讨论如下(见表 4.1):

表 4.1

x	$(-\infty,-1)$	-1	$(-1,1)$	1	$(1,+\infty)$
$f'(x)$	$-$	0	$+$	0	$-$
$f(x)$	↘		↗		↘

所以函数 $f(x)=3x-x^3$ 在$(-\infty,-1]$,$[1,+\infty)$上单调减少,在$(-1,1)$上单调增加.

【例 4.3.2】 讨论函数 $y=\sqrt[3]{x^2}$ 的单调性.

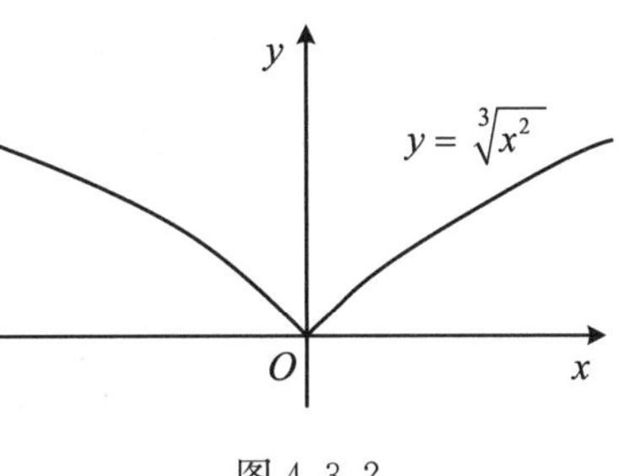

图 4.3.2

解 $y=\sqrt[3]{x^2}$ 在$(-\infty,+\infty)$上连续,当 $x\neq0$ 时,$y'=\dfrac{2}{3}x^{-\frac{1}{3}}=\dfrac{2}{3}\dfrac{1}{\sqrt[3]{x}}$;故当 $x\in(0,+\infty)$时,$y'>0$,此时函数单调增加;当 $x\in(-\infty,0)$时,$y'<0$,此时函数单调减少,如图 4.3.2 所示.

注:从上述两例可见,导数等于零的点或使导数不存在的点,都有可能成为单调区间的分界点.因此,对函数 $y=f(x)$单调性的讨论,应先求出使导数等于零的点或使导数不存在的点,并用这些点将函数的定义域划分为若干个子区间,然后逐个判断函数的导数 $f'(x)$在各子区间的符号,从而确定出函数 $y=f(x)$在各子区间上的单调性.

【例 4.3.3】 证明:当 $x>0$ 时,$\ln(1+x)<x$.

证 考虑函数 $f(x)=\ln(1+x)-x$,只要证明当 $x>0$ 时,$f(x)<0$ 即可.

因为 $f(x)$在$[0,+\infty)$上连续,在$(0,+\infty)$内可导,且

$$f'(x)=\frac{1}{1+x}-1=-\frac{x}{1+x},$$

当 $x>0$ 时,

$$f'(x)=-\frac{x}{1+x}<0,$$

所以,当 $x>0$ 时,$f(x)$是单调减少的,且由 $f(0)=0$ 可知:当 $x>0$ 时,$f(x)<0$,故

$$\ln(1+x)<x\quad(x>0).$$

4.3.2　函数的极值

在讨论函数的单调性时,有时出现这样的情况:在函数的单调性发生转变的地方,该点的函数值与附近的函数值比较是最大的或最小的,我们把该点的函数值称为函数的极大值或极小值.下面我们给出它们的定义.

定义 4.1 设函数 $f(x)$ 在点 x_0 的某邻域 $U(x_0)$ 内有定义,若对任意的 $x \in U(x_0)$ 有

$$f(x) < f(x_0) \quad (f(x) > f(x_0)),$$

则称函数 $f(x)$ 在点 x_0 处取得**极大值**(极小值),点 x_0 称为**极大值点**(极小值点).极大值、极小值统称为**极值**,极大值点、极小值点统称为**极值点**.

定义 4.1 表明,函数的极值是局部性概念,只是与极值点 x_0 附近的所有点的函数值相比较,$f(x_0)$ 是最大的或是最小的,它不一定是整个定义域上最大的或最小的函数值,如图 4.3.3 所示,函数在 x_2,x_4 处取得极大值,而在点 x_1,x_3,x_5 处取得极小值,但极小值 $f(x_1)$ 大于极大值 $f(x_4)$.

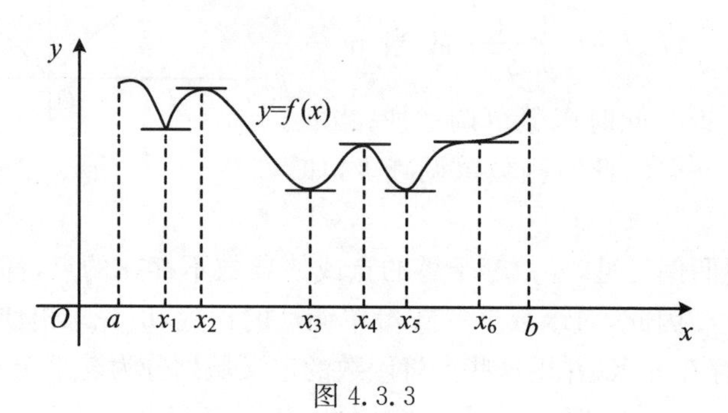

图 4.3.3

从图 4.3.3 中还看到,在函数取得极值处,若曲线存在切线,则曲线的切线是水平的.但是在曲线的水平切线处,函数不一定取得极值.例如,图中 $x=x_6$ 处,曲线有水平切线,但 $f(x_6)$ 不是极值.于是我们有以下定理:

定理 4.7(极值的必要条件) 设函数 $f(x)$ 在 x_0 处可导,如果 $f(x)$ 在 x_0 处取得极值,则 $f'(x_0)=0$.

注:(1) 若 $f'(x_0)=0$,则称 x_0 为函数 $f(x)$ 的一个驻点.定理 4.7 可表述为:可导函数的极值点必为驻点.

(2) 对于可导函数 $f(x)$ 而言,$f'(x_0)=0$ 是点 x_0 为极值点的必要条件,但不是充分条件,也就是说驻点不一定是极值点,例如,$f(x)=x^3$,驻点 $x=0$ 不是它的极值点.

(3) 使 $f'(x)$ 不存在的点 x_0 可能是函数 $f(x)$ 的极值点,也可能不是极值点,例如,$f(x)=|x|$ 在 $x=0$ 处函数不可导,但 $x=0$ 是函数的极小值点;$f(x)=x^{\frac{1}{3}}$ 在 $x=0$ 处不可导,但 $x=0$ 不是函数的极值点,如图 4.3.4 所示.

那么,如何判断一个函数的驻点和不可导点是不是极值点呢?下面给出两个判断极值点的充分条件.

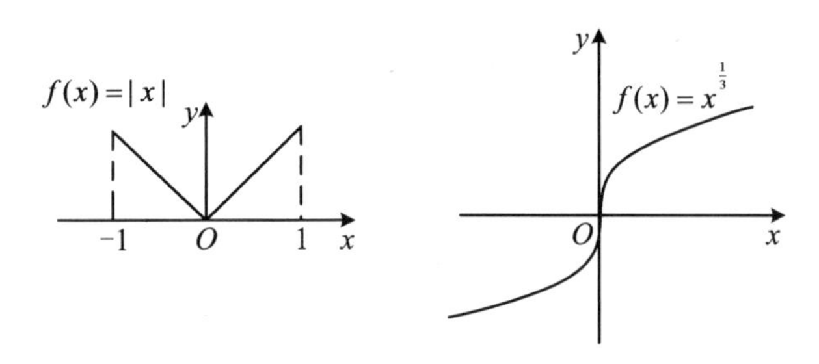

图 4.3.4

> **定理 4.8**(极值存在的第一充分条件)　设函数 $f(x)$在点 x_0 处连续,且在 x_0 的某去心邻域内可导.
>
> (1) 若 $x<x_0$ 时,$f'(x)>0$,而 $x>x_0$ 时,$f'(x)<0$,则函数 $f(x)$在 x_0 处取得极大值;
>
> (2) 若 $x<x_0$ 时,$f'(x)<0$,而 $x>x_0$ 时,$f'(x)>0$,则函数 $f(x)$在 x_0 处取得极小值;
>
> (3) 如果在 x_0 的两侧,$f'(x)$不改变符号,则函数 $f(x)$在 x_0 处没有极值.

根据定理 4.6、定理 4.7 及定理 4.8,得出求函数极值的一般方法:

(1) 求出函数的定义域;

(2) 求出函数 $f(x)$的全部驻点与不可导点;

(3) 用驻点和不可导点将定义域分成小区间,再根据各区间内 $f'(x)$的符号,确定极值点;

(4) 把极值点代入函数 $f(x)$中算出极值.

【例 4.3.4】　求出函数 $f(x)=x^3-3x^2-9x+5$ 的极值.

解　函数的定义域为$(-\infty,+\infty)$.

$$f'(x)=3x^2-6x-9=3(x+1)(x-3),$$

令 $f'(x)=0$,得驻点 $x_1=-1$,$x_2=3$.

列表讨论如下(表 4.2):

表 4.2

x	$(-\infty,-1)$	-1	$(-1,3)$	3	$(3,+\infty)$
$f'(x)$	$+$	0	$-$	0	$+$
$f(x)$	↗	极大值	↘	极小值	↗

所以,极大值为 $f(-1)=10$,极小值为 $f(3)=-22$.

【例 4.3.5】　求函数 $y=(x-1)\sqrt[3]{x^2}$的极值.

解 函数的定义域为$(-\infty,+\infty)$,且$y'=\frac{5x-2}{3\sqrt[3]{x}}$.

当$x_1=\frac{2}{5}$时,$y'=0$;当$x_2=0$时,y'不存在.

用$x_1=\frac{2}{5}$,$x_2=0$将定义域分成如下区间,列表讨论如下(见表 4.3):

表 4.3

x	$(-\infty,0)$	0	$\left(0,\frac{2}{5}\right)$	$\frac{2}{5}$	$\left(\frac{2}{5},+\infty\right)$
$f'(x)$	+	不存在	−	0	+
$f(x)$	↗	极大值	↘	极小值	↗

由表 4.3 可知,函数在$x=0$处取得极大值$y(0)=0$.

在$x=\frac{2}{5}$处,取得极小值$y\left(\frac{2}{5}\right)=-\frac{3}{5}\sqrt[3]{\frac{4}{25}}$.

当函数$f(x)$在驻点处的二阶导数存在,且不为零时,也可以用下面的定理判断驻点是否为极值点.

> **定理 4.9(极值存在的第二充分条件)** 设函数$f(x)$在点x_0处存在二阶导数,且$f'(x_0)=0$,$f''(x_0)\neq 0$.则
>
> (1) 如果$f''(x_0)<0$,则x_0是$f(x)$的一个极大值点;
>
> (2) 如果$f''(x_0)>0$,则x_0是$f(x)$的一个极小值点.

【例 4.3.6】 求函数$f(x)=x^3+3x^2-24x-20$的极值.

解 函数的定义域为$(-\infty,+\infty)$,$f'(x)=3x^2+6x-24=3(x+4)(x-2)$.

令$f'(x)=0$,求得驻点$x_1=-4$,$x_2=2$, $f''(x)=6x+6$.

当$x_1=-4$时,$f''(-4)=-18<0$,所以有极大值$f(-4)=60$.

当$x_2=2$时,$f''(2)=18>0$,所以有极小值$f(2)=-48$.

说明:对于$f''(x_0)=0$的驻点,仍用第一充分条件判断.

4.4 数学建模——最优化

在实际应用中,常常会遇到最大值和最小值的问题.如用料最省、容量最大、花钱最少、效率最高、利润最大等.此类问题在数学上往往可归纳为求某一函数(通常称为目标函数)的最大值或最小值问题,即数学建模最优化问题.

4.4.1 求函数的最大值与最小值

设函数$f(x)$在闭区间$[a,b]$上连续,则函数的最大值和最小值一定存在.函数

的最大值和最小值有可能在区间的端点取得，如果最大值不在区间的端点取得，则必在开区间(a,b)内取得，在这种情况下，最大值一定是函数的极大值.因此，函数在闭区间$[a,b]$上的最大值一定是函数的所有极大值和函数在区间端点的函数值中最大者.同理，函数在闭区间$[a,b]$上的最小值一定是函数的所有极小值和函数在区间端点的函数值中最小者.而极值点是从驻点和不可导点中取得，所以有以下求最值的思路：

设$f(x)$在(a,b)内的全部驻点和不可导点为$x_1,x_2,\cdots,x_n$，则比较$f(a)$，$f(x_1),f(x_2),\cdots,f(x_n),f(b)$的大小，其中最大者便是函数$f(x)$在$[a,b]$上的最大值，最小者便是函数$f(x)$在$[a,b]$上的最小值.

于是，得到求函数最大值和最小值的步骤：

(1) 求驻点和不可导点；

(2) 求区间端点及驻点和不可导点的函数值，比较大小，得到最值.

【例 4.4.1】 求函数$f(x)=x^4-8x^2+1$在区间$[-3,3]$上的最大值和最小值.

解 $f'(x)=4x^3-16x=4x(x+2)(x-2)$.

令$f'(x)=0$，得驻点

$$x_1=-2,\quad x_2=0,\quad x_3=2.$$

由于

$$f(-2)=f(2)=-15,\quad f(0)=1,\quad f(-3)=f(3)=10.$$

比较上述各值的大小，得函数在区间$[-3,3]$上的最大值为$f(-3)=f(3)=10$，最小值为$f(-2)=f(2)=-15$.

注意：在求函数的最值时，特别要指出下述情形：

(1) 函数$f(x)$在一个区间(有限或无限，开或闭)内可导且只有一个驻点x_0，并且该驻点x_0是函数$f(x)$的极值点，那么当$f(x_0)$是极大值时，$f(x_0)$就是该区间上的最大值；当$f(x_0)$是极小值时，$f(x_0)$就是在该区间上的最小值，如图 4.4.1 所示.

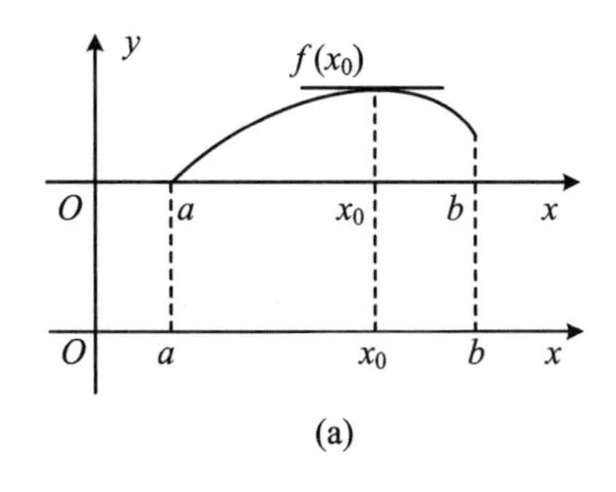

(a)

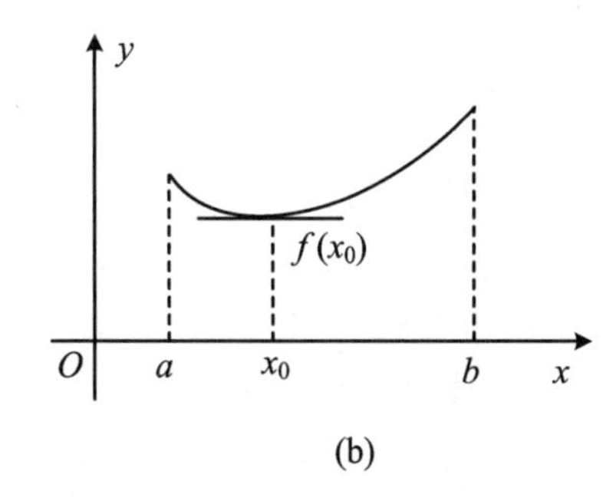

(b)

图 4.4.1

(2) 实际问题中往往根据问题的性质可以断定函数$f(x)$确有最大值或最小

值，且一定在定义区间内部取得.这时如果 $f(x)$ 在定义区间内部只有一个驻点 x_0，那么不必讨论 $f(x_0)$ 是否是极值就可断定 $f(x_0)$ 是最大值或最小值.

4.4.2 最优化问题举例

【例 4.4.2】 设成本函数为 $C(x)=9000+40x+0.001x^2$，求平均成本最小时的产量及最小平均成本.

解 平均成本函数为

$$\bar{C}(x)=\frac{9000}{x}+40+0.001x,$$

则
$$\bar{C}'(x)=-\frac{9000}{x^2}+0.001,$$

令 $\bar{C}'(x)=0$，解得唯一驻点 $x=3000$.

又

$$\bar{C}''(x)=\frac{18000}{x^3},\quad \bar{C}''(3000)>0,$$

故 $\bar{C}(x)$ 在 $x=3000$ 取得最小值，最小平均成本为

$$\bar{C}(3000)=3+40+0.001\times 3000=46.$$

【例 4.4.3】 某房地产公司有 50 套公寓要出租，当租金定为每月 180 元时，公寓会全部租出去. 当租金每月增加 10 元时，就有一套公寓租不出去，而租出去的房子每月需花费 20 元的整修维护费. 试问房租定为多少可获得最大收入？

解 设房租为每月 x 元，租出去的房子有 $50-\frac{x-180}{10}$ 套，每月总收入为

$$R(x)=(x-20)\left(50-\frac{x-180}{10}\right)=(x-20)\left(68-\frac{x}{10}\right),$$

则
$$R'(x)=\left(68-\frac{x}{10}\right)+(x-20)\left(-\frac{1}{10}\right)=70-\frac{x}{5}.$$

令 $R'(x)=0$，解得唯一驻点 $x=350$. 又

$$R''(x)=-\frac{1}{5}<0,$$

故每月每套租金为 350 元时收入最高，最大收入为

$$R(350)=10890\ (\text{元}).$$

【例 4.4.4】 设圆柱体有盖茶缸容积 V 为常数，求表面积为最小时，底半径 r 与高 h 之比(见图 4.4.2).

解 设表面积为 S，则 $S=2\pi r^2+2\pi rh$，由 $V=\pi r^2 h$，得 $h=\frac{V}{\pi r^2}$，所以

$$S(r)=2\pi r^2+\frac{2V}{r}\quad (r>0),$$

令 $S'(r)=4\pi r-\frac{2V}{r^2}=0$,解得驻点 $r=\sqrt[3]{\frac{V}{2\pi}}$,驻点唯一.

又 $S''\left(\sqrt[3]{\frac{V}{2\pi}}\right)>0$,故 $S(r)$ 在 $r=\sqrt[3]{\frac{V}{2\pi}}$ 取得最小值,此时

$$h=\frac{V}{\pi\left(\sqrt[3]{\frac{V}{2\pi}}\right)^2}=2r,$$

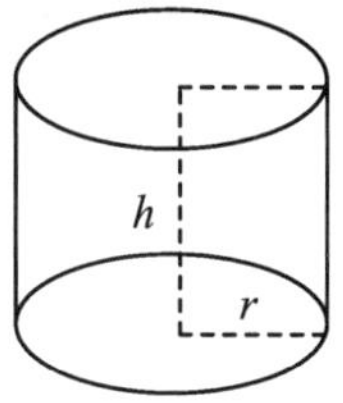

图 4.4.2

化简得 $\frac{r}{h}=\frac{1}{2}$,即半径与高之比为 $\frac{1}{2}$,茶缸表面积最小 .

【例 4.4.5】 设某工厂 A 到铁路线的垂直距离为 20 km,垂足为 B. 铁路线上有一原料供应站 C 距离 B 处 100 km,如图 4.4.3 所示. 现在要在铁路 BC 中间某处 D 修建一个原料中转车站,再由车站 D 向工厂修一条公路. 如果已知每千米的铁路运费与公路运费之比为 3∶5,那么,D 应选在何处才能使原料供应站 C 运货到工厂 A 所需运费最省?

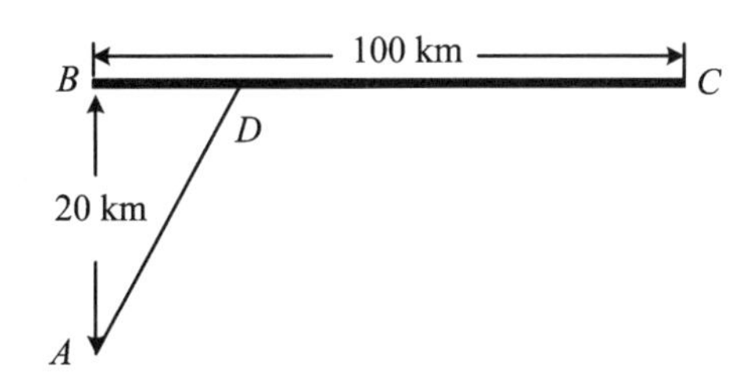

图 4.4.3

解　设 B、D 间的距离为 x(单位:km),则

$$CD=100-x,\quad AD=\sqrt{20^2+x^2},$$

设铁路每千米运费 $3k$,公路每千米运费 $5k$,则**目标函数**(总运费)y 的函数关系式

$$y=5k\cdot AD+3k\cdot CD$$

即

$$y=5k\cdot\sqrt{400+x^2}+3k(100-x)\quad(0\leqslant x\leqslant 100).$$

问题归结为:x 取何值时目标函数 y 最小.

求导得 $y'=k\left(\frac{5x}{\sqrt{400+x^2}}-3\right)$, 令 $y'=0$ 得唯一驻点 $x=15$.

又 $y''(15)>0$,因此 $x=15$ 是函数 y 的极小值点,且是函数 y 的最小值点.

综上所述,车站 D 建于 B、C 之间,且与 B 相距为 15 km 时运费最省.

4.5　曲线的凸性与函数图形的描绘

我们已经研究了函数的单调性与极值,但为了准确地描绘函数的图形,还必须

研究曲线的凸性与拐点.

4.5.1 曲线的凸性与拐点

从图 4.5.1 可以看出(a)图中的曲线弧 AB 在区间(a,b)内是向下凸出的,此时弧 AB 位于该弧上任一点切线的上方;(b)图中曲线弧 CD 在区间(c,d)内是向上凸出的,此时弧 CD 位于该弧上任一点切线的下方. 由此可见,即使知道曲线在某区间是单调增加还是不够的,为了能将曲线的图像描述准确,还需知道曲线的弯曲方向.

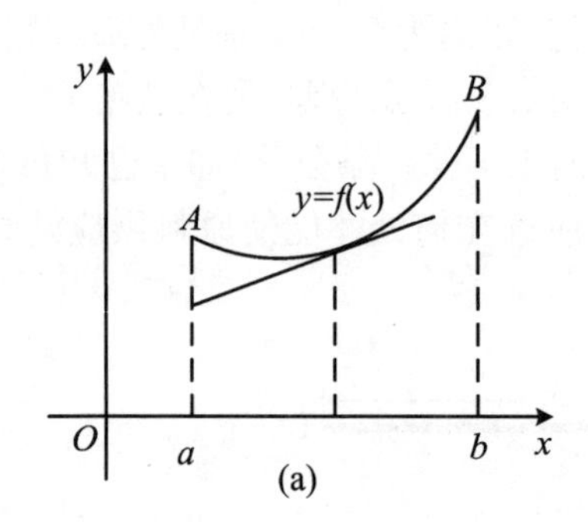

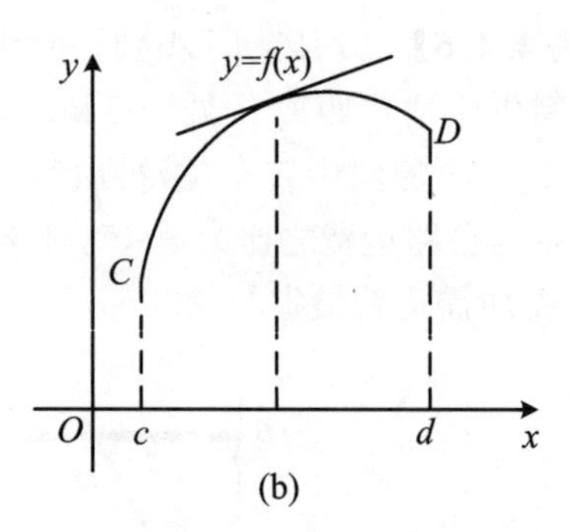

图 4.5.1

下面我们给出凸性的定义.

定义 4.2 如果曲线 $y=f(x)$在开区间(a,b)内各点的切线都位于该曲线下方,则称该曲线 $y=f(x)$在(a,b)内是**下凸**,并称此区间为**下凸区间**;如果曲线 $y=f(x)$在开区间(a,b)内各点的切线都位于该曲线上方,那么称该曲线在(a,b)内是**上凸**,并称此区间为**上凸区间**. 函数的上凸、下凸的性质叫做函数的**凸性**.

例如图 4.5.1 中,区间(a,b)称为曲线 $y=f(x)$的下凸区间,区间(c,d)称为曲线的上凸区间.

如图 4.5.2 所示,当曲线在某区间内下凸时,曲线切线的斜率 $\tan\alpha$ 随 x 增加而增加,即 $f'(x)$单调增加,故 $f''(x)>0$. 当曲线在某区间内上凸时,曲线切线的斜率 $\tan\alpha$ 随 x 增加而减小,即 $f'(x)$单调减少,故 $f''(x)<0$.

于是,我们得到下述定理:

定理 4.10 设函数 $y=f(x)$在区间(a,b)内具有二阶导数 $f''(x)$.

(1) 若 $f''(x)>0$,则曲线 $y=f(x)$在(a,b)内是下凸的;

(2) 若 $f''(x)<0$,则曲线 $y=f(x)$在(a,b)内是上凸的.

【例 4.5.1】 判断曲线 $y=x^3$ 的凸性.

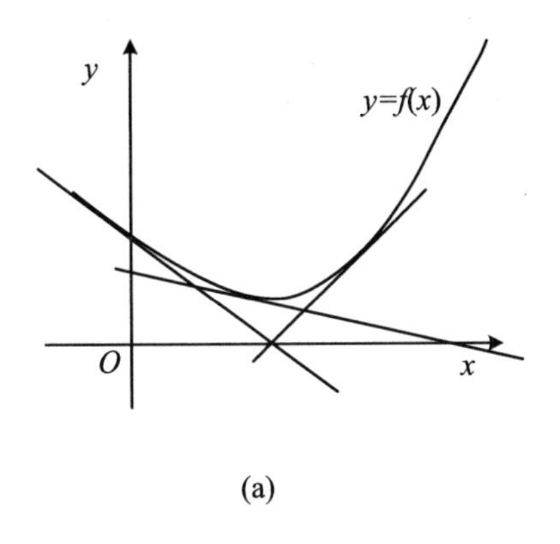

(a)

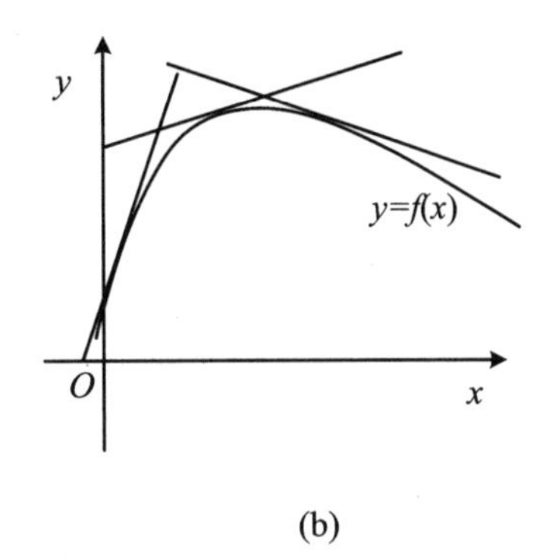

(b)

图 4.5.2

解　$y'=3x^2, y''=6x$.

当 $x<0$ 时，$y''<0$，所以曲线在 $(-\infty,0]$ 内上凸；

当 $x>0$ 时，$y''>0$，所以曲线在 $[0,+\infty)$ 内下凸.

如图 4.5.3 所示，例 4.5.1 中，点 $O(0,0)$ 是曲线上凸与下凸的分界点. 我们称这个分界点为拐点.

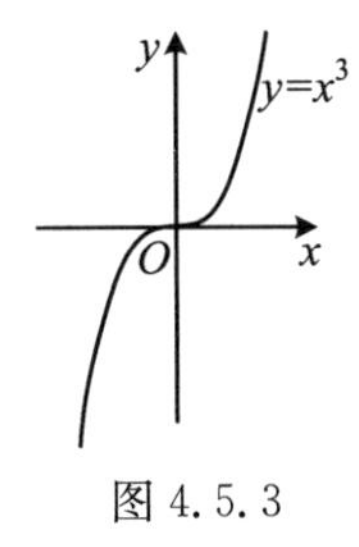

图 4.5.3

定义 4.3　连续曲线下凸和上凸的分界点，称为曲线的**拐点**.

由拐点的定义得：在拐点的两侧，二阶导数 $f''(x)$ 必然异号，故在拐点处 $f''(x)$ 为 0 或者 $f''(x)$ 不存在.

结合定义 4.2、定义 4.3、定理 4.10，下面给出判别曲线 $y=f(x)$ 的凸性和拐点的方法步骤：

(1) 确定函数的定义域；

(2) 求函数的二阶导数 $f''(x)$；

(3) 求出函数二阶导数为 0 的点和二阶导数不存在的点；

(4) 用(3)中的点将定义域分成若干小区间，根据各小区间 $f''(x)$ 的符号确定曲线的凸性，再根据相邻区间的凸性确定曲线的拐点.

【例 4.5.2】　求曲线 $y=3x^4-4x^3+1$ 的拐点及凸性区间.

解　(1) 函数 $y=3x^4-4x^3+1$ 的定义域为 $(-\infty,+\infty)$；

(2) $y'=12x^3-12x^2, y''=36x^2-24x$；

(3) 解方程 $y''=0$，得 $x_1=0, x_2=\frac{2}{3}$；

(4) 列表判断（见表 4.4）.

表 4.4

x	$(-\infty,0)$	0	$(0,2/3)$	2/3	$(2/3,+\infty)$
$f''(x)$	+	0	−	0	+
$f(x)$	∪	1	∩	11/27	∪

由表 4.4 得，曲线的下凸区间为 $(-\infty,0)$ 和 $\left(\frac{2}{3},+\infty\right)$，上凸区间为 $\left(0,\frac{2}{3}\right)$，曲线的拐点为 $(0,1)$、$\left(\frac{2}{3},\frac{11}{27}\right)$.

【例 4.5.3】 求曲线 $y=\sqrt[3]{x}$ 的拐点.

解 (1) 函数的定义域为 $(-\infty,+\infty)$；

(2) $y'=\frac{1}{3\sqrt[3]{x^2}}, y''=-\frac{2}{9x\sqrt[3]{x^2}}$；

(3) 函数无二阶导数为零的点，二阶导数不存在的点为 $x=0$；

(4) 判断：当 $x<0$ 时，$y''>0$；当 $x>0$ 时，$y''<0$.

因此，点 $(0,0)$ 是曲线的拐点.

4.5.2 函数图形的描绘

前面几节讨论了函数的一、二阶导数与函数图形变化性态的关系. 这些讨论都可应用于函数作图. 描绘函数图形的一般步骤如下：

(1) 确定函数 $f(x)$ 的定义域，研究函数特性，如奇偶性、周期性、有界性等；

(2) 求出一阶导数 $f'(x)$ 和二阶导数 $f''(x)$，并求出 $f'(x)$ 和 $f''(x)$ 在函数定义域内的全部零点，并求出 $f(x)$ 的间断点及 $f'(x)$ 和 $f''(x)$ 不存在的点，用这些点把函数定义域划分成若干个小区间；

(3) 确定在这些小区间内 $f'(x)$ 和 $f''(x)$ 的符号，并由此确定函数的增减性和凸性、极值点和拐点；

(4) 判断函数图形的水平渐近线与铅直渐近线，以及其他变化趋势；

(5) 算出 $f'(x)$ 和 $f''(x)$ 的零点以及不存在的点、所对应的函数值，画出图形上相应的点，有时还需要适当补充一些辅助作图点（例如与坐标轴的交点和曲线的端点等），然后再根据第(3)、(4)步中得到的结果，用平滑曲线连结这些点画出函数的图形.

【例 4.5.4】 作函数 $f(x)=x^3-x^2-x+1$ 的图形.

解 定义域为 $(-\infty,+\infty)$，无奇偶性及周期性.

$$f'(x)=(3x+1)(x-1),\quad f''(x)=2(3x-1),$$

令 $f'(x)=0$,得 $x=-1/3,x=1$. 令 $f''(x)=0$,得 $x=1/3$.

列表综合见表 4.5.

表 4.5

x	$\left(-\infty,-\frac{1}{3}\right)$	$-\frac{1}{3}$	$\left(-\frac{1}{3},\frac{1}{3}\right)$	$\frac{1}{3}$	$\left(\frac{1}{3},1\right)$	1	$(1,+\infty)$
$f'(x)$	+	0	−	$-\frac{4}{3}$	−	0	+
$f''(x)$	−	−2	−	0	+	4	+
$f(x)$	↗ ∩	极大值 $\frac{32}{27}$	↘ ∩	拐点 $\left(\frac{1}{3},\frac{16}{27}\right)$	↘ ∪	极小值 0	↗ ∪

补充点:$A(1,0)$,$B(0,1)$,$C\left(\frac{3}{2},\frac{5}{8}\right)$. 作出图形,如图 4.5.4 所示.

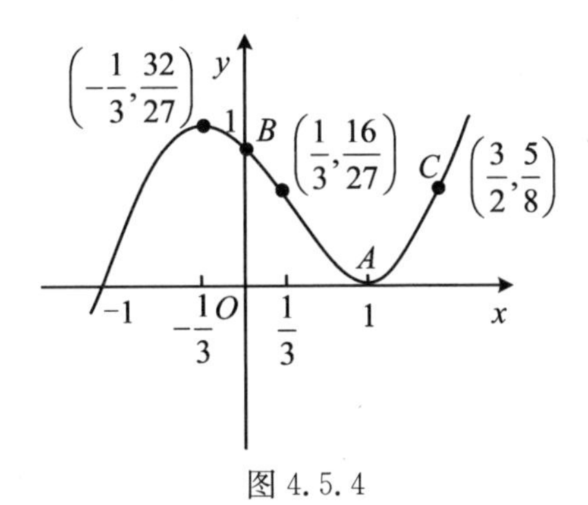

图 4.5.4

【例 4.5.5】 作函数 $y=\frac{1}{\sqrt{2\pi}}e^{-\frac{x^2}{2}}$ 的图形.

解 定义域为$(-\infty,+\infty)$,函数为偶函数,图形关于 y 轴对称.

$$y'=-\frac{x}{\sqrt{2\pi}}e^{-\frac{x^2}{2}},\quad y''=\frac{x^2-1}{\sqrt{2\pi}}e^{-\frac{x^2}{2}},$$

令 $f'(x)=0$,得驻点 $x=0$;再令 $f''(x)=0$,得 $x=-1$ 和 $x=1$.

列表综合见表 4.6.

表 4.6

x	$(-\infty,-1)$	-1	$(-1,0)$	0	$(0,1)$	1	$(1,+\infty)$
$f'(x)$	+	$\frac{1}{\sqrt{2\pi}}e^{-\frac{1}{2}}$	+	0	−	$-\frac{1}{\sqrt{2\pi}}e^{-\frac{1}{2}}$	−
$f''(x)$	+	0	−	$\frac{-1}{\sqrt{2\pi}}$	−	0	+
$f(x)$	↗ ∪	$\left(-1,\frac{1}{\sqrt{2\pi e}}\right)$ 拐点	↗ ∩	$\frac{1}{\sqrt{2\pi}}$ 极大值	↘ ∩	$\left(1,\frac{1}{\sqrt{2\pi e}}\right)$ 拐点	↘ ∪

由于$\lim\limits_{x\to\infty}f(x)=0$,所以曲线有水平渐近线 $y=0$.

先作出区间$(0,+\infty)$内的图形,然后利用对称性作出区间$(-\infty,0)$内的图形,如图 4.5.5 所示.

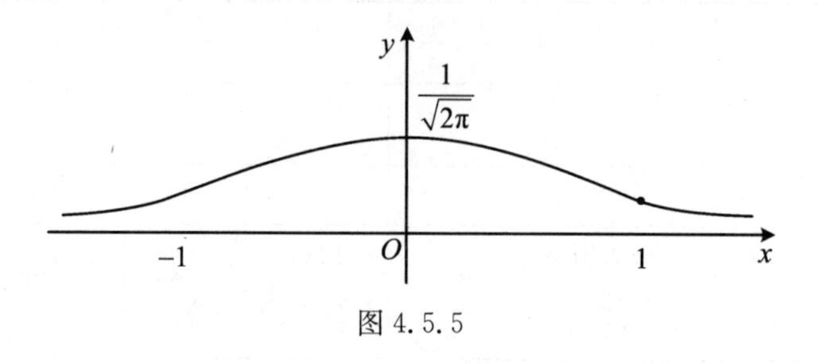

图 4.5.5

4.6 泰勒公式

多项式是函数中最简单的一种,用多项式近似表达函数是近似计算中的一个重要内容.我们已经见过:当 x 较小时,$\sin x\approx x$,$e^x\approx 1+x$,$(1+x)^\alpha\approx 1+\alpha x$ 等精确度较低的近似计算公式.在微分近似计算中,$|x-x_0|$很小时,有$f(x)\approx f(x_0)+f'(x_0)(x-x_0)$,由此是否可推导出精度更高的近似公式呢?下面我们将推广出一个更广泛的、更高精度的近似公式.

设 $f(x)$在 x_0 的某一开区间内具有直到$(n+1)$阶导数,试求一个多项式

$$P_n(x)=a_0+a_1(x-x_0)+a_2(x-x_0)^2+\cdots+a_n(x-x_0)^n \tag{4.6.1}$$

来近似表达 $f(x)$,并且 $P_n(x)$和 $f(x)$在 x_0 点有相同的函数值和直到 n 阶的导数,即:$P_n(x_0)=f(x_0)$, $P_n'(x_0)=f'(x_0)$, $P_n''(x_0)=f''(x_0)$, $\cdots$, $P_n^{(n)}(x_0)=f^{(n)}(x_0)$.

下面确定 $P_n(x_0)$的系数 $a_0,a_1,\cdots,a_n$.通过求导,不难得到

$$a_0=f(x_0),\ 1\cdot a_1=f'(x_0),\ 2!a_2=f''(x_0),$$
$$3!a_3=f'''(x_0),\ \cdots,\ n!a_n=f^{(n)}(x_0),$$

于是

$$P_n(x)=f(x_0)+f'(x_0)(x-x_0)+\frac{f''(x_0)}{2!}(x-x_0)^2+\cdots+\frac{f^{(n)}(x_0)}{n!}(x-x_0)^n. \tag{4.6.2}$$

定理 4.11 如果函数 $f(x)$在含有 x_0 的某区间(a,b)内具有直到$(n+1)$阶的导数,则当 $x\in(a,b)$时,有

$$f(x)=P_n(x)+o((x-x_0)^n). \tag{4.6.3}$$

其中
$$P_n(x)=f(x_0)+f'(x_0)(x-x_0)+\frac{f''(x_0)}{2!}(x-x_0)^2+\cdots+\frac{f^{(n)}(x_0)}{n!}(x-x_0)^n.$$

注 1:该定理又称**泰勒中值定理**. (4.6.3)式称为 $f(x)$按$(x-x_0)$的幂展开到 n 阶的**泰勒公式**,$o((x-x_0)^n)$称为**皮亚诺余项**.

注 2:特别地,取 $x_0=0$,这时(4.6.3)式变为

$$f(x)=f(0)+f'(0)x+\frac{f''(0)}{2!}x^2+\cdots+\frac{f^{(n)}(0)}{n!}x^n+o(x^n).\quad(4.6.4)$$

我们称(4.6.4)式为 $f(x)$的**麦克劳林(Maclourin)公式**.

【例 4.6.1】　求 $f(x)=\mathrm{e}^x$ 的麦克劳林公式.

解　因为 $f'(x)=f''(x)=\cdots=f^{(n)}(x)=\mathrm{e}^x$,所以

$$f(0)=f'(0)=f''(0)=\cdots=f^{(n)}(0)=1,$$

代入(4.6.4)式,得

$$\mathrm{e}^x=1+x+\frac{x^2}{2!}+\cdots+\frac{x^n}{n!}+o(x^n).$$

【例 4.6.2】　求 $f(x)=\sin x$ 的麦克劳林公式.

解　因为 $f^{(n)}(x)=\sin\left(x+\frac{n\pi}{2}\right)$,所以 $f^{(n)}(0)=\sin\frac{n\pi}{2}$.

当 $n=2k-1$ 时,$f^{(n)}(0)=(-1)^{k+1}$;当 $n=2k$ 时,$f^{(n)}(0)=0$. 代入(4.6.4)式,得

$$\sin x=x-\frac{x^3}{3!}+\frac{x^5}{5!}-\cdots+(-1)^{k+1}\frac{x^{2k-1}}{(2k-1)!}+o(x^{2k}),$$

同理,有

$$\cos x=1-\frac{x^2}{2!}+\frac{x^4}{4!}-\cdots+(-1)^m\frac{x^{2k}}{(2k)!}+o(x^{2k+1}).$$

类似地,还可以求得以下常用的麦克劳林公式:

$$(1+x)^\alpha=1+\alpha x+\frac{\alpha(\alpha-1)}{2!}x^2+\frac{\alpha(\alpha-1)(\alpha-2)}{3!}x^3+\cdots+\frac{\alpha(\alpha-1)(\alpha-2)\cdots(\alpha-n+1)}{n!}x^n+o(x^n),$$

$$\frac{1}{1-x}=1+x+x^2+\cdots+x^n+o(x^n),$$

$$\ln(1+x)=x-\frac{x^2}{2}+\frac{x^3}{3}-\cdots+(-1)^{n-1}\frac{x^n}{n}+o(x^n).$$

【例 4.6.3】　计算$\lim\limits_{x\to0}\frac{\cos x-\mathrm{e}^{-\frac{x^2}{2}}}{x^4}$.

解　将函数展开　$\cos x=1-\frac{x^2}{2!}+\frac{x^4}{4!}+o(x^4)$,

$$\mathrm{e}^{-\frac{x^2}{2}}=1+\left(-\frac{x^2}{2}\right)+\frac{1}{2!}\left(-\frac{x^2}{2}\right)^2+o\left(\frac{x^4}{4}\right),$$

两式相减　$\cos x-\mathrm{e}^{-\frac{x^2}{2}}=\frac{x^4}{4!}-\frac{1}{8}x^4+\left[o(x^4)-o\left(\frac{x^4}{4}\right)\right]=-\frac{1}{12}x^4+o(x^4)$,

从而得 $$\lim_{x\to 0}\frac{\cos x-\mathrm{e}^{-\frac{x^2}{2}}}{x^4}=\lim_{x\to 0}\frac{-\frac{1}{12}x^4+o(x^4)}{x^4}=-\frac{1}{12}.$$

4.7 曲　　率

在生产实践和工程技术中,常常需要研究曲线的弯曲程度,例如,设计铁路、高速公路的弯道时,就需要根据最高限速来确定弯道的弯曲程度. 为此,本节我们介绍曲率的概念及曲率的计算公式.

4.7.1 弧微分

若函数 $y=f(x)$在区间(a,b)内具有一阶连续导数,则该函数的图形为一条处处有切线的曲线,且切线随切点的移动而连续转动,这样曲线称为**光滑曲线**(如图4.7.1所示).

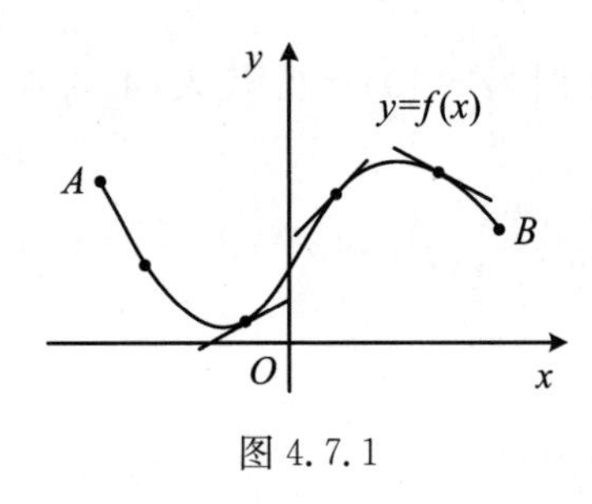

图 4.7.1

设曲线 $y=f(x)$在区间(a,b)内是光滑曲线,在曲线 $y=f(x)$上取一固定点 $M_0(x_0,y_0)$作为度量弧长的基点,并规定:x 增大的方向为曲线的正向. 对曲线上任一点 $M(x,y)$,规定有向弧段$\overset{\frown}{M_0M}$的值s(简称为弧 s)如下:s 的绝对值等于这段弧的长度,当$\overset{\frown}{M_0M}$与曲线正向一致时,$s>0$;当$\overset{\frown}{M_0M}$与曲线正向相反时,$s<0$. 显然,弧 s 是 x 的函数,记为 $s=s(x)$,且 $s(x)$是 x 的单调函数. 下面来求 $s=s(x)$的导数与微分.

设 $x,x+\Delta x$ 为(a,b)内两个邻近的点,它们分别对应曲线 $y=f(x)$上的两点 M,M'(如图 4.7.2 所示),则弧 s 相应的增量 Δs 为
$$\Delta s=\overset{\frown}{M_0M'}-\overset{\frown}{M_0M}=\overset{\frown}{MM'}$$

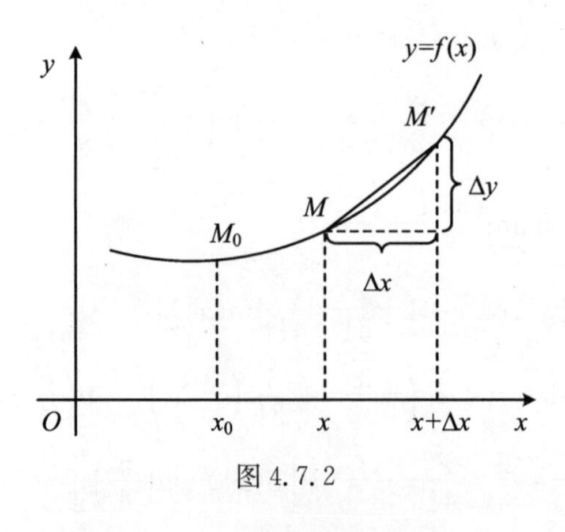

图 4.7.2

于是

$$\left(\frac{\Delta s}{\Delta x}\right)^2=\left(\frac{\widehat{MM'}}{\Delta x}\right)^2=\left(\frac{\widehat{MM'}}{|MM'|}\right)^2\cdot\left(\frac{|MM'|}{\Delta x}\right)^2$$
$$=\left(\frac{\widehat{MM'}}{|MM'|}\right)^2\cdot\frac{(\Delta x)^2+(\Delta y)^2}{(\Delta x)^2}$$
$$=\left(\frac{\widehat{MM'}}{|MM'|}\right)^2\cdot\left[1+\left(\frac{\Delta y}{\Delta x}\right)^2\right].$$

因为当 $\Delta x\to 0$ 时，$M'\to M$，所以

$$\lim_{M'\to M}\left(\frac{\widehat{MM'}}{|MM'|}\right)^2=1,$$

从而

$$\left(\frac{\mathrm{d}s}{\mathrm{d}x}\right)^2=\lim_{\Delta x\to 0}\left(\frac{\Delta s}{\Delta x}\right)^2=1+\left(\frac{\mathrm{d}y}{\mathrm{d}x}\right)^2,$$

即有

$$\frac{\mathrm{d}s}{\mathrm{d}x}=\pm\sqrt{1+\left(\frac{\mathrm{d}y}{\mathrm{d}x}\right)^2}.$$

由于 $s=s(x)$ 是单调增加函数，故根号前应取正号，于是有

$$\mathrm{d}s=\sqrt{1+y'^2}\,\mathrm{d}x$$

这就是弧 $s=s(x)$ 关于 x 的弧微分公式.

4.7.2　曲率及其计算公式

曲率是研究曲线的弯曲程度. 怎样衡量曲线的弯曲程度呢？通过直觉我们认识到：直线不弯曲，半径小的圆比半径大的圆弯曲得厉害些，即使是同一条曲线，其不同部分也有不同的弯曲程度，例如，抛物线 $y=x^2$ 在顶点附近比远离顶点的部分弯曲得厉害些.

如何用数量描述曲线的弯曲程度？

观察图 4.7.3，易见弧段 $\widehat{M_1M_2}$ 比较平直，当动点沿着这段弧从 M_1 移动到 M_2 时，切线转过的角度 φ_1 不大，而弧段 $\widehat{M_2M_3}$ 弯曲得比较厉害，转角 φ_2 也比较大.

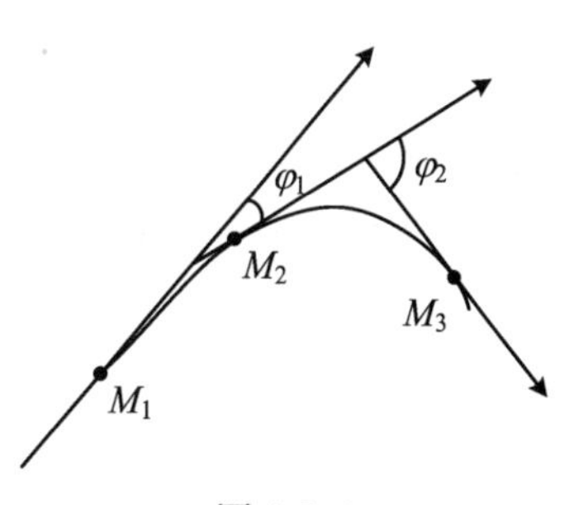

图 4.7.3

但是，只考虑切线转过的角度还不能完全反映曲线弯曲的程度. 例如，从图 4.7.4 可以看出，两曲线弧 $\widehat{M_1M_2}$ 及 $\widehat{N_1N_2}$ 的切线转角相同，但弯曲程度明显不同，短弧段比长弧段弯曲得厉害些. 由此可见，曲线弧的弯曲程度还与弧段的长度有关.

综上所述，曲线弧的弯曲程度与弧段的长度和切线转过的角度有关. 由此，我们引入描述曲线弯曲程度的概念——曲率.

设平面曲线 C 是光滑的，在 C 上选定一点 M_0，作为度量弧 s 的基点，设曲线上点 M 对应于弧 s，在点 M 处切线的倾角为 α（见图 4.7.5），曲线上另一点 M' 对应于弧 $s+\Delta s$，点 M' 处切线的倾角为 $\alpha+\Delta\alpha$，则弧段 $\overset{\frown}{MM'}$ 的长度为 $|\Delta s|$，当动点从点 M 移动到点 M' 时切线的转角为 $|\Delta\alpha|$.

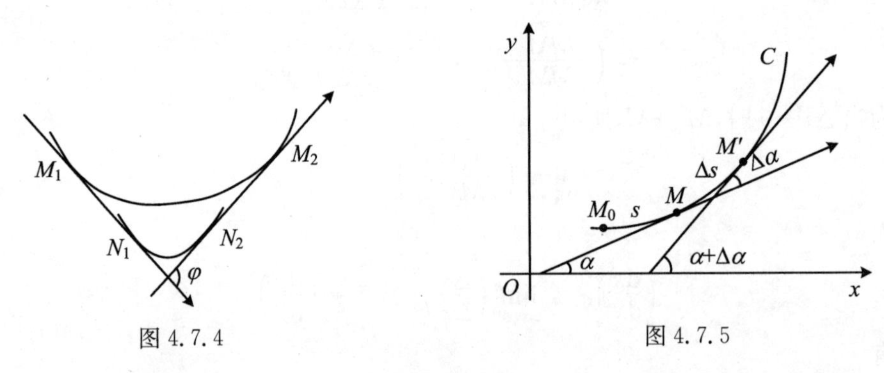

图 4.7.4　　　　图 4.7.5

我们用比值 $\dfrac{|\Delta\alpha|}{|\Delta s|}$ 来表示弧段 $\overset{\frown}{MM'}$ 的平均弯曲程度，并称它为弧段 $\overset{\frown}{MM'}$ 的平均曲率. 记为 $\bar{K}$，即

$$\bar{K}=\frac{|\Delta\alpha|}{|\Delta s|}.$$

当 $\Delta s\to 0$ 时（即 $M'\to M$ 时），上述平均曲率的极限称为曲线 C 在点 M 处的曲率，记为 K，即

$$K=\lim_{\Delta s\to 0}\left|\frac{\Delta\alpha}{\Delta s}\right|.$$

在 $\lim\limits_{\Delta s\to 0}\dfrac{\Delta\alpha}{\Delta s}=\dfrac{\mathrm{d}\alpha}{\mathrm{d}s}$ 存在的条件下，K 也可记为

$$K=\left|\frac{\mathrm{d}\alpha}{\mathrm{d}s}\right|.$$

例如，直线的切线就是其本身，当点沿直线移动时，切线的转角 $\Delta\alpha=0$，$\dfrac{\Delta\alpha}{\Delta s}=0$（如图 4.7.6 所示），从而 $\bar{K}=0$，$K=0$. 它表明直线上任一点的曲率都等于 0. 这与我们的直觉“直线不弯曲”是一致的.

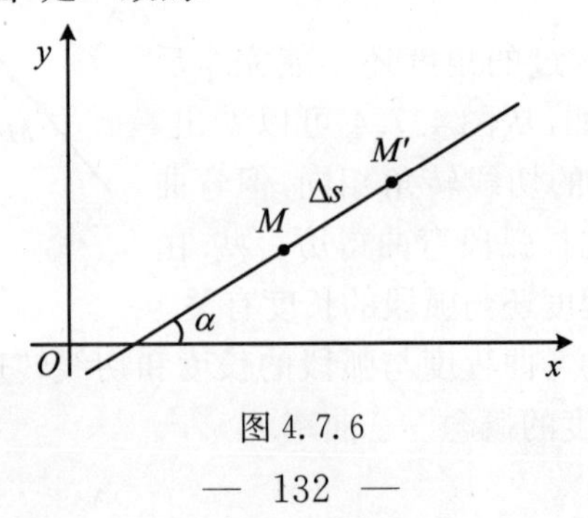

图 4.7.6

又如，半径为 R 的圆，圆上点 M,M' 处的切线所夹的角 $\Delta\alpha$ 等于中心角$\angle MDM'$（如图 4.7.7 所示），由于$\angle MDM'=\frac{\Delta s}{R}$，所以

$$\frac{\Delta\alpha}{\Delta s}=\frac{\frac{\Delta s}{R}}{\Delta s}=\frac{1}{R},$$

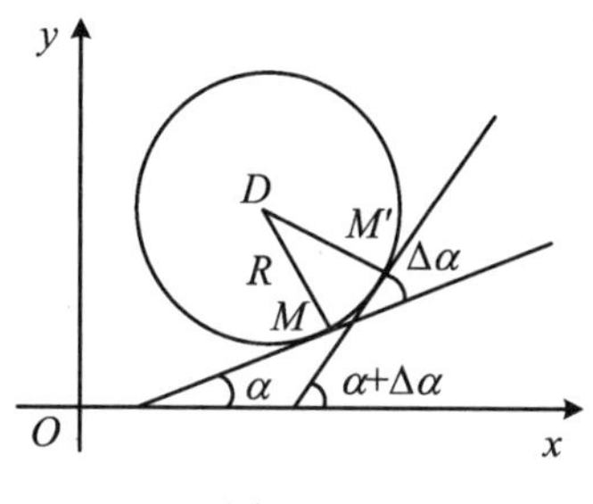

图 4.7.7

从而

$$K=\left|\frac{\mathrm{d}\alpha}{\mathrm{d}s}\right|=\frac{1}{R}.$$

这表明，圆上各点处的曲率都等于半径的倒数，且半径越小曲率越大，即弯曲得越厉害.

下面，我们根据 $K=\left|\frac{\mathrm{d}\alpha}{\mathrm{d}s}\right|$ 推导实际计算曲率的公式.

设曲线方程为 $y=f(x)$，$f(x)$具有二阶导数，因为 $\tan\alpha=y'$，$\alpha=\arctan y'$，所以

$$\mathrm{d}\alpha=\frac{|y''|}{(1+y'^2)^{\frac{3}{2}}}.$$

设曲线的参数方程为

$$\begin{cases}x=\varphi(t)\\ y=\psi(t)\end{cases},$$

则根据参数方程所表示的函数的求导法，求出

$$\frac{\mathrm{d}y}{\mathrm{d}x}=\frac{\psi'(t)}{\varphi'(t)},\quad \frac{\mathrm{d}^2y}{\mathrm{d}x^2}=\frac{\varphi'(t)\psi''(t)-\varphi''(t)\psi'(t)}{\varphi'^3(t)},$$

得

$$K=\frac{|\varphi'(t)\psi''(t)-\varphi''(t)\psi'(t)|}{[\varphi'^2(t)+\psi'^2(t)]^{\frac{3}{2}}}.$$

4.7.3　曲率的计算与应用

【例 4.7.1】　抛物线 $y=ax^2+bx+c$ 上哪一点的曲率最大？

解 由题意得 $y'=2ax+b,y''=2a$.

$$K=\frac{|2a|}{[1+(2ax+b)^2]^{\frac{3}{2}}}.$$

显然,当 $x=-\dfrac{b}{2a}$时,K 最大.

又因为$\left(-\dfrac{b}{2a},-\dfrac{b^2-4ac}{4a}\right)$为抛物线的顶点,故抛物线在顶点处的曲率最大.

4.8 导数在经济学中的应用

这一节利用几个常见的经济函数,介绍导数在经济学中的两个应用——边际分析和弹性分析.

4.8.1 边际分析

我们在第 1 章已熟悉成本函数、供给函数等,下面以这几个函数为例,介绍边际分析.

边际概念是经济学中的一个重要概念,一般指经济函数的变化率. 利用导数研究经济变量的边际变化的方法,称作**边际分析法**.

> **定义 4.4** 经济学中,把函数 $f(x)$的导函数 $f'(x)$称为 $f(x)$的边际函数. $f'(x_0)$称为 $f(x)$在 x_0 处的边际值(或变化率、变化速度等).

由于 $f'(x_0)=\lim\limits_{\Delta x\to 0}\dfrac{f(x_0+\Delta x)-f(x_0)}{\Delta x}$,故当 Δx 很小时,有

$$\frac{f(x_0+\Delta x)-f(x_0)}{\Delta x}\approx f'(x_0).$$

在经济学中,通常取 $\Delta x=1$,就认为 Δx 达到很小(再小无意义). 故有 $f(x_0+1)-f(x_0)\approx f'(x_0)$. 实际问题中,略去"近似"二字,就得到 $f(x)$在 x_0 处的边际值$f'(x_0)$的经济意义,即:当自变量 x 在 x_0 的基础上再增加一个单位时,函数 $f(x)$的改变量.

例如,函数 $y=x^2$,$y'=2x$,在点 $x=10$ 处的边际函数值 $y'(10)=20$,它表示当 $x=10$ 时,x 增加一个单位,y(近似)增加 20 个单位.

1. 边际成本

在经济学中,边际成本定义为产量增加 1 个单位时所增加的成本. 由于 $C(x+1)-C(x)=\Delta C(x)\approx C'(x)$,所以边际成本就是总成本函数关于产量 x 的导数 $C'(x)$.

2. 边际收益

在经济学中，边际收益定义为多销售 1 个单位产品所增加的销售收益. 同理，边际收益就是收益函数 $R(x)$关于销售量 x 的导数$R'(x)$.

3. 边际利润

设某产品的销售量为 x 时的利润函数为 $L=L(x)$，当 $L(x)$可导时，称$L'(x)$为销售量为 x 时的边际利润，它近似等于销售量为 x 时再多销售 1 个单位产品所增加的利润.

由于利润函数为收入函数与总成本函数之差，即

$$L(x)=R(x)-C(x),$$

由导数运算法则可知

$$L'(x)=R'(x)-C'(x),$$

即边际利润等于边际收入与边际成本之差.

【例 4.8.1】 设每月产量为 x 吨时，总成本函数为

$$C(x)=\frac{1}{4}x^2+8x+4\,900\ (\text{元}),$$

求最低平均成本和相应产量的边际成本.

解　平均成本为

$$\overline{C}(x)=\frac{C(x)}{x}=\frac{x}{4}+8+\frac{4\,900}{x}.$$

令 $\overline{C}'(x)=\frac{1}{4}-\frac{4\,900}{x^2}=0$，得 $x=140$；又 $\overline{C}''(140)=\frac{9\,800}{x^3}>0$，所以 $x=140$ 是 $\overline{C}(x)$的极小值点，即最低平均成本为

$$\overline{C}(140)=\frac{1}{4}\times 140+8+\frac{4\,900}{140}=78\ (\text{元}).$$

边际成本函数为

$$C'(x)=\frac{1}{2}x+8,$$

故当产量为 140 吨时，边际成本为

$$C'(140)=78\ (\text{元}).$$

【例 4.8.2】 设某产品的收益函数为 $R(x)=\frac{1}{5}(100-x)x$，求边际收益函数，以及 $x=20$、50 和 70 时的边际收益.

解　边际收益函数为

$$\mathrm{R}'(x)=\frac{1}{5}(100-2x),$$

所以　　$R'(20)=12$，$\mathrm{R}'(50)=0$，$\mathrm{R}'(70)=-8$.

由所得的结果可见，当销售量即需求量为 20 个单位时，再多销售 1 个单位产品，总收入将增加 12 个单位；当销售量为 50 个单位时，再多销售 1 个单位产品，总收入不会再增加；当销售量为 70 个单位时，再多销售 1 个单位产品，反而会使总收入减少 8 个单位.

4.8.2 弹性分析

在边际分析中所研究的是函数的绝对改变量与绝对变化率，但在实践中，仅仅研究函数的绝对改变量与绝对变化率是不够的. 例如，商品甲每单位价格 100 元，涨价 1 元；商品乙每单位价格 1000 元，也涨价 1 元. 两种商品价格的绝对改变量都是 1 元，但各与其原价相比，两者的涨价百分比却有很大的不同，商品甲涨了 1%，而商品乙涨了 0.1%. 因此我们有必要研究函数的相对改变量与相对变化率.

例如，函数 $y=x^2$，当 x 由 10 改变到 12 时，y 由 100 改变到 144，此时自变量与因变量的绝对改变量分别 $\Delta x=2,\Delta y=44$，而

$$\frac{\Delta x}{x}=20\%,\quad \frac{\Delta y}{y}=44\%,$$

这表示当 $x=10$ 改变到 $x=12$ 时，x 改变了 20%，y 改变了 44%. 这就是相对改变量.

$$\frac{\Delta y/y}{\Delta x/x}=\frac{44\%}{20\%}=2.2,$$

这表示在(10,12)内，从 $x=10$ 起，x 改变 1%，y 平均改变了 2.2%，我们称它为 $x=10$ 到 $x=12$，函数 $y=x^2$ 的平均相对变化率.

经济学中常需研究一个变量对另一个变量的相对变化情况，称为**弹性分析**. 弹性分析也是经济分析中常用的一种方法，主要用于对生产、供给、需求等问题的研究.

定义 4.5 设函数 $y=f(x)$可导，如果极限

$$\lim_{\Delta x\to 0}\frac{\Delta y/y}{\Delta x/x}$$

存在，则称该极限为函数 $f(x)$在点 x 处的**弹性**，记为$\frac{Ey}{Ex}$，即

$$\frac{Ey}{Ex}=\lim_{\Delta x\to 0}\frac{\Delta y/y}{\Delta x/x}=\lim_{\Delta x\to 0}\frac{\Delta y}{\Delta x}\cdot\frac{x}{y}=y'\frac{x}{y}.$$

注：函数 $f(x)$的弹性是函数的相对改变量$\frac{\Delta y}{y}=\frac{f(x+\Delta x)-f(x)}{f(x)}$与自变量的相对改变量$\frac{\Delta x}{x}$之比$\frac{\Delta y/y}{\Delta x/x}$的极限，它是函数的相对变化率. 因此，函数 $f(x)$在点 x 的弹性$\frac{Ey}{Ex}$反映随 x 的变化 $f(x)$变化幅度的大小，即 $f(x)$对 x 变化反应的强烈程

度或灵敏度.

数值上，$\frac{Ey}{Ex}$表示在点 x 处，当自变量 x 产生 1%的改变时，函数 $f(x)$近似地改变$\frac{Ey}{Ex}$%. 在应用问题中解释弹性的具体意义时，通常略去“近似”二字. 当$\frac{Ey}{Ex}>0$（或<0）时，x 与 y 的变化方向相同（或相反）.

1. 需求弹性

设需求函数 $Q=Q(p)$，这里 p 表示产品的价格. 定义该产品在价格为 p 时的需求弹性如下

$$\eta=\frac{EQ}{Ep}=\lim_{\Delta p\to 0}\frac{\Delta Q/Q}{\Delta p/p}=\lim_{\Delta p\to 0}\frac{\Delta Q}{\Delta p}\cdot\frac{p}{Q}=p\cdot\frac{Q'(p)}{Q(p)}.$$

根据经济理论，需求函数是单调减少函数，所以需求弹性一般为负值. 当 Δp 很小时，有

$$\frac{EQ}{Ep}=p\cdot\frac{Q'(p)}{Q(p)}\approx\frac{\Delta Q/Q}{\Delta p/p},$$

故需求弹性$\frac{EQ}{Ep}$近似表示在价格为 p 时，价格变动 1%$\left(即\frac{\Delta p}{p}=1\%\right)$，需求量将反方向变化$\left|\frac{EQ}{Ep}\right|$%（通常略去“近似”二字）.

【例 4.8.3】 设某种商品的需求量 Q 与价格 p 的关系为

$$Q=14.5-1.5p.$$

(1) 求需求弹性$\frac{EQ}{Ep}$；

(2) 当商品的价格 $p=5$ 时，再增加 1%，求该商品需求量变化情况.

解 (1) 需求弹性为

$$\frac{EQ}{Ep}=p\frac{Q'(p)}{Q(p)}=p\frac{(14.5-1.5p)'}{14.5-1.5p}=\frac{-1.5p}{14.5-1.5p},$$

需求弹性为负，说明商品价格 p 上涨 1%时，商品需求量 Q 将减少.

(2) 当商品价格 $p=5$ 时，$\frac{EQ}{Ep}\approx-1.07$，这表示价格 $p=5$ 时，价格上涨 1%，商品的需求量将减少 1.07%.

2. 供给弹性

设供给函数 $S=S(p)$，这里 p 表示产品的价格. 定义该产品在价格为 p 时的供给弹性如下

$$\varepsilon=\frac{ES}{Ep}=\lim_{\Delta p\to 0}\frac{\Delta S/S}{\Delta p/p}=\lim_{\Delta p\to 0}\frac{\Delta S}{\Delta p}\cdot\frac{p}{S}=p\cdot\frac{S'(p)}{S(p)}.$$

因为供给函数是价格的增函数，所以 $\varepsilon>0$，它表示在价格为 p 时，价格变动

1%,供给量将同方向变化 ε%.

3. 收益弹性

总收益 R 是商品价格 p 与销售量 Q 的乘积,即

$$R(p)=p\cdot Q(p),$$

因此收益弹性为

$$\frac{ER}{Ep}=p\cdot\frac{R'(p)}{R(p)}=\frac{p}{p\cdot Q}(Q+pQ')=1+\frac{p}{Q}Q'(p)=1+\eta.$$

由上式知:

(1) 若 $|\eta|<1$, $\frac{ER}{Ep}>0$,需求变动的幅度小于价格变动的幅度.此时价格上涨,总收益增加;价格下跌,总收益减少.这种情况下可通过涨价的方法增加收益.

(2) 若 $|\eta|>1$, $\frac{ER}{Ep}<0$,需求变动的幅度大于价格变动的幅度.此时价格上涨,总收益减少;价格下跌,总收益增加.这种情况下可通过降价促销的方法增加收益.

(3) 若 $|\eta|=1$, $\frac{ER}{Ep}=0$,需求变动的幅度等于价格变动的幅度.此时收益取得最大值.

【例 4.8.4】 某商品的需求函数为 $Q=75-p^2$ (p 为价格).

(1) 求 $p=4$ 时的需求弹性,并说明其经济意义.

(2) 当 $p=4$ 时,若价格 p 上涨 1%,总收益将变化百分之几?是增加还是减少?

解 需求弹性

$$\eta=Q'(p)\cdot\frac{p}{Q(p)}=-\frac{2p^2}{75-p^2},$$

(1) 当 $p=4$ 时,需求弹性

$$\eta=-\frac{2p^2}{75-p^2}\bigg|_{p=4}=(-2)\times\frac{4^2}{75-4^2}\approx-0.54,$$

它说明当 $p=4$ 时,价格上涨 1%,需求减少 0.54%.

(2) 当 $p=4$ 时,收益弹性

$$\frac{ER}{EP}\bigg|_{p=4}=1+\eta\bigg|_{p=4}\approx0.46,$$

它说明当 $p=4$ 时,价格上涨 1%,总收益增加 0.46%.

习　题　4

基　本　题

4.1节

1. 函数 $f(x)=x\sqrt{3-x}$在给定区间 $x\in[0,3]$上是否满足罗尔定理的所有条件？如果满足，求出定理中的数值 ξ.

2. 不用求出函数 $f(x)=(x-1)(x-2)(x-3)(x-4)(x-5)$的导数，说明方程 $f'(x)=0$ 有几个实根，并指出它们所在的区间. 方程 $f''(x)=0$ 又有几个根？

3. 设 $a_1+a_2+\cdots+a_n=0$，试证明方程 $a_1+2a_2x+\cdots+na_nx^{n-1}=0$，在区间 $(0,1)$内至少有一个实根.

4. 若函数 $f(x)$在(a,b)内具有二阶导数，且

$$f(x_1)=f(x_2)=f(x_3)\quad (a<x_1<x_2<x_3<b),$$

证明：在(x_1,x_3)内至少有一点 ξ，使得 $f''(\xi)=0$.

5. 对函数 $y=x+\ln x$ 在区间$[1,2]$上验证拉格朗日中值定理.

6. 证明恒等式 $\arctan x+\operatorname{arccot} x=\dfrac{\pi}{2}$.

4.2节

利用洛必达法则求下列极限.

(1) $\lim\limits_{x\to 0}\dfrac{\sin kx}{x}\ (k\neq 0)$；

(2) $\lim\limits_{x\to 0}\dfrac{x-x\cos x}{x-\sin x}$；

(3) $\lim\limits_{x\to 1}\dfrac{x^3-3x+2}{x^3-x^2-x+1}$；

(4) $\lim\limits_{x\to \frac{\pi}{2}}\dfrac{\ln\sin x}{(\pi-2x)^2}$；

(5) $\lim\limits_{x\to 0}\dfrac{\tan x-x}{x^2\tan x}$；

(6) $\lim\limits_{x\to 0^+}\dfrac{\ln\cot x}{\ln x}$；

(7) $\lim\limits_{x\to +\infty}x^{-2}e^x$；

(8) $\lim\limits_{x\to \frac{\pi}{2}}(\sec x-\tan x)$；

(9) $\lim\limits_{x\to \infty}[(2+x)e^{1/x}-x]$；

(10) $\lim\limits_{x\to 0}(\cos x)^{\frac{1}{x^2}}$；

(11) $\lim\limits_{x\to +\infty}(e^{3x}-5x)^{1/x}$；

(12) $\lim\limits_{x\to +\infty}(x+2^x)^{\frac{1}{x}}$.

4.3节

1. 证明函数 $y=x-\ln(1+x^2)$单调增加.

2. 求下列函数的单调区间.

(1) $y=e^x-x-1$；

(2) $y=2x^2+\ln x$.

3. 证明下列不等式.

(1) 当 $x>0$ 时，$1+\frac{1}{2}x>\sqrt{1+x}$；

(2) 当 $x>4$ 时，$2^x>x^2$.

4. 求下列函数的极值.

(1) $y=x+\sqrt{1-x}$；　　(2) $y=3-2(x+1)^{\frac{1}{3}}$.

5. 利用二阶导数，判断下列函数的极值.

(1) $y=(x-3)^2(x-2)$；　　(2) $y=2e^x+e^{-x}$.

4.4 节

1. 求下列函数的最值.

(1) $y=\sin x+\cos x$，　$x\in[0,2\pi]$；　　(2) $y=\frac{x}{1+x^2}$，　$x\geqslant 0$.

2. 某车间靠墙壁要盖一间长方形小屋，现有存砖只够砌 20 m 长的墙壁，问应围成怎样的长方形才能使这间小屋的面积最大?

3. 欲做一个容积为 300 m^3 的无盖圆柱形蓄水池，已知池底单位造价为周围单位造价的 2 倍. 问蓄水池的尺寸应怎样设计才能使总造价最低?

4. 设成本函数为 $C(x)=9000+40x+0.001x^2$，求平均成本最小时的产量及最小平均成本.

4.5 节

1. 求下列函数图形的拐点及凸性区间.

(1) $y=xe^{-x}$；　　(2) $y=(x+1)^4+e^x$；

(3) $y=\ln(x^2+1)$；　　(4) $y=e^{\arctan x}$.

2. 描绘下列函数的图形.

(1) $y=x\sqrt{3-x}$；　　(2) $y=\frac{\ln x}{x}$.

4.6 节

1. 按$(x-4)$的幂展开多项式 $f(x)=x^4-5x^3+x^2-3x+4$.

2. 求函数 $y=\sqrt{x}$按$(x-4)$的幂展开的带皮亚诺余项的 3 阶泰勒公式.

3. 求 $y=\frac{1}{3-x}$在 $x=1$ 处的泰勒展开式.

4. 求函数 $y=\sin^2 x$ 的带有皮亚诺余项的 n 阶马克劳林公式.

4.7 节

1. 求曲线 $y=\ln x$ 的最大曲率.

2. 求抛物线 $f(x)=x^2+3x+2$ 过点 $x=1$ 处的曲率.

3. 求曲线 $y=\sin x$ 的弧微分.

4.8 节

1. 设某产品的总成本函数和收益函数分别为 $C(x)=3+2\sqrt{x}$, $R(x)=\frac{5x}{x+1}$. 其中, x 为该产品的销售量,求该产品的边际成本、边际收益和边际利润.

2. 某商户以每条 10 元的进价购一批牛仔裤,假设此牛仔裤的需求函数为 $Q=40-2p$,问该商户获得最大利润的销售价是多少?

3. 设某商品的供给函数为 $S=2+3p$.

(1) 求供给弹性函数;

(2) 求当 $p=3$ 时的供给弹性,并解释其经济意义.

4. 某厂生产摄像机,年产量 1000 台,每台成本 800 元,每一季度每台摄像机的库存费是成本的 5%,工厂分批生产,每次生产准备费为 5000 元,市场对产品的需求是均匀的(此时摄像机的库存量为批量的一半),不许缺货,试确定一年生产准备费和库存费最小时的生产批量及最小费用.

自　测　题

一、选择题

1. 下列函数在给定区间上满足罗尔定理的有(　　).

A. $y=x^2-5x+6\quad x\in[2,3]$

B. $y=\frac{1}{\sqrt[3]{(x-1)^2}}\quad x\in[0,2]$

C. $y=xe^{-x}\quad x\in[0,1]$

D. $y=\begin{cases}x+1 & x<5\\ 1 & x\geqslant 5\end{cases}\quad x\in[0,5]$

2. 下列求极限问题不能使用洛必达法则的有(　　).

A. $\lim\limits_{x\to 0}\frac{x^2\sin\frac{1}{x}}{\sin x}$

B. $\lim\limits_{x\to+\infty}x\left(\frac{\pi}{2}-\arctan x\right)$

C. $\lim\limits_{x\to 0}\frac{x-\sin x}{x+\sin x}$

D. $\lim\limits_{x\to\infty}\left(1+\frac{k}{x}\right)^x$

3. 函数 $y=x^3+12x+1$ 在定义域内(　　).

A. 图形上凸　　B. 图形下凸　　C. 单调增加　　D. 单调减少

4. 函数 $y=f(x)$ 在点 $x=x_0$ 处取得极大值,则必有(　　).

A. $f'(x_0)=0$

B. $f''(x_0)<0$

C. $f'(x_0)=0$ 且 $f''(x_0)<0$

D. $f'(x_0)=0$ 或 $f'(x_0)$ 不存在

5. 设函数 $f(x)$ 在 (a,b) 内连续, $x_0\in(a,b)$, $f'(x_0)=f''(x_0)=0$,则 $f(x)$ 在 $x=x_0$ 处(　　).

A. 取得极大值　　　　　　　　　　B. 取得极小值

C. 一定有拐点$(x_0,f(x_0))$　　　　D. 可能取得极值,也可能有拐点

6. 方程 $x^3-3x+1=0$ 在区间$(-\infty,+\infty)$内有(　　).

A. 无实根　　B. 有唯一实根　　C. 有两个实根　　D. 有三个实根

二、填空题

1. $f(x)=2x^2-x-3$ 在$\left[-1,\frac{3}{2}\right]$上满足罗尔中值定理的 $\xi=$________.

2. 函数 $f(x)=\ln(x+1)$在$[0,1]$上满足拉格朗日中值定理的 $\xi=$________.

3. 函数 $f(x)=2x-\cos x$ 在区间________内是单调增加的.

4. 曲线 $y=(x-2)^{\frac{5}{3}}$ 的上凸区间为________.

5. 曲线 $y=2+5x-3x^3$ 的拐点是________.

6. 函数 $f(x)=\sqrt{2x+1}$ 在$[0,4]$上的最大值是________,最小值是________.

7. 当 $x=4$ 时,函数 $y=x^2+px+q$ 取得极值,则 $p=$________.

8. 总成本函数 $C(x)=0.01x^2+10x+1000$,则边际成本为________.

三、解答题

1. 求下列极限.

(1) $\lim\limits_{x\to 0}\dfrac{\tan x-x}{x-\sin x}$;　　　　(2) $\lim\limits_{x\to 0}\dfrac{a^x-b^x}{x}\quad(a>0,b>0)$;

(3) $\lim\limits_{x\to 0}\dfrac{x-\arctan x}{\ln(1+x^3)}$;　　　　(4) $\lim\limits_{x\to 0^+}x^5\ln x$;

(5) $\lim\limits_{x\to 0}\left[\dfrac{1}{x}+\dfrac{1}{x^2}\ln(1-x)\right]$;　　　　(6) $\lim\limits_{x\to+\infty}\left(\dfrac{\pi}{2}-\arctan x\right)^{\frac{1}{\ln x}}$.

2. 求函数 $y=x^3-x^2-x+1$ 的单调区间、极值及凸性区间、拐点.

3. 试确定曲线 $y=ax^3+bx^2+cx+d$ 中的 a,b,c,d,使得曲线有极值点 $x_1=1$ 和 $x_2=3$,$(2,4)$为拐点,且拐点处曲线的切线斜率等于-3.

4. 设某厂每批生产某种产品 x 个单位时,其销售收入为 $R(x)=10x-0.01x^2$ 元,成本函数为 $C(x)=5x+200$ 元,问:每批生产为多少单位时才能使利润最大?最大利润是多少?这时的边际利润是多少?

四、证明题

1. 利用函数的单调性,证明下列不等式.

(1) $3-\dfrac{1}{x}<2\sqrt{x}\quad(x>1)$;

(2) $x-\dfrac{1}{3}x^3<\arctan x<x\quad(x>0)$.

2. 证明方程 $x^5+x-1=0$ 只有一个正根.

3. 求证:如果函数 $f(x)=ax^3+bx^2+cx+d$ 满足条件 $b^2-3ac<0$,其中 $a>0$,那么,这个函数没有极值.

第 5 章　不定积分

17 世纪,微积分的创立首先是为了解决当时数学面临的核心问题之一,即求曲线的长度、曲线围成的面积、曲面围成的体积、物体的重心和引力等等. 此类问题的研究产生了不定积分和定积分,构成了微积分学的积分学部分.

前面已经介绍已知函数求导数的问题,现在我们要考虑其反问题:已知导数求其函数,即求一个未知函数,使其导数恰好是某一已知函数. 这种由导数或微分求原函数的逆运算称为不定积分. 本章将介绍不定积分的概念及其计算方法.

5.1　不定积分的概念

5.1.1　原函数的概念

从微分学知道:若已知曲线方程 $y=f(x)$,则可求出该曲线在任一点 x 处切线的斜率 $k=f'(x)$.

若已知某产品的成本函数 $C=C(q)$,则可求得其边际成本函数 $C'=C'(q)$.

现在解决其逆问题:

(1) 已知曲线上任意一点 x 处切线的斜率,求该曲线的方程;

(2) 已知某产品的边际成本函数,求生产该产品的成本函数.

为此,我们引入原函数的概念.

定义 5.1　设 $f(x)$在区间 I 上有定义,如果存在可导函数 $F(x)$,使得对 $\forall x\in I$ 有

$$F'(x)=f(x),$$

那么,称 $F(x)$为 $f(x)$在区间 I 上的一个**原函数**.

例如:因为$(\sin x)'=\cos x$,所以 $\sin x$ 是 $\cos x$ 的一个原函数.

因为$(\arcsin x)'=\dfrac{1}{\sqrt{1-x^2}}$,所以 $\arcsin x$ 是$\dfrac{1}{\sqrt{1-x^2}}$的一个原函数.

因为$(x^2)'=2x$,所以 x^2 是 $2x$ 的一个原函数.

因为$(x^2+1)'=2x$,所以x^2+1是$2x$的一个原函数,等等.

从上述后面两个例子可见:一个函数的原函数不是唯一的.

事实上,若因为$F(x)$为$f(x)$在区间I上的原函数,则有

$$F'(x)=f(x),$$

$$[F(x)+C]'=f(x),\ C\text{为任意常数},$$

从而,$F(x)+C$也是$f(x)$在区间I上的原函数.

一个函数的任意两个原函数之间相差一个常数.

事实上,设$F(x)$和$G(x)$都是$f(x)$在区间I上的原函数,则

$$[F(x)-G(x)]'=[F(x)]'-[G(x)]'=f(x)-f(x)=0$$

即$F(x)-G(x)=C$, C为任意常数.

由此知道,若$F(x)$为$f(x)$在区间I上的一个原函数,则函数$f(x)$的全体原函数为$F(x)+C$, C为任意常数.

当一个函数具备什么条件时,其原函数一定存在?这个问题我们将在下一章中讨论,在此先介绍一个结论.

定理 5.1 区间I上的连续函数一定有原函数.

5.1.2 不定积分的概念

根据上述讨论,如果$F(x)$是$f(x)$在区间I上的一个原函数,那么$F(x)+C$(C为任意常数)就包含了$f(x)$在区间I上的所有原函数.

就像我们用$f'(x)$或$\frac{\mathrm{d}f}{\mathrm{d}x}$表示函数$f(x)$的导数一样,我们需要引进一个符号,用它表示"已知函数$f(x)$在区间I上的全体原函数",从而产生了不定积分的概念.

定义 5.2 如果$f(x)$在区间I上存在原函数$F(x)$,那么,$f(x)$在区间I上的全体原函数记为

$$\int f(x)\mathrm{d}x,$$

并称它为$f(x)$在区间I上的**不定积分**,即

$$\int f(x)\mathrm{d}x=F(x)+C.$$

其中,$\int$称为积分号,$f(x)$称为**被积函数**,x称为**积分变量**,$f(x)\mathrm{d}x$称为**被积表达式**,C称为**积分常数**.

由定义5.2可知,求一个函数的不定积分,实际上只需求出它的一个原函数,再加上任意常数即得.

注：$\int f(x)\mathrm{d}x = F(x)+C$ 表示“$f(x)$ 在区间 I 上的所有原函数”，因此，等式中的积分常数是不可缺少的.

【例 5.1.1】　求下列不定积分.

(1) $\int 4x^3\mathrm{d}x$；　　(2) $\int \sin x\mathrm{d}x$；　　(3) $\int \mathrm{e}^{3x}\mathrm{d}x$.

解　(1) 因为 $(x^4)'=4x^3$，所以 x^4 是 $4x^3$ 的一个原函数，从而

$$\int 4x^3\mathrm{d}x = x^4 + C \quad (C\text{ 为任意常数}).$$

(2) 因为 $(-\cos x)'=\sin x$，所以 $-\cos x$ 是 $\sin x$ 的一个原函数，从而

$$\int \sin x\mathrm{d}x = -\cos x + C \quad (C\text{ 为任意常数}).$$

(3) 因为 $(\mathrm{e}^{3x})'=3\mathrm{e}^{3x}$，所以 e^{3x} 是 $3\mathrm{e}^{3x}$ 的一个原函数，从而

$$\int \mathrm{e}^{3x}\mathrm{d}x = \frac{1}{3}\mathrm{e}^{3x} + C \quad (C\text{ 为任意常数}).$$

【例 5.1.2】　问 $\left(\int f(x)\mathrm{d}x\right)'$ 与 $\int f'(x)\mathrm{d}x$ 是否相等？

解　不相等. 设 $F'(x)=f(x)$，则

$$\left(\int f(x)\mathrm{d}x\right)' = (F(x)+C)' = F'(x)+0 = f(x),$$

而由不定积分定义可得

$$\int f'(x)\mathrm{d}x = f(x) + C \quad (C\text{ 为任意常数}).$$

所以

$$\left(\int f(x)\mathrm{d}x\right)' \neq \int f'(x)\mathrm{d}x.$$

5.1.3　不定积分的几何意义

如果 $F(x)$ 是 $f(x)$ 的一个原函数，那么曲线 $y=F(x)$ 称为被积函数 $f(x)$ 的一条积分曲线，于是不定积分

$$\int f(x)\mathrm{d}x = F(x) + C$$

表示的是：积分曲线 $y=F(x)$ 沿着 y 轴由 $-\infty$ 到 $+\infty$ 平行移动的积分曲线簇，这个曲线簇中的所有曲线都可以表示成 $y=F(x)+C$，它们在同一横坐标点 x 处的切线彼此平行，因为它们的斜率都等于 $f(x)$（如图 5.1.1 所示）.

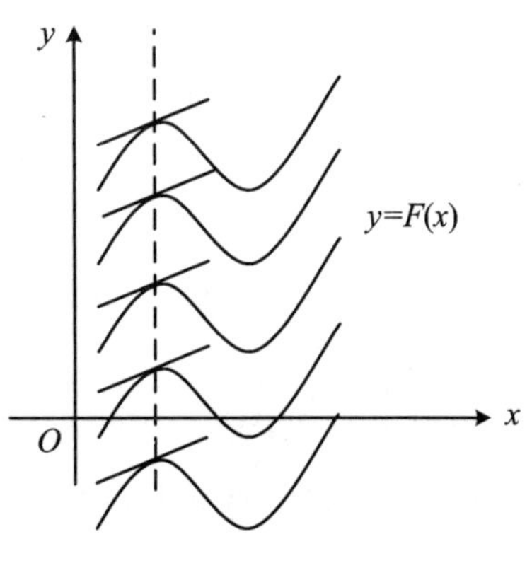

图 5.1.1

【例 5.1.3】　已知一曲线经过 $(1,3)$ 点，并且曲线上任一点的切线的斜率等于该点横坐标的 2 倍，求该曲线方程.

解 设所求方程为 $y=f(x)$，由已知条件可得 $f'(x)=2x$，于是

$$f(x)=\int 2x\mathrm{d}x=x^2+C,$$

已知 $f(1)=3$，所以 $C=2$，故 $y=x^2+2$ 为所求方程.

5.2 不定积分的基本公式及运算法则

5.2.1 不定积分的基本公式

由不定积分概念的引入我们知道，不定积分是导数的逆运算，因此，我们把导数的基本公式倒过来写，不难得到不定积分的基本公式. 这里我们列出基本积分表，请读者务必熟记. 因为许多不定积分最终将归结为这些基本积分公式.

(1) $\int 0\mathrm{d}x=C$；

(2) $\int x^\mu\mathrm{d}x=\frac{1}{1+\mu}x^{\mu+1}+C\quad(\mu\neq-1)$；

(3) $\int\frac{1}{x}\mathrm{d}x=\ln|x|+C$；

(4) $\int a^x\mathrm{d}x=\frac{1}{\ln a}a^x+C\quad(a>0,a\neq1)$；

(5) $\int \mathrm{e}^x\mathrm{d}x=\mathrm{e}^x+C$；

(6) $\int\sin x\mathrm{d}x=-\cos x+C$；

(7) $\int\cos x\mathrm{d}x=\sin x+C$；

(8) $\int\sec^2 x\mathrm{d}x=\tan x+C$；

(9) $\int\csc^2 x\mathrm{d}x=-\cot x+C$；

(10) $\int\sec x\tan x\mathrm{d}x=\sec x+C$；

(11) $\int\csc x\cot x\mathrm{d}x=-\csc x+C$；

(12) $\int\frac{1}{\sqrt{1-x^2}}\mathrm{d}x=\arcsin x+C=-\arccos x+C$；

(13) $\int\frac{1}{1+x^2}\mathrm{d}x=\arctan x+C=-\mathrm{arccot}\, x+C$.

【例 5.2.1】 计算下列不定积分.

(1) $\int\mathrm{d}x$； (2) $\int x\mathrm{d}x$； (3) $\int x\sqrt{x}\mathrm{d}x$；

(4) $\int \frac{1}{x^2}\mathrm{d}x$；　　(5) $\int 3^x \mathrm{d}x$；　　(6) $\int \frac{1}{\sqrt{1-x^2}}\mathrm{d}x$.

解　(1) $\int \mathrm{d}x = x + C$.

(2) $\int x\mathrm{d}x = \frac{x^{1+1}}{1+1} + C = \frac{x^2}{2} + C$.

(3) $\int x\sqrt{x}\mathrm{d}x = \int x^{\frac{3}{2}}\mathrm{d}x = \frac{x^{\frac{3}{2}+1}}{\frac{3}{2}+1} + C = \frac{2}{5}x^{\frac{5}{2}} + C$.

(4) $\int \frac{1}{x^2}\mathrm{d}x = \int x^{-2}\mathrm{d}x = \frac{x^{-2+1}}{-2+1} + C = -\frac{1}{x} + C$.

(5) $\int 3^x \mathrm{d}x = \frac{3^x}{\ln 3} + C$.

(6) $\int \frac{1}{\sqrt{1-x^2}}\mathrm{d}x = \arcsin x + C$　或　$\int \frac{1}{\sqrt{1-x^2}}\mathrm{d}x = -\arccos x + C$.

5.2.2　不定积分的运算法则

由不定积分定义不难得知

法则 1　$\left(\int f(x)\mathrm{d}x\right)' = f(x)$　或者　$\mathrm{d}\int f(x)\mathrm{d}x = f(x)\mathrm{d}x$.

法则 2　$\int f'(x)\mathrm{d}x = f(x) + C$　或者　$\int \mathrm{d}f(x) = f(x) + C$.

这两个等式再次表明了导数或微分与不定积分互为逆运算的关系.

事实上，根据不定积分的定义，如果 $F(x)$ 是 $f(x)$ 的一个原函数，即 $F'(x)=f(x)$，那么

$$\left(\int f(x)\mathrm{d}x\right)' = (F(x)+C)' = F'(x) = f(x)$$

或者

$$\mathrm{d}\left(\int f(x)\mathrm{d}x\right) = \left(\int f(x)\mathrm{d}x\right)'\mathrm{d}x = f(x)\mathrm{d}x.$$

因此，被积表达式 $f(x)\mathrm{d}x$ 可以理解成 $f(x)$的一个原函数 $F(x)$的微分.

法则 3　$\int kf(x)\mathrm{d}x = k\int f(x)\mathrm{d}x$，其中 k 为非零常数.

k 为非零常数的要求在这个等式中是必须的，因为 $k=0$ 时，左边 $=\int 0\mathrm{d}x = C$，右边 $=0$，等式自然不能成立.

法则 4　$\int (f(x) \pm g(x))\mathrm{d}x = \int f(x)\mathrm{d}x \pm \int g(x)\mathrm{d}x$.

当然，上述等式都是在各个积分存在的前提下成立的.

5.2.3 直接积分计算举例

前面我们学习了基本积分公式和积分运算法则,很多积分可以由此直接计算出来,下面我们通过简单的实例,说明直接计算的基本方法.

【例 5.2.2】 计算$\int(\sin x+x^3-e^x)dx$.

解 由不定积分运算法则 4 得

$$\int(\sin x+x^3-e^x)\ dx=\int\sin dx+\int x^3dx-\int e^xdx=-\cos x+\frac{1}{4}x^4-e^x+C.$$

【例 5.2.3】 计算$\int(1+\sqrt[3]{x})^2dx$.

解 这个积分直接在积分表中是找不着的,我们把被积函数用二项式展开后不难发现,它是幂函数的线性组合,于是

$$\int(1+\sqrt[3]{x})^2dx=\int(1+2x^{\frac{1}{3}}+x^{\frac{2}{3}})dx=x+\frac{3}{2}x^{\frac{4}{3}}+\frac{3}{5}x^{\frac{5}{3}}+C.$$

【例 5.2.4】 计算$\int(5^x+\tan^2x)dx$.

解 注意到三角函数公式:$1+\tan^2x=\sec^2x$,于是

$$\int(5^x+\tan^2x)dx=\int5^xdx+\int(\sec^2x-1)dx=\frac{1}{\ln 5}5^x+\tan x-x+C.$$

【例 5.2.5】 计算$\int\frac{(1+x)^2}{x(1+x^2)}dx$.

解 在基本公式表中,并没有这个积分,因此我们需要对被积函数进行适当的变换,这就是

$$\frac{(1+x)^2}{x(1+x^2)}=\frac{1+2x+x^2}{x(1+x^2)}=\frac{1}{x}+\frac{2}{1+x^2},$$

所以

$$\begin{aligned}\int\frac{(1+x)^2}{x(1+x^2)}dx&=\int\left(\frac{1}{x}+\frac{2}{1+x^2}\right)dx=\int\frac{1}{x}dx+\int\frac{2}{1+x^2}dx\\&=\ln|x|+2\arctan x+C.\end{aligned}$$

【例 5.2.6】 计算$\int\cos^2\frac{x}{2}dx$.

解 注意到$\cos x=2\cos^2\frac{x}{2}-1$,于是

$$\int\cos^2\frac{x}{2}dx=\int\frac{1+\cos x}{2}dx=\frac{1}{2}\int dx+\frac{1}{2}\int\cos xdx=\frac{1}{2}x+\frac{1}{2}\sin x+C.$$

【例 5.2.7】 计算$\int\frac{1}{\sin^2x\cos^2x}dx$.

解 注意到$1=\sin^2x+\cos^2x$,所以

$$\frac{1}{\sin^2 x\cos^2 x}=\frac{\sin^2 x+\cos^2 x}{\sin^2 x\cos^2 x}=\frac{1}{\cos^2 x}+\frac{1}{\sin^2 x},$$

即

$$\int\frac{1}{\sin^2 x\cos^2 x}\mathrm{d}x=\int\left(\frac{1}{\cos^2 x}+\frac{1}{\sin^2 x}\right)\mathrm{d}x$$

$$=\int\frac{1}{\cos^2 x}\mathrm{d}x+\int\frac{1}{\sin^2 x}\mathrm{d}x=\tan x-\cot x+C.$$

5.3　换元积分法

能用直接积分法计算的不定积分是十分有限的.本节介绍的换元积分法,是将复合函数的求导法则反过来用于不定积分,通过适当的变量替换(换元),把某些不定积分化为可利用基本积分公式的形式,再计算出所求的不定积分.

5.3.1　第一类换元积分法("凑"微分法)

如果不定积分$\int f(x)\mathrm{d}x$用直接积分法不易求得,但被积函数可表示为

$$f(x)=g[\varphi(x)]\varphi'(x),$$

作变量代换$u=\varphi(x)$,并注意到$\varphi'(x)\mathrm{d}x=\mathrm{d}\varphi(x)$,则可将关于变量$x$的积分转化为关于变量$u$的积分,于是有

$$\int f(x)\mathrm{d}x=\int g[\varphi(x)]\varphi'(x)\mathrm{d}x=\int g(u)\mathrm{d}u.$$

如果$\int g(u)\mathrm{d}u$可以求出,不定积分$\int f(x)\mathrm{d}x$的计算问题就算解决了,这就是第一类换元积分法("凑"微分法).

定理 5.2(第一类换元法)　如果$g(u)$关于u存在原函数$F(u)$,$u=\varphi(x)$关于x存在连续导数,则

$$\int g[\varphi(x)]\varphi'(x)\mathrm{d}x=\int g[\varphi(x)]\mathrm{d}\varphi(x)=\int g(u)\mathrm{d}u$$

$$=F(u)+C=F[\varphi(x)]+C.$$

注:上述公式中,第二个等号表示换元$\varphi(x)=u$,最后一个等号表示回代$u=\varphi(x)$.

第一类换元积分法的积分思路是:首先在被积函数中分解一个"因式"出来,再把这个因式按微分意义放到微分符号里面去,使得微分符号里面的这个函数形成一个新的积分变量,在新的积分变量下,积分变得简单了.

下面我们以具体的示例来说明如何应用第一类换元积分法.

【例 5.3.1】 求不定积分$\int(2x+1)^{10}\mathrm{d}x$.

解 $$\int(2x+1)^{10}\mathrm{d}x=\frac{1}{2}\int(2x+1)^{10}\ (2x+1)'\mathrm{d}x$$
$$=\frac{1}{2}\int(2x+1)^{10}\mathrm{d}(2x+1)\xlongequal[\text{换元}]{2x+1=u}\frac{1}{2}\int u^{10}\mathrm{d}u$$
$$=\frac{1}{2}\cdot\frac{u^{11}}{11}+C\xlongequal[\text{回代}]{u=2x+1}\frac{1}{22}(2x+1)^{11}+C.$$

注:一般地,有
$$\int f(ax+b)\mathrm{d}x=\frac{1}{a}\int f(ax+b)\mathrm{d}(ax+b).$$

【例 5.3.2】 求不定积分$\int x\mathrm{e}^{x^2}\mathrm{d}x$.

解 $$\int x\mathrm{e}^{x^2}\mathrm{d}x=\frac{1}{2}\int\mathrm{e}^{x^2}\ (x^2)'\mathrm{d}x=\frac{1}{2}\int\mathrm{e}^{x^2}\mathrm{d}(x^2)\xlongequal[\text{换元}]{x^2=u}\frac{1}{2}\int\mathrm{e}^{u}\mathrm{d}u$$
$$=\frac{1}{2}\mathrm{e}^{u}+C\xlongequal[\text{回代}]{u=x^2}\frac{1}{2}\mathrm{e}^{x^2}+C.$$

注:一般地,有
$$\int x^{n-1}f(x^n)\mathrm{d}x=\frac{1}{n}\int f(x^n)\mathrm{d}x^n.$$

【例 5.3.3】 求不定积分$\int\tan x\mathrm{d}x$.

解 由于$\tan x=\frac{\sin x}{\cos x}$,而$\sin x\mathrm{d}x=-\mathrm{d}\cos x$,令$u=\cos x$,这样
$$\int\tan x\mathrm{d}x=\int\frac{\sin x}{\cos x}\mathrm{d}x=\int\frac{-1}{\cos x}\mathrm{d}\cos x\xlongequal[\text{换元}]{\cos x=u}-\int\frac{1}{u}\mathrm{d}u=-\ln|u|+C$$
$$\xlongequal[\text{回代}]{u=\cos x}-\ln|\cos x|+C.$$

用同样的方法可求出
$$\int\cot x\mathrm{d}x=\int\frac{\cos x}{\sin x}\mathrm{d}x=\int\frac{1}{\sin x}\mathrm{d}\sin x=\ln|\sin x|+C.$$

注:一般地,有
$$\int\cos xf(\sin x)\mathrm{d}x=\int f(\sin x)\mathrm{d}\sin x\xlongequal{\sin x=u}\int f(u)\mathrm{d}u,$$
$$\int\sin xf(\cos x)\mathrm{d}x=-\int f(\cos x)\mathrm{d}\cos x\xlongequal{\cos x=u}-\int f(u)\mathrm{d}u.$$

对变量代换比较熟练后,可省去书写中间变量的换元和回代过程.

【例 5.3.4】 求不定积分$\int\frac{1}{a^2-x^2}\mathrm{d}x$.

解 由于$\frac{1}{a^2-x^2}=\frac{1}{(a-x)(a+x)}=\frac{1}{2a}\left(\frac{1}{a-x}+\frac{1}{a+x}\right)$,所以
$$\int\frac{1}{a^2-x^2}\mathrm{d}x=\frac{1}{2a}\left(\int\frac{1}{a-x}\mathrm{d}x+\int\frac{1}{a+x}\mathrm{d}x\right)$$

$$= \frac{1}{2a}\int \frac{-1}{a-x}\mathrm{d}(a-x) + \frac{1}{2a}\int \frac{1}{a+x}\mathrm{d}(a+x)$$

$$= \frac{-1}{2a}\ln|a-x| + \frac{1}{2a}\ln|a+x| + C = \frac{1}{2a}\ln\left|\frac{a+x}{a-x}\right| + C.$$

【例 5.3.5】 求不定积分 $\int \frac{1}{a^2+x^2}\mathrm{d}x$.

解 $\int \frac{1}{a^2+x^2}\mathrm{d}x = \int \frac{1}{a^2}\frac{1}{1+\left(\frac{x}{a}\right)^2}\mathrm{d}x = \frac{1}{a}\int \frac{1}{1+\left(\frac{x}{a}\right)^2}\mathrm{d}\left(\frac{x}{a}\right) = \frac{1}{a}\arctan\frac{x}{a} + C.$

【例 5.3.6】 求下列不定积分 $\int \frac{1}{\sqrt{a^2-x^2}}\mathrm{d}x, a>0$.

解 $\int \frac{1}{\sqrt{a^2-x^2}}\mathrm{d}x = \int \frac{1}{a}\frac{1}{\sqrt{1-\left(\frac{x}{a}\right)^2}}\mathrm{d}x = \int \frac{1}{\sqrt{1-\left(\frac{x}{a}\right)^2}}\mathrm{d}\left(\frac{x}{a}\right) = \arcsin\frac{x}{a} + C.$

【例 5.3.7】 求不定积分 $\int \frac{1}{1+\mathrm{e}^x}\mathrm{d}x$.

解 $\int \frac{1}{1+\mathrm{e}^x}\mathrm{d}x = \int \frac{1+\mathrm{e}^x-\mathrm{e}^x}{1+\mathrm{e}^x}\mathrm{d}x = \int\left(1-\frac{\mathrm{e}^x}{1+\mathrm{e}^x}\right)\mathrm{d}x = \int \mathrm{d}x - \int \frac{\mathrm{e}^x}{1+\mathrm{e}^x}\mathrm{d}x$

$$= \int \mathrm{d}x - \int \frac{1}{1+\mathrm{e}^x}\mathrm{d}(1+\mathrm{e}^x) = x - \ln(1+\mathrm{e}^x) + C.$$

【例 5.3.8】 求下列不定积分.

(1) $\int \sin^2 x\mathrm{d}x$；　　　　(2) $\int \sin^3 x\mathrm{d}x$.

解 (1) 由于 $\sin^2 x = \frac{1-\cos 2x}{2}$，故

$$\int \sin^2 x\mathrm{d}x = \int \frac{1-\cos 2x}{2}\mathrm{d}x = \frac{1}{2}\int \mathrm{d}x - \frac{1}{2}\int \cos 2x\mathrm{d}x$$

$$= \frac{1}{2}x - \frac{1}{4}\int \cos 2x\mathrm{d}(2x) = \frac{x}{2} - \frac{1}{4}\sin 2x + C.$$

(2) 由于 $\sin^3 x = \sin^2 x\sin x = (1-\cos^2 x)\sin x$，又 $\sin x\mathrm{d}x = \mathrm{d}(-\cos x)$，故

$$\int \sin^3 x\mathrm{d}x = \int (1-\cos^2 x)\mathrm{d}(-\cos x)$$

$$= \int \cos^2 x\mathrm{d}\cos x - \int \mathrm{d}\cos x = \frac{1}{3}\cos^3 x - \cos x + C.$$

例 5.3.8 说明了三角函数不定积分的计算的一种思想方法：尽可能利用恒等变换，把高次幂三角函数降为低次幂三角函数.

当被积函数是三角函数的奇次幂时，拆开奇次项去凑微分；当被积函数为三角函数的偶次幂时，常用半角公式通过降低幂次的方法来计算.

【例 5.3.9】 求不定积分 $\int \sec x\mathrm{d}x$.

解 因为

$$\sec x = \frac{\cos x}{\cos^2 x} = \frac{(\sin x)'}{1-\sin^2 x},$$

所以

$$\int \sec x \mathrm{d}x = \int \frac{(\sin x)'}{1-\sin^2 x}\mathrm{d}x = \int \frac{1}{1-\sin^2 x}\mathrm{d}\sin x.$$

利用例 5.3.4 的结论,得

$$\begin{aligned}\int \sec x \mathrm{d}x &= \int \frac{1}{1-\sin^2 x}\mathrm{d}\sin x = \frac{1}{2}\ln\left|\frac{1+\sin x}{1-\sin x}\right| + C \\ &= \frac{1}{2}\ln\left|\frac{(1+\sin x)^2}{1-\sin^2 x}\right| + C = \ln|\sec x + \tan x| + C.\end{aligned}$$

用同样的方法不难得出

$$\int \csc x \mathrm{d}x = \ln|\csc x - \cot x| + C.$$

不定积分第一类换元积分法是积分计算的一种常用的方法,但是它的技巧性相当强,这不仅要求熟练掌握积分的基本公式,还要有一定的分析能力,要熟悉许多恒等公式及微分公式.这里没有一个可以普遍遵循的方法,即使同一个问题,解决者选择的切入点不同,解决途径也就不同,难易程度和计算量也会大不相同.

5.3.2 第二类换元积分法

如果不定积分$\int f(x)\mathrm{d}x$ 用直接积分法或第一类换元法不易求得,但作适当的变量替换 $x=\varphi(t)$ 后,所得到的关于新积分变量 t 的不定积分

$$\int f[\varphi(t)]\varphi'(t)\mathrm{d}t$$

可以求得,则可解决$\int f(x)\mathrm{d}x$ 的计算问题,这就是第二类换元积分法.

定理 5.3(第二类换元法) 设 $x=\varphi(t)$ 是单调、可导函数,且 $\varphi'(t)\neq 0$,又设 $f[\varphi(t)]\varphi'(t)$ 存在原函数 $F(t)$,则

$$\int f(x)\mathrm{d}x = \int f[\varphi(t)]\varphi'(t)\mathrm{d}t = F(t)+C = F[\psi(x)]+C.$$

其中,$\psi(x)$ 是 $x=\varphi(t)$ 的反函数.

证 因为 $F(t)$是 $f[\varphi(t)]\varphi'(t)$的原函数,令

$$G(x) = F[\psi(x)],$$

则
$$G'(x) = \frac{\mathrm{d}F}{\mathrm{d}t}\cdot\frac{\mathrm{d}t}{\mathrm{d}x} = f[\varphi(t)]\varphi'(t)\cdot\frac{1}{\varphi'(t)} = f[\varphi(t)] = f(x),$$

即 $G(x)$是 $f(x)$的原函数.从而得到结论.

【例 5.3.10】 求不定积分$\int \frac{1}{1+\sqrt{1+x}}\mathrm{d}x$.

解　这个积分的难点在于被积函数中有$\sqrt{1+x}$,为了去掉根号,可考虑代换.令$\sqrt{1+x}=t$,于是$x=t^2-1$,这时$\mathrm{d}x=2t\mathrm{d}t$,于是

$$\int \frac{1}{1+\sqrt{1+x}}\mathrm{d}x=\int \frac{1}{1+t}2t\mathrm{d}t=\int\left(2-\frac{2}{1+t}\right)\mathrm{d}t=2t-2\ln|t+1|+C$$
$$=2\sqrt{1+x}-2\ln(\sqrt{1+x}+1)+C.$$

【例 5.3.11】　求不定积分$\int \sqrt{a^2-x^2}\mathrm{d}x,\ a>0$.

解　当被积函数中含有$\sqrt{a^2-x^2}$时,为了去掉根号,常常可以用代换.令$x=a\sin t,\ -\frac{\pi}{2}\leqslant t\leqslant\frac{\pi}{2}$,得

$$\int \sqrt{a^2-x^2}\mathrm{d}x=\int \sqrt{a^2-a^2\sin^2 t}\ a\cos t\mathrm{d}t=a^2\int \cos^2 t\mathrm{d}t$$
$$=a^2\int \frac{1+\cos 2t}{2}\mathrm{d}t=\frac{a^2}{2}t+\frac{a^2}{4}\sin 2t+C,$$

如图 5.3.1 所示,选择一个直角三角形.于是

$$\sin t=\frac{x}{a},\quad \cos t=\frac{\sqrt{a^2-x^2}}{a},$$

因此

$$\sin 2t=2\sin t\cos t=\frac{2}{a^2}x\sqrt{a^2-x^2}.$$

所以

$$\int \sqrt{a^2-x^2}\mathrm{d}x=\frac{a^2}{2}\arcsin\frac{x}{a}+\frac{x}{2}\sqrt{a^2-x^2}+C.$$

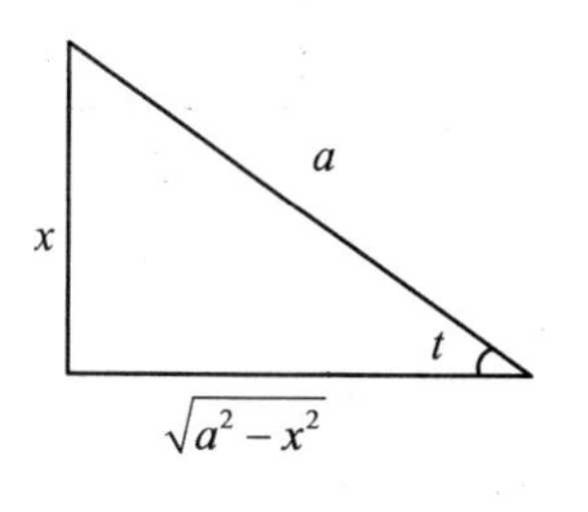

图 5.3.1

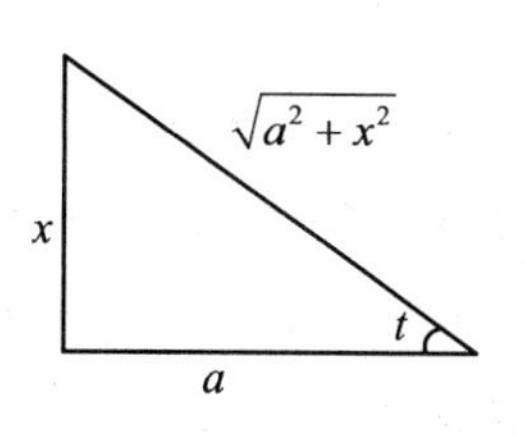

图 5.3.2

【例 5.3.12】　求不定积分$\int \frac{1}{\sqrt{a^2+x^2}}\mathrm{d}x$.

解　注意到$1+\tan^2 t=\sec^2 t$,为了去掉被积函数中的根号,选择如图 5.3.2 所示直角三角形,于是令$x=a\tan t,\ -\frac{\pi}{2}<t<\frac{\pi}{2}$,有$\mathrm{d}x=a\sec^2 t\mathrm{d}t$代入原式有

$$\int \frac{1}{\sqrt{a^2+x^2}}\mathrm{d}x=\int \frac{a\sec^2 t}{a\sec t}\mathrm{d}t=\int \sec t\mathrm{d}t,$$

利用第一类换元法中例 5.3.9 的结论,得

$$\int \frac{1}{\sqrt{a^2+x^2}}\mathrm{d}x = \int \sec t\mathrm{d}t = \ln|\sec t+\tan t|+C_1 = \ln\left|\sqrt{a^2+x^2}+x\right|+C.$$

【例 5.3.13】 计算$\int \frac{1}{\sqrt{x^2-a^2}}\mathrm{d}x$.

解 如图 5.3.3 所示,令 $x=a\sec t$,所以

$$\mathrm{d}x = a\sec t\tan t\mathrm{d}t,$$

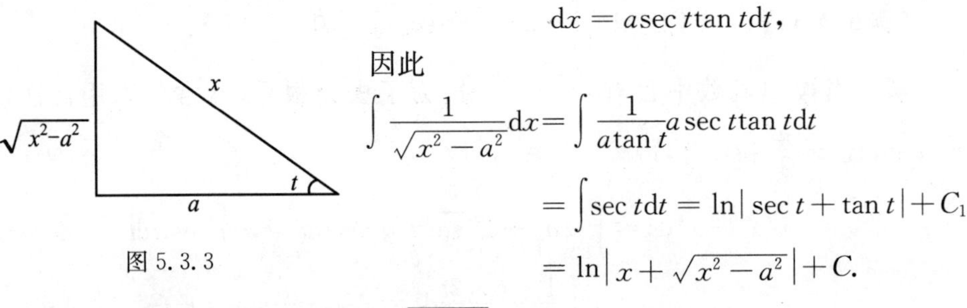

图 5.3.3

因此

$$\int \frac{1}{\sqrt{x^2-a^2}}\mathrm{d}x = \int \frac{1}{a\tan t}a\sec t\tan t\mathrm{d}t$$

$$= \int \sec t\mathrm{d}t = \ln|\sec t+\tan t|+C_1$$

$$= \ln\left|x+\sqrt{x^2-a^2}\right|+C.$$

【例 5.3.14】 求不定积分$\int \frac{\sqrt{1-x^2}}{x^4}\mathrm{d}x$.

解 令 $x=\sin t$,则 $\mathrm{d}x=\cos t\mathrm{d}t$,把上述关系代入原式,得

$$\int \frac{\sqrt{1-x^2}}{x^4}\mathrm{d}x = \int \frac{\sqrt{1-\sin^2 t}}{\sin^4 t}\cos t\mathrm{d}t = \int \frac{\cos^2 t}{\sin^4 t}\mathrm{d}t$$

$$= -\int \cot^2 t\mathrm{d}\cot t = -\frac{1}{3}\cot^3 t+C.$$

由图 5.3.4 所示的直角三角形不难得知 $\cot t=\frac{\sqrt{1-x^2}}{x}$,于是

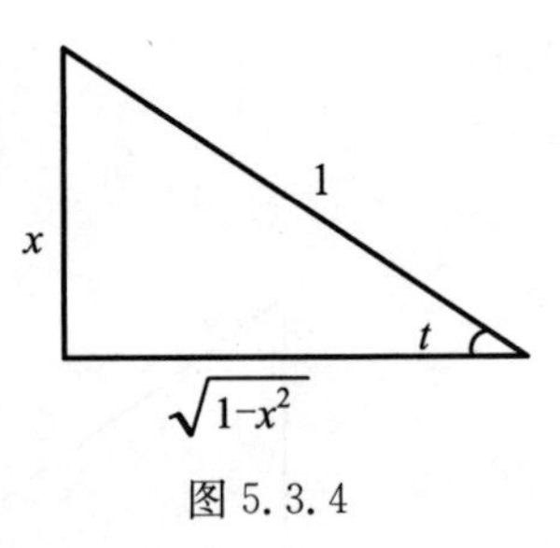

图 5.3.4

$$\int \frac{\sqrt{1-x^2}}{x^4} = -\frac{1-x^2}{3x^3}\sqrt{1-x^2}+C.$$

我们把上述计算方法归纳一下,有:

当被积函数含有 $\sqrt[n]{ax+b}$,可以令 $\sqrt[n]{ax+b}=t$;

当被积函数含有 $\sqrt{a^2-x^2}$,可以令 $x=a\sin t$(或 $a\cos t$);

当被积函数含有 $\sqrt{a^2+x^2}$,可以令 $x=a\tan t$(或 $a\cot t$);

当被积函数含有 $\sqrt{x^2-a^2}$,可以令 $x=a\sec t$(或 $a\csc t$),代入原式后进行计算.

5.4 分部积分法

前面介绍的积分方法,都是把一种类型的积分转换成另一种类型的积分,从而便于计算. 换元法虽然可以解决许多积分的计算问题,但有些积分,如$\int xe^x\mathrm{d}x$,

$\int x\cos x\mathrm{d}x$ 等,利用换元法就无法求解.我们可借助两个函数乘积的求导法则,实现另一种类型的积分转换,这就是将要介绍的另一种基本积分法——**分部积分法**.

设函数 $u=u(x)$, $v=v(x)$ 可导,那么

$$(uv)'=u'v+uv',$$

如果 u'、v' 连续,那么对上式两边积分,有

$$\int (uv)'\mathrm{d}x=\int u'v\mathrm{d}x+\int uv'\mathrm{d}x,$$

即

$$\int uv'\mathrm{d}x=uv-\int u'v\mathrm{d}x.$$

这就是**分部积分公式**.

把这个公式略微变换一下,有

$$\int u\mathrm{d}v=uv-\int v\mathrm{d}u.$$

我们在积分计算中常常会遇到积分 $\int u\mathrm{d}v$ 很难计算,而把"微分符号"里外的两个函数 u、v 交换位置后,积分就可能变得非常简单了.应用分部积分法求积分,就是要达到上述目的,经过函数换位,达到简化积分的目的.

【例 5.4.1】 求不定积分 $\int x\mathrm{e}^x\mathrm{d}x$.

解
$$\begin{aligned}\int x\mathrm{e}^x\mathrm{d}x&=\int x\mathrm{d}\mathrm{e}^x=x\mathrm{e}^x-\int \mathrm{e}^x\mathrm{d}x\\&=x\mathrm{e}^x-\mathrm{e}^x+C.\end{aligned}$$

在上面这个例题中,如果我们采用另一种变换方法,选择 x 放到微分符号里面去,就有

$$\int x\mathrm{e}^x\mathrm{d}x=\int \mathrm{e}^x\mathrm{d}\left(\frac{1}{2}x^2\right)=\frac{1}{2}x^2\mathrm{e}^x-\frac{1}{2}\int x^2\mathrm{d}\mathrm{e}^x=\frac{1}{2}x^2\mathrm{e}^x-\frac{1}{2}\int x^2\mathrm{e}^x\mathrm{d}x.$$

后者做法非但没有解决问题,反而使得积分式比原来的积分式更复杂了.此例说明合理选择一个函数,在微分意义下放到微分符号里面去,是用分部积分法解决计算问题的关键.

【例 5.4.2】 求不定积分 $\int x^2\mathrm{e}^x\mathrm{d}x$.

解
$$\begin{aligned}\int x^2\mathrm{e}^x\mathrm{d}x&=\int x^2\mathrm{d}\mathrm{e}^x=x^2\mathrm{e}^x-\int \mathrm{e}^x\mathrm{d}x^2\\&=x^2\mathrm{e}^x-2\int x\mathrm{e}^x\mathrm{d}x=x^2\mathrm{e}^x-2\int x\mathrm{d}\mathrm{e}^x\\&=x^2\mathrm{e}^x-2(x\mathrm{e}^x-\mathrm{e}^x)+C.\end{aligned}$$

注:有些函数的积分需要连续使用分部积分法.

【例 5.4.3】 求不定积分$\int x\sin 3x\mathrm{d}x$.

解 $$\int x\sin 3x\mathrm{d}x=\int x\mathrm{d}\left(-\frac{1}{3}\cos 3x\right)=-\frac{x}{3}\cos 3x+\frac{1}{3}\int\cos 3x\mathrm{d}x$$
$$=-\frac{x}{3}\cos 3x+\frac{1}{9}\sin 3x+C.$$

注:若被积函数是幂函数(指数为正整数)与指数函数或正(余)弦函数的乘积,可设幂函数为u,而将其余部分凑微分进入微分号,使得应用分部积分公式后,幂函数的幂次降低一次.

【例 5.4.4】 求不定积分$\int\ln x\mathrm{d}x$.

解 $$\int\ln x\mathrm{d}x=x\ln x-\int x\mathrm{d}\ln x=x\ln x-\int x\frac{1}{x}\mathrm{d}x$$
$$=x\ln x-\int\mathrm{d}x=x\ln x-x+C.$$

【例 5.4.5】 求不定积分$\int x^2\ln x\mathrm{d}x$.

解 $$\int x^2\ln x\mathrm{d}x=\int\ln x\mathrm{d}\left(\frac{1}{3}x^3\right)=\frac{x^3}{3}\ln x-\frac{1}{3}\int x^3\mathrm{d}\ln x$$
$$=\frac{x^3}{3}\ln x-\frac{1}{3}\int x^2\mathrm{d}x=\frac{x^3}{3}\ln x-\frac{1}{9}x^3+C.$$

【例 5.4.6】 求不定积分$\int\arctan x\mathrm{d}x$.

解 $$\int\arctan x\mathrm{d}x=x\arctan x-\int x\mathrm{d}\arctan x$$
$$=x\arctan x-\int\frac{x}{1+x^2}\mathrm{d}x$$
$$=x\arctan x-\frac{1}{2}\ln(1+x^2)+C.$$

注:若被积函数是幂函数与对数函数或反三角函数的乘积,可设对数函数或反三角函数为u,而将幂函数凑微分进入微分号,使得应用分部积分公式后,对数函数或反三角函数消失.

【例 5.4.7】 求不定积分$\int\mathrm{e}^x\sin x\mathrm{d}x$.

解 $$\int\mathrm{e}^x\sin x\mathrm{d}x=\int\sin x\mathrm{d}\mathrm{e}^x\quad(\text{取三角函数为}u)$$
$$=\mathrm{e}^x\sin x-\int\mathrm{e}^x\mathrm{d}(\sin x)=\mathrm{e}^x\sin x-\int\mathrm{e}^x\cos x\mathrm{d}x$$
$$=\mathrm{e}^x\sin x-\int\cos x\mathrm{d}\mathrm{e}^x\quad(\text{再取三角函数为}u)$$
$$=\mathrm{e}^x\sin x-\left(\mathrm{e}^x\cos x-\int\mathrm{e}^x\mathrm{d}\cos x\right)$$

$$= e^x(\sin x - \cos x) - \int e^x \sin x \mathrm{d}x,$$

解得
$$\int e^x \sin x \mathrm{d}x = \frac{e^x}{2}(\sin x - \cos x) + C.$$

注:若被积函数是指数函数与正(余)弦函数的乘积,u,$\mathrm{d}v$ 可随意选取,但在两次分部积分中,必须选用同类型的 u,以便经过两次分部积分后产生循环式,从而求出所求积分.

分部积分法实质上就是求两函数乘积的导数(或微分)的逆运算.一般地,下列类型的被积函数常考虑应用分部积分法(其中 m,n 都是正整数):$x^n \sin mx$,$x^n \cos mx$,$e^{nx}\sin mx$,$e^{nx}\cos mx$,$x^n e^{mx}$,$x^n \ln x$,$x^n \arcsin mx$,$x^n \arccos mx$,$x^n \arctan mx$ 等.

【例 5.4.8】　求不定积分$\int \sec^3 x\mathrm{d}x$.

解
$$\begin{aligned}\int \sec^3 x\mathrm{d}x &= \int \sec x \sec^2 x\mathrm{d}x = \int \sec x\mathrm{d}\tan x\\ &= \sec x\tan x - \int \tan x\mathrm{d}\sec x\\ &= \sec x\tan x - \int \tan x\sec x\tan x\mathrm{d}x\\ &= \sec x\tan x - \int (\sec^2 x - 1)\sec x\mathrm{d}x\\ &= \sec x\tan x - \int \sec^3 x\mathrm{d}x + \int \sec x\mathrm{d}x\\ &= \sec x\tan x + \ln|\sec x + \tan x| - \int \sec^3 x\mathrm{d}x,\end{aligned}$$

所以
$$\int \sec^3 x\mathrm{d}x = \frac{1}{2}(\sec x\tan x + \ln|\sec x\tan x|) + C.$$

【例 5.4.9】　计算$\int e^{\sqrt{3x+2}}\mathrm{d}x$.

解　令$\sqrt{3x+2}=t$,则 $x=\frac{t^2-2}{3}$,所以 $\mathrm{d}x=\frac{2}{3}t\mathrm{d}t$,代入原式得

$$\int e^{\sqrt{3x+2}}\mathrm{d}x = \frac{2}{3}\int te^t\mathrm{d}t.$$

由例 5.4.1 的结果可得

$$\begin{aligned}\int e^{\sqrt{3x+2}}\mathrm{d}x &= \frac{2}{3}\int te^t\mathrm{d}t = \frac{2}{3}te^t - \frac{2}{3}e^t + C\\ &= \frac{2}{3}(\sqrt{3x+2} - 1)e^{\sqrt{3x+2}} + C.\end{aligned}$$

【例 5.4.10】　计算 $I_n = \int \frac{1}{(a^2+x^2)^n}\mathrm{d}x$.

解　$I_n = \int \frac{1}{(a^2+x^2)^n}\mathrm{d}x = \frac{1}{a^2}\int \frac{a^2+x^2-x^2}{(a^2+x^2)^n}\mathrm{d}x$

$$= \frac{1}{a^2}\int \frac{1}{(a^2+x^2)^{n-1}}\mathrm{d}x - \frac{1}{a^2}\int \frac{x^2}{(a^2+x^2)^n}\mathrm{d}x$$

$$= \frac{1}{a^2}I_{n-1} - \frac{1}{a^2}\int x\,\frac{x}{(a^2+x^2)^n}\mathrm{d}x$$

$$= \frac{1}{a^2}I_{n-1} + \frac{1}{a^2}\,\frac{1}{2(n-1)}\int x\mathrm{d}\,\frac{1}{(a^2+x^2)^{n-1}}$$

$$= \frac{1}{a^2}\cdot\frac{1}{2(n-1)}\,\frac{x}{(a^2+x^2)^{n-1}} + \left[\frac{1}{a^2} - \frac{1}{a^2}\cdot\frac{1}{2(n-1)}\right]I_{n-1}.$$

所以

$$I_n = \frac{1}{2a^2(n-1)}\cdot\frac{x}{(a^2+x^2)^{n-1}} + \frac{2n-3}{2a^2(n-1)}I_{n-1}.$$

这样,我们就得到了一个递推公式,由于

$$I_1 = \frac{1}{a}\arctan\frac{x}{a} + C,$$

因此,对于任何正整数 n 由递推公式我们都能求得结果.

对于一个被积函数是高次幂函数的积分来说,一般情况下,就是考虑如何降幂,本问题的思路就是如此.

5.5 简单有理函数的积分

前面我们介绍了不定积分两类重要的积分法——换元积分法和分部积分法.虽然积分(不定积分)是微分的逆运算,但是积分运算要比微分运算困难得多.尽管如此,有些特殊函数的积分我们还是有比较好的办法求出结果的.比如有理函数、三角函数有理式等,都可以经过一些特殊的变换,求出它们的积分.本节将简要地介绍上述类型积分的基本方法.

5.5.1 有理函数的不定积分

有理函数是指有理式所表示的函数,它包括有理整式和有理分式两类:

有理整式:

$$P(x) = a_nx^n + a_{n-1}x^{n-1} + \cdots + a_1x + a_0$$

有理分式:

$$\frac{P(x)}{Q(x)} = \frac{a_nx^n + a_{n-1}x^{n-1} + \cdots + a_1x + a_0}{b_mx^m + b_{m-1}x^m + \cdots + b_1x + b_0}$$

其中,m,n 都是非负整数;a_n,a_{n-1},$\cdots$,a_0 及 b_m,b_{m-1},$\cdots$,b_0 都是实数,且 $a_n\neq 0$,$b_m\neq 0$.

在有理分式中,$n<m$ 时,称为真分式;$n\geqslant m$ 时,称为假分式.

利用多项式除法,可以把任意一个假分式化为一个有理整式和一个真分式之和.例如

$$\frac{x^3+x+1}{x^2+1}=x+\frac{1}{x^2+1}.$$

有理整式的积分很简单，以下我们只讨论有理真分式的积分.

对于真分式$\frac{P(x)}{Q(x)}$，如果分母可分解为两个多项式的乘积

$$Q(x)=Q_1(x)Q_2(x)$$

且 $Q_1(x)$与 $Q_2(x)$没有公因式，那么它可拆成两个真分式之和，即

$$\frac{P(x)}{Q(x)}=\frac{P_1(x)}{Q_1(x)}+\frac{P_2(x)}{Q_2(x)}.$$

上述步骤称为把真分式化成部分分式之和. 如果 $Q_1(x)$或 $Q_2(x)$还能再分解成两个没有公因式的多项式的乘积，那么就可再分拆成更简单的部分分式. 最后真分式的分解式中只出现下列四类分式：

(1) $\frac{A}{x-a}$； (2)$\frac{A}{(x-a)^n}$； (3)$\frac{Ax+B}{x^2+px+q}$； (4)$\frac{Ax+B}{(x^2+px+q)^n}$.

其中，n 为大于等于 2 的正整数；A,B,p,q 均为常数，$p^2-4q<0$.

下面我们来看以上四类分式的不定积分.

(1) $\int\frac{A}{x-\alpha}\mathrm{d}x=A\ln|x-\alpha|+C.$

(2) $\int\frac{A}{(x-\alpha)^n}\mathrm{d}x=\frac{A}{1-n}\frac{1}{(x-\alpha)^{n-1}}+C$　($n>1$ 的整数).

(3)
$$\begin{aligned}\int\frac{Ax+B}{x^2+px+q}\mathrm{d}x&=\frac{A}{2}\int\frac{(x^2+px+q)'}{x^2+px+q}\mathrm{d}x+\left(B-\frac{Ap}{2}\right)\int\frac{1}{x^2+px+q}\mathrm{d}x\\&=\frac{A}{2}\ln|x^2+px+q|+\left(B-\frac{Ap}{2}\right)\int\frac{1}{\left(q-\frac{p^2}{4}\right)+\left(x+\frac{p}{2}\right)^2}\mathrm{d}\left(x+\frac{p}{2}\right)\\&=\frac{A}{2}\ln|x^2+px+q|+\frac{2B-Ap}{\sqrt{4q-p^2}}\arctan\frac{2x+p}{\sqrt{4q-p^2}}+C.\end{aligned}$$

(4)
$$\begin{aligned}&\int\frac{Ax+B}{(x^2+px+q)^n}\mathrm{d}x\\&=\frac{A}{2}\int\frac{(x^2+px+q)'}{(x^2+px+q)^n}\mathrm{d}x+\left(B-\frac{Ap}{2}\right)\int\frac{1}{(x^2+px+q)^n}\mathrm{d}x\\&=\frac{A}{2(1-n)}\frac{1}{(x^2+px+q)^{n-1}}+\left(B-\frac{Ap}{2}\right)\int\frac{1}{\left[\left(q-\frac{p^2}{4}\right)+\left(x+\frac{p}{2}\right)^2\right]^n}\mathrm{d}x.\end{aligned}$$

剩下来的积分问题就变成了 $I_n=\int\frac{1}{(a^2+x^2)^n}\mathrm{d}x$ 的积分了. 由上一节例 5.4.10 可得

$$I_n=\frac{1}{2a^2(n-1)}\frac{x}{(a^2+x^2)^{n-1}}+\frac{2n-3}{2a^2(n-1)}I_{n-1}.$$

下面我们来举几个真分式不定积分的例题.

【例 5.5.1】 计算$\int \frac{x}{x^2+3x+2}\mathrm{d}x$.

解 将分母分解因式,得

$$x^2+3x+2=(x+1)(x+2),$$

令$\frac{x}{x^2+3x+2}=\frac{A}{x+1}+\frac{B}{x+2}$,则

$$\frac{x}{x^2+3x+2}=\frac{A(x+2)+B(x+1)}{(x+1)(x+2)}=\frac{(A+B)x+(2A+B)}{x^2+3x+2},$$

所以

$$\begin{cases}A+B=1\\2A+B=0\end{cases}\Rightarrow\begin{cases}A=-1\\B=2\end{cases},$$

故

$$\int\frac{x}{x^2+3x+2}\mathrm{d}x=\int\frac{-1}{x+1}\mathrm{d}x+\int\frac{2}{x+2}\mathrm{d}x=\ln\left|\frac{(x+2)^2}{x+1}\right|+C.$$

【例 5.5.2】 计算$\int\frac{2x+5}{(x+1)(x^2+4x+6)}\mathrm{d}x$.

解 令$\frac{2x+5}{(x+1)(x^2+4x+6)}=\frac{A}{x+1}+\frac{Bx+C}{x^2+4x+6}$,则

$$\begin{aligned}\frac{2x+5}{(x+1)(x^2+4x+6)}&=\frac{A(x^2+4x+6)+(x+1)(Bx+C)}{(x+1)(x^2+4x+6)}\\&=\frac{(A+B)x^2+(4A+B+C)x+(6A+C)}{(x+1)(x^2+4x+6)},\end{aligned}$$

即

$$\begin{cases}A+B=0\\4A+B+C=2\\6A+C=5\end{cases}\Rightarrow\begin{cases}A=1\\B=-1\\C=-1\end{cases}$$

所以

$$\begin{aligned}\int\frac{2x+5}{(x+1)(x^2+4x+6)}\mathrm{d}x&=\int\frac{1}{x+1}\mathrm{d}x-\int\frac{x+1}{x^2+4x+6}\mathrm{d}x\\&=\ln|x+1|-\frac{1}{2}\int\frac{(x^2+4x+6)'}{x^2+4x+6}\mathrm{d}x+\int\frac{1}{x^2+4x+6}\mathrm{d}x\\&=\ln|x+1|-\frac{1}{2}\ln|x^2+4x+6|+\int\frac{1}{2+(x+2)^2}\mathrm{d}x\\&=\ln|x+1|-\frac{1}{2}\ln|x^2+4x+6|+\frac{1}{\sqrt{2}}\arctan\frac{x+2}{\sqrt{2}}+C.\end{aligned}$$

【例 5.5.3】 计算$\int\frac{x+2}{(x^2+2x+2)^2}\mathrm{d}x$.

解

$$\int\frac{x+2}{(x^2+2x+2)^2}\mathrm{d}x=\frac{1}{2}\int\frac{(x^2+2x+2)'}{(x^2+2x+2)^2}\mathrm{d}x+\int\frac{1}{(x^2+2x+2)^2}\mathrm{d}x$$

$$=-\frac{1}{2}\cdot\frac{1}{x^2+2x+2}+\int\frac{1+(1+x)^2}{[1+(1+x)^2]^2}\mathrm{d}(x+1)-\int\frac{(1+x)^2}{[1+(1+x)^2]^2}\mathrm{d}x$$

$$=-\frac{1}{2}\cdot\frac{1}{x^2+2x+2}+\int\frac{1}{1+(1+x)^2}\mathrm{d}(1+x)+\frac{1}{2}\int(1+x)\mathrm{d}\frac{1}{1+(1+x)^2}$$

$$=-\frac{1}{2}\cdot\frac{1}{x^2+2x+2}+\arctan(1+x)+\frac{1}{2}\,\frac{1+x}{x^2+2x+2}$$

$$-\frac{1}{2}\int\frac{1}{1+(1+x)^2}\mathrm{d}(x+1)$$

$$=\frac{1}{2}\cdot\frac{x}{x^2+2x+2}+\frac{1}{2}\arctan(1+x)+C.$$

5.5.2　三角函数有理式的不定积分

所谓三角函数有理式是指：$\sin x$ 和 $\cos x$ 以及常数经过有限次四则运算得到的函数式. 通过作变换 $u=\tan\frac{x}{2}$，可将原积分化为关于 u 的有理函数的积分，因为此时由三角公式可得到

$$\sin x=\frac{2\tan\frac{x}{2}}{1+\tan^2\frac{x}{2}}=\frac{2u}{1+u^2},\quad \cos x=\frac{1-\tan^2\frac{x}{2}}{1+\tan^2\frac{x}{2}}=\frac{1-u^2}{1+u^2},$$

并由 $x=2\arctan u$，得

$$\mathrm{d}x=\frac{2}{1+u^2}\mathrm{d}u.$$

将上面三式代入积分表达式，就可得关于 u 的有理函数的积分. 但是在多数情况下，施行这种变换后将导致积分运算比较繁杂，故不应该把这种变换作为首选方法. 下面举一例说明.

【例 5.5.4】　求不定积分 $\int\frac{\mathrm{d}x}{\sin x+\cos x}$.

解　作变换 $u=\tan\frac{x}{2}$，则 $\sin x=\frac{2u}{1+u^2}$，$\cos x=\frac{1-u^2}{1+u^2}$，$\mathrm{d}x=\frac{2}{1+u^2}\mathrm{d}u$，于是

$$\int\frac{\mathrm{d}x}{\sin x+\cos x}=\int\frac{2}{1+2u-u^2}\mathrm{d}u=2\int\frac{1}{2-(u-1)^2}\mathrm{d}u$$

$$=\frac{\sqrt{2}}{2}\int\left[\frac{1}{u-(1-\sqrt{2})}-\frac{1}{u-(1+\sqrt{2})}\right]\mathrm{d}u$$

$$=\frac{\sqrt{2}}{2}\ln\left|\frac{u-(1-\sqrt{2})}{u-(1+\sqrt{2})}\right|+C.$$

这一不定积分也可采用下面较简便的方法来求解：

$$\int\frac{\mathrm{d}x}{\sin x+\cos x}=\frac{\sqrt{2}}{2}\int\frac{\mathrm{d}x}{\frac{\sqrt{2}}{2}\sin x+\frac{\sqrt{2}}{2}\cos x}=\frac{\sqrt{2}}{2}\int\frac{\mathrm{d}x}{\cos\left(x-\frac{\pi}{4}\right)}$$

$$= \frac{\sqrt{2}}{2}\int \sec\left(x-\frac{\pi}{4}\right)\mathrm{d}\left(x-\frac{\pi}{4}\right)$$

$$= \frac{\sqrt{2}}{2}\ln\left|\sec\left(x-\frac{\pi}{4}\right)+\tan\left(x-\frac{\pi}{4}\right)\right|+C.$$

在这里,我们必须指出的是:初等函数在它有定义的区间上的不定积分一定存在,但不定积分存在与不定积分能否用初等函数表示出来不是一回事.事实上,有很多初等函数,它的不定积分是存在的,但它们的不定积分却无法用初等函数表示出来,例如

$$\int \mathrm{e}^{-x^2}\mathrm{d}x,\ \int \frac{\sin x}{x}\mathrm{d}x,\ \int \frac{1}{\sqrt{1+x^3}}\mathrm{d}x.$$

同时,我们还应了解求函数的不定积分与求函数的导数的区别:求一个函数的导数总可以循着一定的规则和方法去做,而求一个函数的不定积分却无统一的规则可循,需要具体问题作具体分析,灵活应用各类积分方法和技巧.

习 题 5

基 本 题

5.1 节

1. 验证下列积分等式是否成立.

(1) $\int \ln x\mathrm{d}x = \frac{1}{x}+C$; (2) $\int \cos(2x+3)\mathrm{d}x = \frac{1}{2}\sin(2x+3)+C$;

(3) $\int \frac{1}{x}\mathrm{d}x = \ln|x|+C$; (4) $\int \frac{1}{1+x^2}\mathrm{d}x = \ln(1+x^2)+C$.

2. 设$\int xf(x)\mathrm{d}x = \arccos x + C$,求 $f(x)$.

3. 设 $f(x)$ 的导函数是 $\sin x$,求 $f(x)$ 的原函数的全体.

4. 求下列各式.

(1) $\left[\int \mathrm{e}^{3x}\mathrm{d}x\right]'$; (2) $\mathrm{d}\left[\int \sin 3x\mathrm{d}x\right]$;

(3) $\int (\mathrm{e}^{2x})';\mathrm{d}x$ (4) $\int \mathrm{d}(\sin 3x)$.

5. 在积分曲线族$\int \frac{1}{\sqrt{1-x^2}}\mathrm{d}x$ 中,求通过点$(1,\pi)$的曲线.

6. 一曲线通过点$(\mathrm{e}^2,3)$,且在任一点处切线的斜率等于该点横坐标的倒数,求该曲线的方程.

5.2 节

1. 计算下列不定积分.

(1) $\int(x^2-3x+2)\mathrm{d}x$；　(2) $\int\left(\sqrt[3]{x}-\frac{1}{\sqrt{x}}\right)\mathrm{d}x$；

(3) $\int\frac{(1-2x)^3}{x^2}\mathrm{d}x$；　(4) $\int\frac{1-x^2}{1+x^2}\mathrm{d}x$；

(5) $\int\left(1-\frac{1}{x^2}\right)\sqrt{x\sqrt{x}}\mathrm{d}x$；　(6) $\int 3^x\mathrm{e}^x\mathrm{d}x$；

(7) $\int\frac{2\cdot3^x-5\cdot2^x}{3^x}\mathrm{d}x$；　(8) $\int\frac{1}{x^2(1+x^2)}\mathrm{d}x$；

(9) $\int(3\sin x-4\cos x)\mathrm{d}x$；　(10) $\int\cot^2 x\mathrm{d}x$；

(11) $\int\cos^2\frac{x}{2}\mathrm{d}x$；　(12) $\int\sec x(\sec x-\tan x)\mathrm{d}x$；

(13) $\int\frac{1}{1+\cos 2x}\mathrm{d}x$；　(14) $\int\frac{\cos 2x}{\cos^2 x\cdot\sin^2 x}\mathrm{d}x$；

(15) $\int\frac{3x-\sqrt{1-x^2}}{x\sqrt{1-x^2}}\mathrm{d}x$.

2. 一物体由静止开始运动，经 t 秒后的速度是 $3t^2$ (m/s)，问：

(1) 在 3 秒后物体离开出发点的距离是多少？

(2) 物体走完 360m 需要多少时间？

3. 设某商品的需求量 Q 是价格 p 的函数，该商品的最大需求量为 1 000(即 $p=0$时，$Q=1\,000$)，已知需求量的变化率(边际需求)为

$$Q'(p)=-1\,000\ln 3\cdot\left(\frac{1}{3}\right)^p,$$

试求需求量 Q 与价格 p 的函数关系.

4. 设生产某产品 x 单位的总成本 C 是 x 的函数 $C(x)$，固定成本(即 $C(0)$)为 20 元，边际成本函数 $C'(x)=2x+10$(元/单位)，求总成本函数 $C(x)$.

5.3 节

1. 在下列各式等号右端的空白处填入适当的常数，使等式成立.

(1) $\mathrm{d}x=$________ $\mathrm{d}(ax+b)$；　(2) $x\mathrm{d}x=$________ $\mathrm{d}(x^2)$；

(3) $\frac{1}{\sqrt{x}}\mathrm{d}x=$________ $\mathrm{d}\sqrt{x}$；　(4) $x^2\mathrm{d}x=$________ $\mathrm{d}(1-3x^3)$；

(5) $\frac{1}{2x}\mathrm{d}x=$________ $\mathrm{d}\ln|x|$；　(6) $\mathrm{e}^{-2x}\mathrm{d}x=$________ $\mathrm{d}(\mathrm{e}^{-2x})$；

(7) $\sin3x\mathrm{d}x=$________ $\mathrm{d}(\cos3x)$；

(8) $(x+2)\mathrm{d}x=$________ $\mathrm{d}(x^2+4x+3)$；

(9) $\frac{1}{1+4x^2}\mathrm{d}x=$________ $\mathrm{d}(\arctan2x)$；

(10) $\dfrac{1}{\sqrt{1-x^2}}\mathrm{d}x=$________ $\mathrm{d}(\arccos x)$.

2. 计算下列不定积分.

(1) $\displaystyle\int \frac{1}{\sqrt[3]{2-3x}}\mathrm{d}x$;

(2) $\displaystyle\int \frac{1}{3+2x}\mathrm{d}x$;

(3) $\displaystyle\int a^{3x}\mathrm{d}x$;

(4) $\displaystyle\int \mathrm{e}^{-x}\mathrm{d}x$;

(5) $\displaystyle\int x^2\sin x^3\mathrm{d}x$;

(6) $\displaystyle\int \frac{(\ln x)^2}{x}\mathrm{d}x$;

(7) $\displaystyle\int \frac{\mathrm{e}^{\frac{1}{x}}}{x^2}\mathrm{d}x$;

(8) $\displaystyle\int \frac{\arccos x}{\sqrt{1-x^2}}\mathrm{d}x$;

(9) $\displaystyle\int \frac{x}{\sqrt{2+x^2}}\mathrm{d}x$;

(10) $\displaystyle\int \frac{\sin(\sqrt{x}+1)}{\sqrt{x}}\mathrm{d}x$;

(11) $\displaystyle\int \frac{1}{x(1+2\ln x)}\mathrm{d}x$;

(12) $\displaystyle\int \frac{\mathrm{e}^x}{1+\mathrm{e}^x}\mathrm{d}x$;

(13) $\displaystyle\int \frac{1}{\mathrm{e}^x+\mathrm{e}^{-x}}\mathrm{d}x$;

(14) $\displaystyle\int \frac{1}{\sqrt{4-9x^2}}\mathrm{d}x$;

(15) $\displaystyle\int \frac{1}{(x+1)(x-2)}\mathrm{d}x$;

(16) $\displaystyle\int \frac{1}{4-9x^2}\mathrm{d}x$;

(17) $\displaystyle\int \frac{1}{x^2-8x+25}\mathrm{d}x$;

(18) $\displaystyle\int \frac{1}{\sqrt{5-2x-x^2}}\mathrm{d}x$;

(19) $\displaystyle\int \frac{1-x}{\sqrt{9-4x^2}}\mathrm{d}x$;

(20) $\displaystyle\int \frac{x}{(1+x)^3}\mathrm{d}x$;

(21) $\displaystyle\int \frac{x^3}{9+x^2}\mathrm{d}x$;

(22) $\displaystyle\int \frac{2x+3}{(x^2+3x+4)^2}\mathrm{d}x$;

(23) $\displaystyle\int \sqrt{\frac{1-x}{1+x}}\mathrm{d}x$;

(24) $\displaystyle\int \frac{x+1}{\sqrt{3+2x-x^2}}\mathrm{d}x$;

(25) $\displaystyle\int \frac{1}{x\ln x\ln\ln x}\mathrm{d}x$;

(26) $\displaystyle\int \frac{1+\ln x}{(x\ln x)^3}\mathrm{d}x$;

(27) $\displaystyle\int \frac{\arctan\sqrt{x}}{\sqrt{x}(1+x)}\mathrm{d}x$.

3. 计算下列不定积分.

(1) $\displaystyle\int \cos^3 x\mathrm{d}x$;

(2) $\displaystyle\int \cos^2(2x+3)\mathrm{d}x$;

(3) $\displaystyle\int \cos^2(\omega t)\sin(\omega t)\mathrm{d}t$;

(4) $\displaystyle\int \mathrm{e}^{\sin x}\cos x\mathrm{d}x$;

(5) $\displaystyle\int \frac{\sin x+\cos x}{(\sin x-\cos x)^3}\mathrm{d}x$;

(6) $\displaystyle\int \tan^{10}x\sec^2 x\mathrm{d}x$;

(7) $\int \tan^3 x\sec x\mathrm{d}x$；

(8) $\int \tan^3 x \sec^4 x\mathrm{d}x$；

(9) $\int \tan^3 x\mathrm{d}x$；

(10) $\int \frac{1}{\sin^4 x}\mathrm{d}x$；

(11) $\int \frac{\tan x}{\sqrt{\cos x}}\mathrm{d}x$；

(12) $\int \frac{10^{\arcsin x}}{\sqrt{1-x^2}}\mathrm{d}x$；

(13) $\int \frac{\sin 2x}{1+\cos^2 x}\mathrm{d}x$；

(14) $\int \frac{1}{1+\cos x}\mathrm{d}x$；

(15) $\int \tan \sqrt{1+x^2}\, \frac{x}{\sqrt{1+x^2}}\mathrm{d}x$；

(16) $\int \sin 2x\cos 3x\mathrm{d}x$.

4. 计算下列不定积分.

(1) $\int \frac{\sqrt{x}}{1+\sqrt{x}}\mathrm{d}x$；

(2) $\int x \sqrt[3]{x+1}\mathrm{d}x$；

(3) $\int x^3 \sqrt{4-x^2}\mathrm{d}x$；

(4) $\int \frac{1}{1+\sqrt{1-x^2}}\mathrm{d}x$；

(5) $\int (1-x^2)^{-\frac{3}{2}}\mathrm{d}x$；

(6) $\int \frac{\sqrt{x^2-9}}{x}\mathrm{d}x$；

(7) $\int \frac{1}{x\sqrt{x^2-1}}\mathrm{d}x$；

(8) $\int \frac{1}{\sqrt{x}+\sqrt[3]{x^2}}\mathrm{d}x$；

(9) $\int \frac{x^3}{\sqrt{x^2+a^2}}\mathrm{d}x \quad (a>0)$；

(10) $\int \frac{1}{\sqrt{(x^2+1)^3}}\mathrm{d}x$；

(11) $\int \frac{1}{(1+x^2)^2}\mathrm{d}x$.

5.4 节

1. 计算下列不定积分.

(1) $\int x\mathrm{e}^{2x}\mathrm{d}x$；

(2) $\int x\cos \frac{x}{2}\mathrm{d}x$；

(3) $\int \ln(x^2+1)\mathrm{d}x$；

(4) $\int \arcsin x\mathrm{d}x$；

(5) $\int \mathrm{e}^x\cos 2x\mathrm{d}x$；

(6) $\int \ln^2 x\mathrm{d}x$；

(7) $\int x^2 \cos^2 \frac{x}{2}\mathrm{d}x$；

(8) $\int x \tan^2 x\mathrm{d}x$；

(9) $\int \cos(\ln x)\mathrm{d}x$；

(10) $\int \frac{x\arcsin x}{\sqrt{1-x^2}}\mathrm{d}x$；

(11) $\int (\arcsin x)^2\mathrm{d}x$；

(12) $\int \mathrm{e}^{\sqrt{x}}\mathrm{d}x$.

2. 设 $I_n=\int \tan^n x\mathrm{d}x$，求证：$I_n=\frac{1}{n-1}\tan^{n-1}x-I_{n-2}$，并求$\int \tan^5 x\mathrm{d}x$.

5.5 节

计算下列不定积分.

(1) $\int \frac{x+3}{x^2-5x+6}\mathrm{d}x$;

(2) $\int \frac{x-1}{(x+1)(x^2+x+1)}\mathrm{d}x$;

(3) $\int \frac{x-2}{x^2+2x+3}\mathrm{d}x$;

(4) $\int \frac{x^2+2x-1}{(x-1)(x^2-x+1)}\mathrm{d}x$;

(5) $\int \frac{1-x+x^2}{(1+x^2)^2}\mathrm{d}x$;

(6) $\int \frac{2x^2+x+3}{x^2(x^2-2x+3)}\mathrm{d}x$;

(7) $\int \frac{1}{1+\cos x}\mathrm{d}x$;

(8) $\int \frac{1}{1+\tan x}\mathrm{d}x$;

(9) $\int \frac{1}{1+\sin x+\cos x}\mathrm{d}x$.

自　测　题

一、选择题

1. 若 $F_1(x)$,$F_2(x)$ 是 $f(x)$ 的两个原函数,则在区间 I 内必有(　　).

A. $F_1(x)=F_2(x)$　　B. $F_1(x)=F_2(x)+C$(C 为任意常数)

C. $\int F_1(x)\mathrm{d}x=\int F_2(x)\mathrm{d}x$　　D. $\mathrm{d}F_1(x)=\mathrm{d}F_2(x)$

2. 下列等式正确的是(　　).

A. $\int \ln x\mathrm{d}x=\frac{1}{x}+C$　　B. $\int \frac{1}{x}\mathrm{d}x=\ln x+C$

C. $\int \frac{1}{1+x^2}\mathrm{d}x=-\operatorname{arccot} x+C$　　D. $\int \mathrm{e}^x\mathrm{d}x=\mathrm{e}^x$

3. 函数 $2(\mathrm{e}^{2x}-\mathrm{e}^{-2x})$的一个原函数是(　　).

A. $4(\mathrm{e}^{2x}+\mathrm{e}^{-2x})$　　B. $\mathrm{e}^{2x}+\mathrm{e}^{-2x}$

C. $(\mathrm{e}^{2x}-\mathrm{e}^{-2x})^2$　　D. $\mathrm{e}^{x}-\mathrm{e}^{-x}$

4. 若$\left(\int f(x)\mathrm{d}x\right)'=\cos x$,则 $f(x)=$(　　).

A. $-\sin x$　　B. $-\sin x+C$

C. $\cos x+C$　　D. $\cos x$

5. 若 $F(x)$ 是 $f(x)$ 的一个原函数,则$\int xf'(x)\mathrm{d}x=$(　　).

A. $F(x)+C$　　B. $f(x)+C$

C. $xf(x)+C$　　D. $xf(x)-F(x)+C$

二、填空题

1. $\int \frac{x^2}{x^2+1}\mathrm{d}x=$ __________.

2. $\left(\int e^{x^2}\,dx\right)' =$ ________，$\int d(x\tan x) =$ ________.

3. 设 $F'(x) = e^{-2x}$，且 $F(0) = \frac{1}{2}$，则 $F(x) =$ ________.

4. $\int \frac{1}{\sqrt{x}(1+x)}dx =$ ________.

5. $\int \frac{f'(x)}{[1-f(x)]^2}dx =$ ________.

6. 设 $\sin x$ 是 $f(x)$ 的一个原函数，则 $\int xf'(x)dx =$ ________.

7. 设 $\int f(x)dx = 2\sin\frac{x}{2} + C$，则 $\int f'(x)dx =$ ________.

8. $\int \frac{1+\ln x}{x^2\ln^2 x}dx =$ ________.

三、求下列不定积分.

1. $\int \frac{1}{x^2}\sin\frac{x+1}{x}dx$；

2. $\int(\sqrt{1-x}-1)dx$；

3. $\int x(2x-3)^{10}dx$；

4. $\int \frac{1+\sin x}{1-\sin x}dx$；

5. $\int \frac{\arcsin\sqrt{x}}{\sqrt{1-x}}dx$；

6. $\int \frac{x^2}{\sqrt{2-x^2}}dx$；

7. $\int e^{\arcsin x}dx$；

8. $\int \frac{x+2}{\sqrt{x^2-4x+3}}dx$.

四、设某商品在产品为 q 时的边际成本 $MC = 100e^{0.01q}$，且固定成本(即产量为 0 时的成本)为 120，求该商品的总成本函数.

第6章 定积分及其应用

本章将讨论积分学的另一个基本问题——定积分,我们先从两个典型的问题引出定积分的定义,然后讨论它的性质和计算方法,最后讨论定积分在几何学、经济学、物理学中的一些应用.

6.1 定积分的概念

6.1.1 引例

1. 曲边梯形面积

在初等数学中,我们已经学会计算多边形及圆形的面积,但遇到任意曲线所围的平面图形的面积,就束手无策了.

设函数 $y=f(x)$ 在 $[a,b]$ 上非负且连续,由直线 $x=a$, $x=b$, $y=0$ 及曲线 $y=f(x)$ 所围成的图形,称为曲边梯形,如图 6.1.1 所示.

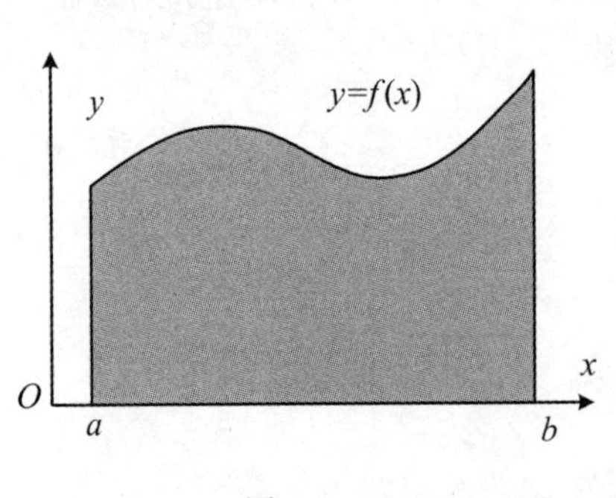

图 6.1.1

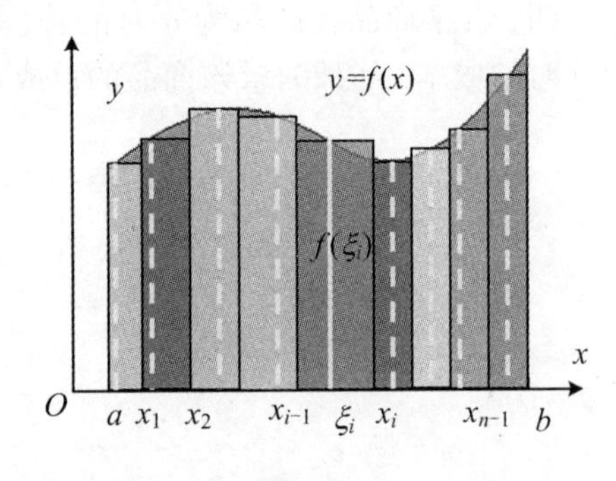

图 6.1.2

曲边梯形面积的确定方法:把该曲边梯形沿着 y 轴的方向切割成许多窄窄的长条,把每个长条近似看作一个矩形,用长乘宽求得小矩形面积,加起来就是曲边梯形面积的近似值,分割越细,误差越小. 于是当所有的长条宽度趋于零时,这个阶梯形面积的极限就成为曲边梯形面积的精确值了,如图 6.1.2 所示.

下面我们利用“分割、近似代替、求和、取极限”这四个步骤来求曲边梯形的面积.

(1) 分割:用分点 $a=x_0<x_1<\cdots<x_{i-1}<x_i<\cdots<x_{n-1}<x_n=b$,把$[a,b]$分成 n 个小区间$[x_0,x_1]$,$[x_1,x_2]$,…,$[x_{n-1},x_n]$,这些小区间长度依次为

$$\Delta x_1=x_1-x_0,\Delta x_2=x_2-x_1,\cdots,\Delta x_n=x_n-x_{n-1}.$$

经过每一个分点作平行于 y 轴的直线段,把曲边梯形分成 n 个小曲边梯形.

(2) 近似代替:在每个小区间$[x_{i-1},x_i]$上任取一点 ξ_i,以$[x_{i-1},x_i]$为底,$f(\xi_i)$为高的小矩形面积近似替代第 i 个小曲边梯形的面积,则第 i 个小曲边梯形的面积

$$\Delta A_i\approx f(\xi_i)\Delta x_i\quad \forall\xi_i\in[x_{i-1},x_i]\quad(i=1,2,\cdots,n).$$

(3) 求和:把这样得到的 n 个小矩形面积之和作为所求曲边梯形面积 A 的近似值,即

$$A\approx f(\xi_1)\Delta x_1+f(\xi_2)\Delta x_2+\cdots+f(\xi_n)\Delta x_n=\sum_{i=1}^{n}f(\xi_i)\Delta x_i.$$

(4) 取极限:设 $\lambda=\max\limits_{1\leqslant i\leqslant n}\{\Delta x_i\}$,当 $\lambda\to0$ 时,可得曲边梯形的面积

$$A=\lim_{\lambda\to0}\sum_{i=1}^{n}f(\xi_i)\Delta x_i.$$

2. 变速直线运动的路程

设某物体作直线运动,已知速度 $v=v(t)$是时间间隔$[T_1,T_2]$上 t 的连续函数,且 $v(t)\geqslant0$,计算在这段时间内物体所经过的路程 S.

思路:把整段时间分割成若干小段,每小段上速度看作不变,求出各小段的路程再相加,便得到路程的近似值,最后通过对时间的无限细分,求得路程的精确值.

具体步骤如下:

(1) 在$[T_1,T_2]$内任意插入若干个分点 $T_1=t_0<t_1<t_2<\cdots<t_{n-1}<t_n=T_2$,把$[T_1,T_2]$分成 n 个小段$[t_0,t_1]$,$[t_1,t_2]$,…,$[t_{n-1},t_n]$,各小段时间长依次为

$$\Delta t_1=t_1-t_0,\Delta t_2=t_2-t_1,\cdots,\Delta t_n=t_n-t_{n-1},$$

相应各段的路程为

$$\Delta S_1,\Delta S_2,\cdots,\Delta S_n.$$

(2) 在$[t_{i-1},t_i]$上任取一个时刻 τ_i,以 τ_i 时的速度 $v(\tau_i)$来代替$[t_{i-1},t_i]$上各个时刻的速度,得到

$$\Delta S_i\approx v(\tau_i)\Delta t_i\quad(i=1,2,\cdots,n).$$

(3) 在这段时间内物体所经过的路程

$$S\approx\sum_{i=1}^{n}v(\tau_i)\Delta t_i.$$

(4) 设 $\lambda=\max\{\Delta t_1,\Delta t_2,\cdots,\Delta t_n\}$,当 $\lambda\to0$ 时,得

$$S=\lim_{\lambda\to0}\sum_{i=1}^{n}v(\tau_i)\Delta t_i.$$

不论是求曲边梯形的面积还是求变速直线运动的路程,都可以归结为一种方法,该方法的中心思想可以归纳为:分割、近似代替、求和、取极限.此外,在几何学、

经济学、物理学等领域中,还有许多问题都可用这种方法来求解.对这种方法进行数学抽象,就得到定积分的概念.

6.1.2 定积分的概念

定义 6.1 设函数 $f(x)$ 在闭区间 $[a,b]$ 上有界,在 $[a,b]$ 中任意插入 $n-1$ 个分点:

$$a=x_0<x_1<x_2<\cdots<x_{n-1}<x_n=b,$$

把区间 $[a,b]$ 分成 n 个小区间,记 $\Delta x_i=x_i-x_{i-1}(i=1,2,\cdots,n)$,在 $[x_{i-1},x_i]$ 上任意取一点 ξ_i,作乘积 $f(\xi_i)\Delta x_i$,并做出和式

$$\sum_{i=1}^{n}f(\xi_i)\Delta x_i.$$

令 $\lambda=\max\{\Delta x_1,\Delta x_2,\cdots,\Delta x_n\}$,如果无论对 $[a,b]$ 作怎样分割,也无论 ξ_i 在 $[x_{i-1},x_i]$ 上怎样选取,只要 $\lambda\to 0$,和式 $\sum\limits_{i=1}^{n}f(\xi_i)\Delta x_i$ 总趋于确定的极限,那么我们称这个极限为函数 $f(x)$ 在区间 $[a,b]$ 上的**定积分**,简称**积分**,记做 $\int_a^b f(x)\mathrm{d}x$,即

$$\int_a^b f(x)\mathrm{d}x=\lim_{\lambda\to 0}\sum_{i=1}^{n}f(\xi_i)\Delta x_i. \tag{6.1.1}$$

其中,$f(x)$ 称为**被积函数**,$f(x)\mathrm{d}x$ 称为**积分表达式**,a 称为**积分下限**,b 称为**积分上限**,x 称为**积分变量**,$[a,b]$ 称为**积分区间**.

关于定积分的定义,我们要做以下几点说明:

(1) 定积分是和式的极限,故是个数值,积分值仅与被积函数及积分区间有关,而与积分变量的字母无关,即

$$\int_a^b f(x)\mathrm{d}x=\int_a^b f(u)\mathrm{d}u=\int_a^b f(t)\mathrm{d}t.$$

(2) 在定积分定义中,总是假设 $a<b$.如果 $a>b$,我们规定

$$\int_b^a f(x)\mathrm{d}x=-\int_a^b f(x)\mathrm{d}x,$$

特别地,当 $a=b$ 时,有 $\int_a^a f(x)\mathrm{d}x=0$.

利用定积分的定义,前面所讨论的两个实际问题可以分别表述如下:

曲线 $y=f(x)(f(x)\geqslant 0)$ 及直线 $x=a,x=b,y=0$ 所围成的曲边梯形的面积 A 等于 $f(x)$ 在 $[a,b]$ 上的定积分,即

$$A=\int_a^b f(x)\mathrm{d}x.$$

物体以变速度 $v=v(t)$ 作直线运动，在时间间隔 $[T_1,T_2]$ 内所经过的路程 S 等于 $v(t)$ 在 $[T_1,T_2]$ 上的定积分，即

$$S=\int_{T_1}^{T_2}v(t)\mathrm{d}t.$$

6.1.3　函数的可积性

若极限(6.1.1)存在，则称函数 $f(x)$ 在区间 $[a,b]$ 上可积，否则称为不可积. 那么 $f(x)$ 在 $[a,b]$ 上满足什么条件才一定可积呢？

本书对于函数的可积性不做深入讨论，只给出一些函数可积的充分条件.

定理 6.1　设 $f(x)$ 在闭区间 $[a,b]$ 上连续，则 $f(x)$ 在 $[a,b]$ 上可积.

定理 6.2　设 $f(x)$ 在闭区间 $[a,b]$ 上有界，且只有有限个第一类间断点，则 $f(x)$ 在 $[a,b]$ 上可积.

以上定理的证明从略，有兴趣的读者可以自行完成.

6.1.4　定积分的几何意义

当 $f(x)\geqslant 0$ 时，$\int_a^b f(x)\mathrm{d}x$ 表示由直线 $x=a,x=b,y=0$ 及曲线 $y=f(x)$ 所围成的曲边梯形的面积；当 $f(x)\leqslant 0$ 时，$\int_a^b f(x)\mathrm{d}x$ 表示由直线 $x=a,x=b$，$y=0$ 及曲线 $y=f(x)$ 所围成的曲边梯形的面积的负值，因为

$$\int_a^b f(x)\mathrm{d}x=\lim_{\lambda\to 0}\sum_{i=1}^n f(\xi_i)\Delta x_i=-\lim_{\lambda\to 0}\sum_{i=1}^n[-f(\xi_i)]\Delta x_i=-\int_a^b[-f(x)]\mathrm{d}x.$$

一般地，若 $f(x)$ 在 $[a,b]$ 上有正有负，则 $\int_a^b f(x)\mathrm{d}x$ 表示曲边梯形面积的代数和，即 $\int_a^b f(x)\mathrm{d}x=-A_1+A_2-A_3$，如图 6.1.3 所示.

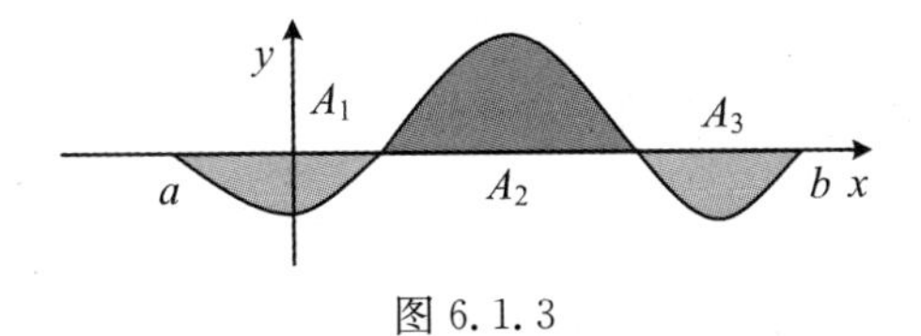

图 6.1.3

【例 6.1.1】　利用定积分的定义计算定积分 $\int_0^1 x^2\mathrm{d}x$.

解　因函数 $f(x)=x^2$ 在 $[0,1]$ 上连续，故可积. 从而定积分的值与区间 $[0,1]$

的分法及 ξ_i 的取法无关. 为便于计算,将[0,1]进行 n 等分,则 $\lambda=\Delta x_i=\frac{1}{n}$,如图 6.1.4 所示. 于是 $\lambda\to 0$ 等价于 $n\to\infty$,取每个小区间的右端点为 ξ_i,则 $\xi_i=\frac{i}{n}$, $i=1,2,\cdots,n$,于是有积分和

$$\sum_{i=1}^{n} f(\xi_i)\Delta x_i=\sum_{i=1}^{n}\xi_i^2\Delta x_i=\sum_{i=1}^{n}\left(\frac{i}{n}\right)^2\cdot\frac{1}{n}=\frac{1}{n^3}\sum_{i=1}^{n} i^2$$

$$=\frac{1}{n^3}\cdot\frac{n(n+1)(2n+1)}{6}=\frac{(n+1)(2n+1)}{6n^2}.$$

故
$$\int_0^1 x^2\mathrm{d}x=\lim_{n\to\infty}\frac{(n+1)(2n+1)}{6n^2}=\frac{1}{3}.$$

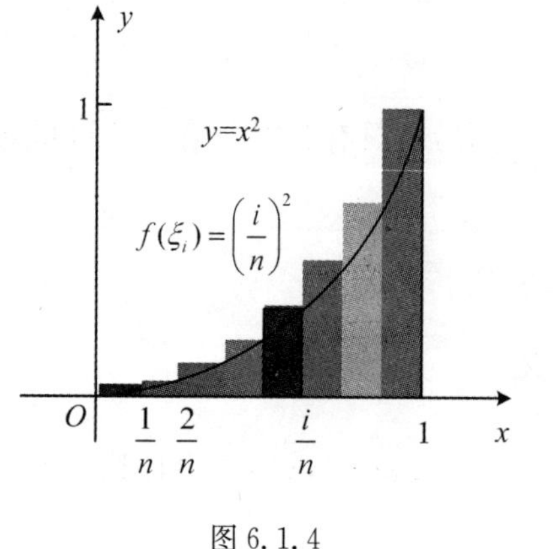

图 6.1.4

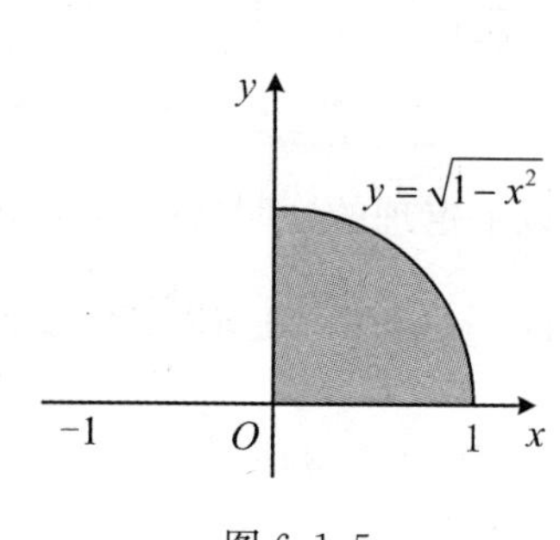

图 6.1.5

【例 6.1.2】 利用定积分的几何意义,求定积分 $\int_0^1 \sqrt{1-x^2}\,\mathrm{d}x$ 的值.

解 如图 6.1.5 所示,曲线 $y=\sqrt{1-x^2}$ 在区间[0,1]上的部分是以坐标原点为圆心,以 1 为半径的四分之一圆周.

根据定积分的几何意义可知,$\int_0^1 \sqrt{1-x^2}\,\mathrm{d}x$ 表示由曲线 $y=\sqrt{1-x^2}$ 与直线 $x=0,x=1,y=0$ 所围成的曲边梯形的面积. 故

$$\int_0^1 \sqrt{1-x^2}\,\mathrm{d}x=\frac{\pi}{4}.$$

【例 6.1.3】 利用定积分表示下列极限:

$$\lim_{n\to\infty}\frac{\pi}{n}\left(\cos\frac{1}{n}+\cos\frac{2}{n}+\cdots+\cos\frac{n-1}{n}+\cos 1\right).$$

解 原极限 $=\lim_{n\to\infty}\pi\sum_{i=1}^{n}\left(\cos\frac{i}{n}\right)\cdot\frac{1}{n}$.

注意到 $f(x)=\cos x$ 在[0,1]上连续,因而是可积的,其在区间[0,1]上的积分和为 $\sum_{i=1}^{n}\cos\xi_i\cdot\Delta x_i$,此时取 $x_i=\frac{i}{n}$,$\Delta x_i=\frac{1}{n}$,$\xi_i=\frac{i}{n}\in[x_{i-1},x_i]$,因此

$$\text{原极限} = \lim_{n\to\infty}\pi\sum_{i=1}^{n}\cos\xi_i\Delta x_i = \pi\int_0^1\cos x\mathrm{d}x.$$

6.2　定积分的性质

在下面的讨论中，我们总是假设函数在所讨论的区间上都是可积的.

性质 6.1　两个函数和(或差)的定积分等于它们的定积分的和(或差)，即

$$\int_a^b[f(x)\pm g(x)]\mathrm{d}x = \int_a^b f(x)\mathrm{d}x \pm \int_a^b g(x)\mathrm{d}x.$$

证

$$\begin{aligned}\int_a^b[f(x)\pm g(x)]\mathrm{d}x &= \lim_{\lambda\to 0}\sum_{i=1}^{n}[f(\xi_i)\pm g(\xi_i)]\Delta x_i \\ &= \lim_{\lambda\to 0}\sum_{i=1}^{n}f(\xi_i)\Delta x_i \pm \lim_{\lambda\to 0}\sum_{i=1}^{n}g(\xi_i)\Delta x_i \\ &= \int_a^b f(x)\mathrm{d}x \pm \int_a^b g(x)\mathrm{d}x.\end{aligned}$$

性质 6.1 对于任意有限个函数都成立. 类似地，可得性质 6.2.

性质 6.2　被积函数的常数因子可以提到积分号外面，即

$$\int_a^b kf(x)\mathrm{d}x = k\int_a^b f(x)\mathrm{d}x.$$

利用定积分的几何意义，可得性质 6.3 和性质 6.4.

性质 6.3　若 $f(x)\equiv 1$，则 $\int_a^b f(x)\mathrm{d}x = b-a$.

性质 6.4　如果积分区间 $[a,b]$ 被点 c 分成两个小区间 $[a,c]$ 与 $[c,b]$，有

$$\int_a^b f(x)\mathrm{d}x = \int_a^c f(x)\mathrm{d}x + \int_c^b f(x)\mathrm{d}x.$$

性质 6.3 和性质 6.4 图示见图 6.2.1 和图 6.2.2.

性质 6.4 称为定积分的区间可加性. 事实上，当 c 不介于 a，b 之间，等式仍成立. 若 $a<b<c$，有 $\int_a^c f(x)\mathrm{d}x = \int_a^b f(x)\mathrm{d}x + \int_b^c f(x)\mathrm{d}x$，于是

$$\int_a^b f(x)\mathrm{d}x = \int_a^c f(x)\mathrm{d}x - \int_b^c f(x)\mathrm{d}x = \int_a^c f(x)\mathrm{d}x + \int_c^b f(x)\mathrm{d}x.$$

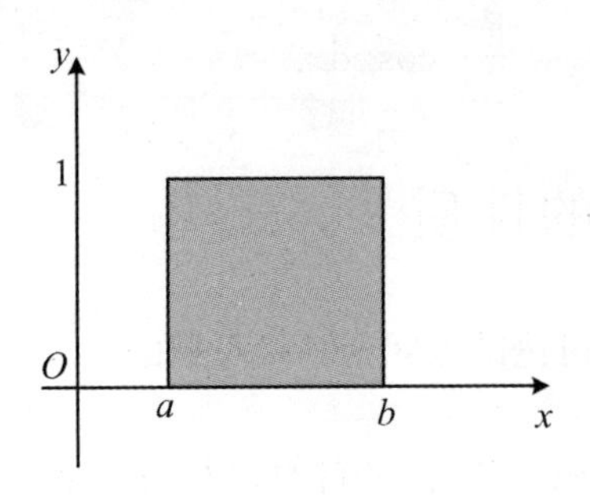

图 6.2.1

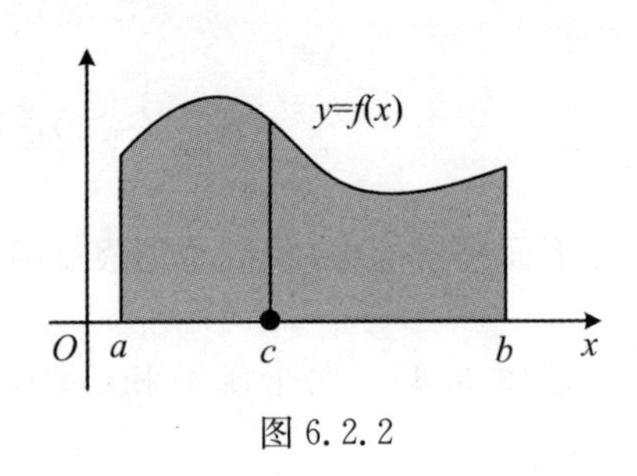

图 6.2.2

若 $c<a<b$,同理可证.

性质 6.5 如果在区间$[a,b]$上,$f(x)\geqslant 0$,则$\int_a^b f(x)\mathrm{d}x \geqslant 0$.

证 因为 $f(x)\geqslant 0$,所以 $f(\xi_i)\geqslant 0$, $i=1,2,\cdots,n$. 又因为 $\Delta x_i \geqslant 0$,故 $\sum_{i=1}^{n} f(\xi_i)\Delta x_i \geqslant 0$. 设 $\lambda = \max_{1\leqslant i\leqslant n}\{\Delta x_i\}$,当 $\lambda \to 0$ 时,便得

$$\int_a^b f(x)\mathrm{d}x \geqslant 0.$$

【例 6.2.1】 比较积分值$\int_0^2 \mathrm{e}^x \mathrm{d}x$ 和$\int_0^2 x\mathrm{d}x$ 的大小.

解 令 $f(x)=\mathrm{e}^x - x, x\in[0,2]$,

因为 $f(x)>0$,所以$\int_0^2 (\mathrm{e}^x - x)\mathrm{d}x > 0$,于是

$$\int_0^2 \mathrm{e}^x \mathrm{d}x > \int_0^2 x\mathrm{d}x.$$

事实上,有以下推论:

推论 6.1 如果在$[a,b]$上,$f(x)\leqslant g(x)$,则$\int_a^b f(x)\mathrm{d}x \leqslant \int_a^b g(x)\mathrm{d}x$.

证明从略.

推论 6.2 $\left|\int_a^b f(x)\mathrm{d}x\right| \leqslant \int_a^b |f(x)|\mathrm{d}x$.

证 因为$-|f(x)|\leqslant f(x)\leqslant |f(x)|$,由推论 6.1 得

$$-\int_a^b |f(x)|\mathrm{d}x \leqslant \int_a^b f(x)\mathrm{d}x \leqslant \int_a^b |f(x)|\mathrm{d}x,$$

即

$$\left|\int_a^b f(x)\mathrm{d}x\right| \leqslant \int_a^b |f(x)|\mathrm{d}x.$$

性质 6.6 设 M 与 m 分别是函数 $f(x)$ 在 $[a,b]$ 上的最大值及最小值，则

$$m(b-a) \leqslant \int_a^b f(x)\mathrm{d}x \leqslant M(b-a).$$

该性质由性质 6.2，性质 6.3 及推论 6.1 易得.

它的几何意义是：由曲线 $y=f(x)$，$x=a$，$x=b$，$y=0$ 所围成的曲边梯形面积，介于以区间 $[a,b]$ 为底，以最小纵坐标 m 为高的矩形面积及最大纵坐标 M 为高的矩形面积之间，如图 6.2.3 所示.

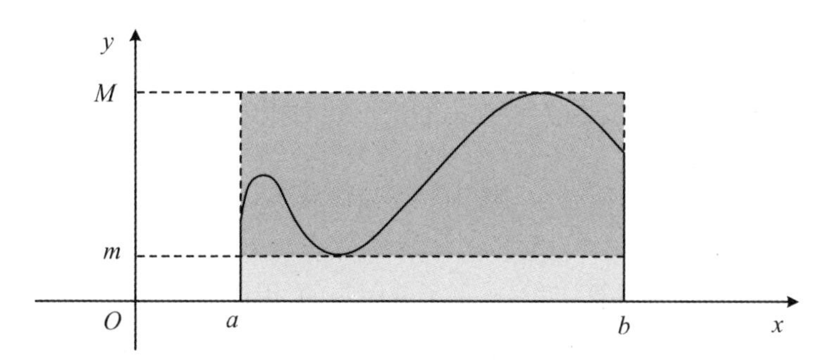

图 6.2.3

【例 6.2.2】 试证：$\dfrac{1}{2} \leqslant \int_{\frac{\pi}{4}}^{\frac{\pi}{2}} \dfrac{\sin x}{x}\mathrm{d}x \leqslant \dfrac{\sqrt{2}}{2}$.

证 设 $f(x)=\dfrac{\sin x}{x}$，则在 $\left[\dfrac{\pi}{4},\dfrac{\pi}{2}\right]$ 上有

$$f'(x) = \frac{x\cos x - \sin x}{x^2} = \frac{\cos x}{x^2}(x - \tan x) < 0.$$

所以 $f(x)$ 在 $\left[\dfrac{\pi}{4},\dfrac{\pi}{2}\right]$ 上单调下降，即

$$\frac{2}{\pi} = f\left(\frac{\pi}{2}\right) \leqslant f(x) \leqslant f\left(\frac{\pi}{4}\right) = \frac{2\sqrt{2}}{\pi} \quad x \in \left[\frac{\pi}{4},\frac{\pi}{2}\right].$$

因此
$$\frac{2}{\pi} \cdot \frac{\pi}{4} \leqslant \int_{\frac{\pi}{4}}^{\frac{\pi}{2}} \frac{\sin x}{x}\mathrm{d}x \leqslant \frac{2\sqrt{2}}{\pi} \cdot \frac{\pi}{4},$$

所以
$$\frac{1}{2} \leqslant \int_{\frac{\pi}{4}}^{\frac{\pi}{2}} \frac{\sin x}{x}\mathrm{d}x \leqslant \frac{\sqrt{2}}{2}.$$

性质 6.7（定积分中值定理） 如果函数 $f(x)$ 在闭区间 $[a,b]$ 上连续，则在积分区间 $[a,b]$ 上至少存在一点 ξ，使得

$$\int_a^b f(x)\mathrm{d}x = f(\xi)(b-a)$$

成立.

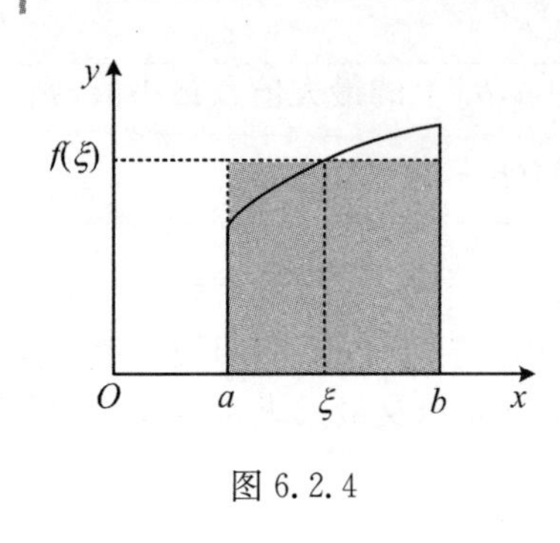

图 6.2.4

证 利用性质 6.6,得

$$m \leqslant \frac{1}{b-a}\int_a^b f(x)\,\mathrm{d}x \leqslant M.$$

再由闭区间上连续函数的介值定理知,在区间$[a,b]$上至少存在一点ξ,使得$f(\xi)=\frac{1}{b-a}\int_a^b f(x)\,\mathrm{d}x$,故得此性质.

显然无论$a>b$,还是$a<b$,上述等式恒成立.

此性质的几何解释:区间$[a,b]$上方以曲线$y=f(x)$为曲边的曲边梯形的面积,等于以区间$[a,b]$为底、以$f(\xi)$为高的矩形的面积(如图 6.2.4 所示).

6.3 微积分基本公式

按定积分的定义来计算定积分,是十分困难的.因此需要寻求一种计算定积分的有效方法.不定积分作为原函数的概念与定积分作为积分和的极限的概念是完全不相干的两个概念,那么它们之间有没有联系呢?如果有,又是什么呢?这就是本节所要探讨的重点.

6.3.1 变上限积分函数

设函数$f(t)$在$[a,b]$上连续,x为$[a,b]$上任一点,显然$f(t)$在$[a,x]$上连续,从而可积,定积分为$\int_a^x f(t)\,\mathrm{d}t$.这个变上限的定积分,对每一个$x\in[a,b]$都有一个确定的值与之对应,因此它是定义在$[a,b]$上的函数,记为$\Phi(x)$,即

$$\Phi(x)=\int_a^x f(t)\,\mathrm{d}t,\ x\in[a,b].$$

称$\Phi(x)$是**变上限积分的函数**,简称**变上限积分**,如图 6.3.1 所示.

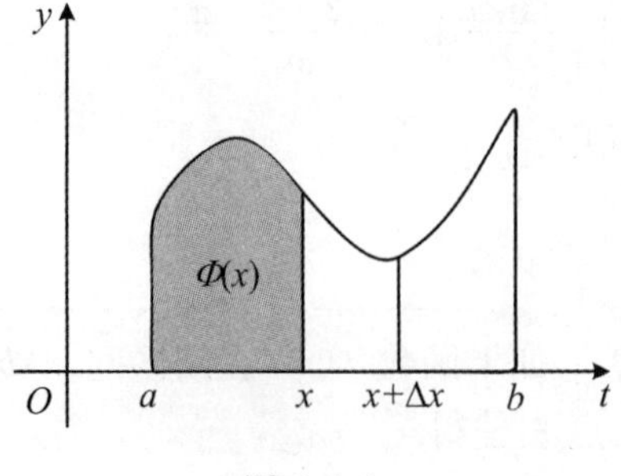

图 6.3.1

定理 6.3　设 $f(t)$ 在 $[a,b]$ 上连续，则变上限积分函数 $\Phi(x)=\int_a^x f(t)\mathrm{d}t$ 在 $[a,b]$ 上可导，且导数为

$$\Phi'(x)=\frac{\mathrm{d}}{\mathrm{d}x}\left[\int_a^x f(t)\mathrm{d}t\right]=f(x). \qquad (6.3.1)$$

证　(1) 当 $x\in(a,b)$ 时，

$$\Delta\Phi(x)=\Phi(x+\Delta x)-\Phi(x)=\int_a^{x+\Delta x}f(t)\mathrm{d}t-\int_a^x f(t)\mathrm{d}t$$
$$=\int_x^{x+\Delta x}f(t)\mathrm{d}t.$$

由积分中值定理得

$$\Delta\Phi=f(\xi)\Delta x.$$

其中，ξ 在 x 与 $x+\Delta x$ 之间. 由于函数 $f(x)$ 在点 x 处连续，所以

$$\Phi'(x)=\lim_{\Delta x\to 0}\frac{\Delta\Phi(x)}{\Delta x}=\lim_{\Delta x\to 0}f(\xi)=f(x).$$

(2) 当 $x=a$ 或 b 时，考虑其单侧导数，可得 $\Phi'_+(a)=f(a)$，$\Phi'_-(b)=f(b)$.

【例 6.3.1】　计算 $\frac{\mathrm{d}}{\mathrm{d}x}\left[\int_0^x \cos^2 t\mathrm{d}t\right]$.

解　由定理 6.3 得

$$\frac{\mathrm{d}}{\mathrm{d}x}\left[\int_0^x \cos^2 t\mathrm{d}t\right]=\cos^2 x.$$

【例 6.3.2】　计算 $\frac{\mathrm{d}}{\mathrm{d}x}\left[\int_1^{x^3} \mathrm{e}^{t^2}\mathrm{d}t\right]$.

解　$\int_1^{x^3}\mathrm{e}^{t^2}\mathrm{d}t$ 可看作 $\int_1^u \mathrm{e}^{t^2}\mathrm{d}t$ 与 $u=x^3$ 复合而成的函数，根据复合函数求导公式，有

$$\frac{\mathrm{d}}{\mathrm{d}x}\left[\int_1^{x^3}\mathrm{e}^{t^2}\mathrm{d}t\right]=\frac{\mathrm{d}}{\mathrm{d}u}\left[\int_1^u \mathrm{e}^{t^2}\mathrm{d}t\right]\cdot\frac{\mathrm{d}u}{\mathrm{d}x}=\Phi'(u)\cdot 3x^2=\mathrm{e}^{u^2}\cdot 3x^2=3x^2\mathrm{e}^{x^6}.$$

注：根据复合函数求导法则，有

$$\left[\int_a^{\varphi(x)}f(t)\mathrm{d}t\right]'=f[\varphi(x)]\cdot\varphi'(x)$$

【例 6.3.3】　计算 $\lim\limits_{x\to 0}\frac{1}{x^2}\int_0^x \ln(1+t)\mathrm{d}t$.

解　当 $x\to 0$ 时，此极限为“$\frac{0}{0}$”型未定式，利用洛必达法则，有

$$\lim_{x\to 0}\frac{\int_0^x \ln(1+t)\mathrm{d}t}{x^2}=\lim_{x\to 0}\frac{\ln(1+x)}{2x}=\frac{1}{2}.$$

由定理 6.3 可得：

定理 6.4(原函数存在定理) 如果函数 $f(x)$ 在$[a,b]$上连续,则变上限积分函数 $\Phi(x)=\int_a^x f(t)\mathrm{d}t$ 是 $f(x)$ 在$[a,b]$上的一个原函数.

这个定理一方面肯定了连续函数的原函数是存在的,另一方面,揭示了积分学中定积分与原函数之间的联系,使得我们有可能通过原函数来计算定积分.

6.3.2 牛顿-莱布尼茨公式

定理 6.5 若函数 $F(x)$ 是连续函数 $f(x)$ 在区间$[a,b]$上的一个原函数,则

$$\int_a^b f(x)\mathrm{d}x = F(b)-F(a). \tag{6.3.2}$$

证 已知函数 $F(x)$ 是连续函数 $f(x)$ 的一个原函数,根据定理 6.4,变上限积分函数 $\Phi(x)=\int_a^x f(t)\mathrm{d}t$ 也是 $f(x)$ 的一个原函数. 于是这两个原函数之差为某个常数,即

$$\Phi(x)=F(x)+C \quad x\in[a,b].$$

令 $x=a$,结合 $\Phi(a)=\int_a^a f(t)\mathrm{d}t=0$,得 $F(a)=-C$. 于是上式变为

$$\Phi(x)=F(x)-F(a).$$

再令 $x=b$,就得到 $\Phi(b)=F(b)-F(a)$. 而 $\Phi(b)=\int_a^b f(t)\mathrm{d}t=\int_a^b f(x)\mathrm{d}x$,于是

$$\int_a^b f(x)\mathrm{d}x=F(b)-F(a).$$

公式(6.3.2)叫做**牛顿**(Newton)-**莱布尼茨**(Leibniz)**公式**,也称为**微积分基本公式**.

微积分基本公式表明:一个连续函数在区间$[a,b]$上的定积分等于它的任意一个原函数在区间$[a,b]$上的增量. 于是,求定积分问题转化为求原函数的问题.

由积分性质知,上述结论式对 $a>b$ 的情形同样成立. 为了方便起见,以后把公式(6.3.2)写成

$$\int_a^b f(x)\mathrm{d}x=[F(x)]_a^b=F(x)\Big|_a^b=F(b)-F(a).$$

【例 6.3.4】 计算下列定积分.

(1) $\int_0^1 x^2\mathrm{d}x$ (2) $\int_{-1}^{\sqrt{3}}\frac{1}{x^2+1}\mathrm{d}x$ (3) $\int_{-2}^{-1}\frac{1}{x}\mathrm{d}x$

解 (1) $\frac{x^3}{3}$ 是 x^2 的一个原函数,由牛顿-莱布尼茨公式得

$$\int_0^1 x^2 \mathrm{d}x = \frac{x^3}{3}\bigg|_0^1 = \frac{1}{3} - \frac{0}{3} = \frac{1}{3}.$$

(2) $\arctan x$ 是$\dfrac{1}{x^2+1}$的一个原函数,故

$$\int_{-1}^{\sqrt{3}} \frac{1}{x^2+1}\mathrm{d}x = \arctan x\bigg|_{-1}^{\sqrt{3}} = \frac{\pi}{3} - \left(-\frac{\pi}{4}\right) = \frac{7}{12}\pi.$$

(3) 当 $x<0$ 时,$\dfrac{1}{x}$的一个原函数是 $\ln|x|$,故

$$\int_{-2}^{-1} \frac{1}{x}\mathrm{d}x = \Big[\ln|x|\Big]_{-2}^{-1} = \ln 1 - \ln 2 = -\ln 2.$$

【例 6.3.5】　设 $f(x)=\begin{cases}2x, & 0\leqslant x\leqslant 1\\ 5, & 1<x\leqslant 2\end{cases}$,计算$\int_0^2 f(x)\mathrm{d}x$.

解　由定积分性质 6.4 及牛顿-莱布尼茨公式得

$$\int_0^2 f(x)\mathrm{d}x = \int_0^1 f(x)\mathrm{d}x + \int_1^2 f(x)\mathrm{d}x = \int_0^1 2x\mathrm{d}x + \int_1^2 5\mathrm{d}x = x^2\bigg|_0^1 + 5x\bigg|_1^2 = 6.$$

【例 6.3.6】　求$\int_{-1}^3 |x|\mathrm{d}x$.

解　因为$|x|=\begin{cases}x, & x\geqslant 0\\ -x, & x<0\end{cases}$,由定积分的可加性得

$$\int_{-1}^3 |x|\mathrm{d}x = \int_0^3 x\mathrm{d}x + \int_{-1}^0 (-x)\mathrm{d}x = \frac{x^2}{2}\bigg|_0^3 + \left(-\frac{x^2}{2}\right)\bigg|_{-1}^0 = \frac{9}{2} + \frac{1}{2} = 5.$$

6.4　定积分的换元积分法和分部积分法

从上节微积分学的基本公式知,求定积分$\int_a^b f(x)\mathrm{d}x$ 的问题可以转化为求被积函数 $f(x)$ 在区间$[a,b]$上的原函数问题. 从而在求不定积分时应用的换元法和分部积分法在求定积分时仍然适用.

6.4.1　定积分的换元积分法

定理 6.6　设函数 $f(x)$在闭区间$[a,b]$上连续,函数 $x=\varphi(t)$满足条件:

(1) $\varphi(t)$在$[\alpha,\beta]$(或$[\beta,\alpha]$)上具有连续导数;

(2) $\varphi(\alpha)=a$,$\varphi(\beta)=b$,且 $a\leqslant\varphi(t)\leqslant b$.

则有

$$\int_a^b f(x)\mathrm{d}x = \int_\alpha^\beta f[\varphi(t)]\varphi'(t)\mathrm{d}t. \tag{6.4.1}$$

公式(6.4.1)称为**定积分的换元公式**.

【例 6.4.1】 计算积分$\int_0^4 \frac{\mathrm{d}x}{1+\sqrt{x}}$.

解 令$\sqrt{x}=t$，即$x=t^2$，则$\mathrm{d}x=2t\mathrm{d}t$.

当$x=0$时，$t=0$；当$x=4$时，$t=2$，于是

$$\begin{aligned}\int_0^4 \frac{\mathrm{d}x}{1+\sqrt{x}}&=\int_0^2 \frac{2t}{1+t}\mathrm{d}t=2\int_0^2\left(1-\frac{1}{1+t}\right)\mathrm{d}t\\&=2[t-\ln(1+t)]\Big|_0^2=2(2-\ln 3).\end{aligned}$$

【例 6.4.2】 计算定积分$\int_0^a \sqrt{a^2-x^2}\mathrm{d}x, a>0$.

解 令$x=a\sin t$，则

$$\mathrm{d}x=a\cos t\mathrm{d}t, \sqrt{a^2-x^2}=a\sqrt{1-\sin^2 t}=a\mid\cos t\mid,$$

当$x=0$时，$t=0$；当$x=a$时，$t=\frac{\pi}{2}$. 由换元积分公式得

$$\begin{aligned}\int_0^a \sqrt{a^2-x^2}\mathrm{d}x&=a^2\int_0^{\frac{\pi}{2}}\cos^2 t\mathrm{d}t=a^2\int_0^{\frac{\pi}{2}}\frac{1+\cos 2t}{2}\mathrm{d}t=\frac{a^2}{2}\int_0^{\frac{\pi}{2}}(1+\cos 2t)\mathrm{d}t\\&=\frac{a^2}{2}\left(t+\frac{1}{2}\sin 2t\right)\Big|_0^{\frac{\pi}{2}}=\frac{\pi a^2}{4}.\end{aligned}$$

定积分的换元公式与不定积分的换元公式很类似. 但是，在应用定积分的换元公式时应注意以下两点：

(1) 用$x=\varphi(t)$把变量x换成新变量t时，积分限也要换成相应于新变量t的积分限，且上限对应于上限，下限对应于下限.

(2) 用$x=\varphi(t)$将积分变量x换成t求出原函数后，t不用回代.

【例 6.4.3】 计算定积分$\int_0^{\frac{\pi}{2}}\cos^3 x\sin x\mathrm{d}x$.

解 由于$\int_0^{\frac{\pi}{2}}\cos^3 x\sin x\mathrm{d}x=\int_0^{\frac{\pi}{2}}\cos^3 x\mathrm{d}(-\cos x)$，故令$t=\cos x$，则当$x=\frac{\pi}{2}$时，$t=0$；当$x=0$时，$t=1$，所以

$$\int_0^{\frac{\pi}{2}}\cos^3 x\sin x\mathrm{d}x=-\int_1^0 t^3\mathrm{d}t=\frac{t^4}{4}\Big|_0^1=\frac{1}{4}.$$

该题还可以用凑微分方法求解：

$$\int_0^{\frac{\pi}{2}}\cos^3 x\sin x\mathrm{d}x=-\int_0^{\frac{\pi}{2}}\cos^3 x\mathrm{d}\cos x=-\frac{1}{4}\cos^4 x\Big|_0^{\frac{\pi}{2}}=\frac{1}{4}.$$

后一种解法没有引入新的积分变量. 计算时，原积分的上、下限不用改变. 对于能用“凑微分法”求原函数的积分，应尽可能用后一种解法去求解.

【例 6.4.4】 设$f(x)$在$[-a,a]$上连续，则

(1) 当$f(x)$为偶函数，有$\int_{-a}^a f(x)\mathrm{d}x=2\int_0^a f(x)\mathrm{d}x$；

(2) 当 $f(x)$ 为奇函数,有$\int_{-a}^{a} f(x)\mathrm{d}x = 0$.

证　$\int_{-a}^{a} f(x)\mathrm{d}x = \int_{-a}^{0} f(x)\mathrm{d}x + \int_{0}^{a} f(x)\mathrm{d}x$,

在上式右端第一项中令 $x = -t$,则

$$\int_{-a}^{0} f(x)\mathrm{d}x = -\int_{a}^{0} f(-t)\mathrm{d}t = \int_{0}^{a} f(-t)\mathrm{d}t = \int_{0}^{a} f(-x)\mathrm{d}x.$$

(1) 当 $f(x)$为偶函数,即 $f(-x)=f(x)$,则

$$\int_{-a}^{a} f(x)\mathrm{d}x = \int_{-a}^{0} f(x)\mathrm{d}x + \int_{0}^{a} f(x)\mathrm{d}x = 2\int_{0}^{a} f(x)\mathrm{d}x.$$

(2) 当 $f(x)$为奇函数,即 $f(-x)=-f(x)$,则

$$\int_{-a}^{a} f(x)\mathrm{d}x = \int_{-a}^{0} f(x)\mathrm{d}x + \int_{0}^{a} f(x)\mathrm{d}x = 0.$$

该题的结论还可以利用定积分的几何意义得到(见图 6.4.1).在计算对称区间上的定积分时,如果能判断被积函数的奇偶性,利用上述结论可以使计算简化.

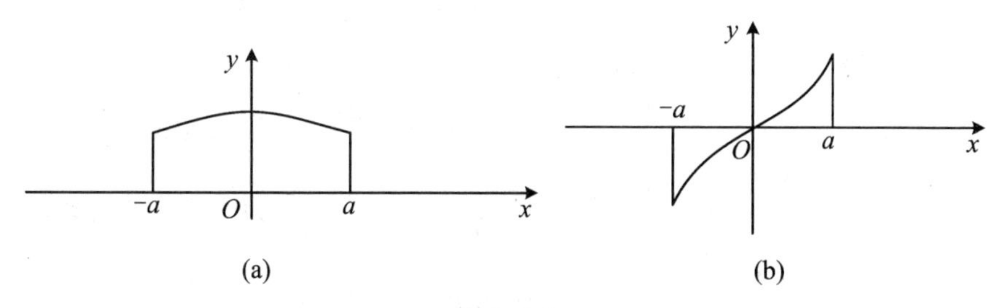

图 6.4.1

【例 6.4.5】　计算定积分$\int_{-1}^{1} \frac{x^2 + x^3\cos^3 x}{1+x^2}\mathrm{d}x$.

解　原式 $= \int_{-1}^{1} \frac{x^2}{1+x^2}\mathrm{d}x + \int_{-1}^{1} \frac{x^3\cos^3 x}{1+x^2}\mathrm{d}x$,

而在区间$[-1,1]$上,$\frac{x^2}{1+x^2}$是偶函数,$\frac{x^3\cos^3 x}{1+x^2}$是奇函数,故

$$\text{原式} = 2\int_{0}^{1} \frac{x^2}{1+x^2}\mathrm{d}x = 2\int_{0}^{1} \frac{(x^2+1)-1}{1+x^2}\mathrm{d}x$$

$$= 2\int_{0}^{1}\left(1-\frac{1}{1+x^2}\right)\mathrm{d}x = 2(x-\arctan x)\Big|_{0}^{1} = 2\left(1-\frac{\pi}{4}\right).$$

6.4.2　定积分的分部积分法

定理 6.7　若 $u(x)$,$v(x)$在$[a,b]$上有连续导数,则

$$\int_{a}^{b} u\mathrm{d}v = uv\Big|_{a}^{b} - \int_{a}^{b} v\mathrm{d}u. \tag{6.4.2}$$

证　因为 $\mathrm{d}(uv)=u\mathrm{d}v+v\mathrm{d}u$,两边由 a 到 b 取定积分,有

$$\int_a^b \mathrm{d}(uv)=\int_a^b u\mathrm{d}v+\int_a^b v\mathrm{d}u,$$

因为 $\int_a^b \mathrm{d}(uv)=uv\Big|_a^b$, 移项即得

$$\int_a^b u\mathrm{d}v=uv\Big|_a^b-\int_a^b v\mathrm{d}u.$$

这就是**定积分的分部积分公式**.

【例 6.4.6】　计算定积分 $\int_1^3 \ln x\mathrm{d}x$.

解　$\int_1^3 \ln x\mathrm{d}x=x\ln x\Big|_1^3-\int_1^3 x\mathrm{d}(\ln x)=(3\ln 3-0)-\int_1^3 x\dfrac{1}{x}\mathrm{d}x=3\ln 3-\int_1^3\mathrm{d}x$

$$=3\ln 3-x\Big|_1^3=3\ln 3-(3-1)=3\ln 3-2.$$

【例 6.4.7】　计算定积分 $\int_0^1 x\mathrm{e}^x\mathrm{d}x$.

解　$\int_0^1 x\mathrm{e}^x\mathrm{d}x=\int_0^1 x\mathrm{d}\mathrm{e}^x=x\mathrm{e}^x\Big|_0^1-\int_0^1\mathrm{e}^x\mathrm{d}x=\mathrm{e}-(\mathrm{e}-1)=1.$

【例 6.4.8】　证明定积分公式:

$$I_n=\int_0^{\frac{\pi}{2}}\sin^n x\mathrm{d}x=\begin{cases}\dfrac{n-1}{n}\cdot\dfrac{n-3}{n-2}\cdots\dfrac{3}{4}\cdot\dfrac{1}{2}\cdot\dfrac{\pi}{2} & (n\text{ 为正偶数})\\[2ex] \dfrac{n-1}{n}\cdot\dfrac{n-3}{n-2}\cdots\dfrac{4}{5}\cdot\dfrac{2}{3} & (n\text{ 为大于 1 的奇数})\end{cases}.$$

证　易见 $I_0=\int_0^{\frac{\pi}{2}}\mathrm{d}x=\dfrac{\pi}{2}, I_1=\int_0^{\frac{\pi}{2}}\sin x\mathrm{d}x=1$,当 $n\geqslant 2$ 时,

$$\begin{aligned}I_n&=\int_0^{\frac{\pi}{2}}\sin^n x\mathrm{d}x=-\int_0^{\frac{\pi}{2}}\sin^{n-1}x\mathrm{d}\cos x\\&=\Big[-\sin^{n-1}x\cos x\Big]_0^{\frac{\pi}{2}}+(n-1)\int_0^{\frac{\pi}{2}}\sin^{n-2}x\cos^2 x\mathrm{d}x\\&=(n-1)\int_0^{\frac{\pi}{2}}\sin^{n-2}x(1-\sin^2 x)\mathrm{d}x\\&=(n-1)\int_0^{\frac{\pi}{2}}\sin^{n-2}x\mathrm{d}x-(n-1)\int_0^{\frac{\pi}{2}}\sin^n x\mathrm{d}x\\&=(n-1)I_{n-2}-(n-1)I_n.\end{aligned}$$

从而得到递推公式

$$I_n=\frac{n-1}{n}I_{n-2},$$

反复用此公式直到下标为 2,得

$$I_n=\int_0^{\frac{\pi}{2}}\sin^n x\mathrm{d}x=\begin{cases}\dfrac{n-1}{n}\cdot\dfrac{n-3}{n-2}\cdots\dfrac{3}{4}\cdot\dfrac{1}{2}\cdot\dfrac{\pi}{2} & (n\text{ 为正偶数})\\[2ex] \dfrac{n-1}{n}\cdot\dfrac{n-3}{n-2}\cdots\dfrac{4}{5}\cdot\dfrac{2}{3} & (n\text{ 为大于 1 的奇数})\end{cases}.$$

注：由于$\int_0^{\frac{\pi}{2}}\sin^n x\,\mathrm{d}x=\int_0^{\frac{\pi}{2}}\cos^n x\,\mathrm{d}x$，故对于$\int_0^{\frac{\pi}{2}}\cos^n x\,\mathrm{d}x$有相同的结果.

【例 6.4.9】　计算定积分$\int_0^{\pi}\cos^5\frac{x}{2}\mathrm{d}x$.

解　令$\frac{x}{2}=t$，则$\mathrm{d}x=2\mathrm{d}t$，于是

$$\int_0^{\pi}\cos^5\frac{x}{2}\mathrm{d}x=2\int_0^{\frac{\pi}{2}}\cos^5 t\mathrm{d}t=2\cdot\frac{4}{5}\cdot\frac{2}{3}=\frac{16}{15}.$$

6.5　定积分的几何应用

前面我们由实际问题引出定积分的概念，介绍了它的基本性质和计算方法，现在将以上所讲的定积分知识用于实践.

6.5.1　微元法

定积分在许多领域都有广泛的应用，下面我们先分析定积分得以应用的本质，并抽象出定积分的微元法.

为了说明这种方法，我们先回顾求曲边梯形面积的问题：

设$y=f(x)$在区间$[a,b]$上非负连续，求以曲线$y=f(x)$为曲边，底为$[a,b]$的曲边梯形的面积A. 我们是按下面的步骤将这个面积表达成定积分$\int_a^b f(x)\mathrm{d}x$的形式.

(1) 用任意一组分点：

$$a=x_0<x_1<\cdots<x_{n-1}<x_n=b$$

将区间分成n个小区间$[x_{i-1},x_i]$，其长度为$\Delta x_i=x_i-x_{i-1}$，$i=1,2,\cdots,n$，相应地，曲边梯形被划分成n个小曲边梯形.

(2) 第i个小曲边梯形的面积记为ΔA_i，则其近似值为

$$\Delta A_i\approx f(\xi_i)\Delta x_i,\quad\forall\,\xi_i\in[x_{i-1},x_i],$$

(3) 求曲边梯形面积A的近似值

$$A\approx\sum_{i=1}^{n}f(\xi_i)\Delta x_i,$$

(4) 取极限，使近似值向精确值转化

$$A=\lim_{\lambda\to0}\sum_{i=1}^{n}f(\xi_i)\Delta x_i=\int_a^b f(x)\mathrm{d}x.$$

能将曲边梯形的面积表示成定积分，关键在于第二步. 小曲边梯形的面积ΔA_i与相应的小矩形的面积只相差一个比Δx_i高阶的无穷小量. 因此，当小区间的最大长度$\lambda=\max\limits_{1\leqslant i\leqslant n}\{\Delta x_i\}\to0$时，和式$\sum\limits_{i=1}^{n}f(\xi_i)\Delta x_i$的极限就是面积$A$的精确值.

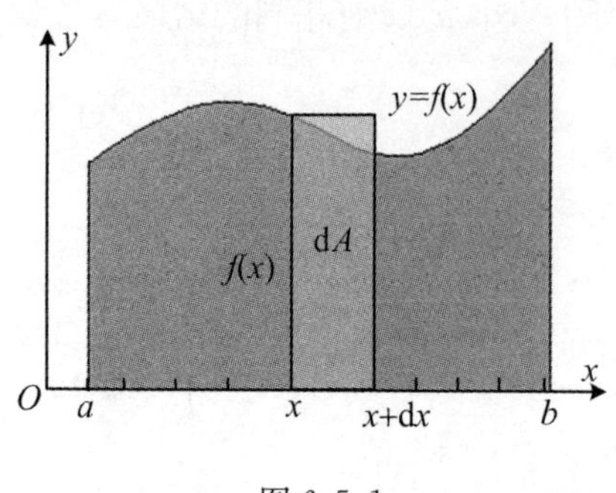

图 6.5.1

为了简便起见,省略下标 i,用 ΔA 表示任一小区间$[x,x+\mathrm{d}x]$(区间微元)上的小曲边梯形的面积. 这样

$$A=\sum\Delta A.$$

取$[x,x+\mathrm{d}x]$的左端点 x 为ξ,以 x 处的函数值 $f(x)$为高、$\mathrm{d}x$ 为底的矩形的面积 $f(x)\mathrm{d}x$(面积微元,记作 $\mathrm{d}A$)为 ΔA 的近似值(见图 6.5.1),即

$$\Delta A\approx\mathrm{d}A=f(x)\mathrm{d}x,$$

于是

$$A\approx\sum\mathrm{d}A=\sum f(x)\mathrm{d}x,$$

从而得到

$$A=\lim\sum f(x)\mathrm{d}x=\int_a^b f(x)\mathrm{d}x.$$

通过对求曲边梯形面积问题的回顾、分析、提炼,我们可以给出用定积分计算某个量 U 的步骤.

(1) 根据问题,选取一个积分变量. 例如,以变量 x 为积分变量,并确定它的变化区间$[a,b]$.

所求量 U 在区间$[a,b]$上应具有可加性,即若将区间$[a,b]$分成许多部分区间,则 U 相应地分成许多部分量 ΔU,U 就等于所有部分量 ΔU 之和.

(2) 将区间$[a,b]$分成若干小区间,取其中的任一小区间$[x,x+\mathrm{d}x]$,求出它所对应的部分量 ΔU 的近似值,若 ΔU 能近似地表示为

$$f(x)\mathrm{d}x\quad(f(x)\text{ 为}[a,b]\text{ 上的连续函数}),$$

则称 $f(x)\mathrm{d}x$ 为量 U 的微元,记作 $\mathrm{d}U$,即

$$\mathrm{d}U=f(x)\mathrm{d}x.$$

(3) 以 U 的微元 $\mathrm{d}U$ 作为被积表达式,以$[a,b]$为积分区间,得

$$U=\int_a^b f(x)\mathrm{d}x.$$

这个方法叫做**微元法**,其实质是找出 U 的微元 $\mathrm{d}U$ 的微分表达式 $\mathrm{d}U=f(x)\mathrm{d}x$. 严格地说,微元法要求 $f(x)\mathrm{d}x$ 就是所求量 U 的微分,本书略去这种证明.

6.5.2 平面图形的面积

下面我们考虑直角坐标系下平面图形的面积.

如图 6.5.2 所示,由曲线 $y=f(x)$及直线 $x=a,x=b(a<b)$与 x 轴所围成的曲边梯形面积 A:

$$A=\int_a^b f(x)\mathrm{d}x,$$

其中，$f(x)\mathrm{d}x$ 为面积微元.

如图 6.5.3 所示，由曲线 $y=f(x)$ 与 $y=g(x)$ 及直线 $x=a$，$x=b(a<b)$ 且 $f(x)\geqslant g(x)$ 所围成的图形面积 A：

$$A=\int_a^b [f(x)-g(x)]\mathrm{d}x, \tag{6.5.1}$$

其中，$[f(x)-g(x)]\mathrm{d}x$ 为面积微元.

类似地，如图 6.5.4 所示，若平面图形是由曲线 $x=\varphi(y)$，$x=\psi(y)$ 和直线 $y=c$，$y=d(c<d)$ 所围，且 $\varphi(y)\geqslant\psi(y)$，则其面积可对 y 积分得到

$$A=\int_c^d [\varphi(y)-\psi(y)]\mathrm{d}y, \tag{6.5.2}$$

其中，$[\varphi(y)-\psi(y)]\mathrm{d}y$ 为面积微元.

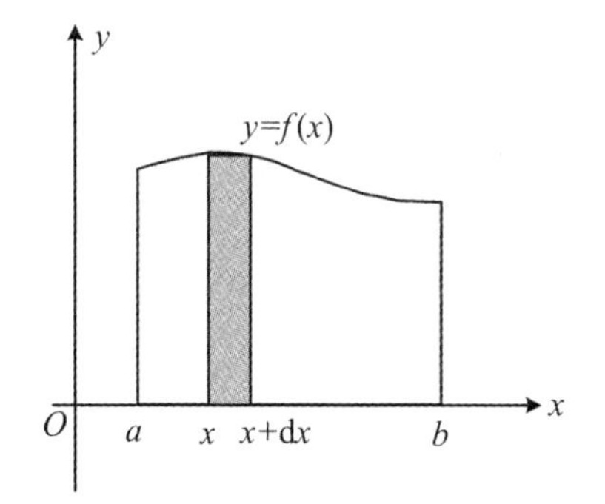

图 6.5.2

图 6.5.3　D_1 型

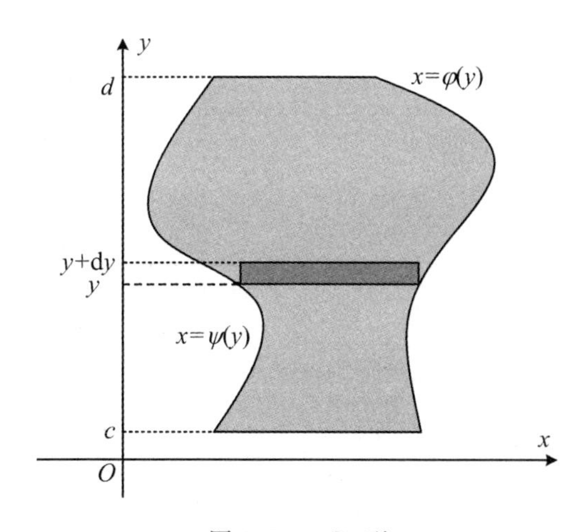

图 6.5.4　D_2 型

根据微元法，我们得到计算面积的两个应用(6.5.1)式和(6.5.2)式. 为方便记

忆,再将这两个公式的算法描述如下:

> 对 D_1 型区域,取 x 为积分变量,积分区间为$[a,b]$,被积函数为区域上方边界曲线函数减去下方边界曲线函数:$f(x)-g(x)$.
>
> 对 D_2 型区域,取 y 为积分变量,积分区间为$[c,d]$,被积函数为区域右方边界曲线函数减去左方边界曲线函数:$\varphi(y)-\psi(y)$.

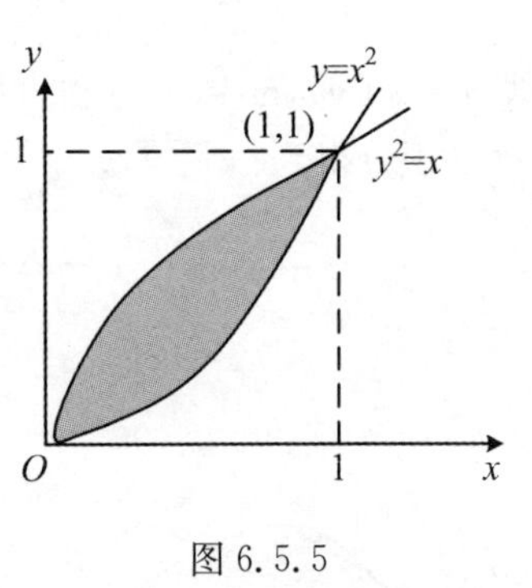

图 6.5.5

【例 6.5.1】 求由抛物线 $y=x^2$ 与 $x=y^2$ 所围成的面积.

解 题设曲线所围面积如图 6.5.5 所示,由方程组

$$\begin{cases} y=x^2 \\ x=y^2 \end{cases}$$

得两曲线的交点为(0,0),(1,1).

选 x 为积分变量,积分区间为[0,1],上方边界曲线函数是 $y=\sqrt{x}$,下方边界曲线函数是 $y=x^2$. 故所求面积

$$A=\int_0^1(\sqrt{x}-x^2)\mathrm{d}x=\left[\frac{2}{3}x^{\frac{3}{2}}-\frac{x^3}{3}\right]_0^1=\frac{1}{3}.$$

【例 6.5.2】 计算由抛物线 $y^2=2x$ 与直线 $y=x-4$ 所围成的图形面积.

解 题设曲线所围面积如图 6.5.6 所示.

解方程组$\begin{cases} y^2=2x \\ y=x-4 \end{cases}$,得两曲线的交点为(2,−2),(8,4).

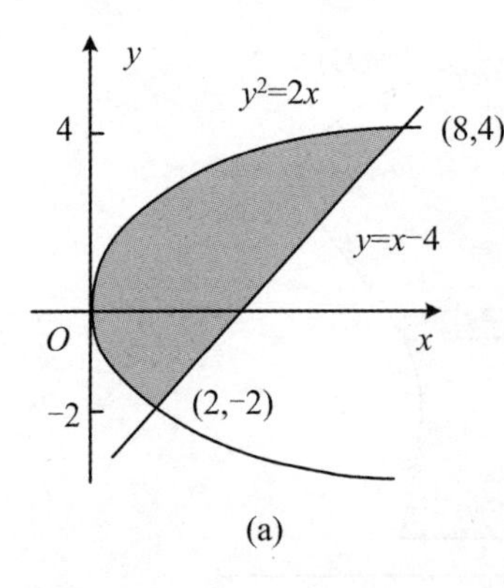

(a)

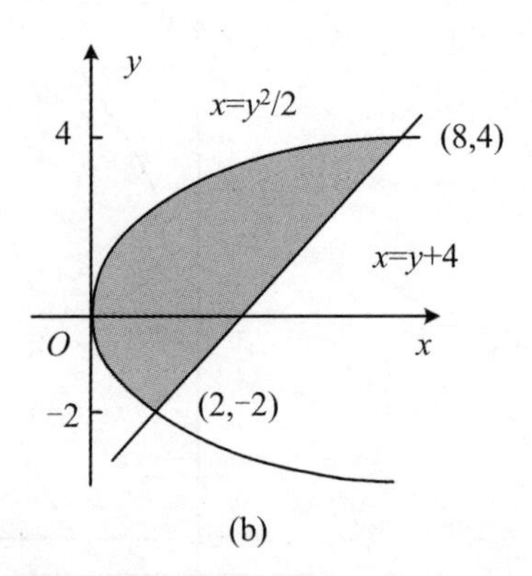

(b)

图 6.5.6

解法一 取 x 为积分变量,积分区间分为两部分进行:在[0,2]上,上方边界曲线函数是 $y=\sqrt{2x}$,下方边界曲线函数是 $y=-\sqrt{2x}$;在[2,8]上,上方边界曲线函数是 $y=\sqrt{2x}$,下方边界曲线函数是 $y=x-4$,故所求面积

$$A=\int_0^2[\sqrt{2x}-(-\sqrt{2x})]\mathrm{d}x+\int_2^8[\sqrt{2x}-(x-4)]\mathrm{d}x$$
$$=\int_0^2 2\sqrt{2x}\mathrm{d}x+\int_2^8(\sqrt{2x}+4-x)\mathrm{d}x=18.$$

解法二　取 y 为积分变量，积分区间为$[-2,4]$，右方边界曲线函数是 $x=y+4$，左方边界曲线函数是 $x=\frac{y^2}{2}$，所求面积为

$$A=\int_{-2}^4\left(y+4-\frac{1}{2}y^2\right)\mathrm{d}y=18.$$

显然，解法二较为简洁. 这表明在计算面积时，应注意积分变量的选择.

6.5.3　体积

1. 旋转体的体积

旋转体是由一个平面图形绕该平面内一条定直线旋转一周而生成的立体，该定直线称为**旋转轴**.

计算由曲线 $y=f(x)$，直线 $x=a$，$x=b$ 及 x 轴所围成的曲边梯形，绕 x 轴旋转一周而生成的立体的体积，如图 6.5.7 所示.

取 x 为积分变量，则 $x\in[a,b]$，对于区间$[a,b]$上的任一区间$[x,x+\mathrm{d}x]$，它所对应的小曲边梯形绕 x 轴旋转而生成的薄片立体，其体积近似等于以 $f(x)$为底半径，$\mathrm{d}x$ 为高的圆柱体体积. 即体积微元为

$$\mathrm{d}V=\pi[f(x)]^2\mathrm{d}x,$$

所求的旋转体的体积为

$$V=\int_a^b\pi[f(x)]^2\mathrm{d}x.\qquad(6.5.3)$$

同理，由曲线 $x=\varphi(y)$，直线 $y=c$，$y=d$ 及 y 轴所围成的曲边梯形，绕 y 轴旋转一周而生成的立体(见图 6.5.8)的体积为

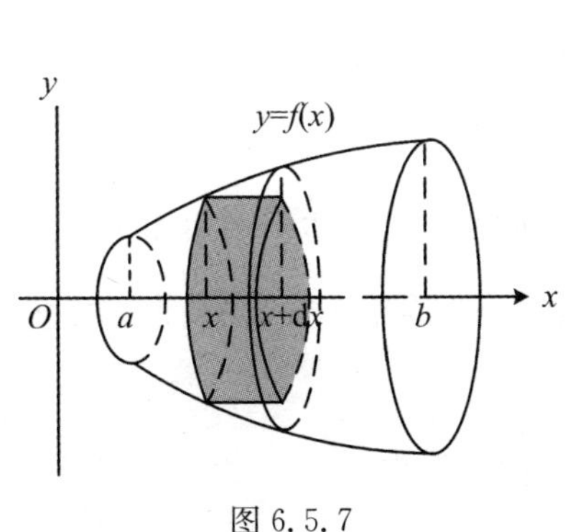

图 6.5.7

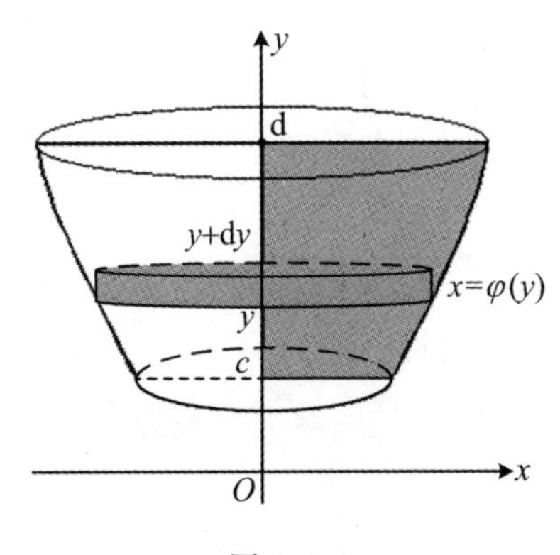

图 6.5.8

$$V=\int_c^d \pi\left[\varphi(y)\right]^2 \mathrm{d}y. \tag{6.5.4}$$

【例 6.5.3】 计算椭圆$\dfrac{x^2}{a^2}+\dfrac{y^2}{b^2}=1$绕 x 轴旋转而成的旋转体（称旋转椭球体）的体积.

解 如图 6.5.9 所示，所求的旋转体可看做由 $y=\dfrac{b}{a}\sqrt{a^2-x^2}$，$x=-a$，$x=a$，$x$ 轴所围成的图形绕 x 轴旋转而成. 再根据对称性，体积表示为

$$V=2\pi\int_0^a \frac{b^2}{a^2}(a^2-x^2)\mathrm{d}x=\frac{4}{3}\pi ab^2.$$

特别地，当 $a=b=R$ 时，得到球体的体积为$\dfrac{4}{3}\pi R^3$.

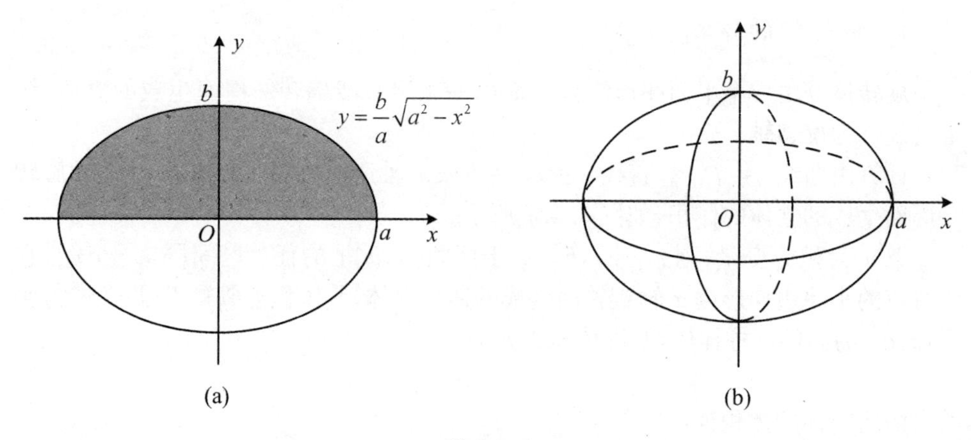

图 6.5.9

【例 6.5.4】 计算由抛物线 $y=2x^2$，直线 $x=1$ 及 x 轴所围图形，分别绕 x 轴及 y 轴旋转而成的旋转体的体积.

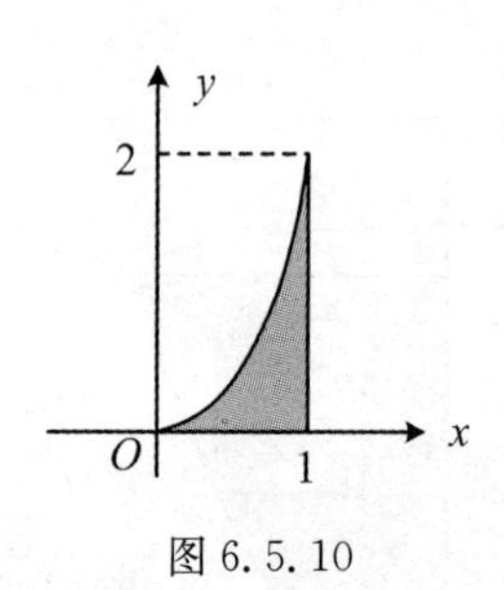

图 6.5.10

解 所围图形见图 6.5.10. 第一个旋转体可以看做由 $y=2x^2$，$x=0$，$x=1$ 和 x 轴所围图形绕 x 轴旋转而成.

$$V_x=\pi\int_0^1 (2x^2)^2\mathrm{d}x=\frac{4}{5}\pi$$

第二个旋转体可以看做从由 $x=1$，$y=2$，x 轴和 y 轴所围的矩形绕 y 轴旋转而成的圆柱体中挖去由 $x=\sqrt{\dfrac{y}{2}}$，$y=0$，$y=2$ 和 y 轴所围的图形绕 y 轴旋转而成的立体，所以

$$V_y=\pi\cdot 1^2\cdot 2-\pi\int_0^2 \frac{y}{2}\mathrm{d}y=\pi.$$

2. 平行截面面积为已知的立体的体积(截面法)

如果知道某立体上垂直于一定轴的各个截面的面积，那么这个立体的体积也可以用定积分来计算.

如图 6.5.11 所示，取定轴为 x 轴，且设该立体在过点 $x=a$，$x=b$，且垂直于 x 轴的两个平面之内，对任意的 $x\in[a,b]$，若以 $A(x)$ 表示过点 x 并垂直于 x 轴的平面在立体上的截面面积，且 $A(x)$ 是 x 的连续函数，则该立体的体积可用微元法计算如下：

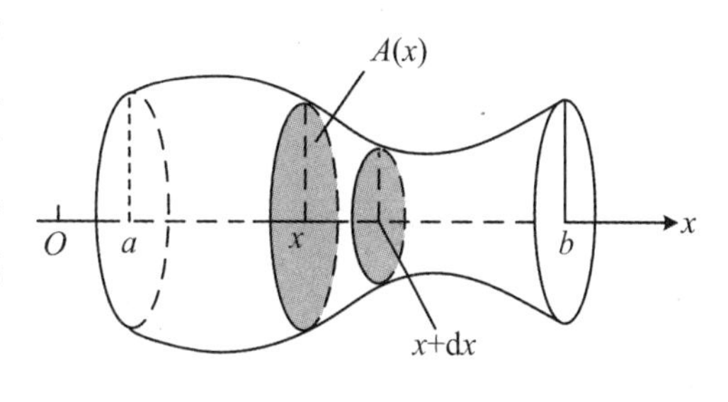

图 6.5.11

取 x 为积分变量，它的变化区间为$[a,b]$. 立体中相应于$[a,b]$上任一小区间$[x,x+\mathrm{d}x]$的薄片的体积近似于底面积为$A(x)$，高为 $\mathrm{d}x$ 的柱体的体积. 即体积微元为

$$\mathrm{d}V=A(x)\mathrm{d}x,$$

于是，该立体的体积为

$$V=\int_a^b A(x)\mathrm{d}x. \tag{6.5.5}$$

【例 6.5.5】 一平面经过半径为 R 的圆柱体的底圆中心，并与底面交成角 α，计算这平面截圆柱体所得立体的体积.

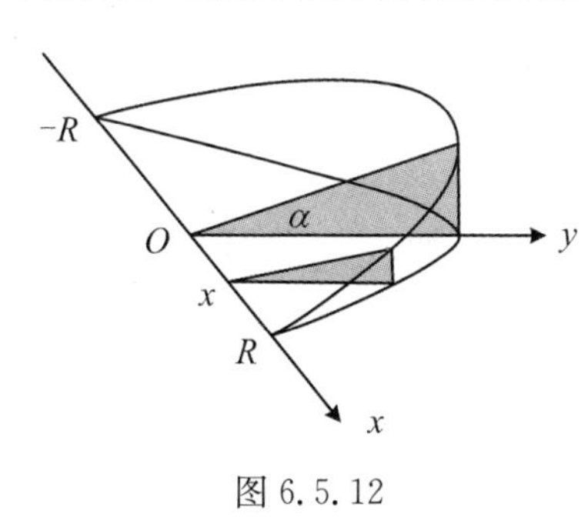

图 6.5.12

解　建立坐标系如图 6.5.12 所示，垂直于 x 轴的截面为直角三角形，截面面积为

$$A(x)=\frac{1}{2}(R^2-x^2)\tan\alpha,$$

所以立体体积

$$V=\frac{1}{2}\int_{-R}^{R}(R^2-x^2)\tan\alpha\mathrm{d}x=\frac{2}{3}R^3\tan\alpha.$$

若用垂直于 y 轴的平面去截该立体，则截面面积表达式为何呢？留给读者自行计算.

6.6　积分在经济中的应用

6.6.1　由边际函数求原经济函数

我们知道，已知某经济函数，求其边际函数就是求它的导函数. 反之，若已知某经济函数的边际函数，求原经济函数，则可以用积分方法.

设经济函数 $f(x)$ 的边际函数为 $f'(x)$,则由牛顿-莱布尼茨公式,得

$$\int_0^x f'(t)\mathrm{d}t = f(x) - f(0).$$

于是

$$f(x) = \int_0^x f'(t)\mathrm{d}t + f(0).$$

注:当 x 从 a 变到 b 时,$f(x)$ 的改变量即为

$$\Delta f = f(b) - f(a) = \int_a^b f'(t)\mathrm{d}t.$$

【例 6.6.1】 设某产品的生产是连续进行的,总产量 Q 是时间 t 的函数. 如果总产量的变化率为

$$Q'(t) = \frac{324}{t^2}\mathrm{e}^{-\frac{9}{t}} \quad (\text{吨} / \text{日}),$$

求投产后从 $t=3$ 到 $t=30$ 这 27 天的总产量.

解 总产量 $Q(t)$ 是其变化率 $Q'(t)$ 的原函数,所以从 $t=3$ 到 $t=30$ 这 27 天的总产量为

$$\Delta Q = \int_3^{30} Q'(t)\mathrm{d}t = \int_3^{30} \frac{324}{t^2}\mathrm{e}^{-\frac{9}{t}}\mathrm{d}t = 36\int_3^{30}\mathrm{e}^{-\frac{9}{t}}\mathrm{d}\left(-\frac{9}{t}\right) = 36\cdot\mathrm{e}^{-\frac{9}{t}}\Big|_3^{30}$$

$$= 36(\mathrm{e}^{-\frac{3}{10}} - \mathrm{e}^{-3}) \approx 24.9 \quad (\text{吨}).$$

1. 需求函数

由第 4 章知,需求量 Q 是价格 p 的函数 $Q=Q(p)$,一般地,价格 $p=0$ 时,需求量最大,记为 Q_0,即 $Q_0=Q(0)$.

若已知边际需求为 $Q'(p)$,则总需求函数 $Q(p)$ 为

$$Q(p) = \int_0^p Q'(t)\mathrm{d}t + Q_0.$$

【例 6.6.2】 已知对某商品的需求量是价格 p 的函数,且边际需求 $Q'(p)=-4$,该商品的最大需求量为 80(即 $p=0$ 时,$Q=80$),求需求量与价格的函数关系.

解 由边际需求的定积分公式,可得需求量

$$Q(p) = \int_0^p Q'(t)\mathrm{d}t + Q_0 = \int_0^p (-4)\mathrm{d}t + 80,$$

于是需求量与价格的函数关系是

$$Q(p) = -4p + 80.$$

2. 总成本函数

设产量为 x 时的边际成本为 $C'(x)$,固定成本为 C_0,则产量为 x 时的总成本函数为

$$C(x) = \int_0^x C'(t)\mathrm{d}t + C(0) = \int_0^x C'(t)\mathrm{d}t + C_0.$$

其中，$\int_0^x C'(t)\mathrm{d}t$ 为变动成本.

【例 6.6.3】 设某产品每周生产 x 单位时，总成本变化率为 $C'(x)=0.4x-12$（元/单位），固定成本为 300 元，求总成本函数.

解 由定积分公式得总成本函数为

$$C(x)=\int_0^x C'(t)\mathrm{d}t+C(0)=\int_0^x (0.4t-12)\mathrm{d}t+C(0)$$
$$=0.2x^2-12x+300.$$

3. 总收益函数

设产销量为 x 时的边际收益为 $R'(x)$，则产销量为 x 时的总收益函数 $R(x)$ 为

$$R(x)=\int_0^x R'(t)\mathrm{d}t+R(0),$$

一般地，假定产销量为 0 时总收入为 0，即 $R(0)=0$. 因此

$$R(x)=\int_0^x R'(t)\mathrm{d}t.$$

【例 6.6.4】 已知生产某产品 x 单位时的边际收入为 $R'(x)=100-2x$（元/单位），求生产 40 单位时的总收入及平均收入，并求再增加生产 10 个单位时所增加的总收入.

解 由定积分公式 $R(x)=\int_0^x R'(t)\mathrm{d}t$ 得

$$R(40)=\int_0^{40}(100-2x)\mathrm{d}x=(100x-x^2)\Big|_0^{40}=2\,400\ (\text{元}),$$

平均收入

$$\frac{R(40)}{40}=\frac{2400}{40}=60\ (\text{元}),$$

在生产 40 单位后再生产 10 单位所增加的总收入可由增量公式求得

$$\Delta R=R(50)-R(40)=\int_{40}^{50}R'(x)\mathrm{d}x=\int_{40}^{50}(100-2x)\mathrm{d}x=(100x-x^2)\Big|_{40}^{50}$$
$$=100\ (\text{元}).$$

4. 利润函数

设产销量为 x 时的边际利润为 $L'(x)$，则产销量为 x 时的利润函数 $L(x)$ 为

$$L(x)=\int_0^x L'(t)\mathrm{d}t+L(0),$$

因为 $L(0)=R(0)-C(0)=-C(0)$，故

$$L(x)=\int_0^x L'(t)\mathrm{d}t-C(0).$$

【例 6.6.5】 设某产品的总成本 C（万元）的边际成本是产量 x（百台）的函数

$C'(x)=4+\frac{x}{4}$,总收入 R(万元)的边际收入是产量 x 的函数 $R'(x)=9-x$,已知固定成本 $C(0)=1$ 万元. 分别求出总成本、总收益、总利润与产量 x 的函数关系式.

解 因总成本是固定成本与可变成本之和,则总成本函数为

$$C(x)=\int_0^x C'(t)\mathrm{d}t+C(0)=1+\int_0^x\left(4+\frac{t}{4}\right)\mathrm{d}t=1+4x+\frac{1}{8}x^2,$$

总收益为

$$R(x)=\int_0^x R'(t)\mathrm{d}t=\int_0^x(9-t)\mathrm{d}t=9x-\frac{1}{2}x^2,$$

总利润函数为

$$L(x)=R(x)-C(x)=5x-\frac{5}{8}x^2-1.$$

6.6.2 由边际函数求最优值问题

【例 6.6.6】 已知生产某产品 x(百台)的边际成本是 $C'(x)=3+\frac{x}{3}$(万元/百台),固定成本 $C(0)=1$ 万元,且总收入函数 $R(x)=7x-\frac{1}{2}x^2$(万元),问当产量为多少时,总利润最大? 最大总利润是多少?

解 由已知得总成本函数为

$$C(x)=\int_0^x C'(t)\mathrm{d}t+C(0)=1+\int_0^x\left(3+\frac{t}{3}\right)\mathrm{d}t=1+3x+\frac{1}{6}x^2,$$

又 $R(x)=7x-\frac{1}{2}x^2$,则总利润函数为

$$L(x)=R(x)-C(x)=7x-\frac{1}{2}x^2-\left(1+3x+\frac{1}{6}x^2\right)=-1+4x-\frac{2}{3}x^2,$$

所以 $L'(x)=4-\frac{4}{3}x$,令 $L'(x)=4-\frac{4}{3}x=0$,得唯一驻点 $x=3$,由该问题实际意义可知 $L(x)$ 存在最大值,则当 $x=3$(百台)时,总利润达到最大,且最大利润为

$$L(3)=5\ (\text{万元}).$$

【例 6.6.7】 某工厂生产 x 件产品时的边际成本为 $C'(x)=\frac{1}{50}x+20$(元/件),且固定成本为 90 000 元,试求产量为多少时平均成本最小?

解 由已知可计算得总成本函数为

$$C(x)=\int_0^x C'(t)\mathrm{d}t+C(0)=\int_0^x\left(\frac{t}{50}+20\right)\mathrm{d}t+90\,000=\frac{1}{100}x^2+20x+90\,000,$$

则平均成本函数为 $\overline{C}(x)=\frac{C(x)}{x}=\frac{1}{100}x+20+\frac{90\,000}{x}$,求导得

$$\overline{C}'(x)=\frac{1}{100}-\frac{90\,000}{x^2},$$

令 $\overline{C}'(x)=\frac{1}{100}-\frac{90\,000}{x^2}=0$，得唯一驻点 $x_1=3\,000$（$x_2=-3\,000$ 舍去），由实际问题意义可知 $\overline{C}(x)$ 有最小值，所以当产量为 3 000 件时，平均成本最小.

6.6.3　收入流的现值与终值

设从 $t=0$ 开始，企业连续获得收入，t 年时的收入为 $f(t)$，称 $f(t)$ 为**收入流**，是收入流量的变化率，即单位时间内的收入. 设 $f(t)$ 在 $[0,T]$ 上连续，年利率为 r，按连续复利计算，怎么计算 T 年后总收入的终值？现值又是多少？

在时间段 $[t,t+\Delta t]$ 内收入的近似值为 $f(t)\Delta t$，按连续复利计算，这些收入在收入期末的终值 $f(t)\Delta t\mathrm{e}^{r(T-t)}$，由定积分的微元法，总收入的终值为

$$F=\int_0^T f(t)\mathrm{e}^{r(T-t)}\,\mathrm{d}t,$$

其现值为

$$F_0=F\mathrm{e}^{-rT}=\int_0^T f(t)\mathrm{e}^{-rt}\,\mathrm{d}t.$$

若 $f(t)$ 为常数 a，称为**均匀收入流**，此时终值为

$$F=\int_0^T a\mathrm{e}^{r(T-t)}\,\mathrm{d}t=\frac{a}{r}(\mathrm{e}^{rT}-1).$$

其现值为

$$F_0=\int_0^T a\mathrm{e}^{-rt}\,\mathrm{d}t=\frac{a}{r}(1-\mathrm{e}^{-rT}).$$

收入流类似于系列收付款项，而均匀输入流类似于年金. 不同的是，计算现值与终值时，前者计算连续复利而后者计算普通复利.

【例 6.6.8】　一位居民准备购买一座别墅，现价为 300 万元. 如以分期付款方式购买，经测算每年需付 21 万元，20 年付清. 银行的存款年利率为 4%，按连续复利计息，请你帮这位购买者作一决策：是采用一次性付款合算，还是分期付款合算？

解　若分期付款，付款总额的现值为

$$F_0=\int_0^{20}21\mathrm{e}^{-0.04t}\,\mathrm{d}t=\frac{21}{0.04}(1-\mathrm{e}^{-0.8})\approx 289.1(\text{万元})<300(\text{万元}),$$

所以分期付款合算.

【例 6.6.9】　有一特大型水电投资项目，投资总成本为 10^6 万元，竣工后每年可得收入 6.5×10^4 万元. 若年利率为 5%，按连续复利计算，求投资回收期.

解　项目竣工后 T 年总收入的现值为

$$F_0=\int_0^T 6.5\times10^4\mathrm{e}^{-0.05t}dt=1.3\times10^6(1-\mathrm{e}^{-0.05T})\ (\text{万元}),$$

当总收入的现值等于投资总成本时，收回投资，即

$$1.3\times10^6(1-\mathrm{e}^{-0.05T})=10^6,$$

解得

$$T=\frac{1}{0.05}\ln\frac{13}{3}\approx 29.33\ (\text{年}).$$

6.6.4 洛伦兹曲线与基尼系数

在判断某一社会收入分配的平均程度时,洛伦兹曲线是最常用的工具,基尼系数是最常用的指标.

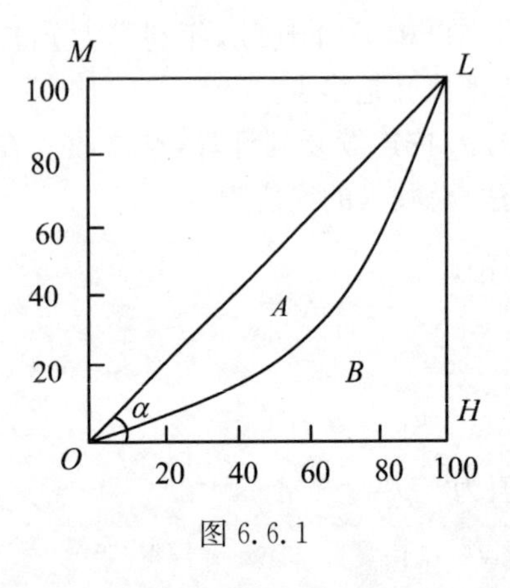

图 6.6.1

为了研究国民收入在国民之间的分配问题,美国统计学家 M.O. 洛伦兹 1907 年提出了著名的洛伦兹曲线. 它先将一国人口按收入由低到高排队,然后考虑收入最低的任意百分比人口所得到的收入百分比. 将这样的人口累计百分比和收入累计百分比的对应关系描绘在图形上,即得到洛伦兹曲线(图 6.6.1).

图中横轴 OH 表示人口(按收入由低到高分组)的累积百分比,纵轴 OM 表示收入的累积百分比,弧线 OL 为洛伦兹曲线. 如果(0.20, 0.10)是弧线 OL 上一点,表示占总人口 20%的最穷人口只占全部收入的 10%.

洛伦兹曲线的弯曲程度有重要意义. 一般来说,它反映了收入分配的不平等程度. 弯曲程度越大,收入分配越不平等,反之亦然. 特别是,如果所有收入都集中在一人手中,而其余人口均一无所获时,收入分配达到完全不平等,洛伦兹曲线成为折线 OHL. 另一方面,若任一人口百分比均等于其收入百分比,从而人口累计百分比等于收入累计百分比,则收入分配是完全平等的,洛伦兹曲线成为通过原点的倾角 α 为 $45°$ 线 OL.

一般来说,一个国家的收入分配,既不是完全不平等,也不是完全平等,而是介于两者之间. 相应的洛伦兹曲线,既不是折线 OHL,也不是 $\alpha=45°$ 线 OL,而是像图 6.6.1 中这样向横轴突出的弧线 OL,尽管突出的程度有所不同.

将洛伦兹曲线与 $\alpha=45°$ 线之间的部分 A 叫做"不平等面积",当收入分配达到完全不平等时,洛伦兹曲线成为折线 OHL,OHL 与 $\alpha=45°$ 线之间的面积 $A+B$ 叫做"完全不平等面积". 不平等面积与完全不平等面积之比,称为基尼系数,是衡量一国贫富差距的标准. 基尼系数 $G=A/(A+B)$. 显然,基尼系数不会大于 1,也不会小于零. 基尼系数越大,说明社会收入分配越不平等.

【例 6.6.10】 洛伦兹曲线方程为 $M=H^{\frac{5}{3}}$,求基尼系数.

解 由定积分的几何应用知

$$B=\int_0^1 H^{\frac{5}{3}}\,\mathrm{d}H=\frac{3}{8},$$

则基尼系数为

$$G=\frac{A}{A+B}=\frac{\frac{1}{2}-\frac{3}{8}}{\frac{1}{2}}=0.25.$$

6.6.5　消费者剩余和生产者剩余

消费者剩余又称为消费者的净收益，是指买者的支付意愿减去买者的实际支付量. 比如，你原本打算用 8000 元买联想电脑，后来发现它的市场价格是 7500 元，这样你少支付了 500 元，这 500 元就是消费者剩余. 消费者剩余衡量了买者自己感觉到所获得的额外利益.

设某商品的需求函数为 $p=D(Q)$，这里 p 是价格，Q 是需求量. 如果该商品的市场价格为 p_0，相应的需求量为 Q_0，$p_0=D(Q_0)$，则原打算高于市场价格 p_0 的价格购买商品的消费者，会由于市场价格低于 p_0 而得到好处，这个好处称为**消费者剩余**，记作 $R_D(Q_0)$. 消费者总剩余可以用需求曲线下方、价格线上方和价格轴围成的三角形的面积表示. 如图 6.6.2 所示，以 OQ 代表商品数量，Op 代表商品价格，pQ 代表需求曲线，则消费者购买商品时所获得的消费者剩余为图 6.6.2 中的灰色面积.

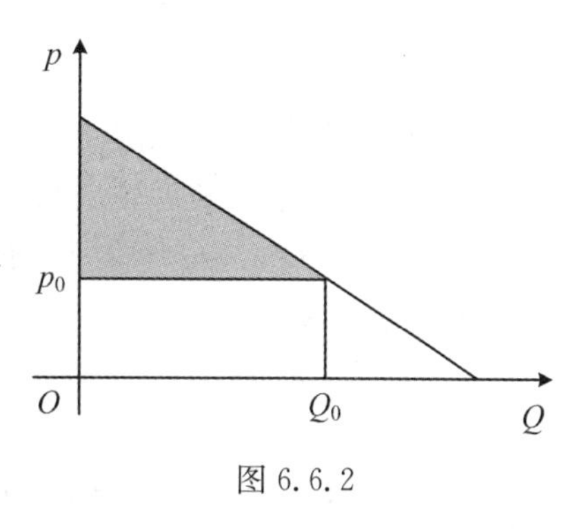

图 6.6.2

$$R_D(Q_0)=\int_0^{Q_0}D(Q)\mathrm{d}Q-p_0Q_0.$$

【例 6.6.11】 在一个完全垄断的商品市场上，商品的价格 p 和销售的数量 Q 是由需求函数决定的. 设商品的需求函数为 $p=274-Q^2$，垄断生产者的边际成本为 $C'(Q)=4+3Q$，求消费者剩余.

解 由于是垄断市场，生产者必选择使其利润最大化的产量和价格. 生产者的收入函数为

$$R(Q)=pQ=274Q-Q^3,$$

当 $R'(Q)=C'(Q)$ 时，即 $274-3Q^2=4+3Q$，利润最大，此时 $Q_0=9$，相应的商品价格为 $p_0=193$. 则消费者剩余

$$R_D(9)=\int_0^9(274-Q^2)\mathrm{d}Q-193\cdot 9=486.$$

生产者剩余就是指卖者出售一种物品或服务得到的价格减去卖者最低所能接受的价格. 如电影公司提供一部电影并愿意以 10 元销售，而消费者愿意出 40 元钱购买，最终电影公司以 40 元钱的价格出售，那么生产者剩余就是 30 元. 从几何的角度看，它等于价格曲线之下、供给曲线之上的区域.

生产者剩余为

$$R_S(Q_0) = p_0Q_0 - \int_0^{Q_0} S(Q)\mathrm{d}Q,$$

其中,$p=S(Q)$为供给函数,Q是供给量.

消费者剩余也好,生产者剩余也罢,其实都是福利经济学的概念,它所表示的实际上是买卖双方在交易过程中所得到的收益.消费者剩余是买者在购买过程中从市场上得到的收益;生产者剩余是卖方在出售过程中得到的收益.

例如某商品市场是完全竞争的,需求函数和供给函数分别为$p=D(Q)$与$p=S(Q)$,均衡价格和均衡量分别为$\overline{p}$与$\overline{Q}$,则消费者剩余和生产者剩余分别为

$$R_D(\overline{Q}) = \int_0^{\overline{Q}} D(Q)\mathrm{d}Q - \overline{p}\overline{Q},$$

$$R_S(\overline{Q}) = \overline{p}\overline{Q} - \int_0^{\overline{Q}} S(Q)\mathrm{d}Q.$$

【例 6.6.12】 在完全竞争条件下,某商品的需求函数为$p=113-Q^2$,供给函数为$p=(Q+1)^2$,求消费者剩余和生产者剩余.

解 由$113-Q^2=(Q+1)^2$得均衡价格$\overline{p}=64$,均衡量$\overline{Q}=7$,则消费者剩余和生产者剩余分别为

$$R_D(7) = \int_0^7 (113-Q^2)\mathrm{d}Q - 64\cdot 7 \approx 228.67,$$

$$R_S(7) = 64\cdot 7 - \int_0^7 (Q+1)^2\mathrm{d}Q \approx 277.33.$$

6.7 积分在物理中的应用

6.7.1 变力沿直线所做的功

从物理学理论中我们知道,如果物体在做直线运动的过程中受到常力F作用,并且力F的方向与物体运动的方向一致,那么,当物体移动距离为s时,力F对物体所做的功是$W=F\cdot s$.如果物体在运动过程中所受到的力是变化的,那么就遇到变力对物体做功的问题,此时可利用定积分微元法来计算物体变力所做的功.

设物体在变力$F(x)$作用下从$x=a$移动到$x=b$处,且$F(x)$在$[a,b]$上连续,现计算物体从$x=a$移动到$x=b$时所做的功W.

取x为积分变量,在$[a,b]$上的任一小区间$[x,x+\mathrm{d}x]$,物体从x移动到$x+\mathrm{d}x$过程中所做的功可以近似为以常力$F(x)$所做的功,则功微元为

$$\mathrm{d}W = F(x)\mathrm{d}x,$$

根据微元法可知物体在变力$F(x)$作用下,从$x=a$移动到$x=b$时所做的功W为

$$W = \int_a^b F(x)\mathrm{d}x.$$

下面通过具体例子来说明如何计算变力做功问题.

【例 6.7.1】 设一质点距原点 x m 时，受变力 $F(x)=800x$ N 的作用，问质点在 $F(x)$作用下从点 $x=0.5$ m 移动到点 $x=0.8$ m 时，该变力所做的功是多少？

解　由已知得，取 x 为积分变量，积分区间为$[0.5,0.8]$，则所求的功为

$$W=\int_{0.5}^{0.8}F(x)\mathrm{d}x=\int_{0.5}^{0.8}800x\mathrm{d}x=400x^2\Big|_{0.5}^{0.8}=400\times(0.64-0.25)=156(\mathrm{J}).$$

【例 6.7.2】 把高为 10 m、半径为 5 m 的圆柱形水箱内的水全部抽到位于水箱底正上方 15 m 处的排水管内，需要作多少功？

解　用 $y=0$ 表示水箱底部，$y=10$ 表示水箱顶部，取 y 为积分变量，它的变化范围为$[0,10]$.

在区间$[0,10]$内任取一小区间$[y,y+\mathrm{d}y]$，该区间对应的一薄层水厚度为 $\mathrm{d}y$，重力加速度 g 取为 $9.8\ \mathrm{m/s^2}$，水的密度为 $\rho=1\,000\ \mathrm{kg/m^3}$，则该薄层水的重力为

$$5^2\pi\rho g\cdot\mathrm{d}y=245\,000\pi\mathrm{d}y.$$

因为排水管在 $y=15$ 处，所以该薄层水需提升的距离是 $15-y$，那么所需的功微元为 $245\,000\pi\cdot(15-y)\cdot\mathrm{d}y$. 则所求的功是

$$W=\int_0^{10}245\,000\pi\cdot(15-y)\cdot\mathrm{d}y=245\,000\pi\int_0^{10}(15-y)\cdot\mathrm{d}y$$

$$=245\,000\pi\cdot\left[15y-\frac{1}{2}y^2\right]_0^{10}=24\,500\,000\pi\approx7.693\times10^7(\mathrm{J}).$$

6.7.2　水压力

根据物理学知识，在水深为 h 处的压强为 $p=\rho gh$，其中，ρ 是水的密度，g 为重力加速度，如果有一块面积为 A 的平板水平放置在水深为 h 处，则平板一侧所受的水压力为

$$P=p\cdot A.$$

如果平板是垂直放置在水中，由于水深不同的点处压强不相等，平板一侧不同深处所受的水压力也是不同的，此时就需要通过微元法来计算，下面举例说明它的计算方法.

【例 6.7.3】 一个横放的圆柱形水桶盛有半桶水，水桶的底面半径为 R，水密度是 ρ，计算水桶的圆侧面一端所受到的水压力.

解　如图 6.7.1 所示建立直角坐标系，取 x 为积分变量，对应的积分区间为$[0,R]$.

在$[0,R]$中任取一小区间$[x,x+\mathrm{d}x]$，则该小薄片上各处的压强近似为 $p=\rho gx$，且小薄片的面积近似为 $2\sqrt{R^2-x^2}\,\mathrm{d}x$，因此该薄片一侧所受水压力的近似值，即压力微元为 $\mathrm{d}P=2\rho gx\sqrt{R^2-x^2}\,\mathrm{d}x$.

所以水桶的圆侧面一端所受到的水压力为

$$P=\int_0^R2\rho gx\sqrt{R^2-x^2}\,\mathrm{d}x=-\rho g\int_0^R\sqrt{R^2-x^2}\,\mathrm{d}(R^2-x^2)$$

$$=-\rho g\left[\frac{2}{3}(R^2-x^2)^{\frac{3}{2}}\right]_0^R=\frac{2\rho g}{3}R^3.$$

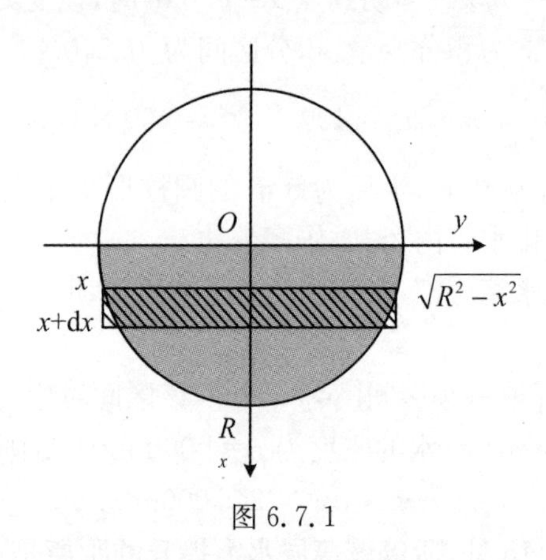

图 6.7.1

6.8 广 义 积 分

本章前几节所讨论的定积分,是在有限区间$[a,b]$上对有界函数 $f(x)$的积分.但在实际应用中,可能遇到积分区间为无限的情形及被积函数为无界函数的情形.本节将讨论这些问题.

6.8.1 无限区间上的广义积分

设函数 $f(x)$在区间$[a,+\infty)$上连续,称形如

$$\int_a^{+\infty}f(x)\mathrm{d}x \tag{6.8.1}$$

的积分为函数 $f(x)$在无限区间$[a,+\infty)$上的**广义积分**.

由(6.8.1)式所表示的积分,究竟有没有意义呢?如果有意义,应当如何理解?

定义 6.2 设函数 $f(x)$ 在区间$[a,+\infty)$ 上连续,取 $b>a$. 如果极限 $\lim\limits_{b\to+\infty}\int_a^b f(x)\mathrm{d}x$ 存在,则称广义积分$\int_a^{+\infty}f(x)\mathrm{d}x$ **收敛**,此时有

$$\int_a^{+\infty}f(x)\mathrm{d}x=\lim_{b\to+\infty}\int_a^b f(x)\mathrm{d}x.$$

如果上述极限不存在,则称广义积分$\int_a^{+\infty}f(x)\mathrm{d}x$ **发散**,这时记号$\int_a^{+\infty}f(x)\mathrm{d}x$不再表示数值.

由于 $f(x)$ 在区间$[a,b]$ 上连续,定积分$\int_a^b f(x)\mathrm{d}x$ 总是存在的,设 $F(x)$ 为

$f(x)$ 在$[a,+\infty)$ 上的一个原函数，则

$$\int_a^{+\infty} f(x)\mathrm{d}x = \lim_{b\to+\infty}\int_a^b f(x)\mathrm{d}x = \lim_{b\to+\infty}[F(b)-F(a)].$$

若记 $F(+\infty)=\lim\limits_{b\to+\infty}F(b)$，则

$$\int_a^{+\infty} f(x)\mathrm{d}x = F(x)\Big|_a^{+\infty}.$$

【例 6.8.1】　讨论广义积分$\int_0^{+\infty}\frac{1}{1+x^2}\mathrm{d}x$ 的敛散性.

解　$\int_0^{+\infty}\frac{1}{1+x^2}\mathrm{d}x = \arctan x\Big|_0^{+\infty} = \frac{\pi}{2}-0=\frac{\pi}{2}$，

故题设广义积分收敛.

【例 6.8.2】　讨论广义积分$\int_0^{+\infty}\sin x\mathrm{d}x$ 的敛散性.

解　$\int_0^{+\infty}\sin x\mathrm{d}x =-\cos x\Big|_0^{+\infty}$，由于 $\cos(+\infty) = \lim\limits_{x\to+\infty}\cos x$ 不存在，故题设广义积分发散.

【例 6.8.3】　求曲线 $y=\mathrm{e}^{-x}$与x 轴、y 轴所围开口图形的面积.

解　显然，题设曲线所围并非封闭区域. 一个非封闭区域也有面积吗?

我们来试试，看是否能求出一个合理的面积来. 如图 6.8.1 所示，所求面积为

$$A=\int_0^{+\infty}\mathrm{e}^{-x}\mathrm{d}x =-\mathrm{e}^{-x}\Big|_0^{+\infty} = 1.$$

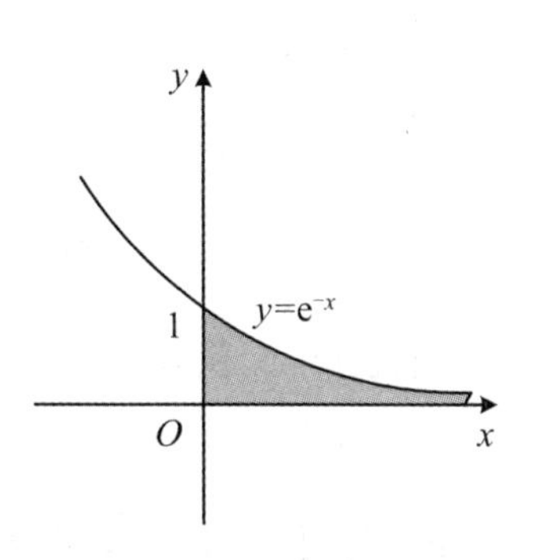

图 6.8.1

【例 6.8.4】　讨论广义积分$\int_1^{+\infty}\frac{1}{x^p}\mathrm{d}x$ 的敛散性.

解　(1) 当 $p=1$ 时，

$$\int_1^{+\infty}\frac{1}{x^p}\mathrm{d}x=\int_1^{+\infty}\frac{1}{x}\mathrm{d}x=\ln x\Big|_1^{+\infty}=+\infty,$$

广义积分发散.

(2) 当 $p\neq1$ 时，

$$\int_1^{+\infty}\frac{1}{x^p}\mathrm{d}x=\frac{x^{1-p}}{1-p}\Big|_1^{+\infty}=\begin{cases}+\infty & (p<1)\\ \frac{1}{p-1} & (p>1)\end{cases}.$$

因此，当 $p>1$ 时，广义积分收敛，其值为$\frac{1}{p-1}$；当 $p\leqslant1$ 时，广义积分发散.

无限区间上的广义积分还有下面两种形式，即

$$\int_{-\infty}^b f(x)\mathrm{d}x, \tag{6.8.2}$$

$$\int_{-\infty}^{+\infty} f(x)\,\mathrm{d}x. \tag{6.8.3}$$

类似地，也有下面两个关于收敛和发散的定义：

定义 6.3 设函数 $f(x)$ 在区间 $(-\infty,b]$ 上连续，取 $a<b$. 如果极限 $\lim\limits_{a\to-\infty}\int_a^b f(x)\,\mathrm{d}x$ 存在，则广义积分 $\int_{-\infty}^b f(x)\,\mathrm{d}x$ **收敛**，此时有

$$\int_{-\infty}^b f(x)\,\mathrm{d}x=\lim_{a\to-\infty}\int_a^b f(x)\,\mathrm{d}x.$$

如果上述极限不存在，就称广义积分 $\int_{-\infty}^b f(x)\,\mathrm{d}x$ **发散**.

定义 6.4 设函数 $f(x)$ 在区间 $(-\infty,+\infty)$ 上连续，如果广义积分 $\int_{-\infty}^0 f(x)\,\mathrm{d}x$ 和 $\int_0^{+\infty} f(x)\,\mathrm{d}x$ 都收敛，则称广义积分 $\int_{-\infty}^{+\infty} f(x)\,\mathrm{d}x$ **收敛**. 此时有

$$\int_{-\infty}^{+\infty} f(x)\,\mathrm{d}x=\int_{-\infty}^0 f(x)\,\mathrm{d}x+\int_0^{+\infty} f(x)\,\mathrm{d}x.$$

否则就称广义积分 $\int_{-\infty}^{+\infty} f(x)\,\mathrm{d}x$ **发散**.

6.8.2 无界函数的广义积分

引例 求曲线 $y=\dfrac{1}{x}$ 与 x 轴、y 轴、$x=1$ 所围开口图形的面积.

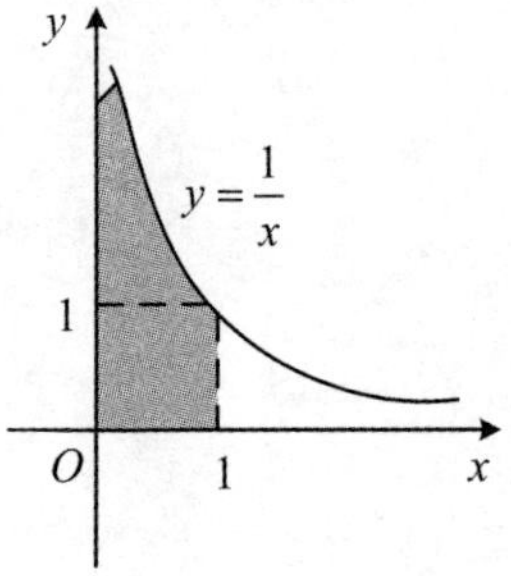

由图 6.8.2 得，所求的面积为

$$A=\int_0^1 \frac{1}{x}\,\mathrm{d}x.$$

图 6.8.2

上述定积分虽然积分区间有限，但函数 $y=\dfrac{1}{x}$ 在 $x=0$ 处无界，因此也不能直接用牛顿-莱布尼茨公式进行积分计算.

一般地，设函数 $f(x)$ 在区间 $(a,b]$ 上连续，而在点 a 的右半邻域内无界，则称形如

$$\int_a^b f(x)\,\mathrm{d}x \tag{6.8.4}$$

的积分为无界函数 $f(x)$ 在区间 $(a,b]$ 上的广义积分，并称点 $x=a$ 为**瑕点**.

同样，设函数 $f(x)$ 在区间 $[a,b)$ 上连续，而在点 b 的左半邻域内无界，则称形如(6.8.4)式的积分为无界函数 $f(x)$ 在区间 $[a,b)$ 上的广义积分，并称点 $x=b$ 为**瑕点**.

无界函数的广义积分敛散性定义如下：

定义 6.5　设函数 $f(x)$ 在$(a,b]$上连续，而在点 a 的右邻域内无界，取 $a<A<b$，如果极限 $\lim\limits_{A\to a^+}\int_A^b f(x)\mathrm{d}x$ 存在，则称函数 $f(x)$ 在$(a,b]$上的广义积分 $\int_a^b f(x)\mathrm{d}x$ **收敛**，并有

$$\int_a^b f(x)\mathrm{d}x=\lim_{A\to a^+}\int_A^b f(x)\mathrm{d}x.$$

否则，称该广义积分**发散**.

定义 6.6　设函数 $f(x)$ 在$[a,b)$上连续，而在点 b 的左邻域内无界，取 $a<A<b$，如果极限 $\lim\limits_{A\to b^-}\int_a^A f(x)\mathrm{d}x$ 存在，则称函数 $f(x)$ 在$[a,b)$上的广义积分 $\int_a^b f(x)\mathrm{d}x$ **收敛**，并有

$$\int_a^b f(x)\mathrm{d}x=\lim_{A\to b^-}\int_a^A f(x)\mathrm{d}x.$$

否则，称该广义积分**发散**.

定义 6.7　设函数 $f(x)$ 在$[a,b]$上除点 $c(a<c<b)$ 外连续，而在点 c 的邻域内无界，如果两个广义积分 $\int_a^c f(x)\mathrm{d}x$ 与 $\int_c^b f(x)\mathrm{d}x$ 都收敛，则定义

$$\int_a^b f(x)\mathrm{d}x=\int_a^c f(x)\mathrm{d}x+\int_c^b f(x)\mathrm{d}x.$$

并称广义积分 $\int_a^b f(x)\mathrm{d}x$ **收敛**，否则就称该广义积分**发散**.

以上三种积分也称为**瑕积分**.

同样，这里也可以沿用以前的记号：设 $f(x)$ 在 $x=a$ 处无界，$F(x)$ 为 $f(x)$ 在 $(a,b]$上的一个原函数，则

$$\int_a^b f(x)\mathrm{d}x=F(x)\Big|_a^b.$$

【例 6.8.5】　计算广义积分 $\int_0^4\frac{\mathrm{d}x}{\sqrt{4-x}}$.

解　$x=4$ 是瑕点.

$$\int_0^4 \frac{dx}{\sqrt{4-x}} = \lim_{A\to 4^-}\int_0^A \frac{dx}{\sqrt{4-x}} = \lim_{A\to 4^-}(-2\sqrt{4-x})\Big|_0^A$$

$$= \lim_{A\to 4^-}[-2\sqrt{4-A}+2\sqrt{4}] = 4.$$

【例 6.8.6】 讨论广义积分$\int_0^1 \frac{1}{x^q}dx$的敛散性.

解 (1) $q=1$, $\int_0^1 \frac{1}{x^q}dx = \int_0^1 \frac{1}{x}dx = \ln x\Big|_0^1 = +\infty$.

(2) $q\neq 1$, $\int_0^1 \frac{1}{x^q}dx = \frac{x^{1-q}}{1-q}\Big|_0^1 = \begin{cases} +\infty & (q>1) \\ \frac{1}{1-q} & (q<1) \end{cases}$.

因此,当 $q<1$ 时,广义积分收敛,其值为$\frac{1}{1-q}$;当 $q\geqslant 1$ 时,广义积分发散.

习 题 6

基 本 题

6.1 节

1. 利用定积分的定义计算$\int_0^1 e^x dx$.

2. 利用定积分的几何意义,计算下列积分.

(1) $\int_0^1 2x dx$; (2) $\int_{-\pi}^{\pi} \sin x dx$.

3. 利用定积分的定义计算由抛物线 $y=x^2+1$,两直线 $x=a$,$x=b$, $b>a$ 及 x 轴所围成的图形面积.

6.2 节

1. 不计算积分,比较下列各组积分值的大小.

(1) $\int_1^2 x dx$ 和$\int_1^2 x^2 dx$; (2) $\int_0^{\frac{\pi}{2}} x dx$ 和$\int_0^{\frac{\pi}{2}} \sin x dx$.

2. 证明下列不等式.

(1) $1\leqslant \int_0^1 e^{x^2} dx \leqslant e$; (2) $\frac{\pi}{2} \leqslant \int_0^{\frac{\pi}{2}} \frac{1}{\sqrt{1-\frac{1}{2}\sin^2 x}} dx \leqslant \frac{\pi}{\sqrt{2}}$.

3. 利用积分中值定理证明:$\lim_{n\to\infty}\int_0^{\frac{1}{2}} \frac{x^n}{x+1}dx = 0$.

6.3 节

1. 试求函数 $y=\int_0^x \sin t dt$ 当 $x=0$ 及 $x=\frac{\pi}{4}$ 时的导数.

2. 计算下列各导数.

(1) $\dfrac{\mathrm{d}}{\mathrm{d}x}\displaystyle\int_a^x \sec^2 t\mathrm{d}t$；　(2) $\dfrac{\mathrm{d}}{\mathrm{d}x}\displaystyle\int_{x^2}^{x^3} \tan t\mathrm{d}t$；

(3) $\dfrac{\mathrm{d}}{\mathrm{d}x}\displaystyle\int_0^x x\sin t\mathrm{d}t$；　(4) $\dfrac{\mathrm{d}}{\mathrm{d}x}\displaystyle\int_0^1 \frac{1}{1+t^2}\mathrm{d}t$.

3. 设 $f(x)=\displaystyle\int_0^x t\mathrm{e}^t\mathrm{d}t$，求 $f''(x)$.

4. 求下列极限.

(1) $\displaystyle\lim_{x\to 0}\frac{\int_0^x (1-\cos 2t)\mathrm{d}t}{x^3}$；　(2) $\displaystyle\lim_{x\to 0}\frac{1}{x}\int_0^x \frac{1+t}{2+t}\mathrm{d}t$.

5. 计算下列定积分.

(1) $\displaystyle\int_0^{\frac{\pi}{4}} \sec^2 x\mathrm{d}x$；　(2) $\displaystyle\int_{-\frac{1}{2}}^{\frac{1}{2}} \frac{1}{\sqrt{1-x^2}}\mathrm{d}x$；

(3) $\displaystyle\int_{-4}^{-2}\left(\frac{1}{t^2}+t^2\right)\mathrm{d}t$；　(4) $\displaystyle\int_{-\frac{\pi}{2}}^{\frac{\pi}{2}} |\sin y|\mathrm{d}y$；

(5) $\displaystyle\int_0^2 f(x)\mathrm{d}x$，其中 $f(x)=\begin{cases} x+1, & x\leqslant 1 \\ 3x^2, & x>1 \end{cases}$.

6.4 节

1. 用定积分的换元法计算下列定积分.

(1) $\displaystyle\int_{-2}^1 \frac{\mathrm{d}x}{(11+5x)^3}$；　(2) $\displaystyle\int_0^{\pi}(1-\sin^3\theta)\mathrm{d}\theta$；

(3) $\displaystyle\int_{\frac{\pi}{6}}^{\frac{\pi}{2}} \cos^2 u\mathrm{d}u$；　(4) $\displaystyle\int_{-1}^1 \frac{x\mathrm{d}x}{(1+x^2)^2}$；

(5) $\displaystyle\int_1^2 \frac{\mathrm{e}^{\frac{1}{x}}\mathrm{d}x}{x^2}$；　(6) $\displaystyle\int_1^{\mathrm{e}^2} \frac{\mathrm{d}x}{x\sqrt{1+\ln x}}$；

(7) $\displaystyle\int_0^8 \frac{1}{1+\sqrt[3]{y}}\mathrm{d}y$；　(8) $\displaystyle\int_{\frac{1}{\sqrt{2}}}^1 \frac{\sqrt{1-x^2}}{x^2}\mathrm{d}x$；

(9) $\displaystyle\int_1^{\sqrt{3}} \frac{\mathrm{d}x}{x^2\sqrt{1+x^2}}$；　(10) $\displaystyle\int_{-1}^1 \frac{x\mathrm{d}x}{\sqrt{5-4x}}$；

(11) $\displaystyle\int_2^3 \frac{\mathrm{d}x}{x\sqrt{x^2-1}}$；　(12) $\displaystyle\int_{-2}^0 \frac{(x+2)\mathrm{d}x}{x^2+2x+2}$；

(13) $\displaystyle\int_0^2 \frac{x\mathrm{d}x}{(x^2-2x+2)^2}$；　(14) $\displaystyle\int_0^{\ln 2} \sqrt{\mathrm{e}^x-1}\mathrm{d}x$.

2. 用分部积分法计算下列定积分.

(1) $\displaystyle\int_0^{\frac{\pi}{2}} x\sin 2x\mathrm{d}x$；　(2) $\displaystyle\int_1^4 \frac{\ln x\mathrm{d}x}{\sqrt{x}}$；

(3) $\int_0^{\frac{\pi}{2}} e^{2x}\cos x\mathrm{d}x$;　　(4) $\int_1^{e}\sin(\ln x)\mathrm{d}x$;

(5) $\int_{\frac{1}{e}}^{e} |\ln x| \mathrm{d}x$;　　(6) $\int_0^{\frac{1}{2}} \arcsin x\mathrm{d}x$.

3. 利用函数的奇偶性计算下列定积分.

(1) $\int_{-\pi}^{\pi} x^4\sin x\mathrm{d}x$;　　(2) $\int_{-\frac{\pi}{2}}^{\frac{\pi}{2}} 4\cos^4\theta\mathrm{d}\theta$.

4. 设 $f(x)$ 在$[a,b]$上连续,证明:

(1) $\int_a^b f(x)\mathrm{d}x = \int_a^b f(a+b-x)\mathrm{d}x$;

(2) $\int_a^b f(x)\mathrm{d}x = (b-a)\int_0^1 f[a+(b-a)x]\mathrm{d}x$.

5. 证明:$\int_0^1 x^m(1-x)^n\mathrm{d}x = \int_0^1 x^n(1-x)^m\mathrm{d}x$, $m,n\in\mathbf{N}$.

6. 设 $f(t)$ 是连续函数,证明:

(1) 当 $f(t)$ 是偶函数时,则 $\varphi(x)=\int_0^x f(t)\mathrm{d}t$ 为奇函数;

(2) 当 $f(t)$ 是奇函数时,则 $\varphi(x)=\int_0^x f(t)\mathrm{d}t$ 为偶函数.

7. 若 $f''(x)$ 在$[0,\pi]$连续,$f(0)=2$,$f(\pi)=1$,证明:

$$\int_0^{\pi}[f(x)+f''(x)]\sin x\mathrm{d}x = 3.$$

6.5 节

1. 求由曲线 $y=\sqrt{x}$与直线 $y=1$,$y=4$ 所围图形的面积.
2. 求由曲线 $y=3-x^2$ 与直线 $y=2x$ 所围图形的面积.
3. 求由曲线 $y=\frac{1}{x}$与直线 $y=x$ 及 $x=2$ 所围图形的面积.
4. 求由曲线 $y=e^x$,$y=e^{-x}$与直线 $y=2$ 所围图形的面积.
5. 求下列平面图形分别绕 x 轴、y 轴旋转产生的立体图形的体积:

(1) 曲线 $y=\sqrt{x}$与直线 $x=1$,$x=4$,$y=0$ 所围成的图形;

(2) 在区间$\left[0,\frac{\pi}{2}\right]$上,曲线 $y=\sin x$ 与直线 $x=\frac{\pi}{2}$,$y=0$ 所围成的图形.

6.6 节

1. 已知某产品产量 $Q(t)$的变化率是时间 t 的函数

$$Q'(t)=at^2+bt+c,$$

其中,a,b,c 是参数,求 $Q(0)=0$ 时产量与时间的函数关系 $Q(t)$.

2. 若一家企业生产某产品的边际成本是产量 x 的函数

$$C'(x)=2e^{0.2x},$$

固定成本 $C_0=90$,求总成本函数.

3. 已知边际收入为 $R'(x)=3-0.2x$,x 为销售量.求总收入函数 $R(x)$,并确定最高收入的大小.

4. 已知某产品的边际收入 $R'(x)=25-2x$,边际成本 $C'(x)=13-4x$,固定成本为 $C_0=10$,求当 $x=5$ 时的利润.

5. 某产品的边际成本 $C'(x)=1$,边际收入 $R'(x)=5-x$(产量 x 的单位为百台).

(1) 产量多少时,总利润最大?

(2) 若上题中在利润最大的产量上又生产了 100 台,总利润减少了多少?

6.8 节

1. 判定下列广义积分的敛散性,若收敛,计算其值.

(1) $\int_1^{+\infty}\frac{1}{x^4}dx$　　(2) $\int_0^{+\infty}e^{-ax}dx\quad(a>0)$

(3) $\int_e^{+\infty}\frac{\ln x}{x}dx$　　(4) $\int_1^2\frac{xdx}{\sqrt{x-1}}$

(5) $\int_{-\infty}^{+\infty}\frac{dx}{1+x^2}$　　(6) $\int_1^e\frac{dx}{x\sqrt{1-(\ln x)^2}}$

2. 试求当 k 为何值时,广义积分 $\int_2^{+\infty}\frac{dx}{x(\ln x)^k}$ 收敛?当 k 为何值时,该广义积分发散?

自　测　题

一、选择题

1. 变上限积分 $\int_a^x f(t)dt$ 是(　　).

A. $f'(x)$ 的一个原函数　　B. $f'(x)$ 的全体原函数

C. $f(x)$ 的一个原函数　　D. $f(x)$ 的全体原函数

2. 设函数 $f(x)$ 在闭区间 $[a,b]$ 上连续,则 $\int_a^b f(x)dx-\int_a^b f(t)dt=$(　　).

A. 小于零　　B. 大于零　　C. 等于零　　D. 不确定

3. 下列积分可直接使用牛顿-莱布尼茨公式的有(　　).

A. $\int_0^5\frac{x^3}{x^2+1}dx$　　B. $\int_{-1}^1\frac{x}{\sqrt{1-x^2}}dx$

C. $\int_0^4\frac{x}{(x^{\frac{3}{2}}-5)^2}dx$　　D. $\int_{\frac{1}{e}}^e\frac{1}{x\ln x}dx$

4. 下列等式中正确的是(　　).

A. $\frac{\mathrm{d}}{\mathrm{d}x}\int_a^b f(x)\mathrm{d}x = f(x)$　　B. $\frac{\mathrm{d}}{\mathrm{d}x}\int f(x)\mathrm{d}x = f(x)+C$

C. $\frac{\mathrm{d}}{\mathrm{d}x}\int_a^x f(t)\mathrm{d}t = f(x)$　　D. $\int f'(x)\mathrm{d}x = f(x)$

5. 广义积分$\int_{-1}^{1}\frac{1}{x^2}\mathrm{d}x$(　　).

A. 等于2　　B. 等于-2　　C. 等于0　　D. 发散

二、填空题

1. $\lim\limits_{x\to 0}\frac{\int_0^x \sin t\mathrm{d}t}{x^2} =$ ________.

2. 比较下列定积分的大小(不计算,按性质判别).

(1) $\int_1^2 x\mathrm{d}x$ ________ $\int_1^2 x^3\mathrm{d}x$;

(2) $\int_1^2 \mathrm{e}^x\mathrm{d}x$ ________ $\int_1^2 x\mathrm{d}x$.

3. 计算下列定积分.

(1) $\int_{-1}^{1} x^3\cos x\mathrm{d}x =$ ______;　　(2) $\int_0^2 3\mathrm{d}x =$ ______.

4. 利用定积分的性质,估计定积分值的大小:_____ $\leqslant \int_1^3 x^3\mathrm{d}x \leqslant$ ______.

5. $\int_1^3 |x-2|\mathrm{d}x = \int_1^2(\quad)\mathrm{d}x + \int_2^3(\quad)\mathrm{d}x$.

三、解答题

1. 求函数$\int_0^x t(t-4)\mathrm{d}t$在$[-1,5]$上的最大值和最小值.

2. 计算下列定积分.

(1) $\int_1^4 |x^2-3x+2|\mathrm{d}x$;　　(2) $\int_{\frac{\pi}{4}}^{\frac{\pi}{3}}\frac{x}{\sin^2 x}\mathrm{d}x$;

(3) $\int_1^{\mathrm{e}}\frac{1}{x(2+\ln^2 x)}\mathrm{d}x$;　　(4) $\int_{-\sqrt{2}}^{\sqrt{2}}\sqrt{8-2x^2}\mathrm{d}x$;

(5) $\int_0^2\frac{1}{\sqrt{x+1}+\sqrt{(x+1)^3}}\mathrm{d}x$;　　(6) $\int_0^1 x^5\ln^3 x\mathrm{d}x$.

3. 证明:$\int_0^{\frac{\pi}{2}} f(\sin x)\mathrm{d}x = \int_0^{\frac{\pi}{2}} f(\cos x)\mathrm{d}x$.

4. 求曲线$xy=3$,$y=3$与$x=3$所围图形的面积S,并求由该图形绕x轴旋转所成的旋转体的体积V.

5. 已知某产品的边际收益函数为$R'(x)=10(10-x)\mathrm{e}^{-\frac{x}{10}}$,其中$x$为销售量,求该产品的总收益函数.

第 7 章　多元函数及其微积分学

在前几章我们讨论了一元函数 $y=f(x)$，但在很多实际问题中往往牵涉到多方面的因素，反映到数学上，就是一个变量依赖多个变量而变化. 这就提出了多元函数以及多元函数的微积分问题.

本章主要研究多元函数微积分学. 而空间解析几何学是相关讨论的起点，所以我们在第一节先简要介绍空间解析几何的初步知识. 从第二节开始，我们讨论多元函数的微积分学. 讨论以二元函数为主，二元以上的情形可类推.

7.1　空间解析几何初步

空间解析几何的产生是数学史上的划时代成就，它通过点和坐标的关系，把数学研究的两个基本对象“数”和“形”统一起来，使得人们可以用代数的方法解决几何问题(这也是解析几何的基本内容)，也可以用几何方法解决代数问题.

本节介绍空间解析几何的最基本概念，如空间直角坐标系、空间两点间的距离、空间曲面与方程等.

7.1.1　空间直角坐标系

为建立空间中的点与数之间的关系，我们采用类似于平面解析几何的方法引进空间直角坐标系.

在空间中任取一定点 O，过 O 点作三条互相垂直的数轴，各数轴的原点均位于 O 点，且都具有相同的长度单位. 这三个轴分别称为 x 轴(横轴)，y 轴(纵轴)，z 轴(竖轴)，它们构成一个空间直角坐标系，称为 $Oxyz$ 坐标系(如图 7.1.1 所示)，O 称为坐标原点.

一般地，把 x 轴，y 轴配置在水平面上，而 z 轴则是铅垂线. 它们的正向通常符合右手规则，即以右手握住 z 轴，当右手的四个手指从 x 轴正向以 $\frac{\pi}{2}$ 角度转向 y 轴正向时，大拇指的指向就是 z 轴的正向，如图 7.1.2 所示.

在此空间直角坐标系中，每两轴所确定的平面称为坐标平面，简称坐标面. x 轴与 y 轴确定坐标面 xOy. 类似地，有坐标面 yOz，坐标面 zOx. 这些坐标面把空间分为八个部分，每一部分称为一个**卦限**.

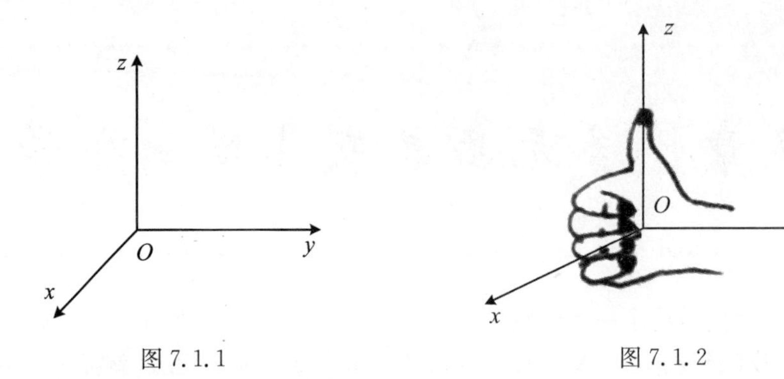

图 7.1.1　　　　图 7.1.2

在平面直角坐标系中,点与有序数组(x,y)一一对应,称(x,y)为该点的坐标.同样,在空间直角坐标系中,点依下述方式与有序实数组(x,y,z)一一对应,称(x,y,z)为该点的坐标.

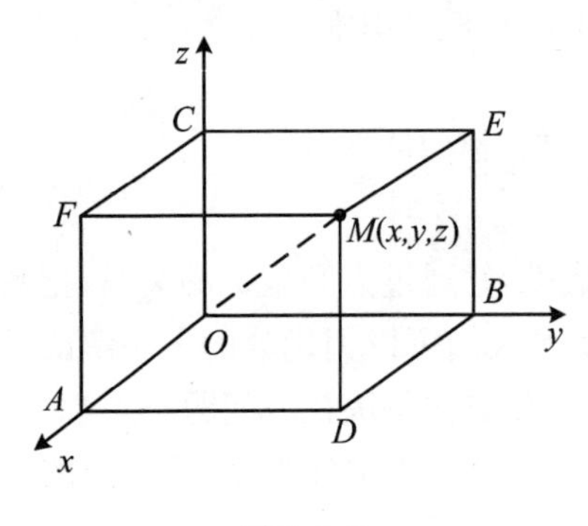

图 7.1.3

如图 7.1.3 所示,设M为空间中任意一点,过点M分别作垂直于x轴、y轴、z轴的平面,它们与x轴、y轴、z轴分别交于A,B,C三点,这三个点在x轴、y轴、z轴上的坐标分别为x,y,z,这样空间的一点M就唯一地确定了一个有序数组x,y,z.反之,若给定一有序数组x,y,z,就可以分别在x轴、y轴、z轴找到坐标分别为x,y,z的三点A、B、C,过这三点分别作垂直于x轴、y轴、z轴的平面,这三个平面的交点就是由有序数组x,y,z所确定的唯一的点M.这样就建立了空间的点M和有序数组x,y,z之间的一一对应关系.

对x轴上的点A,其纵坐标$y=0$,竖坐标$z=0$,故点A的坐标为$(x,0,0)$,同理,点B的坐标为$(0,y,0)$,点C的坐标为$(0,0,z)$.

对坐标面xOy上的点D,其竖坐标为$z=0$,故点D的坐标为$(x,y,0)$.同理,对坐标面yOz上的点E,其坐标为$(0,y,z)$,面zOx的点F的坐标为$(x,0,z)$.

由图像知,点$M(x,y,z)$关于坐标面xOy的对称点为$M_1(x,y,-z)$.

思考:点$M(x,y,z)$关于各坐标面,各坐标轴及坐标原点的对称点的坐标分别是多少?

7.1.2　空间两点间的距离

我们知道,平面上两点$M_1(x_1,y_1)$,$M_2(x_2,y_2)$间的距离为

$$|M_1M_2|=\sqrt{(x_2-x_1)^2+(y_2-y_1)^2}.$$

对空间中两点$M_1(x_1,y_1,z_1)$,$M_2(x_2,y_2,z_1)$,它们之间的距离也可由类似公式求得.

过空间中两点 M_1,M_2 各作三个垂直于坐标轴的平面，如图7.1.4所示，这六个平面构成一个以线段 M_1M_2 为一条对角线的长方体，长方体的三条棱长分别为 $|x_2-x_1|,|y_2-y_1|,|z_2-z_1|$，由勾股定理得线段 M_1M_2 的长为

$$|M_1M_2|=\sqrt{(x_2-x_1)^2+(y_2-y_1)^2+(z_2-z_1)^2},$$

这就是**空间两点间的距离公式**.

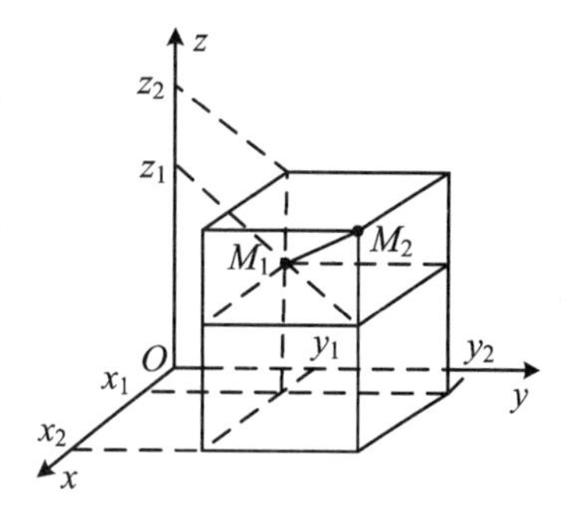

图7.1.4

特别地，点 $M(x,y,z)$ 到原点 $O(0,0,0)$ 的距离为

$$|OM|=\sqrt{x^2+y^2+z^2}.$$

【例7.1.1】 设 P 在 x 轴上，它到点 $P_1(0,\sqrt{2},3)$ 的距离为到点 $P_2(0,1,-1)$ 的距离的两倍，求点 P 的坐标.

解 因 P 在 x 轴上，故可设 P 点的坐标为 $(x,0,0)$，于是

$$|PP_1|=\sqrt{(x-0)^2+(0-\sqrt{2})^2+(0-3)^2}=\sqrt{x^2+11},$$

$$|PP_2|=\sqrt{(x-0)^2+(0-1)^2+(0-(-1))^2}=\sqrt{x^2+2}.$$

由题意得，$|PP_1|=2|PP_2|$，即 $\sqrt{x^2+11}=2\sqrt{x^2+2}$，解得 $x=\pm 1$. 所以该点为 $(-1,0,0)$ 或 $(1,0,0)$.

7.1.3 曲面与方程

在日常生活中，我们会经常遇到各种曲面，如汽车反光镜的镜面、管道的外表面以及锥面等.

像在平面解析几何中把平面曲线当作动点的轨迹一样，在空间解析几何中，我们把曲面也看成是动点的几何轨迹.

定义7.1 若曲面 S 与三元方程

$$F(x,y,z)=0 \tag{7.1.1}$$

有如下关系：

(1) 曲面 S 上任一点 M 的坐标都满足方程(7.1.1)；

(2) 不在曲面 S 上的点的坐标都不满足方程(7.1.1)，

则方程(7.1.1)叫作**曲面 S 的方程**，而曲面 S 就叫作**方程(7.1.1)的图形**.

有了空间直角坐标系，我们可以把空间曲面与方程一一对应起来，如图7.1.5所示. 事实上，曲面 S 是曲面方程的几何表示，而曲面方程则是曲面 S 的代数表示，两者表示同一对象，只是描述的形式不同而已.

下面我们给出几个常见曲面的方程.

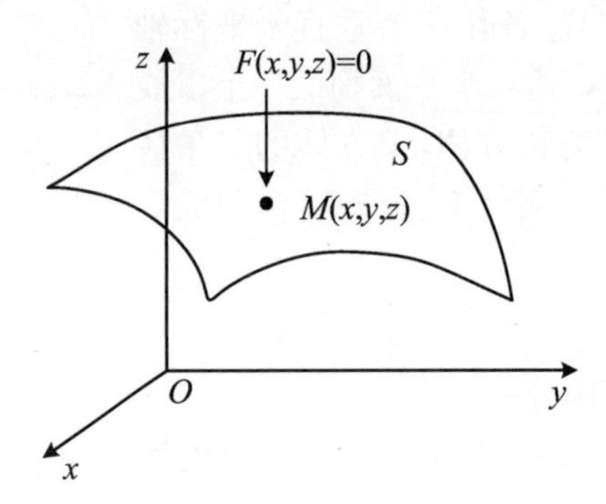

图 7.1.5

1. 球面方程

【例 7.1.2】 求球心在点$M_0(x_0,y_0,z_0)$,半径为 R 的球面方程.

解 设 $M(x,y,z)$是球面上的任一点,那么$|M_0M|=R$.由于

$$|M_0M|=\sqrt{(x-x_0)^2+(y-y_0)^2+(z-z_0)^2},$$

所以

$$\sqrt{(x-x_0)^2+(y-y_0)^2+(z-z_0)^2}=R$$

或

$$(x-x_0)^2+(y-y_0)^2+(z-z_0)^2=R^2. \quad (7.1.2)$$

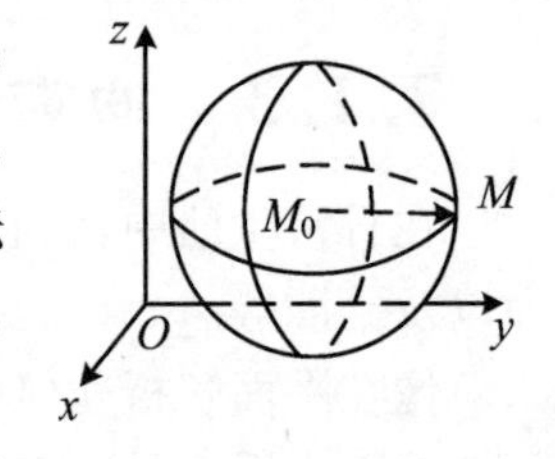

图 7.1.6

这就是说,球面上任何一点的坐标都满足方程(7.1.2),而不在球面上的点到点 M_0 的距离都不为 R,故它的坐标不满足方程(7.1.2),所以方程(7.1.2)即为以 $M_0(x_0,y_0,z_0)$为球心,以 R 为半径的球面方程(见图 7.1.6).

特别地,若球心在原点,那么 $x_0=y_0=z_0=0$,从而球面方程为

$$x^2+y^2+z^2=R^2.$$

【例 7.1.3】 方程 $x^2+y^2+z^2-2x+4y=0$ 表示怎样的曲面?

解 通过配方,原方程可以化成

$$(x-1)^2+(y+2)^2+z^2=5,$$

与(7.1.2)式比较,就知道该方程表示球心在点$(1,-2,0)$,半径为$\sqrt{5}$的球面.

以上讨论表明,作为点的轨迹,曲面可以用点的坐标所适合的方程来表示.反之,变量 x,y 和 z 所适合的方程通常表示一个曲面.因此在空间解析几何中关于曲面的研究,有下列两个基本问题:

(1) 已知曲面上的点满足一定的几何条件,建立曲面的方程.

(2) 已知曲面方程,研究曲面的几何形状.

2. 平面方程

【例 7.1.4】 求到两定点 $A(1,2,3)$ 和 $B(2,-1,4)$ 等距离的点的轨迹方程.

解 设该轨迹上的动点为 $M(x,y,z)$,则由题意知 $|MA|=|MB|$,即有

$$\sqrt{(x-1)^2+(y-2)^2+(z-3)^2}=\sqrt{(x-2)^2+(y+1)^2+(z-4)^2},$$

化简得

$$2x-6y+2z-7=0.$$

从几何上看,所求轨迹是线段 AB 的垂直平分面. 故该方程表示平面.

可以证明,任一平面可由三元一次方程

$$Ax+By+Cz+D=0 \tag{7.1.3}$$

表示,称式(7.1.3)为**平面的一般方程**. 其中,A,B,C 不全为 0.

例如,$z=0$ 表示坐标面 xOy,$x=0$ 表示坐标面 yOz;再如,方程 $x+y=0$ 也表示平面,该平面垂直于面 xOy,且与之交于其上的直线 $x+y=0$. 如图 7.1.7 所示.

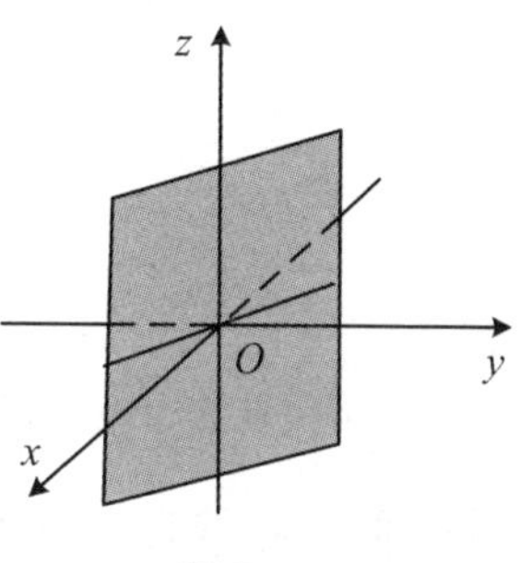

图 7.1.7

【例 7.1.5】 设一平面与三坐标轴分别交于点 $P(3,0,0)$,$Q(0,2,0)$ 和 $R(0,0,4)$,求此平面方程.

解 设此平面方程为 $Ax+By+Cz+D=0$,由于点 P,Q,R 都在平面上,因此有

$$\begin{cases}3A+D=0\\2B+D=0,\\4C+D=0\end{cases}$$

解得

$$A=-\frac{D}{3},\quad B=-\frac{D}{2},\quad C=-\frac{D}{4}.$$

将此代入方程 $Ax+By+Cz+D=0$,并除以 D(由于 A,B,C 不全为零,故 $D\neq 0$),得平面方程为

$$\frac{x}{3}+\frac{y}{2}+\frac{z}{4}=1.$$

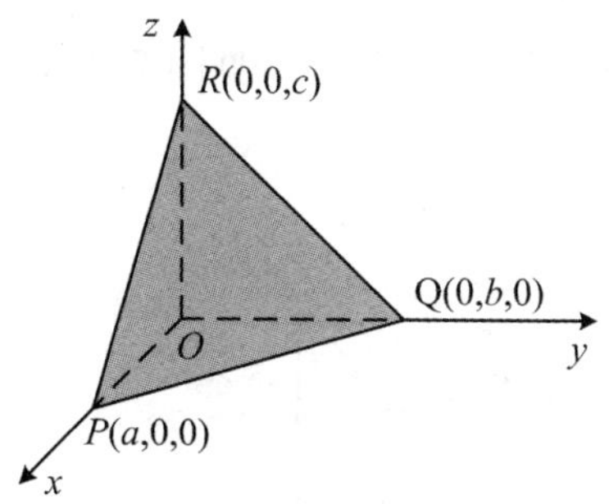

图 7.1.8

一般地,若一平面与三坐标轴分别交于点 $P(a,0,0)$,$Q(0,b,0)$ 和 $R(0,0,c)$,其中 a,b,c 都不为 0,则该平面方程为

$$\frac{x}{a}+\frac{y}{b}+\frac{z}{c}=1.$$

上式称为**平面的截距式方程**,a,b,c 分别称为平面在 x,y,z 轴上的截距,如图 7.1.8 所示.

3. 柱面方程

定义 7.2 平行于某定直线并沿定曲线 C 移动的直线 L 所形成的轨迹称为**柱面**. 曲线 C 称为**准线**,直线 L 称为柱面的**母线**.

先来看一个具体例子,在 xOy 平面上,方程

$$x^2+y^2=R^2 \tag{7.1.4}$$

表示以原点 O 为圆心,以 R 为半径的圆.以过圆周上任意一点且平行于 z 轴的直线 L 为母线,让 L 沿着该圆(准线)并平行于 z 轴移动而生成的曲面即是以 z 轴为中心轴,以 R 为半径的圆柱面.

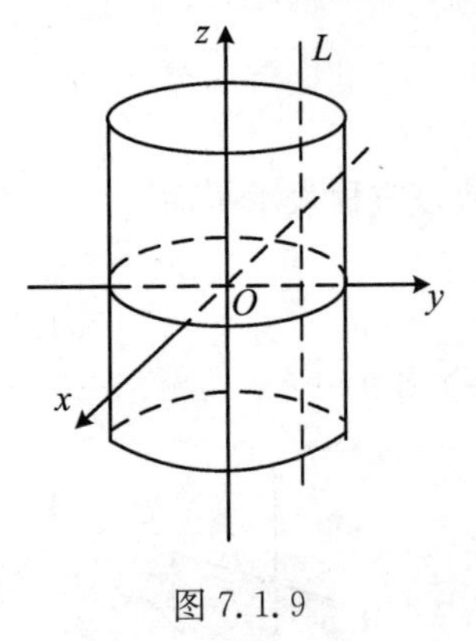

图 7.1.9

该圆柱面的方程是怎样的呢?

在该圆柱面上任取一点 P,过 P 点的母线必与 xOy 平面上的圆周(7.1.4)相交,P 点与该交点有相同的 (x,y) 坐标,故 P 点满足方程(7.1.4);另一方面,过任意不在圆柱面上的点,作与 z 轴平行的直线,必不与 xOy 平面上的圆周(7.1.4)相交,说明该点的 (x,y) 坐标不能满足方程(7.1.4).这表明,在如图 7.1.9 所示的空间直角坐标系中,方程(7.1.4)就是该圆柱面的方程.

一般地,只含 x,y 而缺 z 的方程 $F(x,y)=0$ 所表示的图形,是母线平行于 z 轴的柱面,其准线是 xOy 平面上的曲线:$\begin{cases}F(x,y)=0\\z=0\end{cases}$.

类似地,方程 $G(x,z)=0$ 和 $H(y,z)=0$ 的图形分别是母线平行于 y 轴和 x 轴的柱面.

例如,方程 $\frac{x^2}{a^2}+\frac{y^2}{b^2}=1$, $\frac{x^2}{a^2}-\frac{y^2}{b^2}=1$, $x^2-2py=0$ 分别表示母线平行于 z 轴的椭圆柱面、双曲柱面和抛物柱面.以下图形分别表示圆柱面 $x^2+y^2=1$(见图 7.1.10)、抛物柱面 $y^2=2x$(见图 7.1.11)、椭圆柱面 $\frac{x^2}{9}+\frac{y^2}{4}=1$(见图 7.1.12)、双曲柱面 $x^2-y^2=1$(见图 7.1.13).

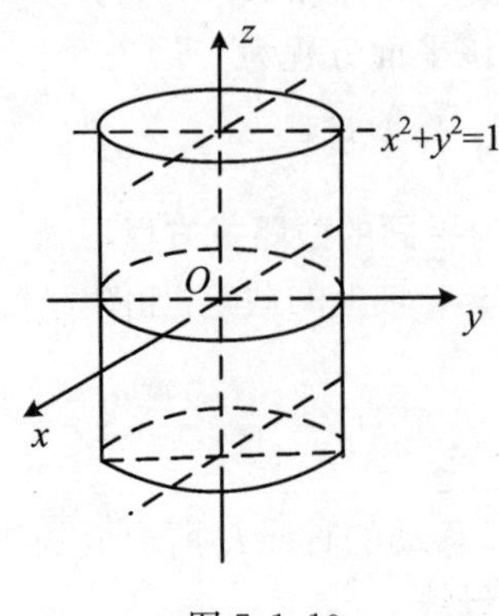

图 7.1.10

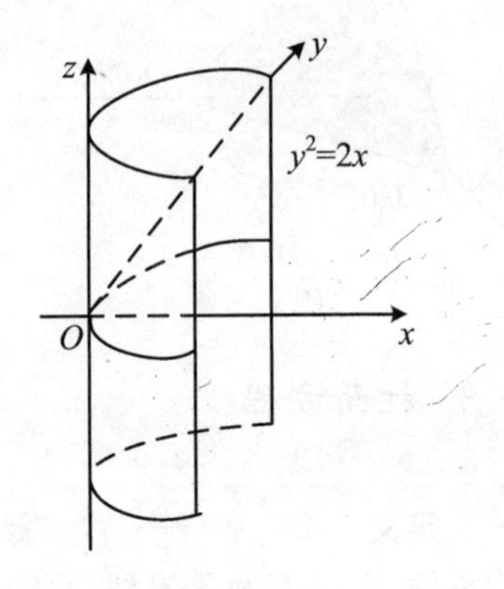

图 7.1.11

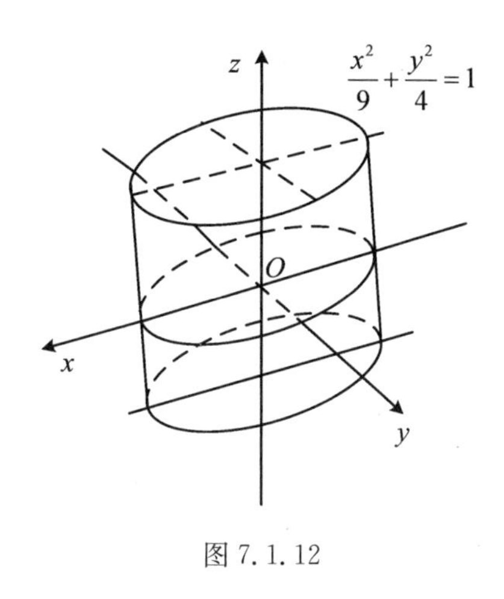

图 7.1.12

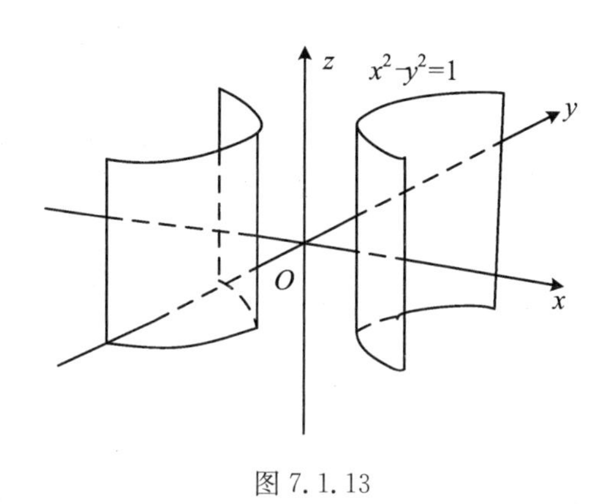

图 7.1.13

4. 旋转曲面方程

> **定义 7.3**　定曲线 Γ 绕一条定直线 l 在空间中旋转一周所成的曲面叫做**旋转曲面**. Γ 称为旋转面的母线, l 称为**轴**.

球面、圆柱面都是旋转曲面.

设 yOz 平面上的曲线 C 的方程为 $f(y,z)=0$, 将 C 绕 z 轴旋转一周,得到以 z 轴为轴的旋转曲面 Σ,如图 7.1.14 所示.

在曲面 Σ 上任取一点 $M(x,y,z)$,由定义可设 M 在 C 上点 $M_1(0,y_1,z_1)$ 绕 z 轴转一周所得的圆上. 注意到 M 与 M_1 到 z 轴等距离有

$$|y_1| = \sqrt{x^2+y^2},$$

即

$$y_1 = \pm\sqrt{x^2+y^2}.$$

容易看到,点 M 与 M_1 有相同的竖坐标,即

$$z_1 = z,$$

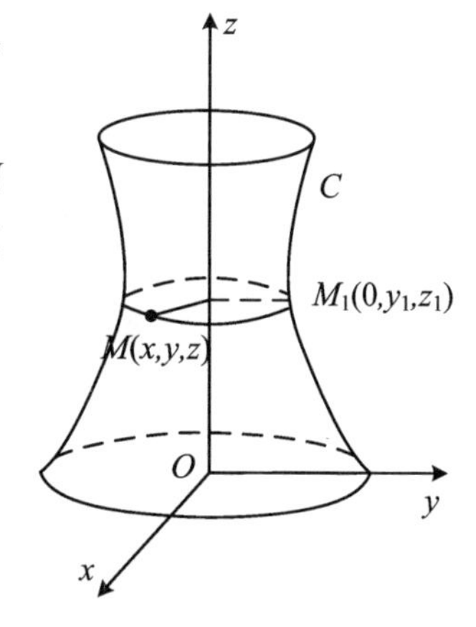

图 7.1.14

由 M_1 在 C 上,得 $f(y_1,z_1)=0$,从而

$$f(\pm\sqrt{x^2+y^2},z) = 0. \tag{7.1.5}$$

从以上分析可知,旋转曲面 Σ 上点的坐标都满足方程(7.1.5),而不在 Σ 上的点,其坐标都不满足方程(7.1.5),所以(7.1.5)式即为旋转曲面 Σ 的方程.

类似地,面 yOz 上的曲线 C: $f(y,z)=0$ 绕 y 轴转一圈,得旋转曲面方程

$$f(y,\pm\sqrt{x^2+z^2}) = 0.$$

【例 7.1.6】　求面 yOz 上的抛物线 $z=y^2$ 绕 z 轴旋转一周所成的旋转曲面的

方程.

解　由式(7.1.5)知，所求曲面方程为 $z=(\pm\sqrt{x^2+y^2})^2$，即

$$z = x^2 + y^2.$$

该曲面称为**旋转抛物面**，如图 7.1.15 所示.

【例 7.1.7】　求面 yOz 上的直线 $z=ay(a\neq 0)$ 绕 z 轴旋转一周所成的旋转曲面的方程.

解　由式(7.1.5)知，所求曲面方程为 $z=a(\pm\sqrt{x^2+y^2})$，即

$$z^2 = a^2(x^2 + y^2).$$

该曲面称为**圆锥面**.

图 7.1.16 给出了当 $a=1$ 时的圆锥面 $z^2=x^2+y^2$.

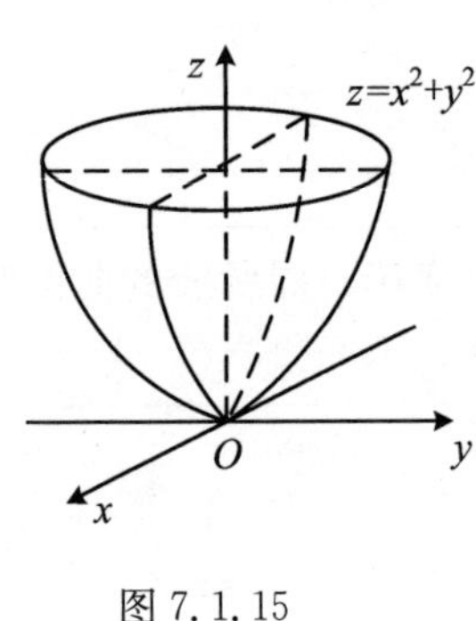

图 7.1.15

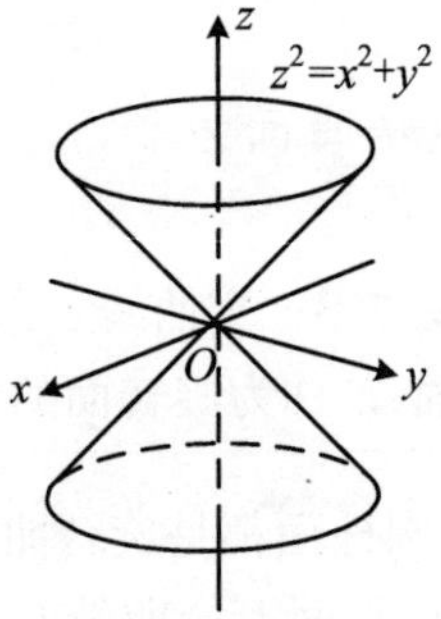

图 7.1.16

7.2　多元函数的概念

7.2.1　平面点集与 n 维空间

1. 平面点集

在平面上取定直角坐标系，则其上的点与全体二元有序数组 $\{(x,y)\mid x,y\in\mathbf{R}\}$ 一一对应. 记该平面为 $\mathbf{R}^2$，称为**二维空间**.

平面上满足某种条件 T 的点的集合，称为**平面点集**，它是 $\mathbf{R}^2$ 的**子集**，记作

$$E = \{(x,y) \mid (x,y)\text{ 满足条件 } T\},$$

例如，以原点为中心、r 为半径的圆内点的集合是

$$C = \{(x,y) \mid x^2 + y^2 < r^2\}.$$

若用 $|OP|$ 表示点 P 到原点 O 的距离，则集合 C 可表示为

$$C = \{P \mid |OP| < r\} \text{ 或 } C = \{P \mid |OP| < r\}.$$

在一元函数的讨论中，我们引入了区间和邻域的概念，为方便多元函数的讨论，有必要将区间和邻域的概念加以推广.

设 $P_0(x_0,y_0)$ 是平面上的一定点，δ 是某一正数，到点 $P_0(x_0,y_0)$ 的距离小于 δ 的点 $P(x,y)$ 的全体，称为点 P_0 的 δ—邻域，如图 7.2.1 所示，记为 $U(P_0,\delta)$，即

$$U(P_0,\delta)=\{P\,|\,|PP_0|<\delta\},$$

或

$$U(P_0,\delta)=\{(x,y)\,|\,\sqrt{(x-x_0)^2+(y-y_0)^2}<\delta\}.$$

若在邻域 $U(P_0,\delta)$ 中去掉点 $P_0(x_0,y_0)$，即

$$\mathring{U}(P_0,\delta)=\{P\,|\,0<|P_0P|<\delta\},$$

称为点 P_0 的去心 δ—邻域，如图 7.2.2 所示.

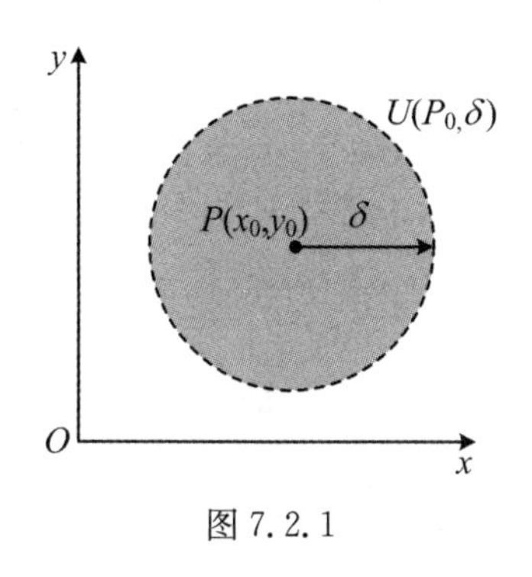

图 7.2.1

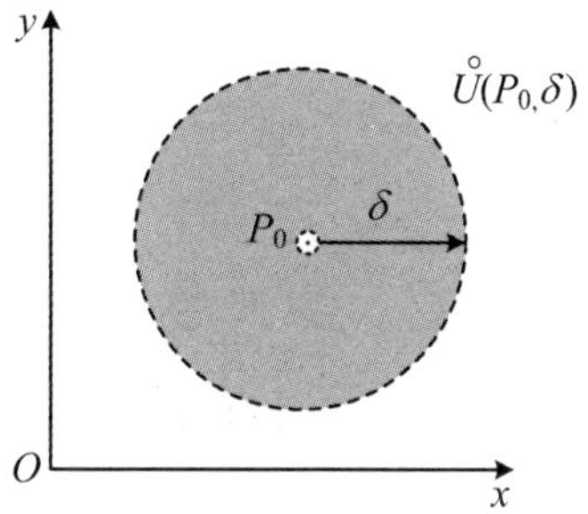

图 7.2.2

如果不强调邻域的半径 δ，则用 $U(P_0)$ 表示点 P_0 的某个邻域，点 P_0 的去心邻域则记作 $\mathring{U}(P_0)$.

粗略地说，**平面区域**是指整个平面，或者平面上一条曲线所围成的部分. 围成平面区域的曲线称为**边界**，包含边界的区域称为**闭区域**，如图 7.2.3 所示；不包含边界的区域称为**开区域**，如图 7.2.4 所示；包含部分边界的区域称为**半开区域**. 有些区域延伸到无穷远处，称为**无界区域**，否则称为**有界区域**.

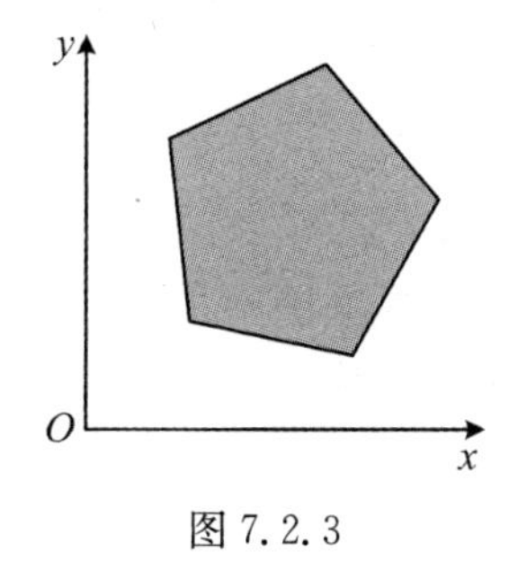

图 7.2.3

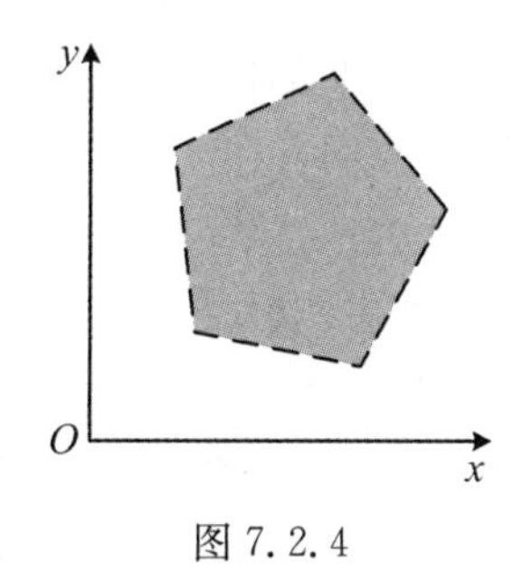

图 7.2.4

例如，集合 $\{(x,y)\,|\,1\leqslant x^2+y^2\leqslant 2\}$ 是有界闭区域；集合 $\{(x,y)\,|\,x^2+y^2>1\}$ 是无界开区域；集合 $\{(x,y)\,|\,x^2+y^2\geqslant 1\}$ 是无界闭区域.

2. n 维空间

记 n 元有序数组 $(x_1,x_2,\cdots,x_n)$ 全体所成的集合为 $\mathbf{R}^n$，即

$$\mathbf{R}^n = \{(x_1, x_2, \cdots, x_n) \mid x_i \in \mathbf{R},\ i = 1, 2, \cdots, n\}.$$

设 $\boldsymbol{x}=(x_1,x_2,\cdots,x_n)$ 与 $\boldsymbol{y}=(y_1,y_2,\cdots,y_n)$ 是集合$\mathbf{R}^n$ 中的两点,在$\mathbf{R}^n$ 中定义加法运算

$$\boldsymbol{x} + \boldsymbol{y} = (x_1 + y_1, x_2 + y_2, \cdots, x_n + y_n),$$

数乘运算

$$a\boldsymbol{x} = (ax_1, ax_2, \cdots, ax_n),$$

带有这两种运算的$\mathbf{R}^n$ 称为 n **维空间**.

$\mathbf{R}^n$ 中点 $\boldsymbol{x}=(x_1,x_2,\cdots,x_n)$与 $\boldsymbol{y}=(y_1,y_2,\cdots,y_n)$间的距离,记作 $\rho(\boldsymbol{x},\boldsymbol{y})$,规定

$$\rho(\boldsymbol{x},\boldsymbol{y}) = \sqrt{(x_1 - y_1)^2 + (x_2 - y_2)^2 + \cdots + (x_n - y_n)^2},$$

特别地,点 $\boldsymbol{x}=(x_1,x_2,\cdots,x_n)$与零元 $\mathbf{0}$ 的距离为

$$d = \rho(\boldsymbol{x},\mathbf{0}) = \sqrt{x_1^2 + x_2^2 + \cdots + x_n^2}.$$

7.2.2　多元函数的概念

在很多自然现象以及实际问题中,经常会遇到多个自变量之间的依赖关系,比如:

【例 7.2.1】 圆柱体的体积 V 和它的底半径 r、高 h 之间具有关系

$$V = \pi r^2 h,$$

这里,当 r、h 在集合$\{(r,h)\mid r>0,h>0\}$内取定一对值(r,h)时,V 对应的值就随之确定.

【例 7.2.2】 西方经济学中的柯布-道格拉斯(Cobb-Douglas)生产函数

$$Q = CK^{\alpha}L^{1-\alpha}\quad (C,\alpha\ 为常数)$$

反映的是产量 Q 与劳动力的投入量 K 和资本投入量 L 的关系,即产量的多少受劳动力投入量 K 和资本投入量 L 的影响.

一般地,我们有

> **定义 7.4** 设 D 是$\mathbf{R}^2$的一个非空子集,f 为一对应法则,如果对 D 中的每一点 $P(x,y)$,依 f 都有唯一确定的实数 z 相对应,则称 f 为 D 上的**二元函数**. 称 $f(x,y)$为 f 在(x,y)处的函数值. 记为
>
> $$z=f(x,y),\quad (x,y)\in D$$
>
> 或
>
> $$z=f(P),\quad P\in D,$$
>
> 其中,点集 D 称为该函数的**定义域**. x,y 称为**自变量**,z 称为**因变量**.

二元函数的图形通常是一张曲面,见图 7.1.5,比如第一节的平面 $z=c\left(1-\frac{x}{a}-\frac{y}{a}\right)$,见图 7.1.8;旋转抛物面 $z=x^2+y^2$,见图 7.1.15.

数集 $f(D)=\{z|z=f(x,y),(x,y)\in D\}$称为函数 f 的**值域**.

如果一个函数用算式表示，而没有明确指出定义域，约定该函数的定义域为使这个算式有意义的点(x,y)的全体，并称其为该多元函数的**自然定义域**.

类似地，可定义三元及三元以上的函数. 二元及其以上的函数称为**多元函数**.

【例 7.2.3】 求下列函数的定义域：

(1) $z=\ln(x-y^2)$；　(2) $z=\arcsin(x-y)$；　(3) $z=\sqrt{1-x^2-y^2}$.

解　(1) 要使 $\ln(x-y^2)$有意义，必须 $x-y^2>0$，即 $x>y^2$，于是该函数的定义域为$D=\{(x,y)|x>y^2\}$. D 的几何图形如图 7.2.5 所示.

(2) 要使 $\arcsin(x-y)$有意义，必须$-1\leqslant x-y\leqslant 1$，于是该函数的定义域为$D=\{(x,y)||x-y|\leqslant 1\}$. D 的几何图形如图 7.2.6 所示.

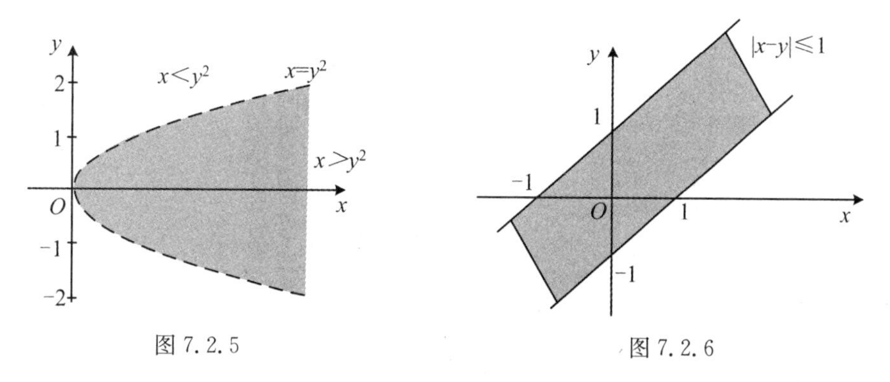

图 7.2.5　　　　图 7.2.6

(3) 要使$\sqrt{1-x^2-y^2}$有意义，必须 $1-x^2-y^2\geqslant 0$，即 $x^2+y^2\leqslant 1$，于是该函数的定义域为 $D=\{(x,y)|x^2+y^2\leqslant 1\}$. D 的几何图形如图 7.2.7 所示.

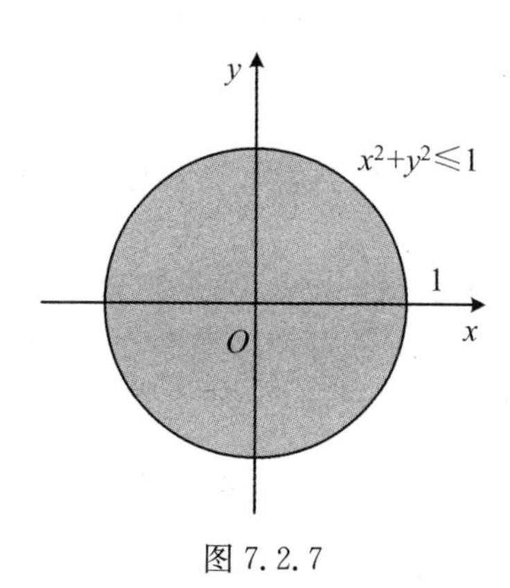

图 7.2.7

7.2.3 二元函数的极限

定义 7.5 设函数 $z=f(x,y)$ 在点 $P_0(x_0,y_0)$ 的某空心邻域 $\mathring{U}(P_0)$ 内有定义,A 是一常数,如果当点 $P(x,y)$ 以任意方式趋向于点 $P_0(x_0,y_0)$ 时,相应的函数值 $f(x,y)$ 无限接近于一个确定的常数 A,则称当 $(x,y)\to(x_0,y_0)$ 时,函数 $f(x,y)$ 以 A 为极限,记作

$$\lim_{(x,y)\to(x_0,y_0)} f(x,y)=A \quad 或 \quad f(x,y)\to A((x,y)\to(x_0,y_0));$$

也记作

$$\lim_{P\to P_0} f(P)=A \quad 或 \quad f(P)\to A(P\to P_0).$$

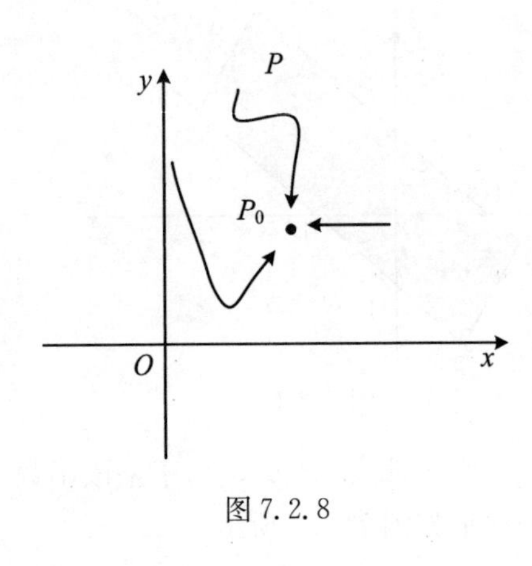

图 7.2.8

需要注意,由于动点 P 在平面点集上变动,从点 P 到另一点 P_0 有无数条移动路线(如图 7.2.8 所示),因此,二元函数的极限存在条件要比一元函数严格得多.

【例 7.2.4】 求 $\lim\limits_{\substack{x\to 0\\ y\to 0}}(x^2+y^2)\sin\dfrac{1}{x^2+y^2}$.

解 因为

$$0\leqslant\left|(x^2+y^2)\sin\frac{1}{x^2+y^2}-0\right|\leqslant x^2+y^2,$$

而当 $(x,y)\to(0,0)$ 时,上面不等式的右端极限为 0,故

$$\lim_{\substack{x\to 0\\ y\to 0}}(x^2+y^2)\sin\frac{1}{x^2+y^2}=0.$$

注意:称二元函数有极限 A,是指当 $P(x,y)$ 以任何方式趋于 $P_0(x_0,y_0)$ 时,函数 $f(x,y)$ 都无限接近于 A,因此,当 $P(x,y)$ 以某一特殊方式,例如沿着一条定直线或定曲线趋于 $P_0(x_0,y_0)$ 时,即使 $f(x,y)$ 无限接近于某一确定值,我们并不能由此断定函数的极限存在. 但是反过来,当 $P(x,y)$ 以不同方式趋于 $P_0(x_0,y_0)$ 时,$f(x,y)$ 趋于不同的值,则可以断定该函数的极限不存在.

【例 7.2.5】 证明极限 $\lim\limits_{(x,y)\to(0,0)}\dfrac{xy}{x^2+y^2}$ 不存在.

证 当点 $P(x,y)$ 沿 y 轴趋于点 $(0,0)$ 时

$$\lim_{(x,y)\to(0,0)}\frac{xy}{x^2+y^2}=\lim_{y\to 0}\frac{0}{y^2}=0,$$

当点 $P(x,y)$ 沿直线 $y=x$ 趋于点 $(0,0)$ 时

$$\lim_{\substack{(x,y)\to(0,0)\\ y=x}}\frac{xy}{x^2+y^2}=\lim_{x\to 0}\frac{xx}{x^2+x^2}=\frac{1}{2},$$

因此，题述极限不存在.

多元函数的极限运算法则，与一元情形类似.

如果 $\lim\limits_{(x,y)\to(x_0,y_0)} f(x,y)=A$，$\lim\limits_{(x,y)\to(x_0,y_0)} g(x,y)=B$，那么

(1) $\lim\limits_{(x,y)\to(x_0,y_0)} (f(x,y)\pm g(x,y))=A\pm B$；

(2) $\lim\limits_{(x,y)\to(x_0,y_0)} f(x,y)\cdot g(x,y)=A\cdot B$；

(3) 若 $B\neq 0$，则 $\lim\limits_{(x,y)\to(x_0,y_0)} \dfrac{f(x,y)}{g(x,y)}=\dfrac{A}{B}$.

【例 7.2.6】 计算 $\lim\limits_{(x,y)\to(0,2)} \dfrac{\sin(xy)}{x}$.

解　原式 $=\lim\limits_{(x,y)\to(0,2)} \dfrac{\sin(xy)}{x}=\lim\limits_{(x,y)\to(0,2)} \dfrac{\sin(xy)}{xy}\cdot y$

$$=\lim_{(x,y)\to(0,2)} \frac{\sin(xy)}{xy}\cdot\lim_{y\to 2} y=1\cdot 2=2.$$

7.2.4　二元函数的连续性

类似于一元函数的连续性定义，我们有下面的二元函数的连续性定义.

> **定义 7.6**　设二元函数 $z=f(x,y)$ 在点 $P_0(x_0,y_0)$ 的某邻域内有定义，若
> $$\lim_{(x,y)\to(x_0,y_0)} f(x,y)=f(x_0,y_0), \tag{7.2.1}$$
> 则称 $f(x,y)$ 在点 $P_0(x_0,y_0)$ 处**连续**. 并称 $P_0(x_0,y_0)$ 为 $f(x,y)$ 的**连续点**.
>
> 如果式(7.2.1)不成立，那么称函数 $f(x,y)$ 在点 $P_0(x_0,y_0)$ 处**不连续**或**间断**，点 $P_0(x_0,y_0)$ 就称为 $f(x,y)$ 的**间断点**.

如果 $f(x,y)$ 在区域 D 内的每一点都连续，则称 $f(x,y)$ **在区域 D 上连续**.

二元函数的间断点集可以形成间断线. 如

$$f(x,y)=\begin{cases}\dfrac{1}{y-x^2}, & y\neq x^2\\ 0, & \text{其他}\end{cases}$$

在整个抛物线 $y=x^2$ 上处处不连续.

可以证明，二元连续函数的和、差、积、商(分母处不为零)仍是连续函数，二元连续函数的复合函数仍是连续函数.

关于 x 或 y 的一元初等函数经有限次的四则运算及有限次复合产生的二元函数，称为**二元初等函数**，例如，$\sin(x+y)$，e^{x^2-y}，$\dfrac{1+x^2-y}{1+y^3}$ 等都是二元初等函数.

还可以证明：二元初等函数在其定义区域内是连续的. 所谓的**定义区域**是指包含在函数定义域内的区域.

由这个结论，可以简便求解某些二元函数的极限.

【例 7.2.7】 计算下列极限:

(1) $\lim\limits_{\substack{x\to 0\\ y\to 1}}\dfrac{xy-x+2}{x^2+y^2-2}$; (2) $\lim\limits_{\substack{x\to 2\\ y\to 0}}\dfrac{\sin(xy)}{x}$; (3) $\lim\limits_{\substack{x\to 0\\ y\to 0}}\dfrac{\sqrt{xy+1}-1}{xy}$.

解 (1) 因为点(0,1)在二元初等函数$\dfrac{xy-x+2}{x^2+y^2-2}$的定义区域内,故

$$\lim_{\substack{x\to 0\\ y\to 1}}\frac{xy-x+2}{x^2+y^2-2}=\frac{0\cdot 1-0+2}{0^2+1^2-2}=-2.$$

(2) $\lim\limits_{\substack{x\to 2\\ y\to 0}}\dfrac{\sin(xy)}{x}=\dfrac{\sin(2\cdot 0)}{2}=0.$

(3) $\lim\limits_{\substack{x\to 0\\ y\to 0}}\dfrac{\sqrt{xy+1}-1}{xy}=\lim\limits_{\substack{x\to 0\\ y\to 0}}\dfrac{xy+1-1}{xy(\sqrt{xy+1}+1)}=\lim\limits_{\substack{x\to 0\\ y\to 0}}\dfrac{1}{\sqrt{xy+1}+1}=\dfrac{1}{2}.$

其中,最后一个等式用到了二元函数$\dfrac{1}{\sqrt{xy+1}+1}$在点(0,0)的连续性.

与闭区间上一元连续函数的性质相类似,在有界闭区域上连续的二元函数有如下性质(证明从略).

定理 7.1(有界性) 若函数 $z=f(x,y)$在有界闭区域 D 上连续,则其必在 D 上有界. 即存在 $M>0$,使对 D 内的任一点(x,y),恒有$|f(x,y)|\leqslant M$.

定理 7.2(最值定理) 若函数 $z=f(x,y)$在有界闭区域 D 上连续,则其必在 D 上取到最大值 M 和最小值 m. 即存在点(x_1,y_1),$(x_2,y_2)\in D$,使对区域 D 内的任一点(x,y),恒有 $m=f(x_1,y_1)\leqslant f(x,y)\leqslant f(x_2,y_2)=M$.

定理 7.3(介值定理) 若函数 $z=f(x,y)$在有界闭区域 D 上连续,(x_1,y_1),(x_2,y_2)为 D 中的任意两点,且 $f(x_1,y_1)<f(x_2,y_2)$,则对任何满足不等式 $f(x_1,y_1)<C<f(x_2,y_2)$的 C,必有$(x_0,y_0)\in D$,使得 $f(x_0,y_0)=C$.

7.3 偏 导 数

为了细致研究一元函数的性态,我们引入了导数概念. 导数是函数的瞬时变化率. 对于多元函数来说,由于自变量个数的增多,函数关系相对更为复杂,但是仍然可以考虑函数对于某一个自变量的变化率,也就是当其中一个自变量发生变化,而其余自变量都保持不变的情形下,考虑函数对于该自变量的瞬时变化率,这就是多

元函数的偏导数.

7.3.1　偏导数的定义及其计算

定义 7.7　设函数 $z=f(x,y)$ 在点 (x_0,y_0) 的某个邻域内有定义，固定 $y=y_0$，而 x 在 x_0 处有改变量 Δx，此时函数值有相应的增量

$$f(x_0+\Delta x,y_0)-f(x_0,y_0),$$

如果极限 $\lim\limits_{\Delta x\to 0}\dfrac{f(x_0+\Delta x,y_0)-f(x_0,y_0)}{\Delta x}$ 存在，则称该极限值为函数 $z=f(x,y)$ 在点 (x_0,y_0) 处**对 x 的偏导数**，记作

$$\left.\frac{\partial z}{\partial x}\right|_{(x_0,y_0)},\left.\frac{\partial f}{\partial x}\right|_{(x_0,y_0)},z'_x(x_0,y_0)\ 或\ f'_x(x_0,y_0),$$

即

$$f'_x(x_0,y_0)=\lim_{\Delta x\to 0}\frac{f(x_0+\Delta x,y_0)-f(x_0,y_0)}{\Delta x}.$$

类似地，函数 $z=f(x,y)$ 在点 (x_0,y_0) 处**对 y 的偏导数**定义为

$$\lim_{\Delta y\to 0}\frac{f(x_0,y_0+\Delta y)-f(x_0,y_0)}{\Delta y},$$

记作 $\left.\dfrac{\partial z}{\partial y}\right|_{(x_0,y_0)}$，$\left.\dfrac{\partial f}{\partial y}\right|_{(x_0,y_0)}$，$z'_y(x_0,y_0)$ 或 $f'_y(x_0,y_0)$.

如果函数 $z=f(x,y)$ 在区域 D 内各点对 x 均有偏导数 $f'_x(x,y)$，则得到了一个以偏导数为函数值的新的二元函数，称为函数 $z=f(x,y)$ 对变量 x 的偏导函数，记作

$$\frac{\partial z}{\partial x},\frac{\partial f}{\partial x},\ z'_x,\ f'_x 或 f'_x(x,y).$$

类似地，函数 $z=f(x,y)$ 关于自变量 y 的偏导函数，记作

$$\frac{\partial z}{\partial y},\ \frac{\partial f}{\partial y},\ z'_y,\ f'_y 或 f'_y(x,y).$$

由偏导数定义可知，函数 $z=f(x,y)$ 在点 (x_0,y_0) 处对 x 的偏导数 $f'_x(x_0,y_0)$，就是偏导函数 $f'_x(x,y)$ 在点 (x_0,y_0) 处的值，而 $f'_y(x_0,y_0)$ 就是偏导函数 $f'_y(x,y)$ 在点 (x_0,y_0) 处的值. 以后，在不至于混淆的时候把偏导函数简称为偏导数.

从偏导数定义可见，求 $z=f(x,y)$ 的偏导数不需要新方法. 因为这里只有一个自变量在变动，另一个自变量可看作是固定的，所以仍旧可用一元函数的微分法. 即求 $\dfrac{\partial f}{\partial x}$ 时，只要把 y 暂时看作常量而对 x 求导数；求 $\dfrac{\partial f}{\partial y}$ 时，只要把 x 暂时看作常量而对 y 求导数.

【例 7.3.1】 求 $z=x^2+3xy+y^2$ 在点(1,2)处的偏导数.

解一 把 y 看作常量,对 x 求偏导,得

$$\frac{\partial z}{\partial x}=2x+3y,$$

把 x 看作常量,对 y 求偏导,得

$$\frac{\partial z}{\partial y}=3x+2y,$$

将点(1,2)代入上面的结果,就得

$$\left.\frac{\partial z}{\partial x}\right|_{(1,2)}=2\times1+3\times2=8,$$

$$\left.\frac{\partial z}{\partial y}\right|_{(1,2)}=3\times1+2\times2=7.$$

解二 求$\frac{\partial z}{\partial x}$时,先代入 $y=2$,得 $z=x^2+6x+4$,所以

$$\left.\frac{\partial z}{\partial x}\right|_{(1,2)}=(2x+6)\,|_{x=1}=8.$$

同理可得

$$\left.\frac{\partial z}{\partial y}\right|_{(1,2)}=(3+2y)\,|_{y=2}=7.$$

【例 7.3.2】 求 $z=y^2\sin 2x$ 的偏导数.

解 $f'_x(x,y)=2y^2\cos 2x$, $f'_y(x,y)=2y\sin 2x$.

【例 7.3.3】 设 $z=x^y(x>0,x\neq1)$,求证:

$$\frac{x}{y}\frac{\partial z}{\partial x}+\frac{1}{\ln x}\frac{\partial z}{\partial y}=2z.$$

证 因为 $\frac{\partial z}{\partial x}=yx^{y-1}$, $\frac{\partial z}{\partial y}=x^y\ln x$,所以

$$\frac{x}{y}\frac{\partial z}{\partial x}+\frac{1}{\ln x}\frac{\partial z}{\partial y}=\frac{x}{y}yx^{y-1}+\frac{1}{\ln x}x^y\ln x=x^y+x^y=2z.$$

偏导数概念可推广到二元以上的函数,如三元函数 $u=f(x,y,z)$ 在点 $P(x,y,z)$ 处对 x 的偏导数定义为

$$f'_x(x,y,z)=\lim_{\Delta x\to0}\frac{f(x+\Delta x,y,z)-f(x,y,z)}{\Delta x},$$

函数 $u=f(x,y,z)$ 须在点 P 的某个邻域内有定义.

【例 7.3.4】 求 $r=\sqrt{x^2+y^2+z^2}$ 的偏导数.

解 视 y,z 为常量,对 x 求导,得

$$\frac{\partial r}{\partial x}=\frac{x}{\sqrt{x^2+y^2+z^2}}=\frac{x}{r},$$

由于所给函数关于自变量是**对称的**(即表达式中任意两个自变量对调后,仍表示原来的函数),所以

$$\frac{\partial r}{\partial y}=\frac{y}{r},\quad \frac{\partial r}{\partial z}=\frac{z}{r}.$$

【例 7.3.5】 有一家小型印刷企业，有 N 个工人，其设备价值为 V（以 25 000 元为单位），每天的产量为 P（以千页为单位）. 假设该公司的生产函数为

$$P=f(N,V)=2N^{0.6}V^{0.4}.$$

(1) 如果该企业拥有 100 名工人和价值 200 个单位的设备，问该公司的产量为多少？

(2) 求出 $f'_N(100,200)$ 和 $f'_V(100,200)$，并用产量来解释其经济含义.

解　(1) 由条件 $N=100,V=200$ 可知

每天的产量 $P=f(100,200)=2\times100^{0.6}\times200^{0.4}\approx263.9$（千页）.

(2) 为求出 f'_N，我们把 V 视为常量，对 N 求导，可得

$$f'_N(N,V)=2\times0.6\times N^{-0.4}V^{0.4},$$

代入 $N=100,V=200$ 可得

$$f'_N(100,200)=1.2\times100^{-0.4}\ 200^{0.4}\approx1.583\text{（千页 / 工人）}.$$

该式表明：如果我们有 200 个单位的设备，并增加 1 名工人，即从 100 增加到 101 时，产量将增加大约 1.58 个单位，也就是每天大约增加 1 580 页.

同理可得

$$f'_V(N,V)=2\times0.4\times N^{0.6}V^{-0.6},$$

代入 $N=100,V=200$ 可得

$$f'_V(100,200)=0.8\times100^{0.6}\ 200^{-0.6}\approx0.53\text{（千页 / 单位设备）}.$$

该式表明：如果我们有 100 名工人，并增加价值 1 单位（25 000 元）的设备，即从 200 单位增加到 201 单位时，产量将增加大约 0.53 个单位，也就是每天大约增加 530 页.

二元函数 $z=f(x,y)$ 在点 (x_0,y_0) 的偏导数有下述几何意义：

设 $M_0(x_0,y_0,f(x_0,y_0))$ 为曲面 $z=f(x,y)$ 上的一点，过 M_0 作平面 $y=y_0$，截此曲面得一曲线，此曲线在平面 $y=y_0$ 上的方程为 $z=f(x,y_0)$，则导数 $\left.\frac{\mathrm{d}}{\mathrm{d}x}f(x,y_0)\right|_{x=x_0}$，即偏导数 $f'_x(x_0,y_0)$，就是这曲线在点 M_0 处的切线 M_0T_x 对 x 轴的斜率（见图 7.3.1）. 同样，偏导数 $f'_y(x_0,y_0)$ 的几何意义是曲面被平面 $x=x_0$ 所截得的曲线在点 M_0 处的切线 M_0T_y 对 y 轴的斜率.

我们知道，如果一元函数 $y=f(x)$ 在 x_0 处可导，则 $y=f(x)$ 在 x_0 处一定连续. 但对于多元函数，即使 $z=f(x,y)$ 在 (x_0,y_0) 处的两个偏导数都存在，也不能保证函数在该点连续. 例如，函数

$$z=f(x,y)=\begin{cases}\dfrac{xy}{x^2+y^2} & (x^2+y^2\neq0)\\ 0 & (x^2+y^2=0)\end{cases},$$

在点 $(0,0)$ 对 x 偏导数和对 y 的偏导数分别为

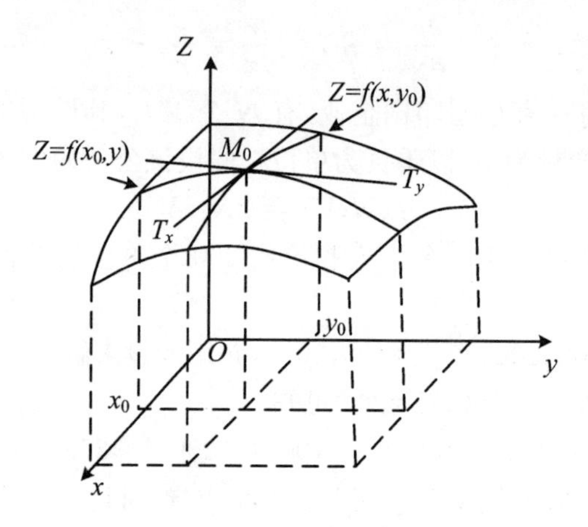

图 7.3.1

$$f'_x(0,0)=\lim_{\Delta x\to 0}\frac{f(0+\Delta x,0)-f(0,0)}{\Delta x}=\lim_{\Delta x\to 0}0=0,$$

$$f'_y(0,0)=\lim_{\Delta y\to 0}\frac{f(0,0+\Delta y)-f(0,0)}{\Delta y}=\lim_{\Delta y\to 0}0=0,$$

但 $f(x,y)$在点$(0,0)$不连续(见上节例 7.2.5).

多元函数的加、减、乘、除求偏导法则与一元情形类似. 例如,设 $f(x,y)$, $g(x,y)$在区域 D 上有偏导,则下列法则成立:

$$\frac{\partial}{\partial x}[f(x,y)\pm g(x,y)]=\frac{\partial}{\partial x}f(x,y)\pm\frac{\partial}{\partial x}g(x,y),$$

$$\frac{\partial}{\partial x}[f(x,y)\cdot g(x,y)]=\frac{\partial f(x,y)}{\partial x}g(x,y)+f(x,y)\frac{\partial g(x,y)}{\partial x},$$

$$\frac{\partial}{\partial x}\left(\frac{f(x,y)}{g(x,y)}\right)=\frac{f'_x(x,y)g(x,y)-f(x,y)g'_x(x,y)}{g^2(x,y)}\quad [g(x,y)\neq 0].$$

7.3.2 高阶偏导数

设函数 $z=f(x,y)$在区域 D 内有偏导数

$$\frac{\partial z}{\partial x}=f'_x(x,y),\quad \frac{\partial z}{\partial y}=f'_y(x,y),$$

于是,$f'_x(x,y)$,$f'_y(x,y)$都是 D 中的二元函数. 如果这两个函数的偏导数也存在,则称它们是函数 $z=f(x,y)$的**二阶偏导数**. 二元函数 $z=f(x,y)$的二阶偏导数有下面四种情形:

$$\frac{\partial}{\partial x}\left(\frac{\partial z}{\partial x}\right)=\frac{\partial^2 z}{\partial x^2}=f''_{xx}=z''_{xx},\quad \frac{\partial}{\partial y}\left(\frac{\partial z}{\partial x}\right)=\frac{\partial^2 z}{\partial x\partial y}=f''_{xy}=z''_{xy},$$

$$\frac{\partial}{\partial x}\left(\frac{\partial z}{\partial y}\right)=\frac{\partial^2 z}{\partial y\partial x}=f''_{yx}=z''_{yx},\quad \frac{\partial}{\partial y}\left(\frac{\partial z}{\partial y}\right)=\frac{\partial^2 z}{\partial y^2}=f''_{yy}=z''_{yy}.$$

其中,f''_{xy},f''_{yx}称为**混合偏导数**. 同样可得到三阶,四阶等等以及 n 阶偏导数. 二阶及

二阶以上的偏导数统称为**高阶偏导数**.

【例 7.3.6】 设 $z=xy^2+4xy-3x^3$,求$\frac{\partial^2 z}{\partial x^2}$,$\frac{\partial^2 z}{\partial y^2}$,$\frac{\partial^2 z}{\partial x\partial y}$,$\frac{\partial^2 z}{\partial y\partial x}$,及$\frac{\partial^3 z}{\partial x^3}$.

解 $\frac{\partial z}{\partial x}=y^2+4y-9x^2$, $\frac{\partial z}{\partial y}=2xy+4x$,

$$\frac{\partial^2 z}{\partial x^2}=\frac{\partial}{\partial x}\left(\frac{\partial z}{\partial x}\right)=-18x, \qquad \frac{\partial^2 z}{\partial x\partial y}=\frac{\partial}{\partial y}\left(\frac{\partial z}{\partial x}\right)=2y+4,$$

$$\frac{\partial^2 z}{\partial y\partial x}=\frac{\partial}{\partial x}\left(\frac{\partial z}{\partial y}\right)=2y+4, \qquad \frac{\partial^2 z}{\partial y^2}=\frac{\partial}{\partial y}\left(\frac{\partial z}{\partial y}\right)=2x,$$

$$\frac{\partial^3 z}{\partial x^3}=\frac{\partial}{\partial x}\left(\frac{\partial^2 z}{\partial x^2}\right)=-18.$$

【例 7.3.7】 设 $z=e^{xy^2}$,求 z 的所有二阶偏导数.

解 $\frac{\partial z}{\partial x}=y^2 e^{xy^2}$, $\frac{\partial z}{\partial y}=2xye^{xy^2}$, $\frac{\partial^2 z}{\partial x^2}=\frac{\partial}{\partial x}\left(\frac{\partial z}{\partial x}\right)=y^4 e^{xy^2}$,

$$\frac{\partial^2 z}{\partial x\partial y}=\frac{\partial}{\partial y}\left(\frac{\partial z}{\partial x}\right)=2ye^{xy^2}+y^2 e^{xy^2}\cdot 2xy=2ye^{xy^2}(1+xy^2),$$

$$\frac{\partial^2 z}{\partial y\partial x}=\frac{\partial}{\partial x}\left(\frac{\partial z}{\partial y}\right)=2ye^{xy^2}+2xye^{xy^2}\cdot y^2=2ye^{xy^2}(1+xy^2),$$

$$\frac{\partial^2 z}{\partial y^2}=\frac{\partial}{\partial y}\left(\frac{\partial z}{\partial y}\right)=2xe^{xy^2}+2xye^{xy^2}\cdot 2xy=2xe^{xy^2}(1+2xy^2).$$

从例 7.3.6,例 7.3.7 可以看出,二阶混合偏导数$\frac{\partial^2 z}{\partial x\partial y}$和$\frac{\partial^2 z}{\partial y\partial x}$是相等的. 这个结论并不是偶然的,事实上,有下述定理.

定理 7.4 若函数 $z=f(x,y)$的两个混合偏导数在区域 D 内均连续,则在 D 内恒有

$$\frac{\partial^2 z}{\partial x\partial y}=\frac{\partial^2 z}{\partial y\partial x}.$$

换句话说,二阶混合偏导数在连续的情况下,与求导的次序无关. 这个定理的证明从略.

7.4 多元复合函数的偏导数

多元复合函数的求导法则在多元函数微分学中起着重要作用,但是由于多元复合函数的情形比一元复合函数要复杂得多,所以多元复合函数的求偏导法则与一元情形有较大区别,本节予以讨论.

7.4.1 多元复合函数的求导法则

下面以具有两个中间变量、两个自变量的复合函数为代表,介绍多元复合函数

的求导法则.

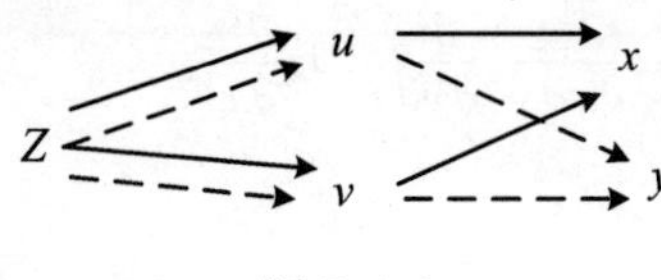

图 7.4.1

设函数 $z=f(u,v)$, $u=\varphi(x,y)$, $v=\psi(x,y)$ 构成复合函数

$$z=f(\varphi(x,y),\psi(x,y)),$$

变量间的依赖关系见图 7.4.1. 此时有如下定理:

定理 7.5 如果函数 $u=\varphi(x,y)$, $v=\psi(x,y)$ 在点 (x,y) 对 x 及 y 均有偏导数,并且 $z=f(u,v)$ 在对应点 (u,v) 也有连续偏导数,那么复合函数 $z=f[\varphi(x,y),\psi(x,y)]$ 在点 (x,y) 的两个偏导数都存在,且有

$$\begin{cases}\dfrac{\partial z}{\partial x}=\dfrac{\partial z}{\partial u}\cdot\dfrac{\partial u}{\partial x}+\dfrac{\partial z}{\partial v}\cdot\dfrac{\partial v}{\partial x}\\ \dfrac{\partial z}{\partial y}=\dfrac{\partial z}{\partial u}\cdot\dfrac{\partial u}{\partial y}+\dfrac{\partial z}{\partial v}\cdot\dfrac{\partial v}{\partial y}\end{cases}. \tag{7.4.1}$$

对公式(7.4.1),可以结合图 7.4.1 来理解掌握.

【例 7.4.1】 设 $z=u^2\ln v$, $u=xy$, $v=3x-y$, 求 $\dfrac{\partial z}{\partial x}$ 和 $\dfrac{\partial z}{\partial y}$.

解
$$\frac{\partial z}{\partial x}=\frac{\partial z}{\partial u}\cdot\frac{\partial u}{\partial x}+\frac{\partial z}{\partial v}\cdot\frac{\partial v}{\partial x}=2u\ln v\cdot y+u^2\cdot\frac{1}{v}\cdot 3$$
$$=2xy^2\ln(3x-y)+\frac{3x^2y^2}{3x-y},$$
$$\frac{\partial z}{\partial y}=\frac{\partial z}{\partial u}\cdot\frac{\partial u}{\partial y}+\frac{\partial z}{\partial v}\cdot\frac{\partial v}{\partial y}=2u\ln v\cdot x+u^2\cdot\frac{1}{v}(-1)$$
$$=2x^2y\ln(3x-y)-\frac{x^2y^2}{3x-y}.$$

【例 7.4.2】 设 $z=e^uv^3$, $u=\sin(xy)$, $v=(x+y)^2$, 求 $\dfrac{\partial z}{\partial x}$ 和 $\dfrac{\partial z}{\partial y}$.

解
$$\frac{\partial z}{\partial x}=\frac{\partial z}{\partial u}\cdot\frac{\partial u}{\partial x}+\frac{\partial z}{\partial v}\cdot\frac{\partial v}{\partial x}=e^uv^3\cos(xy)y+(e^u3v^2)2(x+y)$$
$$=ye^{\sin(xy)}\cos(xy)(x+y)^6+6e^{\sin(xy)}(x+y)^5,$$
$$\frac{\partial z}{\partial y}=\frac{\partial z}{\partial u}\cdot\frac{\partial u}{\partial y}+\frac{\partial z}{\partial v}\cdot\frac{\partial v}{\partial y}=e^uv^3\cos(xy)x+(e^u3v^2)2(x+y)$$
$$=xe^{\sin(xy)}\cos(xy)(x+y)^6+6e^{\sin(xy)}(x+y)^5.$$

注:定理 7.5 的结论可以推广到中间变量多于两个的情形. 例如, $u=\varphi(x,y)$, $v=\psi(x,y)$ 以及 $w=\omega(x,y)$ 在点 (x,y) 对 x 及 y 都有偏导数, $z=f(u,v,w)$ 在对应点 (u,v,w) 有连续的偏导数(变量间依赖关系见图 7.4.2),则复合函数

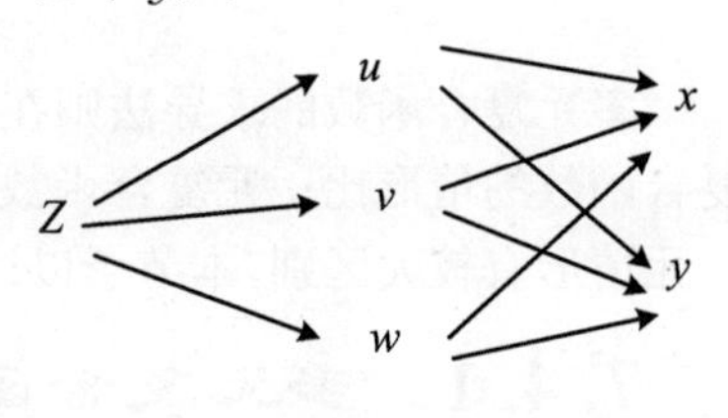

图 7.4.2

$$z=f[\varphi(x,y),\psi(x,y),\omega(x,y)]$$

在点(x,y)的两个偏导数都存在,且有:

$$\frac{\partial z}{\partial x}=\frac{\partial z}{\partial u}\cdot\frac{\partial u}{\partial x}+\frac{\partial z}{\partial v}\cdot\frac{\partial v}{\partial x}+\frac{\partial z}{\partial w}\cdot\frac{\partial w}{\partial x},\tag{7.4.2}$$

$$\frac{\partial z}{\partial y}=\frac{\partial z}{\partial u}\cdot\frac{\partial u}{\partial y}+\frac{\partial z}{\partial v}\cdot\frac{\partial v}{\partial y}+\frac{\partial z}{\partial w}\cdot\frac{\partial w}{\partial y}.\tag{7.4.3}$$

7.4.2　其他情形

多元复合函数的情形纷繁多样,但求导所依之本是定理 7.5. 现再列举一些其他情形.

情形 1　设函数 $z=f(u,v)$,$u=\varphi(t)$及 $v=\psi(t)$构成复合函数

$$z=f[\varphi(t),\psi(t)],$$

其变量间的相互依赖关系可用图 7.4.3 表示.

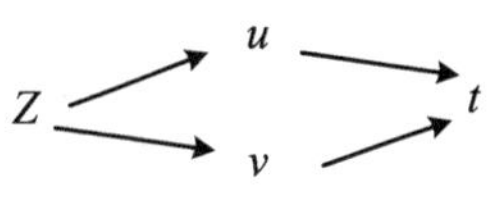

图 7.4.3

> **定理 7.6**　若函数 $u=\varphi(t)$及 $v=\psi(t)$都在点 t 可导,函数 $z=f(u,v)$在对应点(u,v)有连续的偏导数,则复合函数 $z=f[\varphi(t),\psi(t)]$在点 t 可导,且有
>
> $$\frac{\mathrm{d}z}{\mathrm{d}t}=\frac{\partial z}{\partial u}\cdot\frac{\mathrm{d}u}{\mathrm{d}t}+\frac{\partial z}{\partial v}\cdot\frac{\mathrm{d}v}{\mathrm{d}t}.\tag{7.4.4}$$

定理 7.6 可以推广到三元以上函数. 例如,设 $z=f(u,v,w)$,$u=\varphi(t)$,$v=\psi(t)$,$w=\omega(t)$,则对复合函数 $z=f[\varphi(t),\psi(t),\omega(t)]$,有

$$\frac{\mathrm{d}z}{\mathrm{d}t}=\frac{\partial z}{\partial u}\frac{\mathrm{d}u}{\mathrm{d}t}+\frac{\partial z}{\partial v}\frac{\mathrm{d}v}{\mathrm{d}t}+\frac{\partial z}{\partial w}\frac{\mathrm{d}w}{\mathrm{d}t}.\tag{7.4.5}$$

公式(7.4.4)及(7.4.5)中的导数$\frac{\mathrm{d}z}{\mathrm{d}t}$称为**全导数**. 全导数实际上是一元函数的导数,只是求导的过程是借助偏导数来完成而已.

【例 7.4.3】　设 $z=\arctan(x-y^2)$,$x=3t$,$y=4t^2$,求全导数$\frac{\mathrm{d}z}{\mathrm{d}t}$.

解　$$\frac{\mathrm{d}z}{\mathrm{d}t}=\frac{\partial z}{\partial x}\cdot\frac{\mathrm{d}x}{\mathrm{d}t}+\frac{\partial z}{\partial y}\cdot\frac{\mathrm{d}y}{\mathrm{d}t}$$

$$=\frac{1}{1+(x-y^2)^2}(1\times 3-2y\times 8t)=\frac{3-64t^3}{1+(3t-16t^4)^2}.$$

思考:设 $z=f(t,v)$,$v=\psi(t)$,请读者利用图 7.4.4 推导此时的全导数公式$\frac{\mathrm{d}z}{\mathrm{d}t}$.

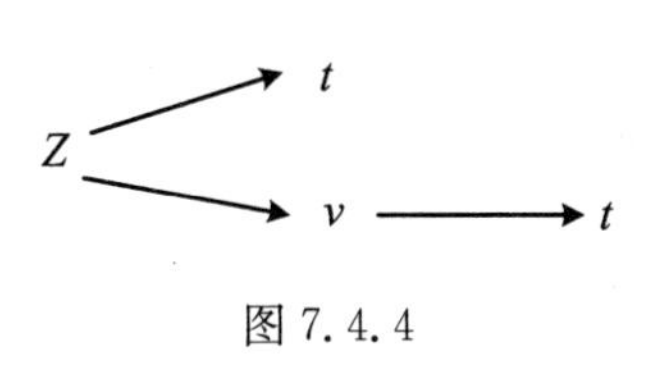

图 7.4.4

【例 7.4.4】　设 $z=t^2+\mathrm{e}^y$,$y=\sin t$,求全导数$\frac{\mathrm{d}z}{\mathrm{d}t}$.

解 $\frac{dz}{dt}=\frac{\partial z}{\partial t}+\frac{\partial z}{\partial y}\cdot\frac{dy}{dt}=2t+e^{y}\cos t=2t+e^{\sin t}\cos t.$

情形 2 $z=f(u,v),u=\varphi(x,y),v=\psi(y).$

与定理 7.5 比较,不难发现该情形是定理 7.5 的一种特例,于是

$$\frac{\partial z}{\partial x}=\frac{\partial z}{\partial u}\cdot\frac{\partial u}{\partial x},\tag{7.4.6}$$

$$\frac{\partial z}{\partial y}=\frac{\partial z}{\partial u}\cdot\frac{\partial u}{\partial y}+\frac{\partial z}{\partial v}\cdot\frac{dv}{dy}.\tag{7.4.7}$$

情形 3 $z=f(u,x,y),u=\varphi(x,y).$

此情形可理解为 $z=f(u,v,\omega),u=\varphi(x,y),v=x,\omega=y$,则

$$\frac{\partial v}{\partial x}=1,\frac{\partial \omega}{\partial x}=0;\frac{\partial v}{\partial y}=0,\frac{\partial \omega}{\partial y}=1$$

从而由(7.4.2)式,(7.4.3)式,有

$$\frac{\partial z}{\partial x}=\frac{\partial f}{\partial u}\frac{\partial u}{\partial x}+\frac{\partial f}{\partial x},\tag{7.4.8}$$

$$\frac{\partial z}{\partial y}=\frac{\partial f}{\partial u}\frac{\partial u}{\partial y}+\frac{\partial f}{\partial y}.\tag{7.4.9}$$

注:这里$\frac{\partial z}{\partial x}$与$\frac{\partial f}{\partial x}$是不同的,$\frac{\partial z}{\partial x}$是把复合函数 $z=f[\varphi(x,y),x,y]$中的 y 看作不变而对 x 的偏导数,$\frac{\partial f}{\partial x}$是把 $f(u,x,y)$中的 u 及 y 看作不变而对 x 的偏导数. $\frac{\partial z}{\partial y}$与$\frac{\partial f}{\partial y}$也有类似的区别.

【例 7.4.5】 设 $z=e^{2x}(u-v),u=\sin x+y,v=\cos x-y$,求$\frac{\partial z}{\partial x}$和$\frac{\partial z}{\partial y}$.

解 记 $z=f(x,u,v)=e^{2x}(u-v)$,则

$$\begin{aligned}\frac{\partial z}{\partial x}&=\frac{\partial f}{\partial x}+\frac{\partial f}{\partial u}\cdot\frac{\partial u}{\partial x}+\frac{\partial f}{\partial v}\cdot\frac{\partial v}{\partial x}\\&=2e^{2x}(u-v)+e^{2x}\cos x+e^{2x}\sin x\\&=e^{2x}(3\sin x-\cos x+4y),\end{aligned}$$

$$\frac{\partial z}{\partial y}=\frac{\partial f}{\partial u}\cdot\frac{\partial u}{\partial y}+\frac{\partial f}{\partial v}\cdot\frac{\partial v}{\partial y}=e^{2x}\cdot 1-e^{2x}(-1)=2e^{2x}.$$

【例 7.4.6】 设 $z=f(x+y,xy)$,其中函数 f 有二阶连续的偏导数,求$\frac{\partial z}{\partial x}$,$\frac{\partial z}{\partial y}$,$\frac{\partial^2 z}{\partial x\partial y}$.

解 设 $u=x+y,v=xy$,引入记号

$$f'_1=\frac{\partial f(u,v)}{\partial u},\quad f'_2=\frac{\partial f(u,v)}{\partial v},\quad f''_{12}=\frac{\partial^2 f(u,v)}{\partial u\partial v},$$

则

$$\frac{\partial z}{\partial x}=\frac{\partial f}{\partial u}\cdot\frac{\partial u}{\partial x}+\frac{\partial f}{\partial v}\cdot\frac{\partial v}{\partial x}\overset{\Delta}{=}f_1'+y\cdot f_2',$$

$$\frac{\partial z}{\partial y}=\frac{\partial f}{\partial u}\cdot\frac{\partial u}{\partial y}+\frac{\partial f}{\partial v}\cdot\frac{\partial v}{\partial y}\overset{\Delta}{=}f_1'+x\cdot f_2',$$

$$\frac{\partial^2 z}{\partial x\partial y}=\frac{\partial}{\partial y}\left(\frac{\partial z}{\partial x}\right)=\frac{\partial}{\partial y}(f_1'+y\cdot f_2')=\frac{\partial f_1'}{\partial y}+f_2'+y\frac{\partial f_2'}{\partial y}.$$

求$\frac{\partial f_1'}{\partial y}$和$\frac{\partial f_2'}{\partial y}$时，注意 f_1'和 f_2'仍是以 $u=x+y,v=xy$ 为中间变量的复合函数. 则有

$$\frac{\partial f_1'}{\partial y}=\frac{\partial f_1'}{\partial u}\cdot\frac{\partial u}{\partial y}+\frac{\partial f_1'}{\partial v}\cdot\frac{\partial v}{\partial y}=f_{11}''+x\cdot f_{12}'',$$

$$\frac{\partial f_2'}{\partial y}=\frac{\partial f_2'}{\partial u}\cdot\frac{\partial u}{\partial y}+\frac{\partial f_2'}{\partial v}\cdot\frac{\partial v}{\partial y}=f_{21}''+x\cdot f_{22}'',$$

所以

$$\begin{aligned}\frac{\partial^2 z}{\partial x\partial y}&=\frac{\partial f_1'}{\partial y}+f_2'+y\frac{\partial f_2'}{\partial y}=f_{11}''+x\cdot f_{12}''+f_2'+y(f_{21}''+x\cdot f_{22}'')\\&=f_{11}''+(x+y)f_{12}''+xy\cdot f_{22}''+f_2'.\end{aligned}$$

【例 7.4.7】 设 $u=\varphi(x^2+y^2)$，其中 φ 可导，求证 $x\frac{\partial u}{\partial y}-y\frac{\partial u}{\partial x}=0$.

证 记 $z=x^2+y^2$，则 $u=\varphi(z)$，故

$$\frac{\partial u}{\partial x}=\frac{\mathrm{d}u}{\mathrm{d}z}\cdot\frac{\partial z}{\partial x}=\varphi'(z)\cdot 2x,$$

$$\frac{\partial u}{\partial y}=\frac{\mathrm{d}u}{\mathrm{d}z}\cdot\frac{\partial z}{\partial y}=\varphi'(z)\cdot 2y.$$

从而有

$$x\frac{\partial u}{\partial y}-y\frac{\partial u}{\partial x}=x\cdot\varphi'(z)\cdot 2y-y\cdot 2x\varphi'(z)=0.$$

【例 7.4.8】 求函数 $z=\ln[\mathrm{e}^{2(x+y^2)}+(x^2+y)]$的一阶偏导数.

解 令 $u=\mathrm{e}^{x+y^2}$，$v=x^2+y$，则 $z=\ln(u^2+v)$. 由于

$$\frac{\partial z}{\partial u}=\frac{2u}{u^2+v},\quad \frac{\partial z}{\partial v}=\frac{1}{u^2+v},$$

而

$$\frac{\partial u}{\partial x}=\mathrm{e}^{x+y^2},\quad \frac{\partial v}{\partial x}=2x.$$

由链式法则可得

$$\begin{aligned}\frac{\partial z}{\partial x}&=\frac{\partial z}{\partial u}\cdot\frac{\partial u}{\partial x}+\frac{\partial z}{\partial v}\cdot\frac{\partial v}{\partial x}\\&=\frac{2u}{u^2+v}\mathrm{e}^{x+y^2}+\frac{1}{u^2+v}2x=\frac{2}{u^2+v}(u\mathrm{e}^{x+y^2}+x)\\&=\frac{2}{\mathrm{e}^{2(x+y^2)}+x^2+y}(\mathrm{e}^{2(x+y^2)}+x).\end{aligned}$$

同理可得

$$\frac{\partial z}{\partial y}=\frac{2u}{u^2+v}2y\mathrm{e}^{x+y^2}+\frac{1}{u^2+v}=\frac{1}{u^2+v}(4uy\mathrm{e}^{x+y^2}+1)$$

$$=\frac{1}{\mathrm{e}^{2(x+y^2)}+x^2+y}(4y\mathrm{e}^{2(x+y^2)}+1).$$

7.5　隐函数的偏导数

在一元函数微分学中,我们已经介绍了形如 $F(x,y)=0$ 的隐函数的求导方法.这里我们运用多元复合函数的求导法则,给出求隐函数的导数或者偏导数的一般公式.本节假设隐函数都存在.

情形1　设函数 $F(x,y)=0$ 确定了隐函数 $y=y(x)$,则函数 $y=y(x)$满足

$$F(x,y(x))=0. \tag{7.5.1}$$

在(7.5.1)式两边同时对 x 求导,并利用链式法则,有

$$\frac{\partial F}{\partial x}+\frac{\partial F}{\partial y}\cdot\frac{\mathrm{d}y}{\mathrm{d}x}=0,$$

即 $F'_x+F'_y\frac{\mathrm{d}y}{\mathrm{d}x}=0$,若 $F'_y\neq0$,则有

$$\frac{\mathrm{d}y}{\mathrm{d}x}=-\frac{F'_x}{F'_y}. \tag{7.5.2}$$

【例7.5.1】　求由方程 $x^3+xy^2-2y^3=0$ 所确定的函数 $y=y(x)$的导数$\frac{\mathrm{d}y}{\mathrm{d}x}$.

解　令 $F(x,y)=x^3+xy^2-2y^3$,则

$$\frac{\partial F}{\partial x}=3x^2+y^2,\quad \frac{\partial F}{\partial y}=2xy-6y^2,$$

由(7.5.2)式,得

$$\frac{\mathrm{d}y}{\mathrm{d}x}=-\frac{F'_x}{F'_y}=-\frac{3x^2+y^2}{2xy-6y^2}=\frac{3x^2+y^2}{6y^2-2xy}.$$

一个二元方程 $F(x,y)=0$ 可以确定一个一元隐函数 $y=y(x)$.同样,一个三元方程 $F(x,y,z)=0$ 可以确定一个二元隐函数 $z=z(x,y)$.

情形2　设函数 $F(x,y,z)=0$ 确定了函数 $z=z(x,y)$,则函数 $z=z(x,y)$ 满足

$$F(x,y,z(x,y))=0. \tag{7.5.3}$$

在(7.5.3)式两边分别对 x,y 求偏导,由链式法则可得

$$F'_x+F'_z\cdot\frac{\partial z}{\partial x}=0,\quad F'_y+F'_z\cdot\frac{\partial z}{\partial y}=0,$$

若 $F'_z\neq0$,则有

$$\frac{\partial z}{\partial x}=-\frac{F'_x}{F'_z},\quad \frac{\partial z}{\partial y}=-\frac{F'_y}{F'_z}. \tag{7.5.4}$$

【例 7.5.2】 设 $xy+yz+zx=1$，求 $\frac{\partial z}{\partial x},\frac{\partial z}{\partial y}$.

解 设 $F(x,y,z)=xy+yz+zx-1$，则

$$F'_x(x,y,z)=y+z,\quad F'_y(x,y,z)=x+z,\quad F'_z(x,y,z)=x+y.$$

当 $F'_z(x,y,z)=x+y\neq 0$ 时，就有

$$\frac{\partial z}{\partial x}=-\frac{F'_x(x,y,z)}{F'_z(x,y,z)}=-\frac{y+z}{x+y},$$

$$\frac{\partial z}{\partial y}=-\frac{F'_y(x,y,z)}{F'_z(x,y,z)}=-\frac{x+z}{x+y}.$$

【例 7.5.3】 设 $x^2+y^2+z^2-4z=0$，求 $\frac{\partial^2 z}{\partial x^2}$.

解 设 $F(x,y,z)=x^2+y^2+z^2-4z$，则

$$F'_x=2x,\quad F'_z=2z-4,$$

利用(7.5.4)式，得

$$\frac{\partial z}{\partial x}=-\frac{F'_x}{F'_z}=-\frac{2x}{2z-4}=\frac{x}{2-z},$$

$$\frac{\partial^2 z}{\partial x^2}=\frac{(2-z)+x\frac{\partial z}{\partial x}}{(2-z)^2}=\frac{(2-z)+x\left(\frac{x}{2-z}\right)}{(2-z)^2}=\frac{(2-z)^2+x^2}{(2-z)^3}.$$

7.6 全　微　分

在一元函数 $y=f(x)$ 的讨论中，我们已经知道，微分 $\mathrm{d}y=f'(x)\mathrm{d}x$ 是函数增量 $\Delta y=f(x+\Delta x)-f(x)$ 关于 Δx 的线性主部，且当 $\Delta x\to 0$ 时，$\mathrm{d}y$ 和 Δy 相差一个比 Δx 高阶的无穷小量.

为研究函数形态及简化函数计算，我们对多元函数作类似的讨论.

7.6.1 全微分的定义

设 $z=f(x,y)$ 在 $P_0(x_0,y_0)$ 的某邻域内有连续偏导数，当 x,y 在 $P_0(x_0,y_0)$ 处分别有改变量 Δx 及 Δy 时，称

$$\Delta z=f(x_0+\Delta x,y_0+\Delta y)-f(x_0,y_0) \tag{7.6.1}$$

为 $z=f(x,y)$ 在 $P_0(x_0,y_0)$ 处的**全增量**.

一般说来，计算函数的全增量 Δz 比较复杂，与一元函数的情形一样，我们希望用自变量的增量 Δx、Δy 的线性函数来近似地代替函数的全增量 Δz，化繁为简，从而引入如下定义：

定义 7.8 如果函数 $z=f(x,y)$ 在点 (x,y) 的全增量

$$\Delta z=f(x+\Delta x,y+\Delta y)-f(x,y)$$

可表示为

$$\Delta z=A\Delta x+B\Delta y+o(\rho), \tag{7.6.2}$$

其中,A、B 与 Δx、Δy 无关,$\rho=\sqrt{(\Delta x)^2+(\Delta y)^2}$,则称函数 $z=f(x,y)$ 在点 (x,y) 处**可微**,称 $A\Delta x+B\Delta y$ 为函数 $z=f(x,y)$ 在点 (x,y) 处的**全微分**,记为 $\mathrm{d}z$. 即

$$\mathrm{d}z=A\Delta x+B\Delta y.$$

若函数 $z=f(x,y)$ 在区域 D 内处处可微,则称它在 D 内可微.

在本章 7.3 节中,我们曾经指出,多元函数在某点的偏导数存在,并不能保证函数在该点连续,但是,若函数 $z=f(x,y)$ 在点 (x,y) 可微,则它在该点必连续.

事实上,若 $z=f(x,y)$ 在点 (x,y) 可微,则

$$\Delta z=f(x+\Delta x,y+\Delta y)-f(x,y)=A\Delta x+B\Delta y+o(\rho),$$

于是

$$\lim_{\rho\to 0}\Delta z=0.$$

从而

$$\lim_{(\Delta x,\Delta y)\to(0,0)}f(x+\Delta x,y+\Delta y)=\lim_{\rho\to 0}[f(x,y)+\Delta z]=f(x,y),$$

因此函数 $z=f(x,y)$ 在点 (x,y) 处连续.

下面讨论函数 $z=f(x,y)$ 在点 (x,y) 处可微分的条件:

定理 7.7(必要条件) 如果函数 $z=f(x,y)$ 在点 (x,y) 可微分,则函数在该点的偏导数 $\frac{\partial z}{\partial x}$、$\frac{\partial z}{\partial y}$ 必存在,且在点 (x,y) 处有

$$\mathrm{d}z=\frac{\partial z}{\partial x}\Delta x+\frac{\partial z}{\partial y}\Delta y. \tag{7.6.3}$$

证 设函数 $z=f(x,y)$ 在点 $P(x,y)$ 处可微,于是,对于点 P 的某个邻域内的任意一点 $P'(x+\Delta x,y+\Delta y)$,有 $\Delta z=A\Delta x+B\Delta y+o(\rho)$. 特别当 $\Delta y=0$ 时,有

$$f(x+\Delta x,y)-f(x,y)=A\Delta x+o(|x|),$$

在上式两边同除以 Δx,再令 $\Delta x\to 0$ 取极限,得

$$\lim_{\Delta x\to 0}\frac{f(x+\Delta x,y)-f(x,y)}{\Delta x}=\lim_{\Delta x\to 0}\left[A+\frac{o(|\Delta x|)}{\Delta x}\right]=A,$$

即

$$\frac{\partial z}{\partial x}=A.$$

同理可证 $\frac{\partial z}{\partial y}=B$,所以

$$dz=\frac{\partial z}{\partial x}\Delta x+\frac{\partial z}{\partial y}\Delta y.$$

由第 3 章可知，自变量的增量等于它的微分，即

$$dx=\Delta x,\quad dy=\Delta y,$$

则函数的全微分可表示为

$$dz=\frac{\partial z}{\partial x}dx+\frac{\partial z}{\partial y}dy \quad 或 \quad dz=f'_x(x,y)dx+f'_y(x,y)dy. \tag{7.6.4}$$

定理 7.7 给出二元函数可微的必要条件，但它不是充分条件. 道理是显然的，因为二元函数在某点(x_0,y_0)处两个偏导数都存在，并不能保证函数在该点可微；否则，将得到函数在该点必连续的结论，但这是不对的.

下面我们给出函数可微的充分条件(证明从略).

定理 7.8(充分条件)　若函数 $z=f(x,y)$ 的偏导数$\frac{\partial z}{\partial x}$、$\frac{\partial z}{\partial y}$在点 $P(x,y)$ 连续，则函数在该点可微分.

定理 7.7、定理 7.8 可以推广到三元及三元以上情形.

例如，三元函数 $u=f(x,y,z)$ 的全微分由下式给出：

$$du=\frac{\partial u}{\partial x}dx+\frac{\partial u}{\partial y}dy+\frac{\partial u}{\partial z}dz.$$

【例 7.6.1】　设 $z=x^2y+y^2$，求 dz.

解　因为$\frac{\partial z}{\partial x}=2xy$，$\frac{\partial z}{\partial y}=x^2+2y$，所以

$$dz=\frac{\partial z}{\partial x}dx+\frac{\partial z}{\partial y}dy=2xydx+(x^2+2y)dy.$$

【例 7.6.2】　求 $z=xe^{xy}$ 的全微分 dz.

解　因为$\frac{\partial z}{\partial x}=e^{xy}+xye^{xy}$，$\frac{\partial z}{\partial y}=x^2e^{xy}$，所以

$$dz=(e^{xy}+xye^{xy})dx+x^2e^{xy}dy.$$

【例 7.6.3】　计算二元函数 $z=\ln(1+x^2+y^2)$ 在点(1,2)处，当 $\Delta x=0.1$，$\Delta y=-0.2$时的全微分.

解　因为

$$\frac{\partial z}{\partial x}=\frac{2x}{1+x^2+y^2},\quad \frac{\partial z}{\partial y}=\frac{2y}{1+x^2+y^2},$$

$$\left.\frac{\partial z}{\partial x}\right|_{(1,2)}=\frac{1}{3},\quad \left.\frac{\partial z}{\partial y}\right|_{(1,2)}=\frac{2}{3}.$$

所以在点(1,2)处，当 $\Delta x=0.1$，$\Delta y=-0.2$ 的全微分为

$$dz=\frac{1}{3}\times 0.1+\frac{2}{3}\times(-0.2)=-\frac{0.3}{3}=-0.1.$$

【例 7.6.4】　计算函数 $u=x^{yz}$ 的全微分.

解 因为 $\frac{\partial u}{\partial x}=yzx^{yz-1},\frac{\partial u}{\partial y}=zx^{yz}\cdot\ln x,\frac{\partial u}{\partial z}=yx^{yz}\cdot\ln x$，所以

$$du=yzx^{yz-1}dx+zx^{yz}\ln x dy+yx^{yz}\ln x dz.$$

7.6.2 全微分在近似计算中的应用

由二元函数全微分的定义及关于全微分存在的充分条件知，当二元函数 $z=f(x,y)$ 在点 $P(x,y)$ 的两个偏导数 $f'_x(x,y)$，$f'_y(x,y)$ 连续，并且 $|\Delta x|$，$|\Delta y|$ 都较小时，就有近似等式

$$\Delta z\approx dz=f'_x(x,y)\Delta x+f'_y(x,y)\Delta y,$$

上式也可以写成

$$f(x+\Delta x,y+\Delta y)\approx f(x,y)+f'_x(x,y)\Delta x+f'_y(x,y)\Delta y. \quad (7.6.5)$$

利用(7.6.5)式，可进行二元函数的近似计算.

【例 7.6.5】 计算函数 $1.04^{1.98}$ 的近似值.

解 设函数 $z=f(x,y)=x^y$. 显然要计算的值就是函数在 $x=1.04,y=1.98$ 时的函数值 $f(1.04,1.98)$.

取 $x=1,y=2,\Delta x=0.04,\Delta y=-0.02$，由于

$$f(1,2)=1,\quad f'_x(x,y)=yx^{y-1},\quad f'_y(x,y)=x^y\ln x,$$

故
$$f'_x(1,2)=2,\quad f'_y(1,2)=0,$$

由(7.6.5)式得

$$(1.04)^{1.98}\approx 1+2\times 0.04+0\times(-0.02)=1.08.$$

7.7 二元函数的极值与最值问题

7.7.1 二元函数的极值与最值

先来考察两个例子.

二元函数

$$z=x^2+y^2$$

表示以(0,0,0)为最低点且开口向上的旋转抛物面. 易知该函数在点(0,0)处取得最小值.

同样，二元函数

$$z=-\sqrt{x^2+y^2}$$

表示以(0,0,0)为最高点且开口向下的圆锥面，易知该函数在点(0,0)处取得最大值.

对一般的二元函数 $z=f(x,y)$，我们如何去求它的最值呢？与一元函数相类似，多元函数的最大值、最小值与极大值、极小值有密切联系，为此，先介绍一下二

元函数的极值点和极值概念.

1. 二元函数的极值

定义 7.9　设函数 $z=f(x,y)$ 在点 $P_0(x_0,y_0)$ 的某个邻域内有定义,若对该邻域内任一点 $P(x,y)\neq P_0(x_0,y_0)$,均有

$$f(x,y)<f(x_0,y_0)\quad (\text{或 } f(x,y)>f(x_0,y_0)),$$

则称 $f(x_0,y_0)$ 为函数的**极大(小)值**,称点 $P_0(x_0,y_0)$ 为**极大(小)值点**. 极大值点和极小值点统称为**极值点**,极大值和极小值统称为**极值**.

从定义 7.9 可以看出,点(0,0)是二元函数 $z=x^2+y^2$ 极小值点;点(0,0)是二元函数 $z=-\sqrt{x^2+y^2}$ 的极大值点.

【例 7.7.1】　判断函数 $z=xy$ 在点(0,0)处是否取到极值?

解　函数 $z=xy$ 在点(0,0)处既不取得极大值,也不取得极小值. 因为在点(0,0)处的函数值为零,而在(0,0)的任一邻域内,总有使函数值为正的点,也有使函数值为负的点.

二元函数的极值问题,一般可以利用偏导数来解决,下面两个定理就是关于这问题的结论.

定理 7.9(极值存在的必要条件)　设函数 $z=f(x,y)$ 在点 (x_0,y_0) 的某个邻域内有定义且有一阶偏导数. 若 (x_0,y_0) 是极值点,则必有

$$f'_x(x_0,y_0)=0,\quad f'_y(x_0,y_0)=0.$$

证　不妨设 $z=f(x,y)$ 在点 (x_0,y_0) 处有极大值. 依定义,对点 (x_0,y_0) 的某邻域内一切点 $(x,y)\neq(x_0,y_0)$,有

$$f(x,y)<f(x_0,y_0)$$

成立.

特别地,取 $y=y_0,x\neq x_0$,仍有

$$f(x,y_0)<f(x_0,y_0),$$

故一元函数 $f(x,y_0)$ 在 $x=x_0$ 处取得极大值,因而,必有

$$f'_x(x_0,y_0)=\left.\frac{\mathrm{d}f(x,y_0)}{\mathrm{d}x}\right|_{x=x_0}=0.$$

类似可证

$$f'_y(x_0,y_0)=0.$$

仿照一元函数,使 $f'_x(x,y)=0$,$f'_y(x,y)=0$ 同时成立的点(x_0,y_0)称为函数 $z=f(x,y)$的**驻点**.

从定理 7.9 可以知道,具有偏导数的函数的极值点必定是驻点,但是函数 $z=f(x,y)$的驻点却不一定是极值点. 例如,点$(0,0)$是函数 $z=xy$ 的驻点,但由例 7.7.1 可知,函数在该点无极值.

怎样判断一个驻点是否是极值点呢? 下面的定理回答了这个问题.

定理 7.10(极值存在的充分条件) 设函数 $z=f(x,y)$在点(x_0,y_0)的某个邻域内有二阶连续偏导数,且 $f'_x(x_0,y_0)=0$,$f'_y(x_0,y_0)=0$,即(x_0,y_0)是驻点. 令

$$A=f''_{xx}(x_0,y_0),\quad B=f''_{xy}(x_0,y_0),\quad C=f''_{yy}(x_0,y_0),$$

则 $z=f(x,y)$在(x_0,y_0)处取得极值的条件如下:

(1) 当 $AC-B^2>0$ 时,函数在点(x_0,y_0)具有极值. 且当 $A<0$ 时,$f(x_0,y_0)$是极大值,当 $A>0$ 时,$f(x_0,y_0)$是极小值;

(2) 当 $AC-B^2<0$ 时,函数在点(x_0,y_0)无极值;

(3) 当 $AC-B^2=0$ 时,可能取到极值也可能没有极值,需另作讨论.

定理的证明需要用到二元函数的泰勒公式,这里从略.

由定理 7.9,定理 7.10 可知,若函数 $z=f(x,y)$具有二阶连续偏导数,则求该函数极值的一般步骤为:

第一步 解方程组 $f'_x(x,y)=0$, $f'_y(x,y)=0$,得该函数的全部驻点;

第二步 对每一个驻点(x_0,y_0),求出其对应的二阶偏导数的值 A,B,C;

第三步 定出 $AC-B^2$ 的符号,按定理 7.10 的结论判定 $f(x_0,y_0)$是不是极值、是极大值还是极小值.

【例 7.7.2】 求函数 $f(x,y)=\frac{1}{4}x^4+y^2-8x+6$ 的极值.

解 (1) 求驻点:

解方程组$\begin{cases}f'_x=x^3-8=0\\ f'_y=2y=0\end{cases}$,得唯一驻点$(2,0)$.

(2) 求 $f(x,y)$的二阶偏导数:

$$f''_{xx}=3x^2,\quad f''_{xy}=0,\quad f''_{yy}=2.$$

(3) 讨论驻点是否为极值点:

在$(2,0)$处,有 $A=f''_{xx}(2,0)=12$,$B=f''_{xy}(2,0)=0$,$C=f''_{yy}(2,0)=2$.

因为 $AC-B^2=24>0$,且 $A=12>0$,由定理 7.10 知,函数在$(2,0)$处取到极小值,且极小值为$f(2,0)=-6$.

【例 7.7.3】 求函数 $f(x,y)=e^{x-y}(x^2-2y^2)$的极值.

解　(1) 求驻点：

解方程组

$$\begin{cases} f'_x(x,y) = e^{x-y}(x^2-2y^2) + 2xe^{x-y} = 0 \\ f'_y(x,y) = -e^{x-y}(x^2-2y^2) - 4ye^{x-y} = 0 \end{cases},$$

得两个驻点(0,0)和(−4,−2).

(2) 求 $f(x,y)$的二阶偏导数：

$$f''_{xx}(x,y) = e^{x-y}(x^2-2y^2+4x+2),$$
$$f''_{xy}(x,y) = e^{x-y}(2y^2-x^2-2x-4y),$$
$$f''_{yy}(x,y) = e^{x-y}(x^2-2y^2+8y-4).$$

(3) 讨论驻点是否为极值点：

在(0,0)处，$A=2, B=0, C=-4$.

因为 $AC-B^2=-8<0$，由定理 7.10 知，函数在点(0,0)处无极值.

在(−4,−2)处，$A=-6e^{-2}, B=8e^{-2}, C=-12e^{-2}$.

因为 $AC-B^2=8e^{-4}>0$，且 $A<0$，由定理 7.10 知，函数在点(−4,−2)处取得极大值 $f(-4,-2)=8e^{-2}$.

讨论函数的极值问题时，如果函数在所讨论的区域内具有偏导数，则由定理 7.9 可知，极值只可能在驻点取得. 然而，如果函数在个别点处的偏导数不存在，这些点当然不是驻点，但是有可能是极值点. 例如，函数 $z=-\sqrt{x^2+y^2}$ 在点(0,0)处的偏导数不存在，但该函数在(0,0)处却有极大值. 因此，在考虑函数的极值问题时，除了考虑函数的驻点外，如果有偏导数不存在的点，也应该考虑.

2. 二元函数的最值

与一元函数相类似，我们可以利用函数的极值来求函数的最大值和最小值. 在本章 7.2 节中已经指出，如果函数 $f(x,y)$在有界闭区域 D 上连续，则 $f(x,y)$在 D 上必定能取得最大值和最小值. 与一元函数的最值一样，对于二元函数，必须考察函数 $f(x,y)$的所有驻点，偏导数不存在的点以及区域的边界点上的函数值，比较这些值，其中最大者(或最小者)即为函数 $f(x,y)$在这个区域上的最大值(或最小值).

在实际问题中，如果根据问题的性质，知道函数 $f(x,y)$的最大值(或最小值)一定在有界闭区域 D 的内部取得，而函数在 D 内又只有一个驻点，则可断定该驻点处的函数值就是函数 $f(x,y)$在 D 上的最大值(或最小值).

【例 7.7.4】　某公司欲用不锈钢板做成一个体积为 8m^3 的有盖长方体水箱. 问水箱的长、宽、高如何设计，才能使用料最省？

解　设长方体的长、宽分别为 x,y. 依题意，其高为$\dfrac{8}{xy}$m，此水箱所用材料的面积为

$$S = 2\left(xy + y\frac{8}{xy} + x\frac{8}{xy}\right),$$

即
$$S=2\left(xy+\frac{8}{x}+\frac{8}{y}\right) \qquad (x>0,y>0).$$

可见,材料面积$S=S(x,y)$是x和y的二元函数,下面求使这个函数取得最小值的点(x,y).令

$$\begin{cases} S'_x=2\left(y-\dfrac{8}{x^2}\right)=0 \\ S'_y=2\left(x-\dfrac{8}{y^2}\right)=0 \end{cases},$$

解这个方程组,得$x=2,y=2$.

根据题意可知,水箱所用材料面积的最小值一定存在,并且在开区域$D=\{(x,y)|x>0,y>0\}$内取得.又函数在D内只有唯一的驻点$(2,2)$,因此可断定当$x=2,y=2$时,S取得最小值,此时,高为$\dfrac{8}{xy}=2$,即当水箱的长、宽、高均为2m时,水箱所用的材料最省.

【例7.7.5】 某厂生产A,B两种产品,销售价分别为$p_1=12$,$p_2=18$(元),总成本C(万元)是两种产品产量x_1和x_2(万件)的函数

$$C(x_1,x_2) = 2x_1^2 + x_1x_2 + 2x_2^2,$$

当两种产品产量为多少时,可获利润最大,最大利润多少?

解 由题意,收益函数为$R(x_1,x_2)=p_1x_1+p_2x_2=12x_1+18x_2$,从而可得利润函数

$$L(x_1,x_2) = R(x_1,x_2) - C(x_1,x_2) = 12x_1 + 18x_2 - 2x_1^2 - x_1x_2 - 2x_2^2.$$

下面求使这函数取得最大值的点(x_1,x_2).

令

$$\begin{cases} \dfrac{\partial L}{\partial x_1}=12-4x_1-x_2=0 \\ \dfrac{\partial L}{\partial x_2}=18-x_1-4x_2=0 \end{cases},$$

解这方程组,得
$$x_1=2, \quad x_2=4.$$

由题意知,最大利润一定存在,而在定义域内只有一个驻点,因此可断定该驻点$(2,4)$即为利润函数的最大值点,即当A产品产量$x_1=2$(万件),B产品产量$x_2=4$(万件)时,获得利润最大,最大利润为$L(2,4)=48$(万元).

【例7.7.6】 求二元函数$z=f(x,y)=x^2y(4-x-y)$在由直线$x+y=6$,x轴和y轴所围成的闭区域D上的最大值与最小值.

解 (1) 先求函数在D内的驻点.解方程组

$$\begin{cases} f'_x= 2xy(4-x-y)-x^2y=0 \\ f'_y= x^2(4-x-y)-x^2y=0 \end{cases}$$

得 $x=0\ (0\leqslant y\leqslant 6)$，及点$(4,0)$，$(2,1)$；而在区域 D 内只有唯一驻点$(2,1)$，在该点处 $f(2,1)=4$.

(2) 再求函数 $f(x,y)$在 D 的边界上的最值.

如图 7.7.1 所示，在边界 $x=0(0\leqslant y\leqslant 6)$和 $y=0\ (0\leqslant x\leqslant 6)$上，$f(x,y)=0$.

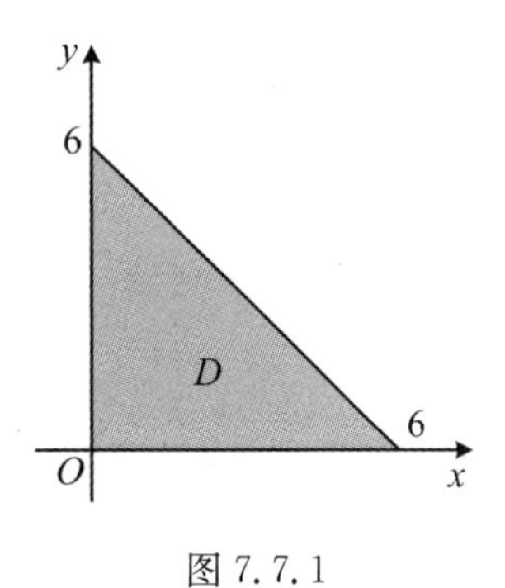

图 7.7.1

在边界 $x+y=6$ 上，$y=6-x$，代入原函数 $f(x,y)$，得

$g(x)=f(x,y)=x^2(6-x)(4-6)=2x^2(x-6)$，

所以，令

$$g'(x)=4x(x-6)+2x^2=6x^2-24x=0,$$

得驻点 $x=0$，$x=4$.

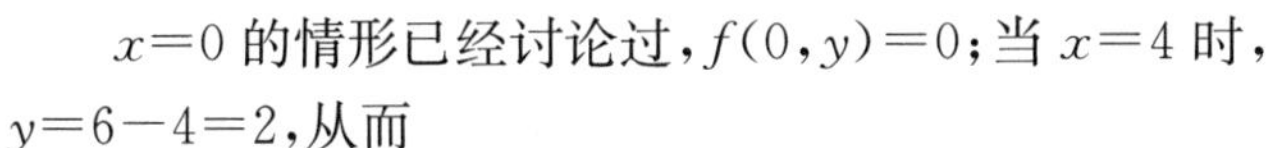

$x=0$ 的情形已经讨论过，$f(0,y)=0$；当 $x=4$ 时，$y=6-4=2$，从而

$$f(4,2)=x^2y(4-x-y)\big|_{(4,2)}=-64.$$

经比较可知，函数 $z=f(x,y)$在闭区域 D 上的最大值为 $f(2,1)=4$，最小值为 $f(4,2)=-64$.

7.7.2　条件极值与拉格朗日乘数法

上面给出的求二元函数 $f(x,y)$极值的方法中，两个变元 x 和 y 是相互独立的，除了限制在定义域内之外，不受其他条件的约束，此时的极值我们称为**无条件极值**或**自由极值**. 但是在实际问题中，有时会遇到自变量还受某些附加条件的约束，这些附加的约束我们称之为约束条件. 这类问题即**条件极值**. 如例 7.7.4，若设长方体的长，宽，高分别为 x,y,z. 则所用材料面积为 $S=2(xy+yz+zx)$，又此水箱体积为 $8\mathrm{m}^3$，所以还有约束条件 $xyz=8$. 有时，条件极值可转化为无条件极值. 如刚才的水箱问题，将水箱高 z 表示成 x,y 的函数 $z=\dfrac{8}{xy}$，代入

$$S=2(xy+yz+zx),$$

于是问题就转化为

$$S=2\left(xy+\frac{8}{x}+\frac{8}{y}\right)$$

的无条件极值.

一般地，化条件极值为无条件极值并非易事. 下面介绍直接求条件极值的**拉格朗日乘数法**.

先看函数 $z=f(x,y)$在条件 $\varphi(x,y)=0$ 下有极值的必要条件. 设可从限制条件 $\varphi(x,y)=0$ 解出 $y=y(x)$.

如果函数 $z=f(x,y)$在(x_0,y_0)取得所求的极值，那么首先有 $\varphi(x_0,y_0)=0$，即 $y_0=y(x_0)$，且意味着一元函数 $z=f(x,y(x))$在 x_0 处取得极值，由一元可导函数

取得极值的必要条件知道

$$\left.\frac{\mathrm{d}z}{\mathrm{d}x}\right|_{x=x_0}=0, \tag{7.7.1}$$

而由复合函数求导法则可得

$$\left.\frac{\mathrm{d}z}{\mathrm{d}x}\right|_{x=x_0}=f'_x(x_0,y_0)+f'_y(x_0,y_0)\cdot\left.\frac{\mathrm{d}y}{\mathrm{d}x}\right|_{x=x_0}. \tag{7.7.2}$$

又由隐函数求导法则得

$$\frac{\mathrm{d}y}{\mathrm{d}x}=-\frac{\varphi'_x(x_0,y_0)}{\varphi'_y(x_0,y_0)}, \tag{7.7.3}$$

将(7.7.3)式代入(7.7.2)式,并由(7.7.1)式得

$$f'_x(x_0,y_0)-f'_y(x_0,y_0)\frac{\varphi'_x(x_0,y_0)}{\varphi'_y(x_0,y_0)}=0, \tag{7.7.4}$$

写成对称形式为

$$\frac{f'_x(x_0,y_0)}{\varphi'_x(x_0,y_0)}=\frac{f'_y(x_0,y_0)}{\varphi'_y(x_0,y_0)}, \tag{7.7.5}$$

令(7.7.5)式等于$-\lambda$,则(7.7.5)式可以写成

$$\begin{cases}f'_x(x_0,y_0)+\lambda\varphi'_x(x_0,y_0)=0\\ f'_y(x_0,y_0)+\lambda\varphi'_y(x_0,y_0)=0\end{cases}. \tag{7.7.6}$$

若引进辅助函数

$$F(x,y,\lambda)=f(x,y)+\lambda\varphi(x,y),$$

则等式(7.7.6)和$\varphi(x_0,y_0)=0$就相当于

$$\begin{cases}F'_x(x_0,y_0,\lambda_0)=0\\ F'_y(x_0,y_0,\lambda_0)=0.\\ F'_\lambda(x_0,y_0,\lambda_0)=0\end{cases}$$

一般地,用拉格朗日乘数法求函数$z=f(x,y)$在约束条件$\varphi(x,y)=0$下的条件极值,具体步骤如下:

(1) 构造拉格朗日函数

$$F(x,y,\lambda)=f(x,y)+\lambda\varphi(x,y).$$

(2) 求三元函数$F(x,y,\lambda)$的驻点,即列方程组

$$\begin{cases}F'_x=f'_x(x,y)+\lambda\varphi'_x(x,y)=0\\ F'_y=f'_y(x,y)+\lambda\varphi'_y(x,y)=0.\\ F'_\lambda=\varphi(x,y)=0\end{cases}$$

(3) 求出上述方程组的解x,y,λ,那么驻点(x,y)有可能是极值点;至于判别求出的点(x,y)是否是极值点,在实际问题中往往可根据问题本身的性质或者实际意义来确定答案.

上述方法称为**拉格朗日乘数法**,其中待定常数λ称为**拉格朗日乘数**. 函数$F(x,y,\lambda)$称为**拉格朗日函数**.

该法可推广到一般情形. 比如,求三元函数 $u=f(x,y,z)$ 在约束条件

$$\varphi(x,y,z)=0,\quad \psi(x,y,z)=0 \tag{7.7.7}$$

下的可能的极值点,可按如下步骤进行:

(1) 构造拉格朗日函数

$$F(x,y,z,\lambda,\mu)=f(x,y,z)+\lambda\varphi(x,y,z)+\mu\psi(x,y,z).$$

(2) 列方程组

$$\begin{cases} F'_x=f'_x(x,y,z)+\lambda\varphi'_x(x,y,z)+\mu\psi'_x(x,y,z)=0 \\ F'_y=f'_y(x,y,z)+\lambda\varphi'_y(x,y,z)+\mu\psi'_y(x,y,z)=0 \\ F'_z=f'_z(x,y,z)+\lambda\varphi'_z(x,y,z)+\mu\psi'_z(x,y,z)=0. \\ F'_\lambda=\varphi(x,y,z)=0 \\ F'_\mu=\psi(x,y,z)=0 \end{cases}$$

(3) 求出上述方程组的解 x,y,z,λ,μ,则驻点 (x,y,z) 是在约束条件(7.7.7)下可能的极值点.

再解本节例 7.7.4.

解　设长方体的长、宽、高分别为 x,y,z. 依题意,有

$$S=2(xy+yz+zx),\quad xyz=8,$$

构造拉格朗日函数 $F(x,y,z,\lambda)=2(xy+yz+zx)+\lambda(xyz-8)$,解方程组

$$\begin{cases} F'_x=2(y+z)+\lambda yz=0 \\ F'_y=2(x+z)+\lambda xz=0 \\ F'_z=2(y+x)+\lambda xy=0 \\ F'_\lambda=xyz-8=0 \end{cases},$$

得

$$(x,y,z)=(2,2,2).$$

根据实际意义,水箱体积一定的时候,其表面积必有最小值. 所以最小值就在这个唯一的极值点处取得,即当水箱长、宽、高均为 2m 时,用料最省.

【例 7.7.7】　某公司可以通过电视和报纸两种媒体做商品的销售广告. 据资料统计,销售收入 R(万元)与向电视台支付的广告费用 x(万元)及向报社支付的广告费用 y(万元)之间有如下的经验公式:

$$R=15+14x+32y-8xy-2x^2-10y^2.$$

(1) 在广告费用不限的情况下,试求最优广告策略.

(2) 若公司只能提供 1.5 万元的广告费用,试求相应的最优广告策略.

解　(1) 所谓最优广告策略就是分别向电视台和报社各支付多少广告费用,才能使商品的销售利润达到最大.

当用 x(万元)和 y(万元)分别在电视台及报纸上做广告宣传时,公司获得的利润为

$$L(x,y)=R-(x+y)=15+13x+31y-8xy-2x^2-10y^2,$$

联立方程组

$$\begin{cases}L'_x=13-8y-4x=0\\L'_y=31-8x-20y=0\end{cases},$$

解得唯一驻点 $x=0.75,y=1.25$,此时

$$A=L''_{xx}(0.75,1.25)=-4,\quad B=L''_{xy}(0.75,1.25)=-8,$$
$$C=L''_{yy}(0.75,1.25)=-20,$$

则 $AC-B^2=(-4)\cdot(-20)-(-8)^2=16>0$,且 $A=-4<0$,从而函数 $L(x,y)$ 在 $x=0.75,y=1.25$ 处达到极大值.此时根据实际问题,极大值就是最大值,从而最优广告策略就是:在电视台花费 0.75 万元广告费和在报社花费 1.25 万元广告费,此时商品的销售利润达到最大.

(2) 由于公司总共只能提供 1.5 万元的广告费用,即有约束条件 $x+y=1.5$,此时问题为一条件极值问题.利用拉格朗日乘数法,设拉格朗日函数为

$$F(x,y,\lambda)=15+13x+31y-8xy-2x^2-10y^2+\lambda(x+y-1.5),$$

则由

$$\begin{cases}F'_x(x,y)=13-8y-4x+\lambda=0\\F'_y(x,y)=31-8x-20y+\lambda=0\\F'_\lambda(x,y)=x+y-1.5=0\end{cases}$$

解得

$$x=0,\quad y=1.5.$$

由题意知,在所给条件下必有利润最大的情形出现,从而最优广告策略就是,将 1.5 万元全部用于在报纸上做广告.

【例 7.7.8】 经济学中有柯布-道格拉斯(Cobb-Douglas)生产函数模型

$$f(x,y)=Cx^\alpha y^{1-\alpha},$$

其中,x 表示劳动力的数量,y 表示资本数量,C 与 $\alpha(0<\alpha<1)$ 是常数,由不同企业的具体情形决定,函数值表示生产量.

现已知某生产商的 Cobb-Douglas 生产函数为

$$f(x,y)=100x^{\frac{3}{4}}y^{\frac{1}{4}},$$

其中,每个劳动力与每单位资本的成本分别为 150 元及 250 元,该生产商的总预算是 50 000 元,问他该如何分配这笔钱分别用于雇佣劳动力及投入资本,以使生产量最高.

解 这是个条件极值问题,要求目标函数

$$f(x,y)=100x^{\frac{3}{4}}y^{\frac{1}{4}}$$

在约束条件 $150x+250y=50\,000$ 下的最大值.

构造拉格朗日函数

$$F(x,y,\lambda)=100x^{\frac{3}{4}}y^{\frac{1}{4}}+\lambda(50\,000-150x-250y),$$

联立方程组

$$\begin{cases}F'_x=75x^{-\frac{1}{4}}y^{\frac{1}{4}}-150\lambda=0\\F'_y=25x^{\frac{3}{4}}y^{-\frac{3}{4}}-250\lambda=0\\F'_\lambda=50\,000-150x-250y=0\end{cases},$$

解得　　　　　　　　　　$x=250, y=50.$

因为目标函数在定义域 $D=\{(x,y)\mid x>0, y>0\}$ 内有唯一可能的极值点，而由问题本身可知，最高产量一定存在，故制造商雇佣 250 个劳动力并投入 50 个单位资本，便可获得最大产量.

7.8　二 重 积 分

微分和积分是微积分学的主要内容，我们在本章前面几节把一元函数的微分学推广到多元函数的情形，这一节我们将一元函数的积分学推广到多元函数的积分学. 本节主要介绍二元函数积分理论的基本内容.

7.8.1　二重积分的概念

在第 6 章，我们通过求曲边梯形的面积引入了一元函数定积分的概念，现在我们利用同样的思想引入二重积分的概念. 先讨论曲顶柱体的体积计算.

设有一立体，它的底是 xOy 平面上的闭区域 D，它的侧面是以 D 的边界曲线为准线而母线平行于 z 轴的柱面，它的顶是曲面 $z=f(x,y)$，这里 $f(x,y)\geqslant 0$ 且在 D 上连续. 这种立体叫做**曲顶柱体**(如图 7.6.1 所示). 现在我们来讨论如何计算曲顶柱体的体积.

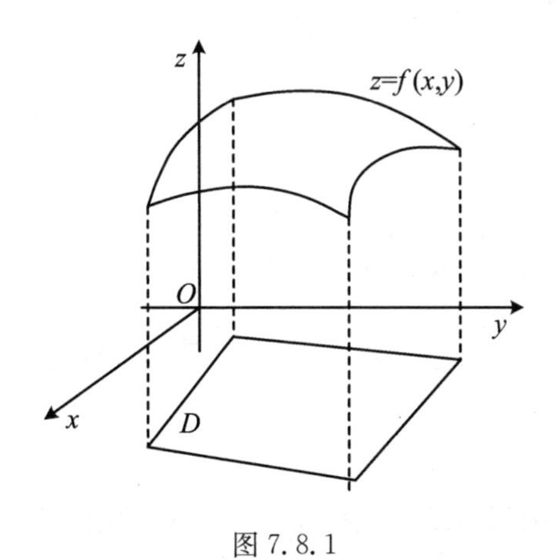

图 7.8.1

我们知道，平顶柱体的高是不变的，它的体积可以用公式

$$\text{体积} = \text{底面积} \times \text{高}$$

来计算. 对曲顶柱体，当点 (x,y) 在区域 D 上变动时，高度 $f(x,y)$ 也随着变化，故不能直接用上式算体积. 回忆第 6 章中曲边梯形面积的计算法，不难看出当前问题的解决方案. 表述如下：

1. 分割

用两组曲线把 D 分成 n 个小区域

$$\Delta\sigma_1, \Delta\sigma_2, \cdots, \Delta\sigma_n.$$

分别以这些小闭区域的边界为准线,作母线平行于 z 轴的柱面,这些柱面把原来的曲顶柱体分为 n 个小曲顶柱体,记第 k 个小曲顶柱体的体积为 ΔV_k.

2. 取近似

在每个 $\Delta\sigma_k$(其面积也记为 $\Delta\sigma_k$,见图 7.8.2)中任取一点(ξ_k, η_k),则 ΔV_k 近似等于以$f(\xi_k, \eta_k)$为高而底为 $\Delta\sigma_k$ 的平顶柱体的体积,即

$$\Delta V_k \approx f(\xi_k, \eta_k)\Delta\sigma_k \quad (k = 1, 2, \cdots, n).$$

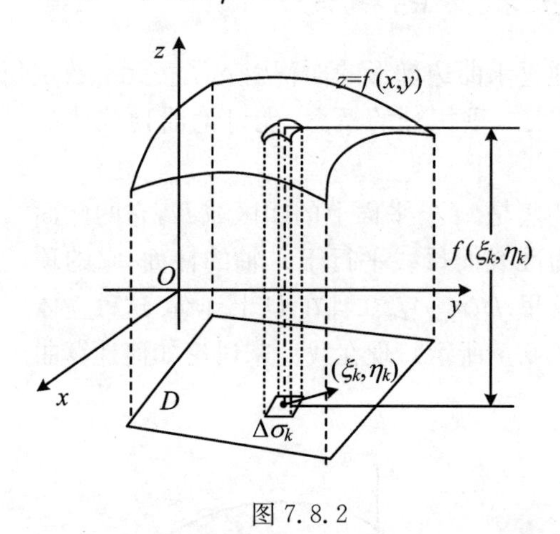

图 7.8.2

3. 求和

对 k 求和,得所求曲顶柱体的体积 V 的近似值

$$V = \sum_{k=1}^{n} \Delta V_k \approx \sum_{k=1}^{n} f(\xi_k, \eta_k)\Delta\sigma_k.$$

4. 取极限

将分割加细,取极限得所求曲顶柱体的体积 V 的精确值

$$V = \lim_{\lambda \to 0} \sum_{k=1}^{n} f(\xi_k, \eta_k)\Delta\sigma_k,$$

其中,λ 是各个小闭区域 $\Delta\sigma_k(k=1,2,\cdots,n)$的直径的最大值(小闭区域的直径是指其上任意两点间距离的最大者).

上述和式极限的抽象正是二重积分.

定义 7.10　设 $f(x,y)$在有界闭区域 D 上有界,将 D 分割成 n 个小区域

$$\Delta\sigma_1,\Delta\sigma_2,\cdots,\Delta\sigma_i,\cdots,\Delta\sigma_n,$$

仍以 $\Delta\sigma_i$ 记第 i 个小区域面积. 在各 $\Delta\sigma_i$ 上取点(ξ_i,η_i),作乘积 $f(\xi_i,\eta_i)\Delta\sigma_i$,并求和$\sum\limits_{i=1}^{n}f(\xi_i,\eta_i)\Delta\sigma_i$. 又记 $\lambda=\max\limits_{1\leqslant i\leqslant n}\{\Delta\sigma_i$ 的直径$\}$. 若极限$\lim\limits_{\lambda\to 0}\sum\limits_{i=1}^{n}f(\xi_i,\eta_i)\Delta\sigma_i$ 存在,则称 $f(x,y)$ 在区域 D 上**可积**. 并称此极限为 $f(x,y)$ 在 D 上的**二重积分**,记作$\iint_D f(x,y)\mathrm{d}\sigma$. 即

$$\iint_D f(x,y)\mathrm{d}\sigma=\lim_{\lambda\to 0}\sum_{i=1}^{n}f(\xi_i,\eta_i)\Delta\sigma_i,\tag{7.8.1}$$

其中,$f(x,y)$ 称为**被积函数**,$\mathrm{d}\sigma$ 为**面积元素**,D 为**积分区域**.

注:定义 7.10 中的和式$\sum\limits_{i=1}^{n}f(\xi_i,\eta_i)\Delta\sigma_i$ 称为**积分和**. 极限$\lim\limits_{\lambda\to 0}\sum\limits_{i=1}^{n}f(\xi_i,\eta_i)\Delta\sigma_i$ 的存在性不依赖 D 的分割及点(ξ_i,η_i) 的选取.

二重积分的几何意义是:

当 $f(x,y)\geqslant 0$ 时,$\iint_D f(x,y)\mathrm{d}\sigma$是以曲面 $z=f(x,y)$ 为顶,以 D 为底,而侧面母线平行于 z 轴的曲顶柱体的体积.

若 $f(x,y)<0$,曲面 $z=f(x,y)$ 在面 xOy 下方,此时积分为负,故曲顶柱体体积 $V=-\iint_D f(x,y)\mathrm{d}\sigma$.

那么,对于二元函数 $z=f(x,y)$,在什么条件下积分和式(7.8.1)的极限存在,即在何条件下,二元函数 $f(x,y)$在 D 上可积呢? 我们有下述判定定理.

定理 7.11(积分存在的充分条件)　若 $f(x,y)$在有界闭区域 D 上连续,则函数 $f(x,y)$在 D 上可积.

以下总假定函数 $f(x,y)$在闭区域 D 上连续. 故 $f(x,y)$在 D 上总可积.

由二重积分的定义,若函数 $z=f(x,y)$在区域 D 上可积,则(7.8.1)式中极限与区域 D 的分法无关. 取平行于 x 轴和 y 轴的两组直线分割 D,则除了含边界点的个别情形外,其他小闭区域 $\Delta\sigma_k$ 都是矩形. 设矩形闭区域 $\Delta\sigma_k$ 的边长为 Δx_i 和 Δy_i,则 $\Delta\sigma_k=\Delta x_i\cdot\Delta y_i$,因此在直角坐标系中,有时也把面积元素 $\mathrm{d}\sigma$ 记作 $\mathrm{d}x\mathrm{d}y$,而把二重积分记作

$$\iint_D f(x,y)\mathrm{d}x\mathrm{d}y,$$

其中,$\mathrm{d}x\mathrm{d}y$ 叫做**直角坐标系下的面积元素**.

7.8.2 二重积分的性质

由二重积分的定义可知,二重积分是定积分概念向二维空间的推广,因此二重积分也有与定积分类似的性质. 其证明方法可以完全仿照第 6 章定积分性质的证明,这里从略.

性质 7.1 若 f,g 在 D 上可积,α,β 为常数,则

$$\iint_D [\alpha f(x,y)+\beta g(x,y)]\mathrm{d}\sigma=\alpha\iint_D f(x,y)\mathrm{d}\sigma+\beta\iint_D g(x,y)\mathrm{d}\sigma.$$

性质 7.2 若闭区域 D 被有限条曲线划分为若干小闭区域,则在 D 上的二重积分等于在各小闭区域上的二重积分的和.

例如,若 D 被划分为两个闭区域 D_1 与 D_2,则

$$\iint_D f(x,y)\mathrm{d}\sigma=\iint_{D_1} f(x,y)\mathrm{d}\sigma+\iint_{D_2} f(x,y)\mathrm{d}\sigma.$$

该性质称为**二重积分对积分区域的可加性**.

性质 7.3 $\iint_D 1\cdot\mathrm{d}\sigma=\iint_D \mathrm{d}\sigma=\sigma$ (σ 为 D 的面积).

即当被积函数 $f(x,y)\equiv 1$ 时,二重积分的值刚好等于积分区域的面积.

这个性质的几何意义是明显的,因为高为 1 的平顶柱体的体积在数值上就等于柱体的底面积.

性质 7.4 若在区域 D 上 $f(x,y)\leqslant\varphi(x,y)$,则有

$$\iint_D f(x,y)\mathrm{d}\sigma\leqslant\iint_D \varphi(x,y)\mathrm{d}\sigma.$$

特别地,由于 $-|f(x,y)|\leqslant f(x,y)\leqslant|f(x,y)|$,

故 $$-\iint_D |f(x,y)|\mathrm{d}\sigma\leqslant\iint_D f(x,y)\mathrm{d}\sigma\leqslant\iint_D |f(x,y)|\mathrm{d}\sigma,$$

从而有

$$\left|\iint_D f(x,y)\mathrm{d}\sigma\right|\leqslant\iint_D |f(x,y)|\mathrm{d}\sigma.$$

性质 7.5 若 $f(x,y)$ 在区域 D 上的最大值和最小值分别为 M 和 m,区域 D 的面积为 σ,则 $m\sigma\leqslant\iint_D f(x,y)\mathrm{d}\sigma\leqslant M\sigma$.

证　因为　$m \leqslant f(x,y) \leqslant M$，由性质 7.4，有

$$\iint_D m \mathrm{d}\sigma \leqslant \iint_D f(x,y) \mathrm{d}\sigma \leqslant \iint_D M \mathrm{d}\sigma,$$

再由性质 7.1 和性质 7.3，有

$$m\sigma \leqslant \iint_D f(x,y) \mathrm{d}\sigma \leqslant M\sigma.$$

性质 7.6(二重积分的中值定理)　设 $f(x,y)$ 在 D 上连续，则在 D 上至少存在一点 (ξ,η)，使 $\iint_D f(x,y) \mathrm{d}\sigma = f(\xi,\eta) \cdot \sigma$.

证　由性质 7.5 可得：$m \leqslant \frac{1}{\sigma}\iint_D f(x,y) \mathrm{d}\sigma \leqslant M$，即常数 $\frac{1}{\sigma}\iint_D f(x,y) \mathrm{d}\sigma$ 介于 m 和 M 之间，由连续函数的介值定理知，有 $(\xi,\eta) \in \mathrm{D}$，使 $f(\xi,\eta) = \frac{1}{\sigma}\iint_D f(x,y) \mathrm{d}\sigma$. 值 $\frac{1}{\sigma}\iint_D f(x,y) \mathrm{d}\sigma$ 称为 $f(x,y)$ 在 D 上的平均值.

【例 7.8.1】　试比较如下积分的大小：

$$\iint_D [\ln(x+y)]^2 \mathrm{d}x\mathrm{d}y, \quad \iint_D [\ln(x+y)]^3 \mathrm{d}x\mathrm{d}y,$$

其中，积分区域 $D=\{(x,y) \mid 1 \leqslant x \leqslant 2, 2 \leqslant y \leqslant 3\}$.

解　在 D 内有，$1 \leqslant x \leqslant 2, 2 \leqslant y \leqslant 3$，所以 $\mathrm{e} < 3 \leqslant x+y \leqslant 5$. 故 $\ln(x+y) > 1$，从而有

$$[\ln(x+y)]^2 \leqslant [\ln(x+y)]^3,$$

由性质 7.4 得

$$\iint_D [\ln(x+y)]^2 \mathrm{d}x\mathrm{d}y \leqslant \iint_D [\ln(x+y)]^3 \mathrm{d}x\mathrm{d}y.$$

【例 7.8.2】　设区域 D 由 $y = \sqrt{4-x^2}$ 与 $y=0$ 所围，则 $\iint_D \mathrm{d}\sigma =$ ________.

解　由性质 7.3 可得 $\iint_D \mathrm{d}\sigma = 2\pi$.

7.8.3　在直角坐标系下二重积分的计算

显然，依定义计算二重积分并非易事. 下面我们给出实用的求解方法——累次积分法，即化为两次定积分来求.

先看一些基本概念. 若积分区域 D 可表示为

$$D = \{(x,y) \mid \varphi_1(x) \leqslant y \leqslant \varphi_2(x), a \leqslant x \leqslant b\},$$

其中，$\varphi_1(x)$，$\varphi_2(x)$ 在 $[a,b]$ 上连续，则称此区域为 **"X—型"区域**，如图 7.8.3 所示.

对应地，若区域 D 可表示为

$$D=\{(x,y)\mid \psi_1(y)\leqslant x\leqslant \psi_2(y),c\leqslant y\leqslant d\},$$

其中,$\psi_1(y),\psi_2(y)$在$[c,d]$上连续,则称此区域为**“Y－型”区域**. 如图 7.8.4 所示.

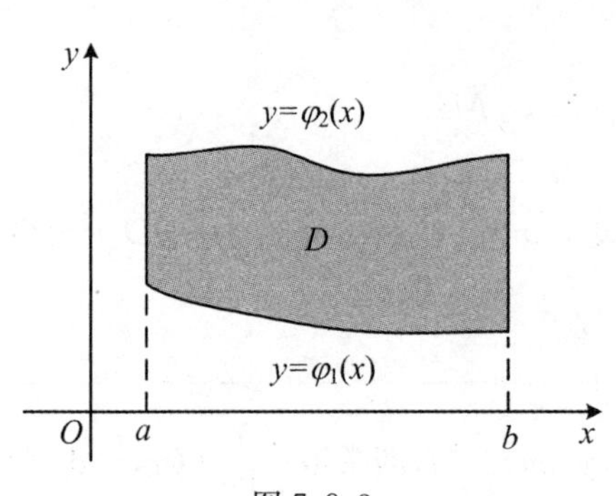

图 7.8.3

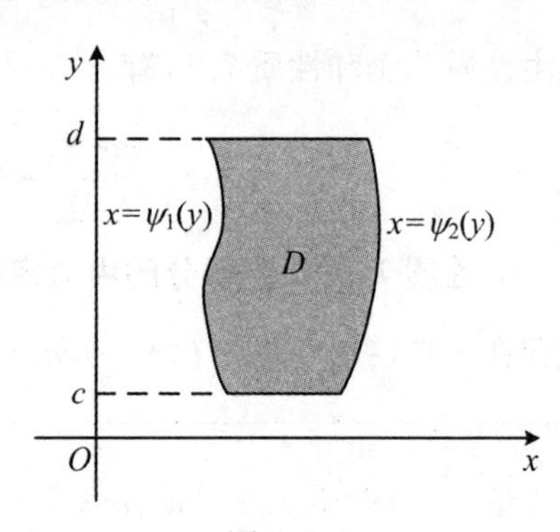

图 7.8.4

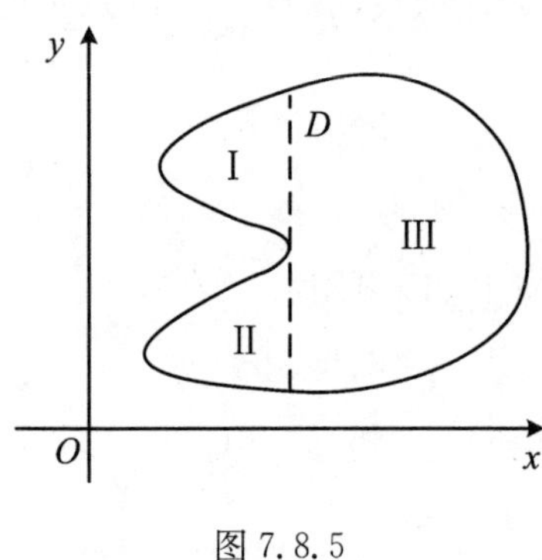

图 7.8.5

至于一般区域,我们总能将它分割成有限个“X－型”区域和“Y－型”区域,称为混合型区域,如图 7.8.5 所示.

下面我们以求“X－型”区域 D 上的曲顶柱体的体积为例说明如何将二重积分转化为两次定积分来做.

设函数 $f(x,y)>0$,它在“X－型”区域

$$D=\{(x,y)\mid \varphi_1(x)\leqslant y\leqslant \varphi_2(x),a\leqslant x\leqslant b\}$$

上连续,则二重积分$\iint_D f(x,y)\mathrm{d}\sigma$ 表示以曲面 $z=f(x,y)$ 为顶,以区域 D 为底的曲顶柱体的体积.

下面我们应用第 6 章中计算“平行截面面积为已知立体的体积”的方法来计算这个曲顶柱体的体积. 先算截面面积.

在区间$[a,b]$上任取点 x_0,作平面 $x=x_0$,截曲顶柱体得一截面,它是以区间$[\varphi_1(x_0),\varphi_2(x_0)]$为底边、而以曲线 $z=f(x_0,y)$为曲顶的曲边梯形(图 7.8.6 所示的阴影部分),该截面的面积为

$$A(x_0)=\int_{\varphi_1(x_0)}^{\varphi_2(x_0)}f(x_0,y)\mathrm{d}y.$$

一般地,过区间$[a,b]$上任一点 x 且平行于面 yOz 的平面,截曲顶柱体所得的截面面积为

$$A(x)=\int_{\varphi_1(x)}^{\varphi_2(x)}f(x,y)\mathrm{d}y.$$

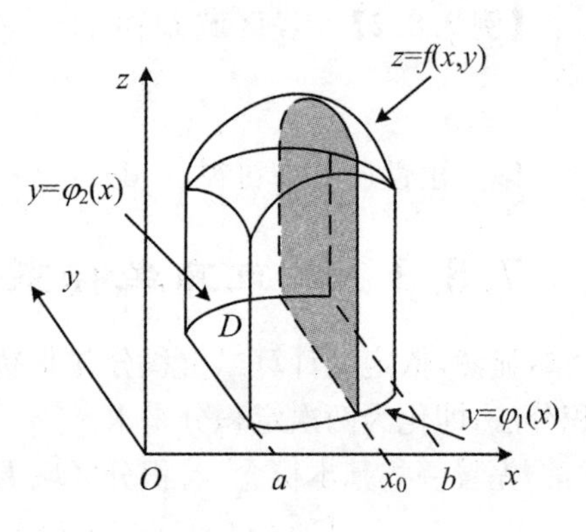

图 7.8.6

根据平行截面面积为已知的立体体积的求解法，得所求体积为

$$V=\int_a^b A(x)\mathrm{d}x=\int_a^b\left[\int_{\varphi_1(x)}^{\varphi_2(x)} f(x,y)\mathrm{d}y\right]\mathrm{d}x.$$

这个体积就是所求的二重积分的值，从而有等式

$$\iint_D f(x,y)\mathrm{d}\sigma=\int_a^b\left[\int_{\varphi_1(x)}^{\varphi_2(x)} f(x,y)\mathrm{d}y\right]\mathrm{d}x. \tag{7.8.2}$$

上式右端的积分称为先对 y、后对 x 的**二次积分**(或**累次积分**). 也就是说，先把 x 看做常数，把 $f(x,y)$只看做 y 的函数，并对 y 计算从 $\varphi_1(x)$到 $\varphi_2(x)$的定积分；然后把算得的结果(x 的函数)在区间$[a,b]$上对 x 求定积分. 这个先对 y、后对 x 的二次积分也常记作

$$\int_a^b \mathrm{d}x\int_{\varphi_1(x)}^{\varphi_2(x)} f(x,y)\mathrm{d}y.$$

因此，(7.8.2)式也可以写成

$$\iint_D f(x,y)\mathrm{d}\sigma=\int_a^b \mathrm{d}x\int_{\varphi_1(x)}^{\varphi_2(x)} f(x,y)\mathrm{d}y.$$

类似地，若 D 为“Y－型”区域

$$D=\{(x,y)\mid \psi_1(y)\leqslant x\leqslant \psi_2(y),c\leqslant y\leqslant d\},$$

可得

$$\iint_D f(x,y)\mathrm{d}\sigma=\int_c^d \mathrm{d}y\int_{\psi_1(y)}^{\psi_2(y)} f(x,y)\mathrm{d}x. \tag{7.8.3}$$

上式右端的积分叫做先对 x、后对 y 的**二次积分**(或**累次积分**).

注：为简化讨论，我们假定 $f(x,y)>0$. 其实，(7.8.2)式和(7.8.3)式对一般情形仍然成立.

若积分区域 D 既不是“X－型”区域，也不是“Y－型”区域，可以将它分割成若干“X－型”区域或“Y－型”区域(见图 7.8.5). 在各小块区域上用(7.8.2)式或(7.8.3)式，再根据二重积分对区域的可加性，即可计算出所给的二重积分.

若积分区域 D 既是“X－型”区域，又是“Y－型”区域，如图 7.8.7 所示，即积分区域 D 既可表示成

$$D=\{(x,y)\mid \varphi_1(x)\leqslant y\leqslant \varphi_2(x),a\leqslant x\leqslant b\},$$

又可以表示为

$$D=\{(x,y)\mid \psi_1(y)\leqslant x\leqslant \psi_2(y),c\leqslant y\leqslant d\},$$

则有

$$\int_a^b \mathrm{d}x\int_{\varphi_1(x)}^{\varphi_2(x)} f(x,y)\mathrm{d}y=\int_c^d \mathrm{d}y\int_{\psi_1(y)}^{\psi_2(y)} f(x,y)\mathrm{d}x.$$

具体用哪一种类型积分解题，需视积分区域和被积函数而定.

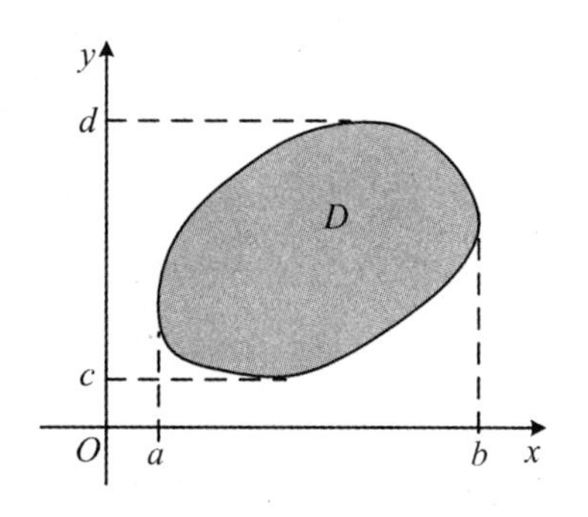

图 7.8.7

【例 7.8.3】 计算$\iint_D xy\mathrm{d}x\mathrm{d}y$,其中$D$是由直线$y=x,y=1,x=2$所围成的区域.

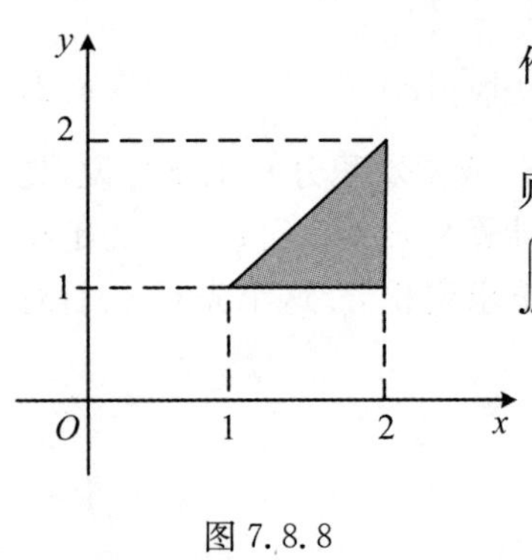

图 7.8.8

解法一 画出积分区域D,如图 7.8.8 所示.看作"X—型"区域.即有

$$D:1\leqslant y\leqslant x,\quad 1\leqslant x\leqslant 2,$$

则

$$\iint_D xy\mathrm{d}x\mathrm{d}y=\int_1^2\mathrm{d}x\int_1^x xy\mathrm{d}y=\int_1^2\left(x\cdot\frac{y^2}{2}\right)\Big|_1^x\mathrm{d}x$$

$$=\int_1^2\left(\frac{x^3}{2}-\frac{x}{2}\right)\mathrm{d}x=\left(\frac{x^4}{8}-\frac{x^2}{4}\right)\Big|_1^2=\frac{9}{8}.$$

解法二 看作"Y—型"区域.即有

$$D:y\leqslant x\leqslant 2,\quad 1\leqslant y\leqslant 2,$$

则

$$\iint_D xy\mathrm{d}x\mathrm{d}y=\int_1^2\mathrm{d}y\int_y^2 xy\mathrm{d}x=\int_1^2\left(y\cdot\frac{x^2}{2}\right)\Big|_y^2\mathrm{d}y=\int_1^2\left(2y-\frac{y^3}{2}\right)\mathrm{d}y$$

$$=\left(y^2-\frac{y^4}{8}\right)\Big|_1^2=\frac{9}{8}.$$

【例 7.8.4】 试计算二重积分$\iint_D xy\mathrm{d}x\mathrm{d}y$,其中$D$是由抛物线$y^2=x$及直线$y=x-2$所围成的闭区域.

解 画出积分区域D的图形,如图 7.8.9 所示.把D看成"Y—型"区域.即有

$$D:y^2\leqslant x\leqslant y+2,\quad -1\leqslant y\leqslant 2,$$

所以

$$\iint_D xy\mathrm{d}x\mathrm{d}y=\int_{-1}^2\mathrm{d}y\int_{y^2}^{y+2}xy\mathrm{d}x=\int_{-1}^2\left(y\cdot\frac{x^2}{2}\right)\Big|_{y^2}^{y+2}\mathrm{d}y$$

$$=\frac{1}{2}\int_{-1}^2[y(y+2)^2-y^5]\mathrm{d}y$$

$$=\frac{1}{2}\left(\frac{1}{4}y^4+\frac{4}{3}y^3+2y^2-\frac{1}{6}y^6\right)\Big|_{-1}^2=\frac{45}{8}.$$

若视D为X—型区域,则需分之为D_1和D_2两部分(见图 7.8.10),其中

$$D_1:-\sqrt{x}\leqslant y\leqslant\sqrt{x},\quad 0\leqslant x\leqslant 1,$$

$$D_2:x-2\leqslant y\leqslant\sqrt{x},\quad 1\leqslant x\leqslant 4.$$

由二重积分对区域可加性,有

$$\iint_D xy\mathrm{d}x\mathrm{d}y=\iint_{D_1}xy\mathrm{d}x\mathrm{d}y+\iint_{D_2}xy\mathrm{d}x\mathrm{d}y$$

$$=\int_0^1\mathrm{d}x\int_{-\sqrt{x}}^{\sqrt{x}}xy\mathrm{d}y+\int_1^4\mathrm{d}x\int_{x-2}^{\sqrt{x}}xy\mathrm{d}y.$$

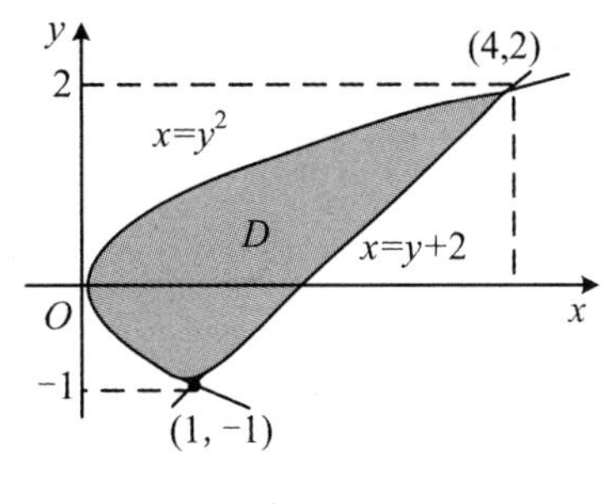

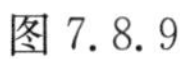
图 7.8.9

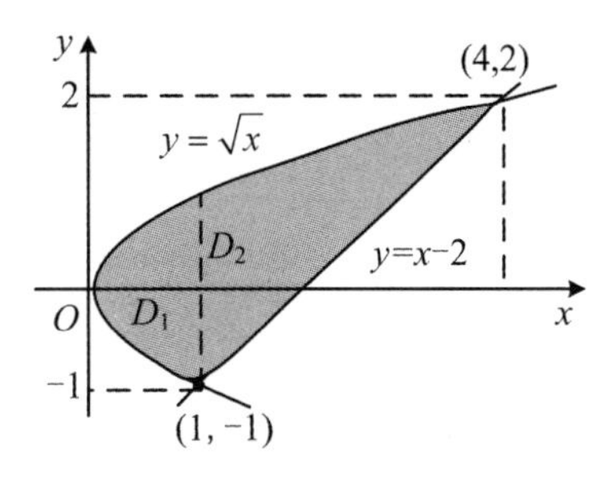

图 7.8.10

显然，后者较为繁琐. 由此可知，适当选取二次积分次序可简化二重积分计算. 故本题应选“先 x 后 y”的积分次序.

【例 7.8.5】　计算二重积分$\iint_D (x^2+y^2)\mathrm{d}x\mathrm{d}y$，其中

$$D=\left\{(x,y)\,\middle|\,0\leqslant x\leqslant 1, x\leqslant y\leqslant 2x\right\}.$$

解　因为 D 为“X—型”区域，所以

$$\iint_D (x^2+y^2)\mathrm{d}x\mathrm{d}y=\int_0^1\mathrm{d}x\int_x^{2x}(x^2+y^2)\mathrm{d}y=\int_0^1\frac{10}{3}x^3\mathrm{d}x=\frac{5}{6}.$$

注意：若视 D 为“Y—型”区域，则得

$$\iint_D (x^2+y^2)\mathrm{d}x\mathrm{d}y=\int_0^1\mathrm{d}y\int_{\frac{y}{2}}^{y}(x^2+y^2)\mathrm{d}x+\int_1^2\mathrm{d}y\int_{\frac{y}{2}}^{1}(x^2+y^2)\mathrm{d}x,$$

此法不宜.

由例 7.8.4 和例 7.8.5 可以看出，由于积分区域的特点，选择不同的积分顺序，将使计算过程出现难易程度上的差异. 对某些问题，由于函数的特点，某种积分顺序可能积不出来，换成另一种积分顺序就会迎刃而解了.

【例 7.6.6】　求$\iint_D \frac{\sin y}{y}\mathrm{d}x\mathrm{d}y$，其中 D 是由 $y=\sqrt{x}$ 和 $y=x$ 所围成的闭区域.

解　因为$\int\frac{\sin y}{y}\mathrm{d}y$“积不出来”，或者说$\frac{\sin y}{y}$的原函数不能用初等函数表示，所以只能将区域视为“$Y$— 型”，此时 D 为 $y^2\leqslant x\leqslant y, 0\leqslant y\leqslant 1$，故

$$\iint_D \frac{\sin y}{y}\mathrm{d}x\mathrm{d}y=\int_0^1\mathrm{d}y\int_{y^2}^{y}\frac{\sin y}{y}\mathrm{d}x=\int_0^1(\sin y-y\sin y)\mathrm{d}y=1-\sin 1.$$

对给定的二次积分，交换积分次序是常见的题型. 我们归纳解题步骤如下：

(1) 对于给定的二次积分

$$\int_a^b\mathrm{d}x\int_{\varphi_1(x)}^{\varphi_2(x)}f(x,y)\mathrm{d}y,$$

先根据积分限 $a\leqslant x\leqslant b, \varphi_1(x)\leqslant y\leqslant\varphi_2(x)$，画出积分区域 D.

(2) 根据积分区域的形状,按新的次序重新确定区域 D 的积分限

$$c\leqslant y\leqslant d,\psi_1(y)\leqslant x\leqslant\psi_2(y).$$

(3) 写出结果

$$\int_a^b \mathrm{d}x\int_{\varphi_1(x)}^{\varphi_2(x)} f(x,y)\mathrm{d}y=\int_c^d \mathrm{d}y\int_{\psi_1(y)}^{\psi_2(y)} f(x,y)\mathrm{d}x.$$

【例 7.8.7】 交换下列累次积分的积分次序.

(1) $\int_0^2 \mathrm{d}x\int_0^x f(x,y)\mathrm{d}y$;　　(2) $\int_0^1 \mathrm{d}y\int_0^{\sqrt{y}} f(x,y)\mathrm{d}x+\int_1^2 \mathrm{d}y\int_0^{2-y} f(x,y)\mathrm{d}x$.

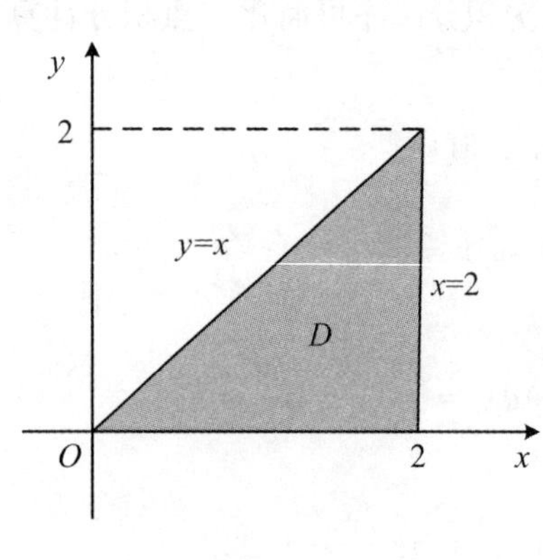

图 7.8.11

解 (1) 原二重积分是把积分区域看成 X—型区域,得

$$D=\{(x,y)\mid 0\leqslant y\leqslant x,0\leqslant x\leqslant 2\},$$

作图(如图 7.8.11 所示),当把 D 看成 Y—型区域,得

$$D=\{(x,y)\mid y\leqslant x\leqslant 2,0\leqslant y\leqslant 2\},$$

于是

$$\int_0^2 \mathrm{d}x\int_0^x f(x,y)\mathrm{d}y=\int_0^2 \mathrm{d}y\int_y^2 f(x,y)\mathrm{d}x.$$

(2) 原二重积分是把积分区域看成 Y—型区域 $D=D_1\cup D_2$,其中

$$D_1=\{(x,y)\mid 0\leqslant x\leqslant\sqrt{y},0\leqslant y\leqslant 1\},\quad D_2=\{(x,y)\mid 0\leqslant x\leqslant 2-y,1\leqslant y\leqslant 2\},$$

作图(如图 7.8.12)所示,当把 D 看成 X—型区域,得

$$D=\{(x,y)\mid 0\leqslant x\leqslant 1,x^2\leqslant y\leqslant 2-x\},$$

所以

$$\int_0^1 \mathrm{d}y\int_0^{\sqrt{y}} f(x,y)\mathrm{d}x+\int_1^2 \mathrm{d}y\int_0^{2-y} f(x,y)\mathrm{d}x=\int_0^1 \mathrm{d}x\int_{x^2}^{2-x} f(x,y)\mathrm{d}y.$$

【例 7.8.8】 证明$\int_0^a \mathrm{d}y\int_0^y \mathrm{e}^{x-a}f(x)\mathrm{d}x=\int_0^a (a-x)\mathrm{e}^{x-a}f(x)\mathrm{d}x$,其中 $a>0$.

证 根据等式左端二次积分的积分限 $0\leqslant y\leqslant a,0\leqslant x\leqslant y$,画出积分区域 D 的图形(如图 7.8.13 所示),交换这个二次积分的积分次序,重新确定区域 D 的积分限$0\leqslant x\leqslant a,x\leqslant y\leqslant a$,于是得

$$\begin{aligned}\int_0^a \mathrm{d}y\int_0^y \mathrm{e}^{x-a}f(x)\mathrm{d}x&=\int_0^a \mathrm{d}x\int_x^a \mathrm{e}^{x-a}f(x)\mathrm{d}y\\&=\int_0^a\left(\mathrm{e}^{x-a}f(x)\int_x^a \mathrm{d}y\right)\mathrm{d}x=\int_0^a (a-x)\mathrm{e}^{x-a}f(x)\mathrm{d}x.\end{aligned}$$

特例 (1) 若区域 D 是矩形区域,即

$$D:a\leqslant x\leqslant b,\quad c\leqslant y\leqslant d$$

时,有

$$\iint_D f(x,y)\mathrm{d}x\mathrm{d}y = \int_a^b \mathrm{d}x \int_c^d f(x,y)\mathrm{d}y = \int_c^d \mathrm{d}y \int_a^b f(x,y)\mathrm{d}x.$$

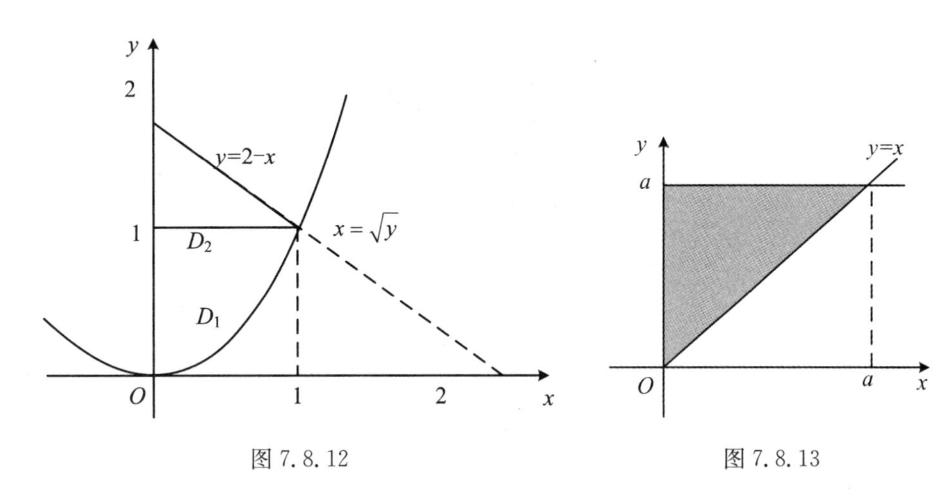

图 7.8.12　　图 7.8.13

(2) 若区域 D 是(1)中矩形区域时，被积函数可分离成一元函数的乘积，即

$$f(x,y) = \varphi(x)\cdot\psi(y),$$

则

$$\iint_D f(x,y)\mathrm{d}x\mathrm{d}y = \left(\int_a^b \varphi(x)\mathrm{d}x\right)\cdot\left(\int_c^d \psi(y)\mathrm{d}y\right).$$

【例 7.8.9】　计算$\iint_D \mathrm{e}^{-(x+y)}\mathrm{d}x\mathrm{d}y$，其中积分区域为 $D=\{(x,y)\mid 0\leqslant x\leqslant 1, 0\leqslant y\leqslant 1\}$.

解　$\iint_D \mathrm{e}^{-(x+y)}\mathrm{d}x\mathrm{d}y = \left(\int_0^1 \mathrm{e}^{-x}\mathrm{d}x\right)\cdot\left(\int_0^1 \mathrm{e}^{-y}\mathrm{d}y\right) = (1-\mathrm{e}^{-1})^2.$

7.9　在极坐标系下二重积分的计算

前面介绍了利用直角坐标计算二重积分，但是对某些被积函数和某些积分区域用直角坐标计算十分不便. 而利用下面介绍的极坐标计算二重积分则简捷易行.

选直角坐标系的原点为极点 O，x 轴为极轴，由直角坐标与极坐标的关系有

$$x = r\cos\theta,\ y = r\sin\theta,$$

故

$$f(x,y) = f(r\cos\theta, r\sin\theta).$$

现在考虑极坐标系下面积元素 $\mathrm{d}\sigma$ 的表达式. 在二重积分的定义中区域 D 的分割是任意的，极限$\lim\limits_{\lambda\to 0}\sum\limits_{i=1}^{n} f(\xi_i,\eta_i)\Delta\sigma_i$ 都存在，那么对于区域进行特殊分割该极限也应该存在. 在极坐标系下，我们用$\theta=$ 常数和 $r=$ 常数的两族曲线，即一族从极点出发的射线和另一族圆心在极点的同心圆，把区域 D 分割成许多小区域. 设其中一个小扇环区域为 $\Delta\sigma$(同时也表示该区域面积)，如图 7.9.1 所示，它是由半径分别为 r，$r+\Delta r$ 的同心圆和极角分别为 θ 和 $\theta+\Delta\theta$ 的射线所确定，则

$$\Delta\sigma=\frac{1}{2}(r+\Delta r)^2\cdot\Delta\theta-\frac{1}{2}r^2\cdot\Delta\theta=r\Delta r\cdot\Delta\theta+\frac{1}{2}(\Delta r)^2\cdot\Delta\theta.$$

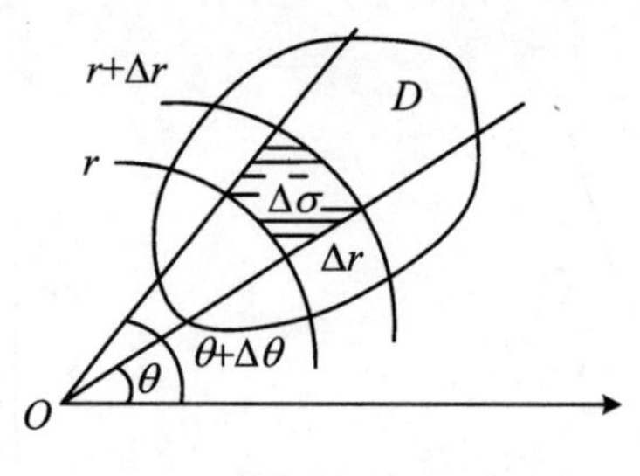

图 7.9.1

若分割无限加细,$\Delta r,\Delta\theta$ 趋于 0,而$\frac{1}{2}(\Delta r)^2\cdot\Delta\theta$ 是比 $r\Delta r\cdot\Delta\theta$ 较高阶的无穷小量,故 $\Delta\sigma\approx r\Delta r\cdot\Delta\theta$. 从而在极坐标系下有

$$\mathrm{d}\sigma=r\mathrm{d}r\mathrm{d}\theta,$$

进而

$$\iint_D f(x,y)\mathrm{d}\sigma=\iint_D f(r\cos\theta,r\sin\theta)r\mathrm{d}r\mathrm{d}\theta.$$

此公式表明,化直角坐标系下二重积分为极坐标系下的二重积分,只要分别换 x,y 为 $r\cos\theta,r\sin\theta$,换 $\mathrm{d}\sigma$ 为 $r\mathrm{d}r\mathrm{d}\theta$ 即可.

极坐标系下的二重积分,也要化为累次积分计算.

如图 7.9.2 所示,积分区域 D 可表示为

$$r_1(\theta)\leqslant r\leqslant r_2(\theta),\quad \alpha\leqslant\theta\leqslant\beta,$$

则

$$\iint_D f(r\cos\theta,r\sin\theta)r\mathrm{d}r\mathrm{d}\theta=\int_\alpha^\beta\mathrm{d}\theta\int_{r_1(\theta)}^{r_2(\theta)}f(r\cos\theta,r\sin\theta)r\mathrm{d}r.$$

【例 7.9.1】 计算$\iint_D \mathrm{e}^{-x^2-y^2}\mathrm{d}\sigma$,其中,$D$ 是由以原点为圆心、半径为 R 的圆形区域在第一象限的部分.

解 画区域 D 的图形(见图 7.9.3),并化边界 $x^2+y^2=R^2$ 为极坐标方程,即

$$r=R,$$

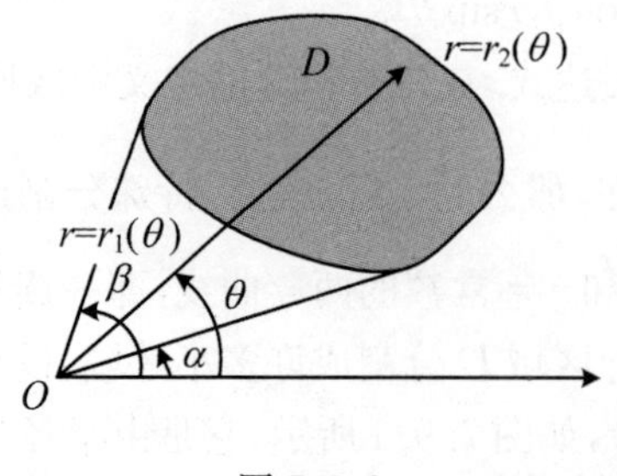

图 7.9.2

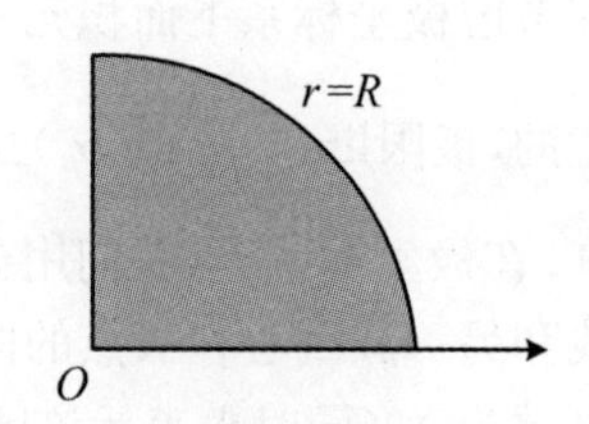

图 7.9.3

积分区域 D 为

$$0\leqslant\theta\leqslant\frac{\pi}{2},\ 0\leqslant r\leqslant R,$$

于是

$$\iint_D e^{-x^2-y^2}\,d\sigma=\iint_D e^{-r^2}r\,dr\,d\theta=\int_0^{\frac{\pi}{2}}\left[\int_0^R e^{-r^2}r\,dr\right]d\theta=\int_0^{\frac{\pi}{2}}\left[-\frac{1}{2}e^{-r^2}\right]\Big|_0^R d\theta$$

$$=\frac{1}{2}(1-e^{-R^2})\int_0^{\frac{\pi}{2}}d\theta=\frac{\pi}{4}(1-e^{-R^2}).$$

【例 7.9.2】　计算泊松积分 $I=\int_0^{+\infty}e^{-x^2}\,dx$.

解　这是广义积分. e^{-x^2} 的原函数不是初等函数,不能直接用牛顿—莱布尼茨公式计算. 考虑二重积分

$$A=\iint_D e^{-x^2-y^2}\,d\sigma,$$

其中,D 为

$$0\leqslant x\leqslant+\infty,\ 0\leqslant y\leqslant+\infty,$$

化为二次积分得

$$A=\iint_D e^{-x^2-y^2}\,d\sigma=\int_0^{+\infty}dx\cdot\int_0^{+\infty}e^{-x^2-y^2}\,dy=\left(\int_0^{+\infty}e^{-x^2}\,dx\right)\cdot\left(\int_0^{+\infty}e^{-y^2}\,dy\right)=I^2,$$

由例 7.9.1(此时需令 $R\to+\infty$)得

$$\iint_D e^{-x^2-y^2}\,dx\,dy=\frac{\pi}{4}=I^2,$$

从而

$$I=\int_0^{+\infty}e^{-x^2}\,dx=\frac{\sqrt{\pi}}{2}.$$

泊松积分 $I=\int_0^{+\infty}e^{-x^2}\,dx=\frac{\sqrt{\pi}}{2}$ 很重要,在后续课程"概率论与数理统计"中经常用到.

【例 7.9.3】　计算二重积分 $\iint_D x^2\,d\sigma$,其中,D 是圆 $x^2+y^2=1$ 和圆 $x^2+y^2=4$ 之间的环形区域.

解　画积分区域 D 的图形(见图 7.9.4),化 D 的边界 $x^2+y^2=1$ 和 $x^2+y^2=4$ 为极坐标方程,即 $r=1$ 和 $r=2$.

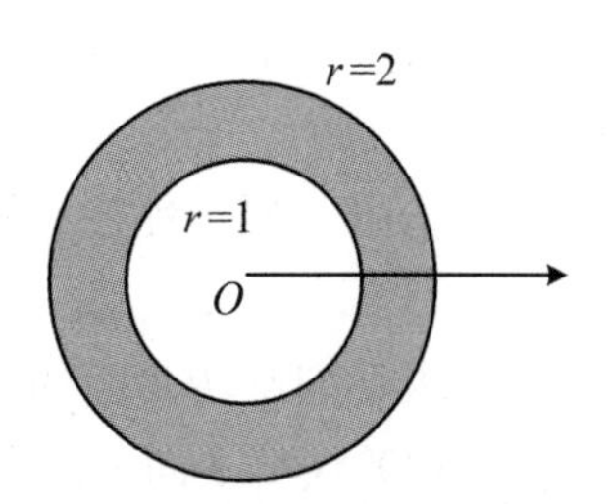

图 7.9.4

将区域 D 表示为

$$0\leqslant\theta\leqslant 2\pi,\ 1\leqslant r\leqslant 2,$$

从而

$$\iint_D x^2\,d\sigma=\iint_D (r\cos\theta)^2 r\,dr\,d\theta=\int_0^{2\pi}\left[\int_1^2 r^3\cos^2\theta\,dr\right]d\theta$$

$$= \frac{15}{4}\int_0^{2\pi}\cos^2\theta\mathrm{d}\theta = \frac{15}{4}\pi.$$

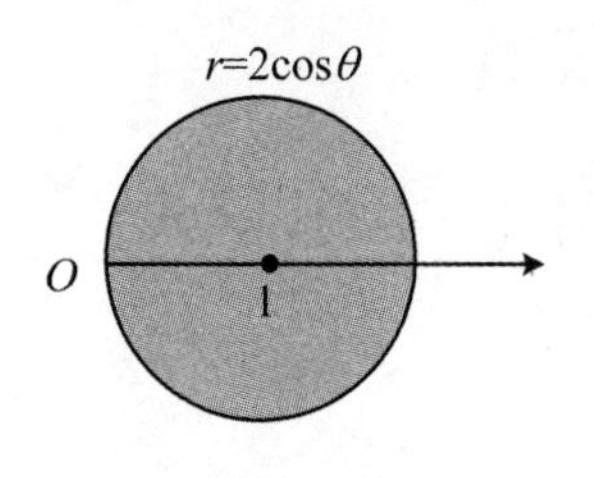

图 7.9.5

【例 7.9.4】 计算 $\iint_D \sqrt{4-x^2-y^2}\mathrm{d}\sigma$,其中,$D$ 是由圆 $x^2+y^2=2x$ 所围成的区域.

解 画积分区域 D 的图形(见图 7.9.5),化 D 的边界 $x^2+y^2=2x$ 为极坐标方程,即

$$r = 2\cos\theta,$$

将区域 D 表示为

$$-\frac{\pi}{2}\leqslant\theta\leqslant\frac{\pi}{2},\ 0\leqslant r\leqslant 2\cos\theta,$$

于是

$$\iint_D \sqrt{4-x^2-y^2}\mathrm{d}\sigma = \iint_D \sqrt{4-r^2}r\mathrm{d}r\mathrm{d}\theta = \int_{-\frac{\pi}{2}}^{\frac{\pi}{2}}\left[\int_0^{2\cos\theta}\sqrt{4-r^2}r\mathrm{d}r\right]\mathrm{d}\theta$$

$$= \int_{-\frac{\pi}{2}}^{\frac{\pi}{2}}\left[-\frac{1}{3}(4-r^2)^{3/2}\right]\Big|_0^{2\cos\theta}\mathrm{d}\theta = \frac{1}{3}\int_{-\frac{\pi}{2}}^{\frac{\pi}{2}}(8-8\,|\sin\theta|^3)\mathrm{d}\theta$$

$$= \frac{16}{3}\int_0^{\frac{\pi}{2}}(1-\sin^3\theta)\mathrm{d}\theta = \frac{8}{9}(3\pi-4).$$

通过上述例子,我们看到,若被积函数形如 $f(x^2+y^2)$,或者积分区域与"圆形区域"相关,一般利用极坐标系来计算二重积分较为简便.

习 题 7

基 本 题

7.1 节

1. 分别求出点 $P(2,-1,4)$ 到坐标原点、y 轴、xOz 平面的距离.

2. 求经过空间四点 $O(0,0,0)$,$A(-1,0,0)$,$B(1,0,-1)$,$C(0,2,1)$ 的球面方程.

3. 指出下列方程在空间中各表示什么图形,并作出其草图.

(1) $z=x^2$; (2) $x^2+y^2+z^2-2y=0$.

4. 求下列旋转曲面的方程,并画出其草图.

(1) xOz 平面上的抛物线 $z=2x^2$ 绕 x 轴;

(2) xOy 平面上的椭圆 $4x^2+y^2=4$ 绕 y 轴.

7.2 节

1. 求下列二元函数的定义域,并在平面直角坐标系中画出定义域的图形.

(1) $z=\sqrt{y-x^2}$；　(2) $z=\sin xy$；　(3) $z=\ln(y^2-2x)$.

2. 设 $f(x,y)=x^2y$,求 $f(t\cos t,\sec^2 t)$.

3. 求下列二元函数的极限.

(1) $\lim\limits_{(x,y)\to(0,4)}\dfrac{x}{\sqrt{y}}$；　(2) $\lim\limits_{(x,y)\to(0,0)}\dfrac{2-\sqrt{xy+4}}{xy}$；

(3) $\lim\limits_{(x,y)\to(0,1)}\dfrac{1-xy}{x^2+y^2}$；　(4) $\lim\limits_{(x,y)\to(2,0)}\dfrac{\tan(xy)}{y}$.

4. 证明极限 $\lim\limits_{(x,y)\to(0,0)}\dfrac{x+y}{x-y}$不存在.

5. 指出下列函数在何处间断.

(1) $f(x,y)=\dfrac{x+y}{\ln(x^2+y^2)}$；　(2) $z=\dfrac{x^2+y}{y^2-2x}$.

7.3 节

1. 求下列函数关于各自变量的一阶偏导数.

(1) $f(x,y)=2x^2-3y+3$；　(2) $f(x,y)=x^3y-xy^3$；

(3) $f(x,y)=x^y+y^x$；　(4) $f(x,y)=\sin(xy)+\cos^2(xy)$.

2. 求下列函数的所有二阶偏导数.

(1) $z=x^4+y^4-4x^2y^2$；　(2) $z=\ln(xy^2)$；　(3) $z=\dfrac{1}{x+y}$.

3. 设 $f(x,y,z)=xy^2+yz^2+zx^2$,试求:

(1) $f''_{xx}(0,0,1)$；　(2) $f''_{xz}(1,0,2)$；

(3) $f''_{yz}(0,-1,0)$；　(4) $f'''_{zzx}(2,0,1)$.

4. 设 $z=x\ln(xy)$,求$\dfrac{\partial^3 z}{\partial x^2\partial y}$及$\dfrac{\partial^3 z}{\partial x\partial y^2}$.

7.4 节

1. 求下列复合函数的偏导数或全导数.

(1) 设 $z=\sin(xy)$,$x=s^2t$,$y=st^2$,求$\dfrac{\partial z}{\partial s}$,$\dfrac{\partial z}{\partial t}$.

(2) 设 $z=\ln(1+x^2+y^2)$,$x=\mathrm{e}^{2t}$,$y=\sin t$,求$\dfrac{\mathrm{d}z}{\mathrm{d}t}$.

(3) 设 $z=\mathrm{e}^{x-2y}$,$x=\sin t$,$y=t^3$,求$\dfrac{\mathrm{d}z}{\mathrm{d}t}$.

2. 求下列函数的一阶偏导数(其中 f 具有一阶连续偏导数).

(1) $z=f(\ln xy,\sin(x+y))$　(2) $u=f(x,xy,xyz)$

3. 设 $u=(x^2+y^2)^{xy}$,用复合函数求导法则求$\dfrac{\partial u}{\partial x}$,$\dfrac{\partial u}{\partial y}$.

7.5 节

1. 求下列隐函数的导数或偏导数.

(1) $xy+\ln y+\ln x=0$,求$\dfrac{\mathrm{d}y}{\mathrm{d}x}$.

(2) $x+2y+3z-2\sqrt{xyz}=0$,求$\dfrac{\partial z}{\partial x},\dfrac{\partial z}{\partial y}$.

(3) 设 $\mathrm{e}^z-xyz=0$,求$\dfrac{\partial z}{\partial x},\dfrac{\partial z}{\partial y},\dfrac{\partial^2 z}{\partial x^2},\dfrac{\partial^2 z}{\partial x\partial y}$.

2. 设 $2\sin(x+2y-3z)=x+2y-3z$,证明$\dfrac{\partial z}{\partial x}+\dfrac{\partial z}{\partial y}=1$.

7.6 节

1. 求下列函数的全微分.

(1) $z=xy+\dfrac{x}{y}$;　　(2) $z=\sin(ax+by)$,其中 a,b 为常数;

(3) $z=\mathrm{e}^{\frac{y}{x}}$;　　(4) $z=\arctan(xy)$.

2. 设 $f(x,y)=x^y$,求 $\mathrm{d}f\Big|_{(1,1)}$.

3. 计算 $\ln(\sqrt[3]{1.03}+\sqrt[4]{0.98}-1)$的近似值.

4. 设 $z=\dfrac{y}{x}$,求当 $x=2,y=1,\Delta x=0.1,\Delta y=-0.2$ 时的全增量和全微分.

7.7 节

1. 求下列函数的极值.

(1) $f(x,y)=x^4+y^4-4xy+1$;

(2) $f(x,y)=4(x-y)-x^2-y^2$;

(3) $f(x,y)=x^2-xy+y^2+9x-6y+20$.

2. 求函数 $f(x,y)=3x+4y$ 在闭区域 $x^2+y^2\leqslant 1$ 内的极值.

3. 求函数 $z=x^2+y^2$ 在条件$\dfrac{x}{a}+\dfrac{y}{b}=1$ 下的极值.

4. 从斜边之长为 l 的一切直角三角形中,求有最大周长的直角三角形.

7.8 节

1. 利用二重积分的定义证明:

(1) $\iint_D k\cdot f(x,y)\mathrm{d}\sigma=k\cdot\iint_D f(x,y)\mathrm{d}\sigma$,其中,$k$ 为常数.

(2) $\iint_D f(x,y)\mathrm{d}\sigma=\iint_{D_1} f(x,y)\mathrm{d}\sigma+\iint_{D_2} f(x,y)\mathrm{d}\sigma$.

其中，$D = D_1 \cup D_2$，且 D_1, D_2 为两个无公共内点的闭区域.

2. 根据二重积分的性质，比较下列积分的大小.

(1) $\iint_D (x+y)^2 d\sigma$ 与 $\iint_D (x+y)^3 d\sigma$，

其中，$D = \{(x,y) \mid (x-2)^2 + (y-1)^2 \leqslant 2\}$.

(2) $\iint_D \ln(x+y) d\sigma$ 与 $\iint_D [\ln(x+y)]^2 d\sigma$，

其中，$D = \{(x,y) \mid 3 \leqslant x \leqslant 5, 0 \leqslant y \leqslant 1\}$.

3. 利用二重积分的性质，估计下列积分的值.

(1) $I = \iint_D \sin^2 x \cdot \sin^2 y d\sigma$，其中 $D = \{(x,y) \mid 0 \leqslant x \leqslant \pi, 0 \leqslant y \leqslant \pi\}$.

(2) $I = \iint_D (x^2 + 4y^2 + 9) d\sigma$，其中 $D = \{(x,y) \mid x^2 + y^2 \leqslant 4\}$.

4. 画出积分区域，将 $\iint_D f(x,y) d\sigma$ 化为二次积分(两种顺序都要写).

(1) D 由 $y = x^2$ 和 $y = x$ 围成.

(2) D 由 $x + y = 2, x - y = 0, y = 0$ 围成.

(3) D 为圆 $x^2 + y^2 \leqslant R^2$ 的上半部分.

5. 画出积分区域，并计算下列二重积分.

(1) $\iint_D (x^2 + y^2) d\sigma$，其中 $D = \{(x,y) \mid |x| \leqslant 1, |y| \leqslant 1\}$.

(2) $\iint_D (3x + 2y) d\sigma$，其中 D 是由两坐标轴及直线 $x + y = 2$ 所围成的闭区域.

(3) $\iint_D y^2 \sqrt{1-x^2} d\sigma$，其中 D 是由上半圆域 $x^2 + y^2 \leqslant 1, y \geqslant 0$ 所围成的闭区域.

6. 改变下列二重积分的顺序.

(1) $\int_0^4 dx \int_{x/2}^{\sqrt{x}} f(x,y) dy$；

(2) $\int_0^1 dy \int_{-\sqrt{1-y^2}}^{\sqrt{1-y^2}} f(x,y) dx$；

(3) $\int_0^1 dy \int_{e^y}^{e} f(x,y) dx$；

(4) $\int_{-1}^1 dx \int_{x^2-1}^{1-x^2} f(x,y) dy$.

7.9 节

利用极坐标计算下列各题.

1. $\iint_D e^{x^2+y^2} d\sigma$，其中 D 是由圆周 $x^2 + y^2 = 4$ 所围成的闭区域.

2. $\iint_D (x^2 + y^2) d\sigma$，其中 $D = \{(x,y) \mid 2x \leqslant x^2 + y^2 \leqslant 4x\}$.

3. $\iint_D \ln(1+x^2+y^2)\mathrm{d}\sigma$,其中$D$是由圆周$x^2+y^2=1$及坐标轴所围成的在第一象限内的闭区域.

自 测 题

一、单项选择题

1. 设二元函数 $f(x,y)=\dfrac{xy}{x^2+y^2}$,则 $f\left(\dfrac{y}{x},1\right)=($ $\qquad$ $)$.

A. $\dfrac{xy}{x^2+y^2}$ $\qquad$ B. $\dfrac{x^2+y^2}{xy}$ $\qquad$ C. $\dfrac{x}{x^2+1}$ $\qquad$ D. $\dfrac{x^2}{1+x^4}$

2. 二元函数 $z=\arcsin(1-y)+\ln(x-y)$的定义域为($\qquad$).

A. $|1-y|\leqslant 1$,且 $x-y>0$ $\qquad$ B. $|1-y|<1$,且 $x-y>0$

C. $|1-y|\leqslant 1$,且 $x-y\geqslant 0$ $\qquad$ D. $|1-y|<1$,且 $x-y\geqslant 0$

3. 二元函数 $z=f(x,y)$在点(x_0,y_0)处满足($\qquad$).

A. 可微⇔可导⇒连续 $\qquad$ B. 可微⇒可导⇒连续

C. 可微⇒可导,可微⇒连续 $\qquad$ D. 可导⇒连续,反之不真

4. 设 $f(x,y)=\ln\left(x+\dfrac{y}{2x}\right)$,则 $f'_y(1,0)=($ $\qquad$ $)$.

A. 1 $\qquad$ B. $\dfrac{1}{2}$ $\qquad$ C. 2 $\qquad$ D. 0

5. 已知函数 $f(x,y)$在点$(0,0)$的某个邻域内连续,且

$$\lim_{(x,y)\to(0,0)}\frac{f(x,y)-xy}{(x^2+y^2)^2}=1,$$

则下述四个选项中正确的是($\qquad$).

A. 点$(0,0)$不是函数 $f(x,y)$的极值点

B. 点$(0,0)$是函数 $f(x,y)$的极大值点

C. 点$(0,0)$是函数 $f(x,y)$的极小值点

D. 根据所给条件无法判断点$(0,0)$是否为 $f(x,y)$的极值点

二、填空题

1. 过三点 $O(0,0,0)$,$A(1,2,0)$ 及 $B(0,0,3)$ 围成的直角三角形的斜边长为__________.

2. 极限$\lim\limits_{\substack{x\to\infty\\ y\to 3}}\left(1+\dfrac{1}{x}\right)^{\frac{x^2}{x+y}}=$ ________________.

3. 设 $z=\mathrm{e}^{xy^2}$,则 $\mathrm{d}z=$ ________________.

4. 利用重积分几何意义求$\iint_D\sqrt{a^2-x^2-y^2}\,\mathrm{d}\sigma=$ ________________,其中$D=\{(x,y)\mid x^2+y^2\leqslant a^2\}$.

三、计算题

1. 求过点 $A(1,2,0)$ 和 $B(0,0,2)$ 且球心在 y 轴上的球面方程.

2. 设 $z=\cos(x^2y)$,求$\frac{\partial z}{\partial x}$,$\frac{\partial^2 z}{\partial x\partial y}$.

3. 求函数 $z=x^3-4x^2+2xy-y^2+3$ 的极值.

4. 某厂生产的一种产品同时在两个市场销售,售价分别为 p_1 和 p_2,销售量分别为 Q_1 和 Q_2,需求函数分别为

$$Q_1=24-0.2p_1,\quad Q_2=10-0.05p_2$$

总成本函数为 $C=35+40(Q_1+Q_2)$,试问:厂家如何确定两个市场的售价能使其获得的总利润最大? 最大总利润为多少?

四、证明题

1. 用拉格朗日乘数法证明点 (x_0,y_0,z_0) 到平面 $Ax+By+Cz+D=0$ 的距离公式为

$$d=\frac{|Ax_0+By_0+Cz_0+D|}{\sqrt{A^2+B^2+C^2}}.$$

2. 设 $u=\sqrt{x^2+y^2+z^2}$,证明$\frac{\partial^2 u}{\partial x^2}+\frac{\partial^2 u}{\partial y^2}+\frac{\partial^2 u}{\partial z^2}=\frac{2}{u}$.

第8章 无穷级数

无穷级数是高等数学的重要组成部分,它可用来研究函数的性质、辅助进行数值计算.无穷级数的和是特殊形式的数列极限,这种形式在研究中显示出很大的优越性.本章讨论数项级数和函数项级数的最基本内容.

8.1 无穷级数的概念与性质

8.1.1 常数项级数的概念

人们认识事物在数量方面的特性,往往有一个由近似到精确的过程.在这种认识过程中,会遇到由有限个数量相加到无穷多个数量相加的问题.

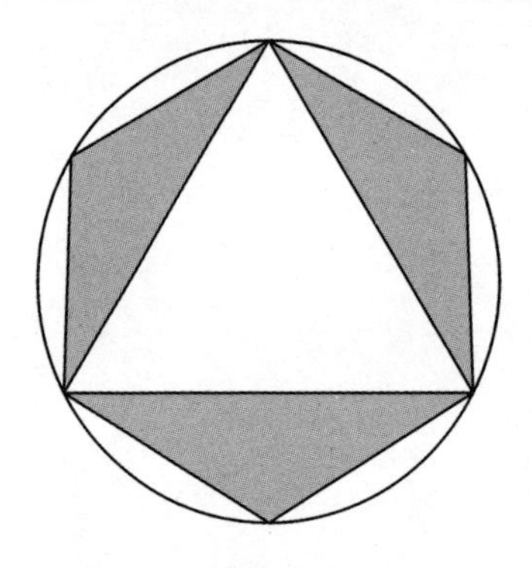

图 8.1.1

例如,计算半径为 R 的圆面积 A,具体做法如下:作圆的内接正三角形,算出这三角形的面积 a_1,它是圆面积的一个比较粗糙的近似值,为了比较准确地计算出 A 的值,我们以这个正三边形的每一边为底分别作一个顶点在圆周上的等腰三角形(图8.1.1),算出这三个等腰三角形的面积之和 a_2,那么 a_1+a_2(即圆内接正六边形的面积)就是 A 的相对较好的近似值.

同样地,在这个正六边形的每一边上再分别作一个顶点在圆周上的等腰三角形,算出这六个等腰三角形的面积之和 a_3,那么 $a_1+a_2+a_3$(即圆内接正十二边形的面积)就是 A 的相对更好的近似值.如此进行下去,内接正 $3\times 2^{n-1}$ 边形的面积就逐步逼近圆面积

$$A\approx a_1+a_2+\cdots+a_n.$$

若内接正多边形的边数无限增多,即 n 无限增大,则和式 $a_1+a_2+\cdots+a_n$ 的极限就是所求的圆面积 A.这时和式中的项数无限增多,于是出现了无穷多个数量依次相加的数学式子,即

$$A=a_1+a_2+\cdots+a_n+\cdots$$

一般地,若给定一个数列 $u_1,u_2,u_3\cdots,u_n,\cdots$,则这个数列对应的表达式

$$u_1+u_2+u_3+\cdots+u_n+\cdots \tag{8.1.1}$$

叫做(**常数项**) **无穷级数**,简称(**常数项**) **级数**,记为$\sum\limits_{n=1}^{\infty}u_n$,即

$$\sum_{n=1}^{\infty}u_n=u_1+u_2+u_3+\cdots+u_n+\cdots$$

其中,第 n 项 u_n 叫做级数的**一般项**或**通项**.

无穷级数的定义只是形式上表达了无穷多个数的和,应该怎样理解其意义呢?由于任意有限个数的和是可以完全确定的,因此,我们可以通过考察无穷级数的前 n 项的和随着 n 的变化趋势来认识这个级数.

级数(8.1.1)的前 n 项的和

$$s_n=u_1+u_2+u_3+\cdots+u_n=\sum_{i=1}^{n}u_i \tag{8.1.2}$$

称为级数(8.1.1)的前 n 项**部分和**. 当 n 依次取 1,2,3,…时,它们构成一个新的数列$\{s_n\}$,即

$$s_1=u_1,\quad s_2=u_1+u_2,\quad \cdots,\quad s_n=u_1+u_2+\cdots+u_n,\quad \cdots$$

数列$\{s_n\}$称为**部分和数列**,根据数列$\{s_n\}$是否存在极限,我们引入级数(8.1.1)的收敛与发散的概念.

定义 8.1　若级数$\sum\limits_{n=1}^{\infty}u_n$的部分和数列$\{s_n\}$有极限 s,即

$$\lim_{n\to\infty}s_n=s,$$

则称**无穷级数**$\sum\limits_{n=1}^{\infty}u_n$ **收敛**. 这时,极限值 s 叫做该**级数的和**,并写成

$$s=u_1+u_2+u_3+\cdots+u_n+\cdots$$

若$\{s_n\}$没有极限,则称**无穷级数**$\sum\limits_{n=1}^{\infty}u_n$ **发散**.

若级数$\sum\limits_{n=1}^{\infty}u_n$收敛于 s,则部分和 s_n 是级数之和 s 的近似值,即 $s_n\approx s$,它们之间的差

$$r_n=s-s_n=u_{n+1}+u_{n+2}+\cdots \tag{8.1.3}$$

称为级数的**余项**. 显然有$\lim\limits_{n\to\infty}r_n=0$,而$|r_n|$称为用 s_n 近似代替 s 所产生的**误差**.

从级数的敛散性定义可以看出,讨论级数的敛散性,本质上是讨论部分和数列$\{s_n\}$极限的存在性,即级数$\sum\limits_{n=1}^{\infty}u_n$与数列$\{s_n\}$同时收敛或同时发散. 在收敛时,有

$$\sum_{n=1}^{\infty}u_n=\lim_{n\to\infty}s_n,$$

即
$$\sum_{n=1}^{\infty}u_n=\lim_{n\to\infty}\sum_{i=1}^{n}u_i.$$

【例 8.1.1】 判断级数
$$\sum_{n=1}^{\infty}\frac{1}{n(n+1)}=\frac{1}{1\cdot 2}+\frac{1}{2\cdot 3}+\frac{1}{3\cdot 4}+\cdots+\frac{1}{n\cdot(n+1)}+\cdots$$
的敛散性.

解 该级数的部分和
$$\begin{aligned}s_n&=\frac{1}{1\cdot 2}+\frac{1}{2\cdot 3}+\frac{1}{3\cdot 4}+\cdots+\frac{1}{n\cdot(n+1)}\\&=\left(1-\frac{1}{2}\right)+\left(\frac{1}{2}-\frac{1}{3}\right)+\left(\frac{1}{3}-\frac{1}{4}\right)+\cdots+\left(\frac{1}{n}-\frac{1}{n+1}\right)\\&=1-\frac{1}{n+1},\end{aligned}$$
从而
$$\lim_{n\to\infty}s_n=\lim_{n\to\infty}\left(1-\frac{1}{n+1}\right)=1,$$
所以原级数收敛,且它的和为 1.

【例 8.1.2】 证明级数
$$1+2+3+\cdots+n+\cdots$$
是发散的.

证 该级数的部分和
$$s_n=1+2+3+\cdots+n=\frac{n(1+n)}{2},$$
显然$\lim\limits_{n\to\infty}s_n=\infty$,因此所给级数是发散的.

【例 8.1.3】 无穷级数
$$\sum_{n=0}^{\infty}aq^n=a+aq+aq^2+\cdots+aq^n+\cdots \tag{8.1.4}$$
称为**等比级数**(又称为**几何级数**),其中,$a\neq 0$,q 称为**级数的公比**. 试证明该级数当 $|q|<1$时收敛,当$|q|\geqslant 1$ 时发散.

证 该级数的部分和为
$$s_n=a+aq+aq^2+\cdots+aq^{n-1}.$$

当 $q=1$ 时,$s_n=na\to\infty$,因此级数(8.1.4)发散.

当 $q\neq 1$ 时,这时
$$s_n=a+aq+aq^2+\cdots+aq^{n-1}=\frac{a(1-q^n)}{1-q}=\frac{a}{1-q}-\frac{aq^n}{1-q},$$

因此,当$|q|<1$ 时,由于$\lim\limits_{n\to\infty}q^n=0$,从而$\lim\limits_{n\to\infty}s_n=\dfrac{a}{1-q}$,即级数(8.1.4)收敛,且其和为$\dfrac{a}{1-q}$.

当$|q|>1$时，由于$\lim\limits_{n\to\infty} q^n=\infty$，从而$\lim\limits_{n\to\infty} s_n=\infty$，即级数(8.1.4)发散.

当$q=-1$时，由于$\lim\limits_{n\to\infty} q^n$不存在，从而$\lim\limits_{n\to\infty} s_n$不存在，即级数(8.1.4)发散.

综上所述，等比级数(8.1.4)当$|q|<1$时收敛，当$|q|\geqslant 1$时发散.

8.1.2　收敛级数的性质

由于级数的收敛性问题本质上就是数列极限的收敛性问题，而数列的极限有各种运算性质，因而级数也就有了各种运算性质.

性质8.1　若级数$\sum\limits_{n=1}^{\infty} u_n$收敛于和$s$，$k$为任意常数，则级数$\sum\limits_{n=1}^{\infty} ku_n$也收敛，且其和为$ks$，即有$\sum\limits_{n=1}^{\infty} ku_n = k\sum\limits_{n=1}^{\infty} u_n$.

证　设级数$\sum\limits_{n=1}^{\infty} u_n$和$\sum\limits_{n=1}^{\infty} ku_n$的部分和分别为$s_n$与$\sigma_n$，则

$$\sigma_n = ku_1 + ku_2 + \cdots + ku_n = k(u_1 + u_2 + \cdots + u_n) = ks_n,$$

于是

$$\lim_{n\to\infty} \sigma_n = \lim_{n\to\infty} ks_n = k\lim_{n\to\infty} s_n = ks,$$

这就表明级数$\sum\limits_{n=1}^{\infty} ku_n$收敛，且其和为$ks$，即有$\sum\limits_{n=1}^{\infty} ku_n = k\sum\limits_{n=1}^{\infty} u_n$.

由这个性质还可以推得，若$\sum\limits_{n=1}^{\infty} u_n$发散，且$k\neq 0$，则$\sum\limits_{n=1}^{\infty} ku_n$仍发散. 因此有如下结论：**级数的每一项同乘一个不为零的常数后，它的收敛性不变**.

性质8.2　若级数$\sum\limits_{n=1}^{\infty} u_n$、$\sum\limits_{n=1}^{\infty} v_n$分别收敛于$s$和$\delta$，则级数$\sum\limits_{n=1}^{\infty} (u_n \pm v_n)$也收敛，且其和为$s\pm\delta$，即$\sum\limits_{n=1}^{\infty} (u_n \pm v_n) = \sum\limits_{n=1}^{\infty} u_n \pm \sum\limits_{n=1}^{\infty} v_n$.

证　设级数$\sum\limits_{n=1}^{\infty} u_n$、$\sum\limits_{n=1}^{\infty} v_n$的部分和分别为$s_n$与$\sigma_n$，则级数$\sum\limits_{n=1}^{\infty} (u_n \pm v_n)$的部分和为

$$\begin{aligned}\tau_n &= (u_1 \pm v_1) + (u_2 \pm v_2) + \cdots + (u_n \pm v_n)\\ &= (u_1 + u_2 + \cdots + u_n) \pm (v_1 + v_2 + \cdots + v_n) = s_n \pm \sigma_n,\end{aligned}$$

于是

$$\lim_{n\to\infty} \tau_n = \lim_{n\to\infty}(s_n \pm \sigma_n) = s \pm \sigma,$$

这就表明级数$\sum\limits_{n=1}^{\infty} (u_n \pm v_n)$收敛，且其和为$s\pm\sigma$，即有

$$\sum_{n=1}^{\infty} (u_n \pm v_n) = \sum_{n=1}^{\infty} u_n \pm \sum_{n=1}^{\infty} v_n.$$

注:(1) 若级数$\sum\limits_{n=1}^{\infty}u_n$收敛,$\sum\limits_{n=1}^{\infty}v_n$发散,则级数$\sum\limits_{n=1}^{\infty}(u_n \pm v_n)$发散.

(2) 若级数$\sum\limits_{n=1}^{\infty}u_n$和$\sum\limits_{n=1}^{\infty}v_n$都发散,则级数$\sum\limits_{n=1}^{\infty}(u_n \pm v_n)$可能收敛,也可能发散.

性质 8.3 在级数中增加或减少有限项,不会改变级数的敛散性.

证 设有级数$\sum\limits_{n=1}^{\infty}u_n$,若前面增加了$\sum\limits_{k=1}^{m}v_k$,变成如下新的级数

$$v_1+v_2+\cdots+v_m+u_1+u_2+u_3+\cdots+u_n+\cdots \tag{8.1.5}$$

此级数的前 $n(n>m)$项部分和为

$$\tilde{s}_n=v_1+v_2+\cdots+v_m+u_1+u_2+u_3+\cdots+u_{n-m}=\sum_{k=1}^{m}v_k+\sum_{i=1}^{n-m}u_i.$$

若$\sum\limits_{n=1}^{\infty}u_n$收敛,则极限$\lim\limits_{n\to\infty}\sum\limits_{i=1}^{n-m}u_i$存在,而$\sum\limits_{k=1}^{m}v_k$是常数,从而$\lim\limits_{n\to\infty}\tilde{s}_n$也存在,故级数(8.1.5)收敛.若$\sum\limits_{n=1}^{\infty}u_n$发散,则极限$\lim\limits_{n\to\infty}\sum\limits_{i=1}^{n-m}u_i$不存在,因为$\sum\limits_{k=1}^{m}v_k$是常数,从而$\lim\limits_{n\to\infty}\tilde{s}_n$也不存在,故级数(8.1.5)也发散.

类似可证,去掉级数的有限项,也不改变级数的敛散性.

性质 8.4(级数收敛的必要条件) 若级数$\sum\limits_{n=1}^{\infty}u_n$收敛,则它的一般项$u_n$趋于零,即$\lim\limits_{n\to\infty}u_n=0$.

证 设$\sum\limits_{n=1}^{\infty}u_n$收敛于$s$,则部分和极限$\lim\limits_{n\to\infty}s_n=\lim\limits_{n\to\infty}s_{n-1}=s$,从而

$$\lim_{n\to\infty}u_n=\lim_{n\to\infty}(s_n-s_{n-1})=s-s=0.$$

由性质 8.4 可知,若级数的一般项不趋于零,则该级数必定发散.如

$$\frac{1}{2}-\frac{2}{3}+\frac{3}{4}-\cdots+(-1)^{n-1}\frac{n}{n+1}+\cdots$$

它的一般项$(-1)^{n-1}\frac{n}{n+1}$当$n\to\infty$时不趋于零,因此该级数是发散的.

注:本命题给出级数收敛的必要条件,但不是充分条件.有些级数,虽然其一般项趋于零,但却是发散的.例如,**调和级数**

$$1+\frac{1}{2}+\frac{1}{3}+\cdots+\frac{1}{n}+\cdots \tag{8.1.6}$$

虽然一般项$\frac{1}{n}\to 0\ (n\to\infty)$,但级数(8.1.6)发散.可用反证法证明.

假如级数(8.1.6)收敛,设它的部分和为 s_n,则$\lim\limits_{n\to\infty}s_n=s$,显然有$\lim\limits_{n\to\infty}s_{2n}=s$,于是$\lim\limits_{n\to\infty}(s_{2n}-s_n)=s-s=0$.

但另一方面,

$$s_{2n}-s_n=\frac{1}{n+1}+\frac{1}{n+2}+\cdots+\frac{1}{n+n}>\frac{1}{2n}+\frac{1}{2n}+\cdots+\frac{1}{2n}=\frac{n}{2n}=\frac{1}{2},$$

故$\lim\limits_{n\to\infty}(s_{2n}-s_n)\neq 0$,矛盾.

【例 8.1.4】 判断下列级数的敛散性.

(1) $\sum\limits_{n=1}^{\infty}(-1)^n$;　　　　(2) $\sum\limits_{n=1}^{\infty}\frac{-n}{2n+1}$.

解 (1) 因为$\lim\limits_{n\to\infty}(-1)^n$ 不存在,由性质 8.4 得$\sum\limits_{n=1}^{\infty}(-1)^n$ 发散.

(2) 因为$\lim\limits_{n\to\infty}\frac{-n}{2n+1}=-\frac{1}{2}\neq 0$,由性质 8.4 得$\sum\limits_{n=1}^{\infty}\frac{-n}{2n+1}$ 发散.

【例 8.1.5】 求级数$\sum\limits_{n=1}^{\infty}\left(\frac{1}{2^n}+\frac{3}{n(n+1)}\right)$的和.

解 显然有$\sum\limits_{n=1}^{\infty}\frac{1}{2^n}=\frac{1/2}{1-1/2}=1$,由例 8.1.1 知

$$\sum_{n=1}^{\infty}\frac{3}{n(n+1)}=3\sum_{n=1}^{\infty}\frac{1}{n(n+1)}=3\times 1=3,$$

故

$$\sum_{n=1}^{\infty}\left(\frac{1}{2^n}+\frac{3}{n(n+1)}\right)=\sum_{n=1}^{\infty}\frac{1}{2^n}+\sum_{n=1}^{\infty}\frac{3}{n(n+1)}=1+3=4.$$

8.2　正项级数的审敛法

给定一个级数,我们关心两个问题:

(1) 该级数是否收敛?

(2) 若收敛,怎样求和?

从应用的角度来说,当级数收敛时,最好能求出它的和. 可惜的是除了极少数级数外,大多数级数的和难以精确地求出,原因是部分和难以由简单表达式给出. 或许用计算机先逐个求级数的部分和,观察变化趋势,再确定其收敛性. 可惜这种做法会导致误判. 例如,对调和级数$\sum\limits_{n=1}^{\infty}\frac{1}{n}$,算到几百万项后会发现,其部分和的值几乎没有变化. 我们很自然会认定它收敛,并且给和一个估计值. 但我们已经证明$\sum\limits_{n=1}^{\infty}\frac{1}{n}$是发散的,所以计算机不能取代数学判定定理. 本节介绍正项级数收敛性的判别法.

给定级数$\sum\limits_{n=1}^{\infty}u_n$，若$u_n \geqslant 0$，$n=1,2,\cdots$，则称该级数为**正项级数**. 由于正项级数的各项均非负，因而它的部分和s_n是单调增加的，即

$$0 \leqslant s_1 \leqslant s_2 \leqslant \cdots \leqslant s_n \leqslant \cdots$$

若$\{s_n\}$有上界，即s_n总不大于某一常数M，根据数列收敛准则有如下重要结论：

引理 8.1 正项级数$\sum\limits_{n=1}^{\infty}u_n$收敛的充分必要条件是其部分和$s_n$有上界.

8.2.1 比较审敛法

由引理 8.1，可得关于正项级数的一个基本的审敛法.

定理 8.1（比较审敛法） 设$\sum\limits_{n=1}^{\infty}u_n$和$\sum\limits_{n=1}^{\infty}v_n$都是正项级数，且

$$u_n \leqslant v_n, \quad n=1,2,\cdots$$

(1) 若级数$\sum\limits_{n=1}^{\infty}v_n$收敛，则级数$\sum\limits_{n=1}^{\infty}u_n$收敛；

(2) 若级数$\sum\limits_{n=1}^{\infty}u_n$发散，则级数$\sum\limits_{n=1}^{\infty}v_n$发散.

证 (1) 设级数$\sum\limits_{n=1}^{\infty}v_n$收敛于和$\sigma$，其部分和为$\sigma_n$，则级数$\sum\limits_{n=1}^{\infty}u_n$的部分和

$$\begin{aligned} s_n &= u_1+u_2+\cdots+u_n \\ &\leqslant v_1+v_2+\cdots+v_n=\sigma_n \leqslant \sigma, \quad n=1,2,\cdots \end{aligned} \tag{8.2.1}$$

即部分和数列$\{s_n\}$有上界，由引理 8.1 知级数$\sum\limits_{n=1}^{\infty}u_n$收敛.

(2) 这是(1) 的逆否命题.

由于增加或减少有限个项不改变级数的敛散性，且把级数的各项同乘以一个非零常数也不改变级数的敛散性，因此有如下推论：

推论 设$\sum\limits_{n=1}^{\infty}u_n$，$\sum\limits_{n=1}^{\infty}v_n$都是正项级数，且存在常数$k>0$和自然数$N$，使得当$n \geqslant N$时，有$u_n \leqslant kv_n$.

(1) 若$\sum\limits_{n=1}^{\infty}v_n$收敛，则$\sum\limits_{n=1}^{\infty}u_n$收敛；

(2) 若$\sum\limits_{n=1}^{\infty}u_n$发散，则$\sum\limits_{n=1}^{\infty}v_n$发散.

简言之，比较法是说，若“大项级数”收敛，则“小项级数”也收敛；若“小项级

数”发散,则“大项级数”也发散.

【例 8.2.1】 证明$\sum\limits_{n=1}^{\infty}\frac{1}{\sqrt{n(n+1)}}$发散.

证 因为$\sqrt{n(n+1)}<n+1$,所以$\frac{1}{\sqrt{n(n+1)}}>\frac{1}{n+1}$,而级数

$$\sum_{n=1}^{\infty}\frac{1}{n+1}=\frac{1}{2}+\frac{1}{3}+\cdots+\frac{1}{n+1}+\cdots$$

发散,根据比较法知,所给级数也发散.

【例 8.2.2】 证明 p-级数

$$\sum_{n=1}^{\infty}\frac{1}{n^p}=\frac{1}{1^p}+\frac{1}{2^p}+\frac{1}{3^p}+\cdots+\frac{1}{n^p}+\cdots\quad(p>0)\tag{8.2.2}$$

当 $p\leqslant1$ 时发散,当 $p>1$ 时收敛.

证 若 $p\leqslant1$,由于$\frac{1}{n^p}\geqslant\frac{1}{n}$, $n=1,2,\cdots$,且调和级数$\sum\limits_{n=1}^{\infty}\frac{1}{n}$发散,则由比较判别法知 p-级数$\sum\limits_{n=1}^{\infty}\frac{1}{n^p}$发散.

若 $p>1$,因为当 $k-1\leqslant x\leqslant k$ 时,有$\frac{1}{k^p}\leqslant\frac{1}{x^p}$,由定积分的性质得

$$\frac{1}{k^p}=\int_{k-1}^{k}\frac{1}{k^p}\mathrm{d}x<\int_{k-1}^{k}\frac{1}{x^p}\mathrm{d}x,\ k=2,3,\cdots$$

从而级数(8.2.2)的部分和

$$\begin{aligned}s_n&=1+\sum_{k=2}^{n}\frac{1}{k^p}\leqslant1+\sum_{k=2}^{n}\int_{k-1}^{k}\frac{1}{x^p}\mathrm{d}x=1+\int_{1}^{n}\frac{1}{x^p}\mathrm{d}x\\&=1+\frac{1}{p-1}\left(1-\frac{1}{n^{p-1}}\right)<1+\frac{1}{p-1},\ n=2,3,\cdots\end{aligned}$$

这表明部分和数列$\{s_n\}$有上界,因此由引理 8.1 知级数(8.2.2)收敛.

综上可知,p-级数(8.2.2)当 $p\leqslant1$ 时发散,当 $p>1$ 时收敛.

注: 当 $p=1$ 时,p-级数就是调和级数.当 $p\leqslant1$ 时,虽然通项趋于零,但是 p-级数发散.形象地说,这是因为级数通项趋向于零的“速度不够快”.

【例 8.2.3】 讨论下列级数的敛散性.

(1) $\sum\limits_{n=1}^{\infty}\frac{1+n}{1+n^2}$;　　(2) $\sum\limits_{n=1}^{\infty}\frac{1}{(n+1)(n+4)}$;　　(3) $\sum\limits_{n=1}^{\infty}\sin\frac{\pi}{2^n}$.

解 (1) 因为$\frac{1+n}{1+n^2}\geqslant\frac{1+n}{n+n^2}=\frac{1}{n}$,而调和级数$\sum\limits_{n=1}^{\infty}\frac{1}{n}$发散,所以由比较法知$\sum\limits_{n=1}^{\infty}\frac{1+n}{1+n^2}$发散.

(2) 因为$\frac{1}{(n+1)(n+4)}\leqslant\frac{1}{n^2}$,而 p-级数$(p=2>1)$$\sum\limits_{n=1}^{\infty}\frac{1}{n^2}$收敛,则由比较

法知$\sum\limits_{n=1}^{\infty}\dfrac{1}{(n+1)(n+4)}$收敛.

(3) 由于$\sin\dfrac{\pi}{2^n}\geqslant 0,\sin\dfrac{\pi}{2^n}\leqslant\dfrac{\pi}{2^n},\ n=1,2,\cdots$,而等比级数$\sum\limits_{n=1}^{\infty}\dfrac{\pi}{2^n}$收敛,由比较判别法知,$\sum\limits_{n=1}^{\infty}\sin\dfrac{\pi}{2^n}$收敛.

为了应用上的方便,下面我们给出比较审敛法的极限形式.

定理 8.2(比较审敛法的极限形式) 设$\sum\limits_{n=1}^{\infty}u_n$和$\sum\limits_{n=1}^{\infty}v_n$为正项级数,

(1) 若$\lim\limits_{n\to\infty}\dfrac{u_n}{v_n}=l\ (0<l<+\infty)$,则$\sum\limits_{n=1}^{\infty}u_n$与$\sum\limits_{n=1}^{\infty}v_n$同敛散;

(2) 若$\lim\limits_{n\to\infty}\dfrac{u_n}{v_n}=0$,且$\sum\limits_{n=1}^{\infty}v_n$收敛,则$\sum\limits_{n=1}^{\infty}u_n$也收敛;

(3) 若$\lim\limits_{n\to\infty}\dfrac{u_n}{v_n}=\infty$,且$\sum\limits_{n=1}^{\infty}v_n$发散,则$\sum\limits_{n=1}^{\infty}u_n$也发散.

证明略.

【例 8.2.4】 判定下列级数的敛散性.

(1) $\sum\limits_{n=1}^{\infty}\sin\dfrac{1}{n}$;　　(2) $\sum\limits_{n=1}^{\infty}\ln\dfrac{n^2+1}{n^2}$.

证 (1) 易知$\sum\limits_{n=1}^{\infty}\sin\dfrac{1}{n}$是正项级数,因为

$$\lim_{n\to\infty}\frac{\sin\dfrac{1}{n}}{\dfrac{1}{n}}=1>0,$$

而调和级数$\sum\limits_{n=1}^{\infty}\dfrac{1}{n}$发散,由比较法的极限形式知,$\sum\limits_{n=1}^{\infty}\sin\dfrac{1}{n}$发散.

(2) 因为

$$\lim_{n\to\infty}\frac{\ln\dfrac{n^2+1}{n^2}}{\dfrac{1}{n^2}}=\lim_{n\to\infty}\frac{\ln\left(1+\dfrac{1}{n^2}\right)}{\dfrac{1}{n^2}}=1>0,$$

而p—级数$(p=2>1)\sum\limits_{n=1}^{\infty}\dfrac{1}{n^2}$收敛(见例 8.2.2),由定理 8.2 知,$\sum\limits_{n=1}^{\infty}\ln\dfrac{n^2+1}{n^2}$收敛.

【例 8.2.5】 判别级数$\sum\limits_{n=1}^{\infty}\left(\dfrac{1}{n}-\ln\dfrac{n+1}{n}\right)$的敛散性.

解 令$u(x)=x-\ln(1+x)>0\quad(x>0),v(x)=x^2$,由

$$\lim_{x\to0^+}\frac{u(x)}{v(x)}=\lim_{x\to0^+}\frac{x-\ln(1+x)}{x^2}=\lim_{x\to0^+}\frac{1-\dfrac{1}{1+x}}{2x}=\lim_{x\to0^+}\frac{1}{2(1+x)}=\frac{1}{2}$$

得到

$$\lim_{n\to+\infty}\frac{\dfrac{1}{n}-\ln\left(1+\dfrac{1}{n}\right)}{\dfrac{1}{n^2}}=\frac{1}{2},$$

显然，p 一级数$\sum\limits_{n=1}^{\infty}\frac{1}{n^2}$收敛，由比较法的极限形式知，$\sum\limits_{n=1}^{\infty}\left(\frac{1}{n}-\ln\frac{n+1}{n}\right)$也收敛.

用比较法判定级数收敛，需先选出一个收敛级数作为比较对象. 常用的对象是等比级数和 p 一级数. 但这种判别法有一定的局限性，比如，对级数$\sum\limits_{n=1}^{\infty}\frac{n}{2^n}$或$\sum\limits_{n=1}^{\infty}\frac{n!}{n^n}$就不适用.

下面介绍一种由级数本身直接判定其敛散性的方法.

8.2.2　比值审敛法

> **定理 8.3(比值审敛法)**　设$\sum\limits_{n=1}^{\infty}u_n$的各项都大于零，记$\lim\limits_{n\to\infty}\frac{u_{n+1}}{u_n}=\rho$，则
>
> (1) 当 $\rho<1$ 时，$\sum\limits_{n=1}^{\infty}u_n$ 收敛；
>
> (2) 当 $\rho>1$ (或$\lim\limits_{n\to\infty}\frac{u_{n+1}}{u_n}=\infty$) 时，$\sum\limits_{n=1}^{\infty}u_n$ 发散.

注：当 $\rho=1$ 时，该$\sum\limits_{n=1}^{\infty}u_n$ 可能收敛也可能发散.

若正项级数的一般项含有乘幂或阶乘因式，例如 a^n，$n!$ 等，可试用比值法来判定其敛散性.

【例 8.2.6】　判定下列正项级数的敛散性.

(1) $\sum\limits_{n=1}^{\infty}\frac{n}{2^n}$；　(2) $\sum\limits_{n=1}^{\infty}n^4\mathrm{e}^{-n^2}$；　(3) $\sum\limits_{n=0}^{\infty}\frac{1}{n!}$；　(4) $\sum\limits_{n=1}^{\infty}\frac{n}{n^2+1}$.

解　(1) 级数的通项为 $u_n=\frac{n}{2^n}$，故

$$\rho=\lim_{n\to\infty}\frac{u_{n+1}}{u_n}=\lim_{n\to\infty}\frac{\dfrac{n+1}{2^{n+1}}}{\dfrac{n}{2^n}}=\lim_{n\to\infty}\frac{1}{2}\cdot\frac{n+1}{n}=\frac{1}{2},$$

由于 $\rho<1$，由比值审敛法知该级数收敛.

(2) 级数的通项为 $u_n=n^4\cdot\mathrm{e}^{-n^2}$，故

$$\rho=\lim_{n\to\infty}\frac{u_{n+1}}{u_n}=\lim_{n\to\infty}\frac{(n+1)^4\cdot e^{-(n+1)^2}}{n^4\cdot e^{-n^2}}=\lim_{n\to\infty}\left(\frac{n+1}{n}\right)^4\cdot e^{-(n+1)^2+n^2}$$

$$=\lim_{n\to\infty}\left(1+\frac{1}{n}\right)^4\cdot e^{-2n-1}=1\cdot 0=0,$$

由于 $\rho<1$,由比值审敛法知该级数收敛.

(3) 级数的通项为 $u_n=\dfrac{1}{(n-1)!}$,故

$$\rho=\lim_{n\to\infty}\frac{u_{n+1}}{u_n}=\lim_{n\to\infty}\frac{(n-1)!}{n!}=\lim_{n\to\infty}\frac{1}{n}=0,$$

由于 $\rho<1$,由比值审敛法知该级数 $\sum\limits_{n=0}^{\infty}\dfrac{1}{n!}$ 收敛.

(4) 级数的通项为 $u_n=\dfrac{n}{n^2+1}$,故

$$\rho=\lim_{n\to\infty}\frac{u_{n+1}}{u_n}=\lim_{n\to\infty}\frac{\dfrac{n+1}{(n+1)^2+1}}{\dfrac{n}{n^2+1}}=\lim_{n\to\infty}\left(\frac{n+1}{n}\right)\left[\frac{n^2+1}{(n+1)^2+1}\right]=1,$$

此法失效.

改用比较判别法:因为

$$\frac{n}{n^2+1}>\frac{n}{n^2+n}=\frac{n}{n(n+1)}=\frac{1}{n+1},$$

而 $\sum\limits_{n=1}^{\infty}\dfrac{1}{n+1}$ 是去掉了第一项的调和级数,所以发散,由比较判别法可知,级数 $\sum\limits_{n=1}^{\infty}\dfrac{n}{n^2+1}$ 发散.

注:对正项级数 $\sum\limits_{n=1}^{\infty}u_n$,若仅有 $\dfrac{u_{n+1}}{u_n}<1$,则不能确定其敛散性. 例如,对级数 $\sum\limits_{n=1}^{\infty}\dfrac{1}{n}$ 和 $\sum\limits_{n=1}^{\infty}\dfrac{1}{n^2}$,均有 $\dfrac{u_{n+1}}{u_n}<1$,但前者发散,后者收敛.

【例 8.2.7】 讨论级数 $\sum\limits_{n=1}^{\infty}nx^{n-1}(x>0)$ 的敛散性.

解 因为 $\lim\limits_{n\to\infty}\dfrac{u_{n+1}}{u_n}=\lim\limits_{n\to\infty}\dfrac{(n+1)x^n}{nx^{n-1}}=\lim\limits_{n\to\infty}x\cdot\dfrac{n+1}{n}=x$,因此由比值判别法知,当 $0<x<1$ 时,级数收敛;当 $x>1$ 时,级数发散;当 $x=1$ 时,级数成为 $\sum\limits_{n=1}^{\infty}n=+\infty$,也发散.

8.3 任意项级数

上一节我们介绍了正项级数的审敛法,若级数只有有限多负数项,则关于正项

级数的定理仍可以使用,因为这有限多的负数项可以略去而级数的敛散性不变;若级数只有有限多的正数项,则因为每项同乘以常数－1 后,级数的敛散性不变,因而仍可以使用正项级数的定理去判别.

本节考虑既有无穷多个正项,又有无穷多个负项的级数,我们称之为**任意项级数**.

8.3.1　交错级数审敛法

交错级数是指正负项相间出现的级数.它们有如下的形式:

$$u_1 - u_2 + u_3 - u_4 + \cdots + (-1)^{n-1}u_n + \cdots \tag{8.3.1}$$

或

$$-u_1 + u_2 - u_3 + u_4 + \cdots + (-1)^n u_n + \cdots \tag{8.3.2}$$

其中,$u_1, u_2, u_3, \cdots$都是正实数.

显然(8.3.1)式与(8.3.2)式的敛散性一致.故只需讨论(8.3.1)式.

> **定理 8.4(莱布尼茨判别法)**　设交错级数$\sum\limits_{n=1}^{\infty}(-1)^{n-1}u_n(u_n > 0)$满足:
>
> (1) $u_n \geqslant u_{n+1}(n = 1, 2, 3, \cdots)$;
>
> (2) $\lim\limits_{n\to\infty} u_n = 0$.
>
> 则交错级数$\sum\limits_{n=1}^{\infty}(-1)^{n-1}u_n$收敛,且其和$s \leqslant u_1$.

证　先证明前 $2n$ 项和的极限存在.为此把s_{2n}写成两种形式:

$$s_{2n} = (u_1 - u_2) + (u_3 - u_4) + \cdots + (u_{2n-1} - u_{2n}) \tag{8.3.3}$$

及

$$s_{2n} = u_1 - (u_2 - u_3) - \cdots - (u_{2n-2} - u_{2n-1}) - u_{2n}, \tag{8.3.4}$$

由条件(1)可知各括号内都非负;由(8.3.3)式可见,数列$\{s_{2n}\}$是单调增加的;又由(8.3.4)式可见$s_{2n} \leqslant u_1$.于是,根据单调有界数列必有极限准则知,数列$\{s_{2n}\}$的极限存在,设为

$$\lim_{n\to\infty} s_{2n} = s.$$

再证,前 $2n+1$ 项和s_{2n+1}的极限也是s.事实上

$$s_{2n+1} = s_{2n} + u_{2n+1}.$$

由条件(2)知$\lim\limits_{n\to\infty} u_{2n+1} = 0$,可见$\lim\limits_{n\to\infty} s_{2n+1} = \lim\limits_{n\to\infty}(s_{2n} + u_{2n+1}) = s$.

由此,不难从极限定义推知

$$\lim_{n\to\infty} s_n = s, \tag{8.3.5}$$

故交错级数$\sum\limits_{n=1}^{\infty}(-1)^{n-1}u_n$收敛.

由$s_{2n} \leqslant u_1$,及$\lim\limits_{n\to\infty} s_{2n} = s$,易知$s \leqslant u_1$.

【例 8.3.1】　判定级数

$$1-\frac{1}{2}+\frac{1}{3}-\frac{1}{4}+\cdots+(-1)^{n-1}\frac{1}{n}+\cdots$$

的敛散性.

解 这是交错级数,满足

(1) $u_n=\dfrac{1}{n}>\dfrac{1}{n+1}=u_{n+1}\quad(n=1,2,3,\cdots)$;

(2) $\lim\limits_{n\to\infty}u_n=\lim\limits_{n\to\infty}\dfrac{1}{n}=0$.

由莱布尼茨判别法知其收敛.

【例 8.3.2】 证明级数$\sum\limits_{n=1}^{\infty}(-1)^n\dfrac{\ln n}{n}$收敛.

解 因为$u_n=\dfrac{\ln n}{n}>0\ (n>1)$,所以$\sum\limits_{n=1}^{\infty}(-1)^n\dfrac{\ln n}{n}$是交错级数.

令$f(x)=\dfrac{\ln x}{x}\ (x>\mathrm{e})$,则

$$f'(x)=\frac{1-\ln x}{x^2}<0\quad(x>\mathrm{e}),$$

故对$x>\mathrm{e}$,$f(x)$单调减少.更有当$n\geqslant3$时,$\left\{\dfrac{\ln n}{n}\right\}$单调减少,即有

$$\frac{\ln n}{n}\geqslant\frac{\ln(n+1)}{n+1}.$$

又由洛必达法则得

$$\lim_{x\to\infty}\frac{\ln x}{x}=\lim_{x\to\infty}\frac{\frac{1}{x}}{1}=0,$$

从而有

$$\lim_{n\to\infty}\frac{\ln n}{n}=0.$$

由性质 8.3 和莱布尼茨判别法知,级数$\sum\limits_{n=1}^{\infty}(-1)^n\dfrac{\ln n}{n}$收敛.

8.3.2 绝对收敛与条件收敛

现在讨论一般情形的级数

$$u_1+u_2+\cdots+u_n+\cdots$$

它的各项为任意实数.

若级数$\sum\limits_{n=1}^{\infty}u_n$各项的绝对值所构成的正项级数$\sum\limits_{n=1}^{\infty}|u_n|$收敛,则称级数$\sum\limits_{n=1}^{\infty}u_n$**绝对收敛**;若级数$\sum\limits_{n=1}^{\infty}u_n$收敛,而级数$\sum\limits_{n=1}^{\infty}|u_n|$发散,则称级数$\sum\limits_{n=1}^{\infty}u_n$**条件收敛**.

易知,级数$\sum\limits_{n=1}^{\infty}(-1)^{n-1}\frac{1}{n^2}$绝对收敛,而级数$\sum\limits_{n=1}^{\infty}(-1)^{n-1}\frac{1}{n}$条件收敛.

级数的绝对收敛与级数收敛有如下关系:

> **定理 8.5**　若级数$\sum\limits_{n=1}^{\infty}u_n$绝对收敛,则其本身也收敛.

证　对$u_n\in\mathbf{R}$,有

$$-|u_n|\leqslant u_n\leqslant|u_n|,$$

于是

$$0\leqslant u_n+|u_n|\leqslant 2|u_n|.$$

如果级数$\sum\limits_{n=1}^{\infty}u_n$绝对收敛,即$\sum\limits_{n=1}^{\infty}|u_n|$收敛,则$\sum\limits_{n=1}^{\infty}2|u_n|$也收敛.由正项级数的比较判别法得,$\sum\limits_{n=1}^{\infty}(u_n+|u_n|)$收敛.

于是由收敛级数性质知,$\sum\limits_{n=1}^{\infty}(u_n+|u_n|)-\sum\limits_{n=1}^{\infty}|u_n|$也收敛.即$\sum\limits_{n=1}^{\infty}u_n$收敛.

注 1:定理 8.5 的逆命题不成立.如级数$\sum\limits_{n=1}^{+\infty}(-1)^{n-1}\frac{1}{n}$收敛但不绝对收敛.

***注 2**:一般地,由$\sum\limits_{n=1}^{\infty}|u_n|$发散,未必可得$\sum\limits_{n=1}^{\infty}u_n$也发散.但若由比值审敛法推得$\sum\limits_{n=1}^{\infty}|u_n|$发散,则$\sum\limits_{n=1}^{\infty}u_n$必发散.

事实上,由

$$\lim_{n\to+\infty}\frac{|u_{n+1}|}{|u_n|}=\rho>1,$$

可得

$$|u_n|\not\to 0\quad(n\to+\infty),$$

故

$$u_n\not\to 0\quad(n\to+\infty).$$

从而$\sum\limits_{n=1}^{\infty}u_n$发散.

【例 8.3.3】　判定级数$\sum\limits_{n=1}^{\infty}\frac{\sin n\alpha}{n^2}$的敛散性.

解　因为$\left|\frac{\sin n\alpha}{n^2}\right|\leqslant\frac{1}{n^2}$,而$\sum\limits_{n=1}^{\infty}\frac{1}{n^2}$收敛,由比较判别法知$\sum\limits_{n=1}^{\infty}\left|\frac{\sin n\alpha}{n^2}\right|$也收敛,即级数$\sum\limits_{n=1}^{\infty}\frac{\sin n\alpha}{n^2}$绝对收敛,由定理 8.5 知,$\sum\limits_{n=1}^{\infty}\frac{\sin n\alpha}{n^2}$收敛.

【例 8.3.4】　判定级数$\sum\limits_{n=1}^{\infty}(-1)^n\frac{n^{n+1}}{(n+1)!}$的敛散性.

解　这是交错级数,其一般项为$u_n=(-1)^n\dfrac{n^{n+1}}{(n+1)!}$,考虑正项级数$\sum\limits_{n=1}^{\infty}|u_n|$,由比值判别法,因为

$$\begin{aligned}\lim_{n\to\infty}\frac{|u_{n+1}|}{|u_n|}&=\lim_{n\to\infty}\frac{(n+1)^{n+2}}{(n+1+1)!}\Big/\frac{n^{n+1}}{(n+1)!}\\&=\lim_{n\to\infty}\left(\frac{n+1}{n}\right)^n\cdot\frac{(n+1)^2}{n(n+2)}=\lim_{n\to\infty}\left(1+\frac{1}{n}\right)^n\\&=\mathrm{e}>1.\end{aligned}$$

所以,级数$\sum\limits_{n=1}^{\infty}|u_n|$发散.从上述注2可知,原级数也发散.

注:判断任意项级数$\sum\limits_{n=1}^{\infty}u_n$的敛散性,可按照下述过程处理:

(1) 先用正项级数审敛法,若$\sum\limits_{n=1}^{\infty}|u_n|$收敛,则得$\sum\limits_{n=1}^{\infty}u_n$也收敛;

(2) 若由比值审敛法得$\sum\limits_{n=1}^{\infty}|u_n|$发散,则$\sum\limits_{n=1}^{\infty}u_n$也发散;

(3) 若$\sum\limits_{n=1}^{\infty}u_n$是交错级数,则可尝试用莱布尼茨审敛法;

(4) 其他情况,需要更为精细的审敛法处理.本书就不一一深入研究了.

8.4 幂　级　数

8.4.1 函数项级数的概念

给定在区间I上定义的函数列

$$u_1(x),u_2(x),u_3(x),\cdots,u_n(x),\cdots$$

称式

$$u_1(x)+u_2(x)+u_3(x)+\cdots+u_n(x)+\cdots\tag{8.4.1}$$

为区间I上的**(函数项)无穷级数**,简称**级数**,记为$\sum\limits_{n=1}^{\infty}u_n(x)$.

对每一个确定的$x_0\in I$,级数(8.4.1)是常数项级数

$$u_1(x_0)+u_2(x_0)+u_3(x_0)+\cdots+u_n(x_0)+\cdots\tag{8.4.2}$$

级数(8.4.2)可能收敛也可能发散.若级数(8.4.2)收敛,称x_0是级数(8.4.1)的**收敛点**;若级数(8.4.2)发散,称x_0是**发散点**.函数项级数(8.4.1)的收敛点全体称为其**收敛域**.

对收敛域内任一x,级数(8.4.1)是收敛的常数项级数,因而有一确定的和,这和构成x的函数$s(x)$.称$s(x)$为级数(8.4.1)的**和函数**,即

$$s(x)=u_1(x)+u_2(x)+u_3(x)+\cdots+u_n(x)+\cdots$$

记函数项级数(8.4.1)的前 n 项和为

$$s_n(x)=u_1(x)+u_2(x)+u_3(x)+\cdots+u_n(x),$$

则在收敛域内有

$$\lim_{n\to\infty}s_n(x)=s(x).$$

【例 8.4.1】 讨论函数项级数 $1+x+x^2+\cdots+x^n+\cdots$ 的收敛域与和函数.

解 前 n 项和为

$$s_n(x)=1+x+x^2+\cdots+x^{n-1}=\frac{1-x^n}{1-x}.$$

对于 $|x|<1$,有

$$\lim_{n\to\infty}s_n(x)=\lim_{n\to\infty}\frac{1-x^n}{1-x}=\frac{1}{1-x},$$

此时,级数 $\sum\limits_{n=0}^{\infty}x^n$ 收敛,有和函数 $s(x)=\dfrac{1}{1-x}$.

对于 $|x|\geqslant 1$,级数 $\sum\limits_{n=0}^{\infty}x^n$ 发散.

综上所述,该级数收敛域为 $(-1,1)$,和函数 $s(x)=\dfrac{1}{1-x}$.

8.4.2 幂级数及其收敛性

在函数项级数中,简单而又常见的一类级数就是各项都是幂函数的函数项级数,称为**幂级数**.它的形式是

$$\sum_{n=0}^{\infty}a_nx^n=a_0+a_1x+a_2x^2+\cdots+a_nx^n+\cdots, \tag{8.4.3}$$

其中,$a_0,a_1,a_2,\cdots,a_n,\cdots$ 是常数,称为幂级数的系数.例如

$$1+x+x^2+\cdots+x^n+\cdots,$$

$$1+x+\frac{x^2}{2}+\cdots+\frac{x^n}{n}+\cdots$$

都是幂级数.

形如

$$\sum_{n=0}^{\infty}a_n(x-a)^n=a_0+a_1(x-a)+a_2(x-a)^2+\cdots+a_n(x-a)^n+\cdots$$

的级数称为 $x-a$ 的幂级数.令 $x-a=t$,该幂级数可以化成(8.4.3)式的形式,故只需讨论幂级数(8.4.3).

那么对于给定的幂级数(8.4.3),它的收敛域与发散域是怎样的?即 x 取数轴上哪些点时幂级数收敛,取数轴上哪些点时幂级数发散?这就是幂级数的收敛性问题.从本节例 8.4.1 发现,这个幂级数的收敛域是一个以原点为中心的区间,事实上,这个结论对一般的幂级数也是成立的.定理如下:

定理 8.6(阿贝尔定理) 若级数 $\sum_{n=0}^{\infty} a_n x^n$ 在 $x = x_0$ $(x_0 \neq 0)$ 处收敛,则对满足不等式 $|x| < |x_0|$ 的一切 x,级数 $\sum_{n=0}^{\infty} a_n x^n$ 绝对收敛;若级数 $\sum_{n=0}^{\infty} a_n x^n$ 在 $x = x_0$ 处发散,则对满足不等式 $|x| > |x_0|$ 的一切 x,级数 $\sum_{n=0}^{\infty} a_n x^n$ 也发散.

证 若 $\sum_{n=0}^{\infty} a_n x^n$ 在点 $x = x_0 (x_0 \neq 0)$ 收敛,即数项级数 $\sum_{n=0}^{\infty} a_n x_0^n$ 收敛,由级数收敛的必要条件知,$\lim\limits_{n\to\infty} a_n x_0^n = 0$,即数列 $\{a_n x_0^n\}$ 收敛,由收敛数列必有界知存在 $M > 0$,使

$$|a_n x_0^n| \leqslant M, \qquad n = 1,2,\cdots$$

对满足不等式 $|x| < |x_0|$ 的一切 x,有

$$|a_n x^n| = |a_n x_0^n| \cdot \left|\frac{x^n}{x_0^n}\right| \leqslant M \left|\frac{x}{x_0}\right|^n. \tag{8.4.4}$$

以(8.4.4)式右端为通项的级数 $\sum_{n=0}^{\infty} M \left|\frac{x}{x_0}\right|^n$ 是公比为 $\left|\frac{x}{x_0}\right| < 1$ 的等比级数,从而收敛. 由正项级数的比较法知,$\sum_{n=0}^{\infty} |a_n x^n|$ 也收敛,所以 $\sum_{n=0}^{\infty} a_n x^n$ 绝对收敛.

定理的第二部分可用反证法证明. 假设 $\sum_{n=0}^{\infty} a_n x^n$ 在 $x = x_0$ 时发散,而有一点 x_1 满足 $|x_1| > |x_0|$,使级数收敛,由定理的第一部分知,级数 $\sum_{n=0}^{\infty} a_n x_0^n$ 应该收敛,这与假设矛盾. 定理得证.

定理8.6表明,幂级数的收敛域是以原点为中心的区间,若以 $2R$ 表示收敛区间的长度,则称 R 为幂级数的**收敛半径**. 故当 $R = 0$ 时,幂级数 $\sum_{n=0}^{\infty} a_n x^n$ 仅在 $x = 0$ 处收敛; 当 $R = +\infty$ 时,幂级数 $\sum_{n=0}^{\infty} a_n x^n$ 在 $(-\infty, +\infty)$ 内绝对收敛; 当 $0 < R < +\infty$ 时,幂级数 $\sum_{n=0}^{\infty} a_n x^n$ 在 $(-R,R)$ 内绝对收敛,至于在 $x = \pm R$ 处是否收敛,还需要具体问题具体分析.

注意:若幂级数的收敛半径为 R,称开区间 $(-R,R)$ 为幂级数(8.4.3)的**收敛区间**. 再由幂级数在 $x = \pm R$ 处的收敛性,便可确定它的**收敛域**是 $(-R,R)$,$[-R,R)$,$(-R,R]$ 或 $[-R,R]$ 这四个区间之一. 因此,求幂级数的收敛域,先要确定其收敛半径. 那么怎么求收敛半径 R 呢?我们有如下定理:

定理 8.7　设有幂级数$\sum\limits_{n=0}^{\infty}a_nx^n$，$a_n\neq 0$，$n=1,2,\cdots$，若$\lim\limits_{n\to\infty}\left|\dfrac{a_{n+1}}{a_n}\right|=\rho$，则

(1) 当 $0<\rho<+\infty$ 时，收敛半径 $R=\dfrac{1}{\rho}$；

(2) 当 $\rho=0$ 时，收敛域为$(-\infty,+\infty)$，此时称级数有收敛半径 $R=+\infty$；

(3) 当 $\rho=+\infty$ 时，收敛域为单点集$\{0\}$，称有收敛半径 $R=0$.

证　考察正项级数

$$|a_0|+|a_1x|+|a_2x^2|+\cdots+|a_nx^n|+\cdots \tag{8.4.5}$$

易算得

$$\lim_{n\to\infty}\frac{|a_{n+1}x^{n+1}|}{|a_nx^n|}=\lim_{n\to\infty}\left|\frac{a_{n+1}}{a_n}\right||x|=\rho|x|.$$

(1) 当 $\rho|x|<1$，即当 $|x|<\dfrac{1}{\rho}$ 时，级数(8.4.5)收敛，即级数$\sum\limits_{n=0}^{\infty}a_nx^n$ 绝对收敛，所以$\sum\limits_{n=0}^{\infty}a_nx^n$ 收敛.

当 $\rho|x|>1$，即 $|x|>\dfrac{1}{\rho}$ 时，级数(8.4.5)发散，由本章 8.3.2 节“绝对收敛与条件收敛”中的注 2 知$\sum\limits_{n=0}^{\infty}a_nx^n$ 也发散，于是收敛半径 $R=\dfrac{1}{\rho}$.

(2) 若 $\rho=0$，则对任意的 x，均有 $\rho|x|<1$，由比值判别法知，对任意的 x，该幂级数$\sum\limits_{n=0}^{\infty}a_nx^n$ 收敛，故其收敛半径 $R=+\infty$.

(3) 若 $\rho=+\infty$，则仅在 $x=0$ 处满足 $\rho|x|<1$，故其收敛半径 $R=0$.

【例 8.4.2】　求幂级数

$$x-\frac{1}{2}x^2+\frac{1}{3}x^3-\cdots+(-1)^{n-1}\frac{1}{n}x^n+\cdots$$

的收敛半径和收敛域.

解　因为

$$\rho=\lim_{n\to\infty}\left|\frac{a_{n+1}}{a_n}\right|=\lim_{n\to\infty}\left|\frac{(-1)^n\dfrac{1}{n+1}}{(-1)^{n-1}\dfrac{1}{n}}\right|=1,$$

所以收敛半径为

$$R=\frac{1}{\rho}=1.$$

对于端点 $x=1$，原级数为交错级数

$$1-\frac{1}{2}+\frac{1}{3}-\cdots+(-1)^{n-1}\frac{1}{n}+\cdots$$

此时级数收敛.

对于端点 $x=-1$,原级数为

$$-1-\frac{1}{2}-\frac{1}{3}-\cdots-\frac{1}{n}-\cdots$$

发散.因此,收敛域是$(-1,1]$.

【例 8.4.3】 求幂级数$\sum\limits_{n=1}^{\infty}\frac{x^n}{n!}$的收敛域.

解 因为

$$\rho=\lim_{n\to\infty}\left|\frac{a_{n+1}}{a_n}\right|=\lim_{n\to\infty}\left|\frac{1/(n+1)!}{1/n!}\right|=\lim_{n\to\infty}\frac{1}{n+1}=0,$$

所以收敛半径 $R=+\infty$,从而收敛域为$(-\infty,+\infty)$.

【例 8.4.4】 求幂级数$\sum\limits_{n=1}^{\infty}n!x^n$的收敛域.

解 因为

$$\rho=\lim_{n\to\infty}\left|\frac{a_{n+1}}{a_n}\right|=\lim_{n\to\infty}\left|\frac{(n+1)!}{n!}\right|=\lim_{n\to\infty}(n+1)=\infty$$

所以收敛半径 $R=0$,从而级数仅在 $x=0$ 处收敛.

【例 8.4.5】 求幂级数$\sum\limits_{n=1}^{\infty}(-1)^n\frac{(x-1)^n}{2^n}$的收敛域.

解 令 $t=x-1$,级数化为

$$\sum_{n=1}^{\infty}(-1)^n\frac{t^n}{2^n},$$

因为

$$\rho=\lim_{n\to\infty}\left|\frac{a_{n+1}}{a_n}\right|=\lim_{n\to\infty}\left|\frac{(-1)^{n+1}/2^{n+1}}{(-1)^n/2^n}\right|=\lim_{n\to\infty}\frac{1}{2}=\frac{1}{2},$$

所以收敛半径 $R=2$.

当 $t=2$ 时,原级数为

$$-1+1-1+\cdots+(-1)^n+\cdots$$

此时级数发散.

当 $t=-2$ 时,原级数为

$$1+1+1+\cdots+1+\cdots$$

此时级数也发散.因此,级数$\sum\limits_{n=1}^{\infty}(-1)^n\frac{t^n}{2^n}$的收敛域是$-2<t<2$,即$-2<x-1<2$,所以$\sum\limits_{n=1}^{\infty}(-1)^n\frac{(x-1)^n}{2^n}$的收敛域是$(-1,3)$.

【例 8.4.6】 求幂级数$\sum\limits_{n=1}^{\infty}\frac{(2n)!}{(n!)^2}x^{2n}$的收敛半径.

解 级数缺少奇数幂项,定理 8.7 不能直接应用,根据比值审敛法来求收敛

半径.

$$\lim_{n\to\infty}\left|\frac{u_{n+1}(x)}{u_n(x)}\right|=\lim_{n\to\infty}\left|\frac{\dfrac{[2(n+1)]!}{[(n+1)!]^2}x^{2(n+1)}}{\dfrac{(2n)!}{(n!)^2}x^{2n}}\right|=4\mid x\mid^2,$$

当 $4|x|^2<1$ 即 $|x|<\dfrac{1}{2}$ 时，级数收敛；当 $4|x|^2>1$ 即 $|x|>\dfrac{1}{2}$ 时，级数发散，所以收敛半径为 $R=\dfrac{1}{2}$.

8.4.3　幂级数的运算

设幂级数 $\sum_{n=0}^{\infty}a_nx^n$、$\sum_{n=0}^{\infty}b_nx^n$ 的收敛半径分别为 R_1、R_2，它们的和函数分别为 $s_1(x)$、$s_2(x)$，记 $R=\min\{R_1,R_2\}$. 那么对幂级数可以进行下列运算：

1. 加法和减法

$$\sum_{n=0}^{\infty}a_nx^n\pm\sum_{n=0}^{\infty}b_nx^n=\sum_{n=0}^{\infty}(a_n\pm b_n)x^n=s_1(x)\pm s_2(x)\quad x\in(-R,R).$$

2. 乘法

$$\left(\sum_{n=0}^{\infty}a_nx^n\right)\cdot\left(\sum_{n=0}^{\infty}b_nx^n\right)=a_0b_0+(a_0b_1+a_1b_0)x+(a_0b_2+a_1b_1+a_2b_0)x^2+\cdots$$

$$=\sum_{n=0}^{\infty}(a_0b_n+a_1b_{n-1}+\cdots+a_nb_0)x^n\quad x\in(-R,R).$$

我们知道，幂级数的和函数是在其收敛区域内定义的函数，它有如下重要性质：

定理 8.8　设幂级数 $\sum_{n=0}^{\infty}a_nx^n$ 的收敛区间 $(-R,R)$，记和函数

$$s(x)=\sum_{n=0}^{\infty}a_nx^n\quad x\in(-R,R),$$

则

(1) $s(x)$ 在 $(-R,R)$ 上**连续**. 即对于任意的 $x_0\in(-R,R)$，有 $\lim_{x\to x_0}s(x)=s(x_0)$，亦即

$$\lim_{x\to x_0}\sum_{n=0}^{\infty}a_nx^n=\sum_{n=0}^{\infty}a_nx_0^n.$$

(2) $s(x)$ 在$(-R,R)$ 上可积,即对 $x\in(-R,R)$,有

$$\int_0^x s(t)\mathrm{d}t=\int_0^x(\sum_{n=0}^{\infty}a_nt^n)\mathrm{d}t=\sum_{n=0}^{\infty}(\int_0^x a_nt^n\mathrm{d}t)=\sum_{n=0}^{\infty}\frac{a_n}{n+1}x^{n+1},$$

即幂级数在收敛区间上可**逐项求积**,且逐项积分后所得幂级数和原级数有相同的收敛半径.

(3) $s(x)$ 在$(-R,R)$ 上可导,且

$$s'(x)=(\sum_{n=0}^{\infty}a_nx^n)'=\sum_{n=0}^{\infty}(a_nx^n)'=\sum_{n=1}^{\infty}a_nnx^{n-1},$$

即幂级数在收敛区间内可**逐项求导**,且逐项求导后所得幂级数和原级数有相同的收敛半径.

证明从略.

利用上述定理,可以求幂级数的和函数.

【例 8.4.7】 求幂级数$\sum_{n=1}^{\infty}\frac{x^n}{n}$ 在收敛区间$(-1,1)$ 内的和函数.

解 设幂级数$\sum_{n=1}^{\infty}\frac{x^n}{n}$ 有和函数 $s(x)$,在收敛区间内有

$$s'(x)=\sum_{n=1}^{\infty}\left(\frac{x^n}{n}\right)'=\sum_{n=1}^{\infty}x^{n-1}=\frac{1}{1-x}\quad x\in(-1,1),$$

所以

$$s(x)=\int_0^x\frac{1}{1-t}\mathrm{d}t+s(0)=-\ln(1-x)\quad x\in(-1,1).$$

【例 8.4.8】 求幂级数$\sum_{n=1}^{\infty}nx^n$ 的和函数.

解 由

$$\rho=\lim_{n\to\infty}\left|\frac{a_{n+1}}{a_n}\right|=\lim_{n\to\infty}\frac{n+1}{n}=1$$

得收敛半径 $R=1$.

易见,级数在端点 $x=\pm1$ 处均发散,故级数的收敛域为$(-1,1)$.

由于$\sum_{n=1}^{\infty}nx^n=x\sum_{n=1}^{\infty}nx^{n-1}$,记 $s(x)=\sum_{n=1}^{\infty}nx^{n-1}$,则只需求 $s(x)$. 逐项积分得

$$\int_0^x s(t)\mathrm{d}t=\sum_{n=1}^{\infty}(\int_0^x nt^{n-1}\mathrm{d}t)=\sum_{n=1}^{\infty}x^n=\frac{x}{1-x},\quad x\in(-1,1),$$

两边求导得

$$s(x)=\left(\frac{x}{1-x}\right)'=\frac{1}{(1-x)^2},$$

所以

$$\sum_{n=1}^{\infty} nx^n = x \cdot s(x) = \frac{x}{(1-x)^2}, \quad x \in (-1,1).$$

【例 8.4.9】 求级数$\sum\limits_{n=0}^{\infty}(-1)^n \dfrac{x^{2n+1}}{2n+1}$在收敛区间$(-1,1)$内的和函数.

解　设$s(x) = \sum\limits_{n=0}^{\infty}(-1)^n \dfrac{x^{2n+1}}{2n+1}$,逐项求导得

$$s'(x) = \sum_{n=0}^{\infty}(-1)^n x^{2n} = \frac{1}{1+x^2}, \quad x \in (-1,1).$$

对上式积分得

$$s(x) - s(0) = \int_0^x s'(t)\,\mathrm{d}t = \int_0^x \frac{1}{1+t^2}\mathrm{d}t = \arctan x,$$

因为$s(0)=0$,因而得$s(x)=\arctan x$,即

$$\arctan x = \sum_{n=0}^{\infty}(-1)^n \frac{x^{2n+1}}{2n+1}, \quad x \in (-1,1)$$

为所求.

8.5　初等函数的幂级数展开

幂级数的部分和$s_n(x)$是x的一个n次多项式,而多项式的运算是比较简单的,把幂级数的和函数$s(x)$用其部分和$s_n(x)$来近似,可大大简化函数值计算. 这就是把已知函数展开成幂级数的问题.

给定函数$f(x)$,能否将其展开成幂级数? 若能,它是否仍以$f(x)$为和函数呢?

8.5.1　泰勒(Taylor)级数

我们知道,若函数$f(x)$在点x_0的某邻域内有直到$n+1$阶导数,则对该邻域内的任一点x,有

$$f(x) = f(x_0) + f'(x_0)(x-x_0) + \frac{f''(x_0)}{2!}(x-x_0)^2 + \cdots + \frac{f^{(n)}(x_0)}{n!}(x-x_0)^n + r_n(x), \tag{8.5.1}$$

其中$r_n(x)=\dfrac{f^{(n+1)}(\xi)}{(n+1)!}(x-x_0)^{n+1}$ (ξ在x_0与x之间)是拉格朗日型余项.

如果令$x_0=0$,由(8.5.1)式有

$$f(x) = f(0) + f'(0)x + \frac{f''(0)}{2!}x^2 + \cdots + \frac{f^{(n)}(0)}{n!}x^n + r_n(x), \tag{8.5.2}$$

其中$r_n(x)=\dfrac{f^{(n+1)}(\theta x)}{(n+1)!}x^{n+1}$ $(0<\theta<1)$. 称为**麦克劳林(Maclaurin)公式**.

以上两式说明,任意一个函数只要有直到 $n+1$ 阶导数,就等于一个 n 次多项式与一个余项的和.

若记

$$P_n(x)=f(0)+f'(0)x+\frac{f''(0)}{2!}x^2+\cdots+\frac{f^{(n)}(0)}{n!}x^n,$$

则

$$f(x)=P_n(x)+r_n(x).$$

若 $f(x)$ 有任意阶导数,且 $\sum\limits_{n=0}^{\infty}\frac{f^{(n)}(0)}{n!}x^n$ 的收敛半径为 $R>0$,则

$$f(x)=\lim_{n\to\infty}(P_n(x)+r_n(x)),$$

于是,$f(x)=\sum\limits_{n=0}^{\infty}\frac{f^{(n)}(0)}{n!}x^n$ 成立的充要条件是 $\lim\limits_{n\to\infty}r_n(x)=0$.

这样,便得 $f(x)$ 的幂级数展开式

$$f(x)=f(0)+f'(0)x+\frac{f''(0)}{2!}x^2+\cdots+\frac{f^{(n)}(0)}{n!}x^n+\cdots \tag{8.5.3}$$

该展开式是唯一的.

事实上,假设函数 $f(x)$ 的幂级数展开式为

$$f(x)=a_0+a_1x+a_2x^2+\cdots+a_nx^n+\cdots$$

根据幂级数在收敛域内可以逐项求导的性质,容易得到

$$a_0=f(0),a_1=f'(0),a_2=\frac{f''(0)}{2!},\cdots,a_n=\frac{f^{(n)}(0)}{n!},\cdots$$

因此,函数 $f(x)$ 的幂级数展开式唯一.

类似地,如果函数 $f(x)$ 在点 x_0 附近有任意阶导数,且泰勒公式中的余项 $r_n(x)\to 0$ (当 $n\to\infty$). 那么,函数 $f(x)$ 就可展开成幂级数

$$f(x)=f(x_0)+f'(x_0)(x-x_0)+\frac{f''(x_0)}{2!}(x-x_0)^2+\cdots$$
$$+\frac{f^{(n)}(x_0)}{n!}(x-x_0)^n+\cdots$$

称为**泰勒级数**.

定理 8.9 若函数 $f(x)$ 在点 x_0 的某一邻域 $U(x_0)$ 内有任意阶导数,则 $f(x)$ 在 $U(x_0)$ 内能展开成泰勒级数,当且仅当

$$\lim_{n\to\infty}r_n(x)=0 \quad x\in U(x_0).$$

证明从略.

8.5.2 直接展开法

利用麦克劳林公式将函数 $f(x)$ 展开成幂级数的方法,称为**直接展开法**.

把函数展开成 x 的幂级数，可按下列步骤进行：

(1) 计算函数 $f(x)$ 的各阶导数在 $x=0$ 处的值 $f^{(n)}(0), n=0,1,2,\cdots$；

(2) 写出对应的幂级数 $\sum_{n=0}^{\infty}\frac{f^{(n)}(0)}{n!}x^n$，求出其收敛半径 R；

(3) 验证 $\lim_{n\to\infty}r_n(x)=0,\quad x\in(-R,R)$；

(4) 写出所求函数的幂级数及其收敛区间

$$f(x)=\sum_{n=0}^{\infty}\frac{f^{(n)}(0)}{n!}x^n,\quad x\in(-R,R).$$

在第 4 章第 4.3 节中，我们已经用上述方法得到了几个常用函数的幂级数展开式，现列出来，以便读者查用.

$$e^x=1+\frac{1}{1!}x+\frac{1}{2!}x^2+\cdots+\frac{1}{n!}x^n+\cdots\quad x\in(-\infty,+\infty)$$

$$\sin x=x-\frac{1}{3!}x^3+\frac{1}{5!}x^5-\cdots+(-1)^n\frac{1}{(2n+1)!}x^{2n+1}+\cdots\quad x\in(-\infty,+\infty)$$

$$\cos x=1-\frac{1}{2!}x^2+\frac{1}{4!}x^4-\cdots+(-1)^n\frac{1}{(2n)!}x^{2n}+\cdots\quad x\in(-\infty,+\infty)$$

$$\ln(1+x)=x-\frac{1}{2}x^2+\frac{1}{3}x^3-\cdots+(-1)^n\frac{1}{n+1}x^{n+1}+\cdots\quad x\in(-1,1]$$

$$\frac{1}{1-x}=1+x+x^2+\cdots+x^n+\cdots\quad x\in(-1,1)$$

$$\frac{1}{1+x}=1-x+x^2-\cdots+(-1)^nx^n+\cdots\quad x\in(-1,1)$$

一般地

$$(1+x)^m=1+mx+\frac{m(m-1)}{2!}x^2+\cdots+\frac{m(m-1)\cdots(m-n+1)}{n!}x^n+\cdots\quad x\in(-1,1)$$

最后一个式子称为**二项展开式**，其端点的收敛性与 m 有关.

8.5.3　间接展开法

以上将函数展开成幂级数的例子，是直接按公式 $a_n=\frac{f^{(n)}(0)}{n!}$ 计算幂级数的系数，然后考察余项 $r_n(x)$ 是否趋于零. 这种直接展开的方法计算量较大，而且研究余项的收敛性，也不是件容易的事，其实，由若干已知函数的展开式出发，用下述**间接展开法**求解，有时会事半功倍.

【例 8.5.1】 将函数 $f(x)=a^x,\ a>0, a\neq1$ 展开成 x 的幂级数.

解　因为　$e^x=1+x+\frac{1}{2!}x^2+\cdots+\frac{1}{n!}x^n+\cdots\quad(-\infty<x<+\infty)$，所以

$$a^x = e^{x\ln a} = 1 + x\ln a + \frac{1}{2!}(x\ln a)^2 + \cdots + \frac{1}{n!}(x\ln a)^n + \cdots$$

$$= 1 + \frac{\ln a}{1!}x + \frac{(\ln a)^2}{2!}x^2 + \cdots = \sum_{n=0}^{\infty}\frac{(\ln a)^n}{n!}x^n, \quad x \in (-\infty, +\infty).$$

【例 8.5.2】 将函数 $f(x)=\cos^2 x$ 展开成 x 的幂级数.

解 因为

$$\cos x = 1 - \frac{1}{2!}x^2 + \frac{1}{4!}x^4 - \cdots + (-1)^n\frac{1}{(2n)!}x^{2n} + \cdots, \quad x \in (-\infty, +\infty),$$

所以

$$\cos^2 x = \frac{1+\cos 2x}{2} = \frac{1}{2} + \frac{1}{2}\cos 2x$$

$$= \frac{1}{2} + \frac{1}{2}\left(1 - \frac{(2x)^2}{2!} + \frac{(2x)^4}{4!} - \cdots + (-1)^n\frac{(2x)^{2n}}{(2n)!} + \cdots\right)$$

$$= 1 - \frac{2}{2!}x^2 + \frac{2^3}{4!}x^4 - \cdots + (-1)^n\frac{2^{2n-1}}{(2n)!}x^{2n} + \cdots \quad (-\infty < x < +\infty).$$

【例 8.5.3】 将函数 $f(x)=\frac{1}{x}$ 展开成 $x-1$ 的幂级数.

解 利用 $\frac{1}{1+x}=1-x+x^2-\cdots+(-1)^n x^n+\cdots$，$-1<x<1$，得

$$f(x) = \frac{1}{x} = \frac{1}{1+(x-1)} = 1 - (x-1) + (x-1)^2 - \cdots + (-1)^n(x-1)^n + \cdots$$

由于 $-1<x-1<1 \Rightarrow 0<x<2$，从而 $f(x)=\frac{1}{x}$ 展开成的幂级数的收敛区间是 $(0,2)$.

【例 8.5.4】 将函数 $f(x)=\frac{1}{x^2-3x+2}$ 展开成 x 的幂级数.

解 因为 $\frac{1}{x^2-3x+2}=\frac{1}{(1-x)(2-x)}=\frac{1}{1-x}-\frac{1}{2-x}$，而

$$\frac{1}{2-x} = \frac{1}{2}\cdot\frac{1}{1-\frac{x}{2}} = \frac{1}{2}\left[1 + \frac{x}{2} + \left(\frac{x}{2}\right)^2 + \cdots + \left(\frac{x}{2}\right)^n + \cdots\right]$$

$$= \frac{1}{2} + \frac{1}{2^2}x + \frac{1}{2^3}x^2 + \cdots + \frac{1}{2^{n+1}}x^n + \cdots \quad (-2 < x < 2),$$

所以

$$f(x) = \frac{1}{1-x} - \frac{1}{2-x}$$

$$= (1+x+x^2+\cdots+x^n+\cdots) - \frac{1}{2}\left[\frac{1}{2} + \frac{1}{2^2}x + \frac{1}{2^3}x^2 + \cdots + \frac{1}{2^{n+1}}x^n + \cdots\right]$$

$$= \frac{1}{2} + \frac{2^2-1}{2^2}x + \frac{2^3-1}{2^3}x^2 + \cdots + \frac{2^{n+1}-1}{2^{n+1}}x^n + \cdots \quad (-1<x<1).$$

8.5.4　幂级数应用举例

【例 8.5.5】 计算 e 的近似值.

解　我们已经得到函数 e^x 的幂级数展开式

$$e^x = 1 + \frac{1}{1!}x + \frac{1}{2!}x^2 + \cdots + \frac{1}{n!}x^n + \cdots, \quad x \in (-\infty, +\infty),$$

令 $x=1$,即得表达式

$$e = 1 + 1 + \frac{1}{2!} + \cdots + \frac{1}{n!} + \cdots$$

上式中,将级数前 $n+1$ 项的和作为 e 的近似值,并选取不同的 n 值,其近似结果列于表 8.1(注:e 的精确值取到小数点后 9 位).

表 8.1

n	8	9	10	11	12
e 的近似值	2.718278769	2.718281525	2.718281801	2.718281826	2.718281828

【例 8.5.6】 古人计算圆周率,一般用割圆法. 即用圆的内接或外切正多边形来逼近圆的周长. Archimedes 用正 96 边形得到圆周率小数点后 3 位的精度;我国古代数学家刘徽用正 3072 边形得到圆周率小数点后 5 位的精度;Ludolph Van-Ceulen 用正 2^{62} 边形得到圆周率小数点后 35 位的精度;这种基于几何的算法计算量大,速度慢. 那么是否可以找到简单可行的办法计算圆周率 π 呢? 英国天文学教授 John Machin 于 1706 年提出了 Machin 公式. 他利用这个公式计算得到了 100 位的圆周率. 其计算公式如下:

$$\pi = 16\arctan\frac{1}{5} - 4\arctan\frac{1}{239},$$

$$\arctan x = x - \frac{1}{3}x^3 + \frac{1}{5}x^5 - \cdots + (-1)^n \frac{1}{2n+1}x^{2n+1} + \cdots, \quad x \in [-1,1],$$

其中,计算反正切函数的值正是利用了以上 $\arctan x$ 的幂级数展开式(可见 8.4 节例 8.4.9),并将级数的前 n 项和作为 $\arctan x$ 的近似值. 选取不同的 n 值,其近似结果如表 8.2 所列(注:e 的精确值取到小数点后 10 位).

表 8.2

n	3	4	5	6	7
$\pi\approx$	3.1415917721	3.1415926824	3.1415926526	3.1415926536	3.1415926535

注:$\pi\approx 3.1415926535897932384626$(已经精确到小数点后 22 位).

习　题　8

基　本　题

8.1 节

1. 写出下列级数的一般项.

(1) $1+\frac{1}{3}+\frac{1}{5}+\frac{1}{7}+\cdots$;(2) $\frac{\sqrt{x}}{2}+\frac{x}{2\cdot 4}+\frac{x\sqrt{x}}{2\cdot 4\cdot 6}+\frac{x^2}{2\cdot 4\cdot 6\cdot 8}+\cdots$.

2. 从定义出发,判别下列级数的敛散性.

(1) $1-\frac{1}{2}+\frac{1}{4}-\frac{1}{8}+\cdots$;　　(2) $\sum\limits_{n=1}^{\infty}(\sqrt{n+1}-\sqrt{n})$;

(3) $\sum\limits_{n=1}^{\infty}\frac{1}{n(n+2)}$;　　(4) $\sum\limits_{n=2}^{\infty}\ln\frac{n^2-1}{n^2}$.

3. 判别下列级数的敛散性.

(1) $\frac{1}{3}+\frac{1}{6}+\frac{1}{9}+\cdots+\frac{1}{3n}+\cdots$;　　(2) $\frac{1}{3}+\frac{1}{\sqrt{3}}+\frac{1}{\sqrt[3]{3}}+\cdots+\frac{1}{\sqrt[n]{3}}+\cdots$;

(3) $\sum\limits_{n=1}^{\infty}\frac{3^n+4^n}{7^n}$;　　(4) $\sum\limits_{n=1}^{\infty}\frac{1+(-1)^{n+1}}{3^n}$.

8.2 节

1. 用比较审敛法或比较审敛法的极限形式判别下列级数的敛散性.

(1) $\frac{1}{2\cdot 5}+\frac{1}{3\cdot 6}+\cdots+\frac{1}{(n+1)(n+4)}+\cdots$;　(2) $\sum\limits_{n=1}^{\infty}\frac{\arctan n}{1+n^2}$;

(3) $1+\frac{1+2}{1+2^2}+\frac{1+3}{1+3^2}+\cdots+\frac{1+n}{1+n^2}+\cdots$;　(4) $\sum\limits_{n=1}^{\infty}\frac{1}{1+a^n}\quad(a>0)$.

2. 用比值审敛法判别下列级数的敛散性.

(1) $\frac{3}{1\cdot 2}+\frac{3^2}{2\cdot 2^2}+\frac{3^3}{3\cdot 2^3}+\cdots+\frac{3^n}{n\cdot 2^n}+\cdots$;　(2) $\sum\limits_{n=1}^{\infty}\frac{n^2}{3^n}$;

(3) $\sum\limits_{n=1}^{\infty}\frac{2^n}{n!}$;　(4) $\sum\limits_{n=1}^{\infty}\frac{2^n\cdot n!}{n^n}$;　(5) $\sum\limits_{n=1}^{\infty}\frac{3^n\cdot n!}{n^n}$;

3. 判别下列级数的敛散性.

(1) $\frac{3}{4}+2\left(\frac{3}{4}\right)^2+3\left(\frac{3}{4}\right)^3+\cdots+n\left(\frac{3}{4}\right)^n+\cdots$;(2) $\sum\limits_{n=1}^{\infty}\frac{n+1}{n(n+2)}$;

(3) $\sqrt{2}+\sqrt{\frac{3}{2}}+\cdots+\sqrt{\frac{n+1}{n}}+\cdots$;　(4) $\sum\limits_{n=1}^{\infty}\frac{4+\cos n}{n}$.

4. 设正项级数 $\sum\limits_{n=1}^{\infty}a_n$ 与 $\sum\limits_{n=1}^{\infty}b_n$ 都收敛,$\sum\limits_{n=1}^{\infty}a_n\cdot b_n$ 也是收敛级数吗?

5. 设正项级数 $\sum_{n=1}^{\infty} a_n$ 与 $\sum_{n=1}^{\infty} b_n$ 都发散，试举例说明 $\sum_{n=1}^{\infty} a_n \cdot b_n$ 既可收敛也可发散.

8.3 节

1. 判别下列级数是否收敛，若收敛，指出是绝对收敛还是条件收敛.

(1) $\sum_{n=1}^{\infty} (-1)^n \frac{1}{\sqrt{n}}$；

(2) $\sum_{n=1}^{\infty} (-1)^n \cos \frac{\pi}{n}$；

(3) $\sum_{n=1}^{\infty} (-1)^{n-1} \frac{n}{3^{n-1}}$；

(4) $\frac{1}{\ln 2} - \frac{1}{\ln 3} + \frac{1}{\ln 4} - \frac{1}{\ln 5} + \cdots$；

(5) $\sum_{n=1}^{\infty} (-1)^n \frac{\arctan n}{n^2}$.

2. 试证：$\sum_{n=1}^{\infty} \frac{x^n}{n!}$ 对所有的 $x \in \mathrm{R}$ 均收敛，并以此推得极限 $\lim_{n\to\infty} \frac{x^n}{n!} = 0$ 对所有的 x 均成立.

8.4 节

1. 求下列幂级数的收敛半径与收敛区间.

(1) $\sum_{n=0}^{\infty} (2x)^n$；

(2) $\sum_{n=1}^{\infty} \frac{n}{2^n} (x-1)^n$；

(3) $1 - x + \frac{x^2}{2^2} + \cdots + (-1)^n \frac{x^n}{n^2} + \cdots$；

(4) $\sum_{n=0}^{\infty} \frac{1}{n!} x^{2n+1}$.

2. 利用幂级数的逐项求导或逐项积分性质，求下列级数的和函数.

(1) $\sum_{n=1}^{\infty} n x^{n-1}$；

(2) $\sum_{n=1}^{\infty} (-1)^n (n+1) (3x)^n$；

(3) $x + \frac{x^3}{3} + \frac{x^5}{5} + \cdots + \frac{x^{2n-1}}{2n-1} + \cdots$；

(4) $\sum_{n=1}^{\infty} \frac{x^{4n+1}}{4n+1}$.

8.5 节

1. 将下列函数展开成 x 的幂级数，并求展开式成立的区间.

(1) $x\mathrm{e}^{x+1}$；

(2) $\sin^2 x$；

(3) $\ln(3+x)$；

(4) $\frac{1}{x^2+3x+2}$.

2. 将函数 $f(x) = \frac{1}{x}$ 展开成 $(x-3)$ 的幂级数，并指出其收敛区间.

3. 将函数 $f(x) = \frac{1}{x^2+3x+2}$ 展开成 $(x+4)$ 的幂级数，并指出其收敛区间.

自测题

一、单项选择题

1. 设级数$\sum_{n=1}^{\infty}\left(\frac{2}{3}\right)^n$,则其和为(　　).

A. $\frac{1}{2}$　　B. $\frac{2}{3}$　　C. 2　　D. $\frac{3}{2}$

2. 若级数$\sum_{n=1}^{\infty}u_n$ 收敛,则下列级数中收敛的是(　　).

A. $\sum_{n=1}^{\infty}(-1)^n u_n$　B. $\sum_{n=1}^{\infty}100u_n$　C. $\sum_{n=1}^{\infty}u_n^2$　D. $\sum_{n=1}^{\infty}(100+u_n)$

3. 若$\lim\limits_{n\to\infty}u_n\neq 0$,$k$ 是非零常数,则级数$\sum_{n=1}^{\infty}ku_n$(　　).

A. 收敛　　B. 条件收敛

C. 发散　　D. 敛散性与 k 值有关

4. $\lim\limits_{n\to 0}u_n=0$ 是级数$\sum_{n=1}^{\infty}u_n$ 收敛的(　　).

A. 充分条件　B. 必要条件　C. 充要条件　D. 无关条件

5. 若$\sum_{n=1}^{\infty}\frac{1}{n^{p+1}}$ 发散,则(　　).

A. $p\leqslant 0$　B. $p>0$　C. $p\leqslant 1$　D. $p<1$

6. 下列命题中正确的结论是(　　).

A. 若$\sum_{n=1}^{+\infty}u_n$ 发散,则$\sum_{n=1}^{+\infty}(-1)^{n+1}u_n$ 必发散

B. 若$\sum_{n=1}^{+\infty}(-1)^{n+1}u_n$ 发散,则$\sum_{n=1}^{+\infty}u_n$ 必发散

C. 若$\sum_{n=1}^{+\infty}u_n^4$ 发散,则$\sum_{n=1}^{+\infty}u_n$ 必发散

D. 若$\lim\limits_{n\to+\infty}\left|\frac{u_{n+1}}{u_n}\right|>1$,则$\sum_{n=1}^{+\infty}u_n^4$ 必发散

二、填空题

1. 级数$\sum_{n=1}^{\infty}\frac{3^n}{n+3}x^n$ 的收敛半径为__________.

2. 级数$\sum_{n=1}^{\infty}\frac{1}{n(n+1)}$ 的前 n 项部分和为__________.

3. 若级数$\sum_{n=1}^{\infty}\left(\frac{1}{q}\right)^n$ 发散,则 q 的取值范围应是__________.

4. 若幂级数$\sum_{n=1}^{\infty}a_n x^n$ 的收敛半径是 $R(R>0)$,则$\sum_{n=1}^{\infty}a_n x^{2n}$ 的收敛半径

是______.

5. 若级数$\sum\limits_{n=1}^{\infty}u_n$绝对收敛，则级数$\sum\limits_{n=1}^{\infty}u_n$必定______________；

若级数$\sum\limits_{n=1}^{\infty}u_n$条件收敛，则级数$\sum\limits_{n=1}^{\infty}|u_n|$必定______________.

三、计算题

1. 判断下列级数的敛散性.

(1) $\sum\limits_{n=1}^{\infty}(-1)^n\dfrac{\arctan n}{n^2+1}$；　　(2) $\sum\limits_{n=1}^{\infty}\dfrac{(-1)^n}{\sqrt{n}+\sqrt{n+1}}$；

(3) $\sum\limits_{n=1}^{\infty}\dfrac{(n!)^2}{2n^2}$；　　(4) $\sum\limits_{n=1}^{\infty}\dfrac{\cos(n\pi)}{n}$.

2. 求下列幂级数的收敛半径、收敛区间及收敛域.

(1) $\sum\limits_{n=1}^{\infty}\dfrac{1}{n(n+1)}x^n$；　　(2) $\sum\limits_{n=1}^{\infty}n!(x-4)^n$；

(3) $\sum\limits_{n=1}^{\infty}\dfrac{n}{2^n}x^{2n}$.

3. 将函数$\dfrac{x-1}{x+3}$展开成$(x-1)$的幂级数，并指出其收敛区间.

4. 求下列幂级数的和函数.

(1) $\sum\limits_{n=1}^{\infty}\dfrac{1}{n(n+1)}x^n$；　　(2) $\sum\limits_{n=1}^{\infty}\dfrac{x^{2n-1}}{2n-1}$.

5. 求幂级数$\sum\limits_{n=0}^{\infty}\dfrac{x^{2n+1}}{n!}$的和函数，并求数项级数$\sum\limits_{n=0}^{\infty}\dfrac{2n+1}{n!}$的和.

6. (1) 将函数$f(x)=\ln(3+2x-x^2)$展开成x的幂级数，并求出收敛域.

(2) 说明级数$\sum\limits_{n=1}^{+\infty}\dfrac{1}{n\cdot 3^n}$是收敛的，并利用(1)的结果，求出该级数的和.

四、证明题

1. 设正项级数$\sum\limits_{n=1}^{\infty}u_n$和$\sum\limits_{n=1}^{\infty}v_n$都收敛，证明级数$\sum\limits_{n=1}^{\infty}(u_n+v_n)^2$也收敛.

2. 若级数$\sum\limits_{n=1}^{\infty}u_n^2$和$\sum\limits_{n=1}^{\infty}v_n^2$都收敛，证明级数$\sum\limits_{n=1}^{\infty}(u_n+v_n)^2$也收敛.

第 9 章　常微分方程

在经济管理和科学实践问题中,常常要研究函数关系,高等数学中所研究的函数是反映客观现实和运动中的量与量之间的关系.但是在大量实际问题中,往往会遇到许多复杂的运动过程,此时表达过程规律的函数关系一般不能直接得到,也就是说量与量之间的关系(即函数)不能直接写出来,即使经过分析、处理和适当的简化,也只能建立起这些变量和它们的导数(或微分)之间的关系式,这种关系式就是通常所说的微分方程.因此,微分方程也是描述客观事物的数量关系的一种重要的数学模型.本章主要介绍常微分方程的基本概念和几种常用的常微分方程的解法.

9.1　微分方程的基本概念

9.1.1　引言

【例 9.1.1】 已知某工厂生产某种商品的边际成本为 $C'(x)=7+\dfrac{25}{\sqrt{x}}$,且固定成本为 1000,求生产 x 个商品的总成本函数.

解　题中所告知的是含有成本函数 $C(x)$ 的导数 $C'(x)$ 的方程式.

$$C'(x)=7+\frac{25}{\sqrt{x}} \tag{9.1.1}$$

两边积分得

$$C(x)=\int\left(7+\frac{25}{\sqrt{x}}\right)\mathrm{d}x=7x+50x^{\frac{1}{2}}+C\quad(C\text{ 为任意常数}).$$

因为固定成本为 1000,即满足条件

$$C(0)=1\,000\quad\text{或}\quad\text{记为 }C(x)\big|_{x=0}=1\,000.$$

把上述条件代入 $C(x)=7x+50x^{\frac{1}{2}}+C$ 得,$C=1\,000$.所以总成本函数为

$$C(x)=7x+50x^{\frac{1}{2}}+1\,000.$$

【例 9.1.2】 一列车在平直轨道上以 20 m/s 的速度行驶,当制动时,列车加速度为 $-0.4\ \mathrm{m/s^2}$,试求制动后列车的运动规律(即制动后时间与距离之间的函数关系).

解　设列车制动后 t s 内行驶了 S m,即 $S=S(t)$.

根据加速度及二阶导数的物理意义得

$$\frac{d^2S}{dt^2}=-0.4, \tag{9.1.2}$$

对上式两边积分得

$$\frac{dS}{dt}=-0.4t+C_1, \tag{9.1.3}$$

再积分一次，得

$$S=-0.2t^2+C_1t+C_2, \tag{9.1.4}$$

其中，C_1，C_2 都是任意常数.

由已知条件，制动开始时的列车初速度为 20 m/s，即满足条件：

当 $t=0$ 时，$v=S'=20$，将其记为 $S'|_{t=0}=20$；而时间 t 与距离 S 是从开始制动后算起，则显然有：

当 $t=0$ 时，$S=0$，将其记为 $S|_{t=0}=0$.

将上述两个条件代入(9.1.3)式及(9.1.4)式得

$$C_1=20,\quad C_2=0,$$

则制动后列车的运动规律为

$$S=-0.2t^2+20t.$$

9.1.2　基本概念

上述两个例子中的(9.1.1)式和(9.1.2)式，都含有未知函数的导数或微分，这样的方程就是微分方程，下面给出微分方程的定义.

定义 9.1　含有未知函数导数(或微分)的方程，称为**微分方程**.

在微分方程中，若未知函数是一元函数，则称为**常微分方程**；未知函数是多元函数，则称为**偏微分方程**. 本章只讨论常微分方程.

定义 9.2　微分方程中未知函数导数的最高阶数称为**微分方程的阶**.

例如：

(1) $y'+2y-3x=1$；　　(2) $dy+y\tan x dx=0$；

(3) $\left(\frac{dy}{dx}\right)^2+\ln y+\cot x=0$；　　(4) $\frac{\partial^2 u}{\partial x^2}+\frac{\partial^2 u}{\partial y^2}+\frac{\partial^2 u}{\partial z^2}=0$；

(5) $y''+y+\sin x=0$；　　(6) $\frac{d^2y}{dx^2}+xy=0$.

以上 6 个方程都是微分方程，其中(1)、(2)、(3)是一阶常微分方程，(5)、(6)是二阶常微分方程，(4)是二阶偏微分方程.

n 阶微分方程一般记为

$$F(x,y,y',\cdots,y^{(n)})=0$$

这里,x 为自变量,y 是 x 的未知函数,而 $y', y'', \cdots, y^{(n)}$ 依次是未知函数的一阶,二阶,…,n 阶导数.

若微分方程是未知函数及其各阶导数的一次方程,则称此微分方程是**线性的**;否则称为**非线性的**. 例如

$$y'+2y-3x=1,\quad y''+y+\sin x=0$$

是线性微分方程,而

$$\left(\frac{\mathrm{d}y}{\mathrm{d}x}\right)^2+\ln y+\cot x=0,\quad x\frac{\mathrm{d}y}{\mathrm{d}x}+2y^2=1$$

是非线性微分方程.

由前面两个例子可知,在研究实际问题时,一般要先建立微分方程,然后找出满足微分方程的函数. 这种满足微分方程的函数称为微分方程的**解**.

即是说,若一个函数代入微分方程中,使该方程式成为恒等式,该函数就是微分方程的解. 微分方程的解可以是显函数,也可以是隐函数.

【例 9.1.3】 验证函数 $y=C_1\mathrm{e}^{3x}+C_2\mathrm{e}^{-x}$($C_1, C_2$ 是任意常数)是二阶微分方程 $y''-2y'-3y=0$ 的解.

证

$$y=C_1\mathrm{e}^{3x}+C_2\mathrm{e}^{-x},$$
$$y'=3C_1\mathrm{e}^{3x}-C_2\mathrm{e}^{-x},$$
$$y''=9C_1\mathrm{e}^{3x}+C_2\mathrm{e}^{-x}.$$

将上述三个函数式代入微分方程 $y''-2y'-3y=0$ 的左边,得

$$y''-2y'-3y=9C_1\mathrm{e}^{3x}+C_2\mathrm{e}^{-x}-2(3C_1\mathrm{e}^{3x}-C_2\mathrm{e}^{-x})-3(C_1\mathrm{e}^{3x}+C_2\mathrm{e}^{-x})=0$$

即函数 $y=C_1\mathrm{e}^{3x}+C_2\mathrm{e}^{-x}$ 满足方程 $y''-2y'-3y=0$,因此,函数$y=C_1\mathrm{e}^{3x}+C_2\mathrm{e}^{-x}$是微分方程 $y''-2y'-3y=0$ 的解.

如果微分方程的解中含有任意常数,且独立的任意常数的个数与方程的阶数相同,这样的解称为微分方程的**通解**.

例如,例 9.1.1 中函数 $C(x)=7x+50x^{\frac{1}{2}}+C$ 是微分方程 $C'(x)=7+\frac{25}{\sqrt{x}}$的通解;例 9.1.2 中,函数 $S=-0.2t^2+C_1t+C_2$ 是微分方程$\frac{\mathrm{d}^2S}{\mathrm{d}t^2}=-0.4$ 的通解.

注意:通解中的任意常数必须是相互独立的,即它们之间不能合并. 例如,在函数 $y=(C_1+C_2)\mathrm{e}^x$ 中,C_1, C_2 是任意常数,但本质上讲,C_1, C_2 不是两个独立的任意常数,因为 C_1+C_2 可以合并成一个任意常数 C.

由于微分方程通解中含有任意常数,则它反映的函数关系不唯一. 然而实际问题一般都是有确定的函数关系,所以要完全确定反映客观事物的规律,必须确定这些任意常数的值. 为此,在微分方程求解中,经常会给出某些特定的条件.

设微分方程中未知函数为 $y=f(x)$,如果微分方程是一阶的,那么通常用来确定任意常数的条件是未知函数在某点处的值,例如

$$y\Big|_{x=x_0}=y_0$$

其中，x_0，y_0 都是给定的值；如果微分方程是二阶的，那么通常用来确定任意常数的条件是未知函数在某点处的函数值及一阶导数值，例如

$$y\Big|_{x=x_0}=y_0,\quad y'\Big|_{x=x_0}=y_1$$

其中，x_0，y_0，y_1 都是给定的值. 上述这种条件称为**初始条件**.

在通解中，当任意常数取确定的值时，相应的解称为微分方程的**特解**.

例如，例 9.1.1 中函数 $C(x)=7x+50x^{\frac{1}{2}}+1000$ 是微分方程 $C'(x)=7+\dfrac{25}{\sqrt{x}}$ 满足初始条件 $C(x)\Big|_{x=0}=1\,000$ 的特解；例 9.1.2 中，函数 $S=-0.2t^2+20t$ 是微分方程 $\dfrac{\mathrm{d}^2S}{\mathrm{d}t^2}=-0.4$ 满足初始条件 $S\Big|_{t=0}=0$，$S'\Big|_{t=0}=20$ 的特解.

求微分方程 $y'=f(x,y)$ 满足初始条件 $y\Big|_{x=x_0}=y_0$ 的特解这样一个问题，叫做一阶微分方程的初值问题，记作

$$\begin{cases}y'=f(x,y)\\ y\Big|_{x=x_0}=y_0\end{cases}.$$

微分方程特解的图形是一条曲线，称为微分方程的**积分曲线**，而通解的图形是一族积分曲线，称为**积分曲线族**.

初值问题的几何意义就是求微分方程通过点 (x_0,y_0) 的那条积分曲线.

例如，微分方程 $y'=2x$ 的通解是 $y=x^2+C$（C 是任意常数），其对应的图像是一族积分曲线，如图 9.1.1 所示.

初值问题 $\begin{cases}y'=2x\\ y\Big|_{x=0}=0\end{cases}$ 的解就是微分方程 $y'=2x$ 满足初始条件 $y\Big|_{x=0}=0$ 的特解，即 $y=x^2$，其对应的图形如图 9.1.2 所示.

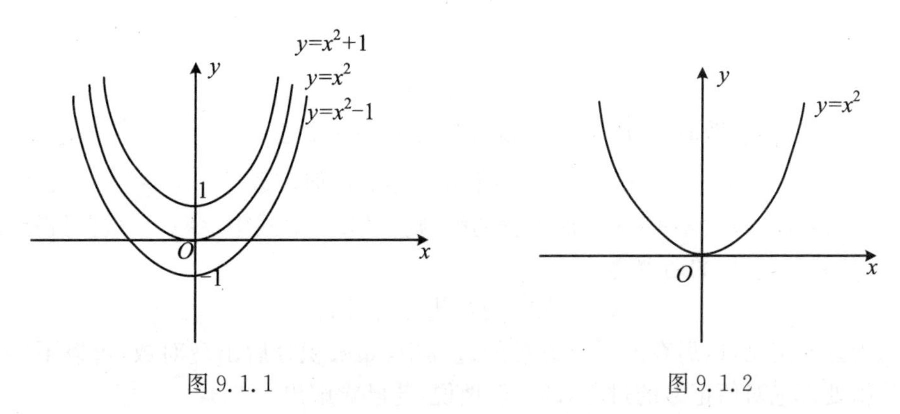

图 9.1.1　　　　图 9.1.2

9.2 可分离变量的微分方程

9.2.1 可分离变量的微分方程

定义 9.3 形如

$$\frac{\mathrm{d}y}{\mathrm{d}x}=f(x)g(y) \tag{9.2.1}$$

的微分方程,称为**可分离变量的微分方程.**

下面给出方程(9.2.1)求解方法.

若 $g(y)\neq 0$ 时,可将(9.2.1)式化为

$$\frac{\mathrm{d}y}{g(y)}=f(x)\mathrm{d}x. \tag{9.2.2}$$

对(9.2.2)式两边分别对各自的变量积分得

$$\int\frac{\mathrm{d}y}{g(y)}=\int f(x)\mathrm{d}x+C.$$

这类方程的共同特点是:方程经过适当的变形后,对变量进行分离,再两边同时积分,就可求出通解.

【例 9.2.1】 求微分方程 $\frac{\mathrm{d}y}{\mathrm{d}x}-2xy=0$ 的通解.

解 将方程分离变量,当 $y\neq 0$ 时,有

$$\frac{\mathrm{d}y}{y}=2x\mathrm{d}x,$$

两边积分
$$\int\frac{\mathrm{d}y}{y}=\int 2x\mathrm{d}x$$

得
$$\ln|y|=x^2+C_1,$$

从而
$$|y|=\mathrm{e}^{x^2+C_1},$$

所以
$$y=\pm\mathrm{e}^{C_1}\mathrm{e}^{x^2}.$$

当 C_1 遍取任何实数时,$\pm\mathrm{e}^{C_1}$ 遍取了除零以外的任何实数. 记 $C=\pm\mathrm{e}^{C_1}$,于是有

$$y=C\mathrm{e}^{x^2}\quad(C\text{ 为不等于零的任何实数}). \tag{9.2.3}$$

另一方面,显然 $y=0$ 也是原方程的解. 则在(9.2.3)式中,令 $C=0$ 即可得到此解,总结起来,方程的通解为

$$y=C\mathrm{e}^{x^2}\quad(C\text{ 为任意常数}).$$

为方便起见,以后在解微分方程的过程中,如果积分后出现对数,可以不再详细写出处理绝对值记号的过程,即一般地说,若已求解出

$$\ln|y| = f(x) + C,$$

则可立刻写出

$$y = Ce^{f(x)}$$

而无须再做详细推导.

【例 9.2.2】 求方程$\frac{dy}{dx}=\frac{x-1}{y+1}$的解.

解 分离变量后得

$$(y+1)dy = (x-1)dx,$$

两边积分得

$$\frac{1}{2}y^2 + y = \frac{1}{2}x^2 - x + C,$$

则通解为

$$\frac{1}{2}(y^2 - x^2) + y + x = C \quad (C\text{ 为任意常数}).$$

这个解就是方程的隐式通解,在此没有必要再将 y 解出(读者自会发现,如果将 y 解出,那将是一个很复杂的表达式).

【例 9.2.3】 求微分方程$(y-1)dx-(xy-y)dy=0$ 的通解.

解 将方程分离变量为

$$(x-1)ydy = (y-1)dx,$$

$$\frac{y}{y-1}dy = \frac{1}{x-1}dx,$$

两边积分

$$\int \frac{y}{y-1}dy = \int \frac{1}{x-1}dx$$

得

$$y+\ln|y-1| = \ln|x-1| + C,$$

则通解为

$$y + \ln\left|\frac{y-1}{x-1}\right| = C \quad (C\text{ 为任意常数}).$$

9.2.2 齐次微分方程

有的微分方程不是可分离变量的,但通过适当的变量代换后,可以得到关于新变量的可变量分离方程,齐次方程便是其中一种.

> **定义 9.4** 形如
>
> $$\frac{dy}{dx}=f\left(\frac{y}{x}\right) \tag{9.2.4}$$
>
> 的微分方程称为**齐次微分方程**.

比如:

$$y' = \frac{y}{x} + \tan\frac{y}{x}, \quad y' = \frac{x+y}{x}$$

都是齐次型方程.

下面介绍齐次微分方程的解法.

先进行变量代换,令$u=\frac{y}{x}$(这样u就是关于x的函数),则$y=ux$,两边同时对x求导数得

$$\frac{dy}{dx} = u + x\frac{du}{dx},$$

代入方程(9.2.4)得

$$u + x\frac{du}{dx} = f(u),$$

再分离变量,得

$$\frac{du}{f(u)-u} = \frac{1}{x}dx,$$

然后两端分别积分,并用$\frac{y}{x}$代替u,便得到方程(9.2.4)y关于x的通解.

【例 9.2.4】 求微分方程$xy'=y(1+\ln y-\ln x)$的通解.

解 将方程化为齐次方程的形式

$$\frac{dy}{dx} = \frac{y}{x}\left(1+\ln\frac{y}{x}\right).$$

令$u=\frac{y}{x}$,则方程化为

$$u + x\frac{du}{dx} = u(1+\ln u),$$

分离变量,得

$$\frac{du}{u\ln u} = \frac{1}{x}dx,$$

两边积分,得

$$\ln|\ln u| = \ln|x| + \ln C,$$

即

$$\ln u = Cx, \quad 从而 \quad u = e^{Cx}.$$

代回原来的变量,得通解

$$y = xe^{Cx} \quad (C 为任意常数).$$

【例 9.2.5】 求方程$x\frac{dy}{dx}+2\sqrt{xy}=y\ (x<0)$的通解.

解 首先将方程进行变形,化为齐次方程的形式.

方程的两边同时除以x,得

$$\frac{dy}{dx} - 2\sqrt{\frac{y}{x}} = \frac{y}{x}, \ x<0.$$

令 $u=\frac{y}{x}$，将$\frac{\mathrm{d}y}{\mathrm{d}x}=u+x\frac{\mathrm{d}u}{\mathrm{d}x}$代入上述方程，得

$$x\frac{\mathrm{d}u}{\mathrm{d}x}=2\sqrt{u},$$

分离变量得

$$\frac{\mathrm{d}u}{2\sqrt{u}}=\frac{1}{x}\mathrm{d}x,$$

两边积分得

$$\sqrt{u}=\ln(-x)+C,$$

即

$$u=[\ln(-x)+C]^2.$$

再代回原来的变量，得到原方程的解

$$y=x[\ln(-x)+C]^2.$$

注意：这里 C 为任意常数，还要满足 $\ln(-x)+C\geqslant 0$.

9.3　一阶线性微分方程

定义 9.5　形如

$$\frac{\mathrm{d}y}{\mathrm{d}x}+p(x)y=q(x) \tag{9.3.1}$$

的方程(其中 $p(x)$，$q(x)$是 x 的已知函数)，称为**一阶线性微分方程**，其中$q(x)$称为**自由项**.

当 $q(x)\equiv 0$ 时，方程(9.3.1)变为

$$\frac{\mathrm{d}y}{\mathrm{d}x}+p(x)y=0. \tag{9.3.2}$$

方程(9.3.2)称为**一阶齐次线性微分方程**.

当 $q(x)\neq 0$ 时，方程$\frac{\mathrm{d}y}{\mathrm{d}x}+p(x)y=q(x)$称为**一阶非齐次线性微分方程**，并称方程(9.3.2)为对应于方程(9.3.1)的齐次线性微分方程.

9.3.1　一阶齐次线性微分方程

$$\frac{\mathrm{d}y}{\mathrm{d}x}+p(x)y=0$$

是可分离变量的方程，分离变量可得

$$\frac{\mathrm{d}y}{y}=-p(x)\mathrm{d}x,$$

两边积分得

$$\ln|y|=-\int p(x)\mathrm{d}x+C,$$

即
$$y=C\mathrm{e}^{-\int p(x)\mathrm{d}x}. \tag{9.3.3}$$

(9.3.3) 式是齐次线性方程(9.3.2) 的通解. 此处,积分$\int p(x)\mathrm{d}x$ 只是 $p(x)$ 的某一个原函数,积分结果不需再添加任意常数 C.

9.3.2 一阶非齐次线性微分方程

下面来讨论一阶非齐次线性方程(9.3.1)的解法.

方程(9.3.2)是方程(9.3.1)对应的齐次线性微分方程,则它们的解之间必有一定联系,显然可验证(9.3.3)式不是方程(9.3.1)的解.

而对于非齐次线性微分方程(9.3.1),一般难以直接采用分离变量法求得通解. 将方程(9.3.1)改写为

$$\frac{\mathrm{d}y}{y}=\frac{q(x)}{y}\mathrm{d}x-p(x)\mathrm{d}x,$$

两边积分得
$$\ln|y|=\int\frac{q(x)}{y}\mathrm{d}x-\int p(x)\mathrm{d}x,$$

即
$$y=\pm\,\mathrm{e}^{\int\frac{q(x)}{y}\mathrm{d}x}\cdot\mathrm{e}^{-\int p(x)\mathrm{d}x}.$$

记未知函数
$$\pm\,\mathrm{e}^{\int\frac{q(x)}{y}\mathrm{d}x}\equiv C(x).$$

上式变为
$$y=C(x)\mathrm{e}^{-\int p(x)\mathrm{d}x}. \tag{9.3.4}$$

至此,我们尚未得到方程(9.3.1) 的解,但是我们知道了方程(9.3.1) 的解应当具有(9.3.4) 式这样的形式.

现假设 $y=C(x)\mathrm{e}^{-\int p(x)\mathrm{d}x}$,并把它代入方程(9.3.1),若能求出 $C(x)$ 的话,则就得出了方程(9.3.1) 的解.

为此先求 $y=C(x)\mathrm{e}^{-\int p(x)\mathrm{d}x}$ 的一阶导数

$$y'=C'(x)\mathrm{e}^{-\int p(x)\mathrm{d}x}-p(x)C(x)\mathrm{e}^{-\int p(x)\mathrm{d}x},$$

将它们代入方程(9.3.1)得

$$C'(x)\mathrm{e}^{-\int p(x)\mathrm{d}x}-p(x)C(x)\mathrm{e}^{-\int p(x)\mathrm{d}x}+p(x)C(x)\mathrm{e}^{-\int p(x)\mathrm{d}x}=q(x),$$

$$C'(x)=q(x)\mathrm{e}^{\int p(x)\mathrm{d}x}.$$

两边积分,得

$$C(x)=\int q(x)\mathrm{e}^{\int p(x)\mathrm{d}x}\mathrm{d}x+C.$$

这样就求出了 $C(x)$,说明我们的假设是有效的.

因此,一阶非齐次线性微分方程(9.3.1)的通解为

$$y=\mathrm{e}^{-\int p(x)\mathrm{d}x}\left[\int q(x)\mathrm{e}^{\int p(x)\mathrm{d}x}\mathrm{d}x+C\right]. \tag{9.3.5}$$

这种把对应的齐次方程通解中的常数 C 变换为待定函数 $C(x)$，然后求得非齐次线性方程的通解(9.3.1)的方法，称之为**常数变易法**.

将(9.3.5)式改写成两项之和

$$y = Ce^{-\int p(x)dx} + e^{-\int p(x)dx}\int q(x)e^{\int p(x)dx}dx. \qquad (9.3.6)$$

可以验证，上式右端第一项 $Ce^{-\int p(x)dx}$ 是对应的齐次线性方程(9.3.2)的通解，第二项 $e^{-\int p(x)dx}\int q(x)e^{\int p(x)dx}dx$ 是非齐次线性方程(9.3.1)的一个特解.

由此可知，一阶非齐次线性方程的通解等于对应的齐次线性方程的通解与非齐次线性方程的一个特解之和，这是**一阶非齐次线性方程通解的结构**.

【例 9.3.6】 求微分方程 $(x+1)y'-y=e^x(x+1)^2$ 的通解.

解法 1　常数变易法

原方程可化为

$$y' - \frac{1}{(x+1)}y = e^x(x+1),$$

先求 $y'-\frac{1}{x+1}y=0$ 的通解.

分离变量得
$$\frac{dy}{y}=\frac{1}{x+1}dx.$$

两边积分得
$$\ln|y|=\ln|x+1|+\ln C,$$

故可得齐次方程的通解

$$y = C(x+1).$$

变换常数 $C=C(x)$，令 $y=C(x)(x+1)$ 是原方程的解，则

$$y' = C'(x)(x+1)+C(x).$$

把 y,y' 代入原方程，得

$$[C'(x)(x+1)+C(x)]-\frac{1}{x+1}[C(x)(x+1)]= e^x(x+1),$$

整理得
$$C'(x)=e^x,$$

于是
$$C(x)=e^x+C.$$

把 $C(x)=e^x+C$ 代入所令的 $y=C(x)(x+1)$ 中，得到该非齐次方程的通解

$$y = (e^x+C)(x+1).$$

解法 2　公式法

方程可利用公式(9.3.5)求解，这时必须把方程化成(9.3.1)式的标准形式

$$y' - \frac{1}{x+1}y = e^x(x+1).$$

则 $p(x)=-\frac{1}{x+1}$，$q(x)=e^x(x+1)$，故

$$y= e^{-\int p(x)dx}\left[\int q(x)e^{\int p(x)dx}dx+C\right]$$

$$= e^{-\int -\frac{1}{x+1}dx}\left[\int e^x(x+1)e^{\int -\frac{1}{x+1}dx}dx + C\right]$$

$$= e^{\ln(x+1)}\left[\int e^x(x+1)e^{-\ln(x+1)}dx + C\right]$$

$$= (x+1)\left(\int e^x dx + C\right) = (e^x + C)(x+1).$$

【例 9.3.7】 求微分方程$\frac{dy}{dx}=\frac{y}{y^3+x}$的通解.

解 观察这个方程可知它不是未知数 y 的线性微分方程，因为自变量和因变量是可以相互转换的，所以我们可以把 x 看作因变量，y 看作自变量.

化简得

$$\frac{dx}{dy}=\frac{y^3+x}{y}=y^2+\frac{1}{y}x,$$

即

$$\frac{dx}{dy}-\frac{1}{y}x=y^2.$$

将 x 看成 y 的函数，则它是形如

$$x' + p(y)x = q(y)$$

的线性微分方程，这里 $p(y)=-\frac{1}{y}$，$q(y)=y^2$.

代入(9.3.5)式，得

$$x= e^{-\int -\frac{1}{y}dy}\left(\int y^2 e^{\int -\frac{1}{y}dy}dy + C\right)$$

$$= y\left(\int y dy + C\right) = Cy + \frac{1}{2}y^3,$$

则原方程的通解为

$$x = Cy + \frac{1}{2}y^3.$$

注：所以我们在解微分方程时，要灵活应用，注意方程的特点，对不同形式的方程采用不同的思维和方法.

9.4 二阶常系数线性微分方程

本节将介绍一种特殊的二阶微分方程，其被称为二阶常系数线性微分方程.

定义 9.6 形如

$$y''+py'+qy=f(x) \tag{9.4.1}$$

(其中 p，q 均为常数，$f(x)$为连续函数)的方程称为**二阶常系数线性微分方程**.

当 $f(x)\equiv 0$ 时，得

$$y''+py'+qy=0 \tag{9.4.2}$$

称为**二阶常系数齐次线性微分方程**.

当 $f(x)\neq 0$ 时，称方程(9.4.1)为**二阶常系数非齐次线性微分方程**(这里，$f(x)$称为自由项).

9.4.1　二阶常系数齐次线性微分方程

我们先来讨论齐次线性微分方程(9.4.2)，为此需讨论它的解的性质.

对于二阶常系数齐次线性微分方程 $y''+py'+qy=0$ 有如下定理：

定理 9.1(叠加原理)　若 y_1, y_2 是二阶齐次线性微分方程(9.4.2)的两个解，则 $y=C_1y_1+C_2y_2$ 仍是方程(9.4.2)的解(以上 C_1, C_2 均为任意常数).

定理 9.1 可以通过代入法验证，这留给读者自己去练习. 在定理 9.1 中，函数 $y=C_1y_1+C_2y_2$ 是线性齐次方程(9.4.2)的解，并且含有两个任意常数 C_1、C_2，它是不是方程(9.4.2)的通解呢？回答是否定的，因为根据通解的定义，只有当 C_1、C_2 这两个常数是相互独立的时候才是方程(9.4.2)的通解.

例如，二阶常系数微分方程$\frac{\mathrm{d}^2y}{\mathrm{d}x^2}+2\frac{\mathrm{d}y}{\mathrm{d}x}-1=0$ 有两个解 $y_1=\mathrm{e}^x$，$y_2=2\mathrm{e}^x$，但是 $y=C_1\mathrm{e}^x+2C_2\mathrm{e}^x$是它的解而不是它的通解.

那么 y_1，y_2 在满足什么样的条件下，才能使得 C_1、C_2 相互独立，使得 $y=C_1y_1+C_2y_2$是方程(9.4.2)的通解呢？为此引入两个函数线性相关与线性无关的概念.

定义 9.7　设函数 $y_1(x)$和 $y_2(x)$是定义在区间 I 内的函数，如果

$$\frac{y_1(x)}{y_2(x)}\equiv C,\quad C\text{ 为常数},$$

则称函数 $y_1(x)$和 $y_2(x)$在区间 I 内**线性相关**，否则就称 $y_1(x)$和 $y_2(x)$在区间 I 内**线性无关**.

例如，函数 $y=6-2x$，$y_2=3-x$，因为$\frac{y_1}{y_2}=\frac{6-2x}{3-x}=2$，则 y_1 与 y_2 在 R 内线性相关.

而函数 $y_1=\mathrm{e}^{-x}$，$y_2=2x\mathrm{e}^x$，因为$\frac{y_1}{y_2}=\frac{\mathrm{e}^{-x}}{2x\mathrm{e}^x}=\frac{1}{2x}\mathrm{e}^{-2x}$不恒为常数，所以 y_1 与 y_2 在 **R** 内线性无关.

定理 9.2(通解结构定理)　若 y_1, y_2 是二阶线性齐次方程(9.4.2)的两个线性无关的解，则 $y=C_1y_1+C_2y_2$ 是该方程的通解，其中，C_1, C_2 为任意常数.

由定理 9.2 可以看出,对于二阶常系数齐次线性微分方程,只要求得它的两个线性无关的特解 y_1 与 y_2,就可以求得它的通解 $y=C_1y_1+C_2y_2$. 例如,方程 $y''-y=0$ 是二阶常系数齐次线性微分方程,容易看出 $y_1=e^x$, $y_2=e^{-x}$ 都是它的解,且 $\frac{y_1}{y_2}=e^{2x}\neq$常数,即 y_1, y_2 是线性无关的,因此 $y=C_1e^x+C_2e^{-x}$ 是方程 $y''-y=0$ 的通解.

那么如何求出方程(9.4.2)的两个线性无关的解呢?

由于方程(9.4.2)的左端是关于 y'', y', y 的线性关系式,且系数都是常数,即 y'', y', y 三者之间可能只相差常数倍. 而当 r 为常数时,指数函数 $y=e^{rx}$ 和它的各阶导数之间都只差一个常数因子. 这就启发我们对二阶常系数线性微分方程求解的一个思路,为此我们试着把 $y=e^{rx}$(r 是待定常数)代入方程(9.4.2),看 r 应满足什么样的条件?

将 $y=e^{rx}$, $y'=re^{rx}$, $y''=r^2e^{rx}$ 代入方程(9.4.2)得

$$e^{rx}(r^2+pr+q)=0,$$

则

$$r^2+pr+q=0. \tag{9.4.3}$$

由此可见,只要 r 是代数方程(9.4.3)的根,那么 $y=e^{rx}$ 就是微分方程(9.4.2)的解. 于是微分方程(9.4.2)的求解问题,就转化为求代数方程(9.4.3)之根的问题.

代数方程(9.4.3)称为微分方程(9.4.2)的**特征方程**,特征方程的根称为**特征根**.

特征方程(9.4.3)是一个关于 r 的一元二次代数方程,其中 r^2, r 的系数及常数项恰好依次就是方程(9.4.2)中 y'', y', y 的系数. 它的根 r_1, r_2 可用公式

$$r_{1,2}=\frac{-p\pm\sqrt{p^2-4q}}{2}$$

求出,它们有三种不同的情形,相应地,微分方程(9.4.2)的通解也有三种不同的情形. 我们分别进行讨论:

(1) 当 $p^2-4q>0$ 时,特征方程(9.4.3)有两个不相等的实根 r_1 及 r_2,即 $r_1\neq r_2$,此时方程(9.4.2)对应有两个特解为:$y_1=e^{r_1x}$ 与 $y_2=e^{r_2x}$,又因为

$$\frac{y_1}{y_2}=\frac{e^{r_1x}}{e^{r_2x}}=e^{(r_1-r_2)x}\neq 常数,$$

即 y_1, y_2 线性无关,根据解的结构定理,方程(9.4.2)的通解为

$$y=C_1e^{r_1x}+C_2e^{r_2x},\quad C_1, C_2 \text{ 为任意常数}.$$

(2) 当 $p^2-4q=0$ 时,特征方程(9.4.3)有两个相等的实根 $r_1=r_2=-\frac{p}{2}=r$,这时只得到方程(9.4.2)的一个特解 $y_1=e^{rx}$,还需要找一个与 y_1 线性无关的另一个解 y_2,即要求$\frac{y_2}{y_1}$不是常数.

设$\frac{y_2}{y_1}=u(x)$(不是常数),其中 $u(x)$ 为待定函数,假设 y_2 是方程(9.4.2)的

解，则

$$y_2 = u(x)y_1 = u(x)e^{rx},$$

因为

$$y_2' = e^{rx}(u' + ru),$$

$$y_2'' = e^{rx}(u'' + 2ru' + r^2u),$$

将 y_2, y_2', y_2'' 代入方程(9.4.2)得

$$e^{rx}[(u'' + 2ru' + r^2u) + p(u' + ru) + qu] = 0,$$

对任意的 $r, e^{rx} \neq 0$. 所以

$$u'' + (2r + p)u' + (r^2 + pr + q)u = 0.$$

因为 r 是特征方程的重根，故 $r^2 + pr + q = 0, 2r + p = 0$，于是得 $u'' = 0$，求解可得 $u = C_1x + C_2$，因为我们只需要一个不为常数的解，所以可选取 $u = x$，从而 $y_2 = xe^{rx}$ 是方程(9.4.2)的一个与 $y_1 = xe^{rx}$ 线性无关的解. 所以方程(9.4.2)的通解为

$$y = (C_1 + C_2x)e^{rx}, \quad C_1, C_2 \text{ 为任意常数.}$$

(3) 当 $p^2 - 4q < 0$ 时，特征方程(9.4.3)有一对共轭复根

$$r_1 = \alpha + i\beta, \quad r_2 = \alpha - i\beta,$$

其中，$\alpha = -\frac{p}{2}, \beta = \frac{\sqrt{4q - p^2}}{2}$.

这时方程(9.4.2)有两个复数形式的解 $y_1 = e^{(\alpha + i\beta)x}$ 和 $y_2 = e^{(\alpha - i\beta)x}$. 而在实际问题中，常用的是实数形式的解，所以利用欧拉(Euler)公式

$$e^{ix} = \cos x + i\sin x$$

可得

$$y_1 = e^{(\alpha + i\beta)} = e^{\alpha x} \cdot e^{i\beta x} = e^{\alpha x}(\cos \beta x + i\sin \beta x),$$

$$y_2 = e^{(\alpha - i\beta)} = e^{\alpha x} \cdot e^{-i\beta x} = e^{\alpha x}(\cos \beta x - i\sin \beta x).$$

于是有

$$\bar{y}_1 = \frac{1}{2}(y_1 + y_2) = e^{\alpha x}\cos \beta x,$$

$$\bar{y}_2 = \frac{1}{2i}(y_1 - y_2) = e^{\alpha x}\sin \beta x.$$

由定理 9.1 知，函数 $\bar{y}_1 = e^{\alpha x}\cos \beta x$ 与 $\bar{y}_2 = e^{\alpha x}\sin \beta x$ 均为方程(9.4.2)的解，且 $\frac{\bar{y}_1}{\bar{y}_2} \neq$ 常数，即它们是线性无关的，因此方程(9.4.2)的通解为

$$y = e^{\alpha x}(C_1\cos \beta x + C_2\sin \beta x); \quad C_1, C_2 \text{ 为任意常数.}$$

综上所述，可以给出求二阶常系数齐次线性微分方程

$$y'' + py' + qy = 0$$

的通解步骤如下：

第一步，写出微分方程(9.4.2)的特征方程 $r^2 + pr + q = 0$；

第二步，求出该特征方程的两个特征根 r_1, r_2；

第三步,根据两个根的不同情况,分别写出微分方程(9.4.2)的通解.

特征方程 $r^2+pr+q=0$ 的两个根 r_1,r_2	微分方程 $y''+py'+qy=0$ 的通解
两个不相等的实根 $r_1\neq r_2$	$y=C_1\mathrm{e}^{r_1x}+C_2\mathrm{e}^{r_2x}$
两个相等的实根 $r_1=r_2=r$	$y=(C_1+C_2x)\mathrm{e}^{rx}$
一对共轭复根 $r_{1,2}=\alpha\pm\mathrm{i}\beta$	$y=\mathrm{e}^{\alpha x}(C_1\cos\beta x+C_2\sin\beta x)$

【例 9.4.1】 求微分方程 $y''+4y'-5y=0$ 的通解.

解 特征方程为:$r^2+4r-5=0$,即$(r-1)(r+5)=0$.

解得特征根为 $r_1=1,r_2=-5$,故所求方程的通解为

$$y=C_1\mathrm{e}^x+C_2\mathrm{e}^{-5x}\quad(C_1,C_2\text{ 为任意常数}).$$

【例 9.4.2】 试求微分方程$\dfrac{\mathrm{d}^2s}{\mathrm{d}t^2}+2\dfrac{\mathrm{d}s}{\mathrm{d}t}+s=0$ 满足初始条件$s|_{t=0}=4$,$s'|_{t=0}=-2$的特解.

解 先求通解,再求它满足初始条件的特解.

特征方程为:$r^2+2r+1=0$,解得 $r_1=r_2=-1$,故方程的通解为

$$s=(C_1+C_2t)\mathrm{e}^{-t},$$

代入初始条件 $s|_{t=0}=4,s'|_{t=0}=-2$,得 $C_1=4,C_2=2$.

所以原方程满足初始条件的特解为

$$s=(4+2t)\mathrm{e}^{-t}.$$

【例 9.4.3】 求微分方程$\dfrac{\mathrm{d}^2y}{\mathrm{d}x^2}-2\dfrac{\mathrm{d}y}{\mathrm{d}x}+5y=0$ 的通解.

解 原方程的特征方程为:$r^2-2r+5=0$,则特征根:

$$r_{1,2}=1\pm2\mathrm{i},$$

因此所求方程的通解为

$$y=\mathrm{e}^x(C_1\cos2x+C_2\sin2x).$$

9.4.2 二阶常系数非齐次线性微分方程

以上讨论了二阶常系数齐次线性方程的通解结构,在 9.2 节中我们已得知一阶非齐次线性微分方程的通解,是对应齐次方程的通解和它本身一个特解的和. 为此我们不难得出关于二阶常系数非齐次线性方程的通解结构定理.

> **定理 9.3** 若 y^* 是二阶常系数非齐次线性方程(9.4.1)的一个特解,而$Y=C_1y_1+C_2y_2$是方程(9.4.1)对应的齐次方程(9.4.2)的通解,则
> $$y=Y+y^*$$
> 是二阶常系数非齐次线性方程(9.4.1)的通解.

证 因为 y^* 与 Y 分别是方程(9.4.1)和方程(9.4.2)的解,所以有

$$y^{*\prime\prime}+p(x)y^{*\prime}+q(x)y^{*}=f(x),$$
$$Y''+p(x)Y'+q(x)Y=0,$$

又因为 $y'=Y'+y^{*\prime}$，$y''=Y''+y^{*\prime\prime}$，所以有

$$\begin{aligned}&y''+p(x)y'+q(x)y\\&=(Y''+y^{*\prime\prime})+p(x)(Y'+y^{*\prime})+q(x)(Y+y^{*})\\&=[Y''+p(x)Y'+q(x)Y]+[y^{*\prime\prime}+p(x)y^{*\prime}+q(x)y^{*}]\\&=f(x).\end{aligned}$$

这说明 $y=Y+y^{*}$ 是方程(9.4.1)的解，又因为 Y 是对应的齐次方程(9.4.2)的通解，Y 中含有两个独立的任意常数，所以 $y=Y+y^{*}$ 中也含有两个独立的任意常数，从而它是二阶常系数非齐次线性微分方程(9.4.1)的通解.

根据二阶常系数非齐次线性微分方程解的结构定理可知，要求非齐次方程(9.4.1)的通解，只要求出它对应的二阶齐次方程(9.4.2)的通解 Y 和非齐次方程(9.4.1)的一个特解 y^{*}. 在 9.4.1 节中，我们已经介绍了求齐次方程(9.4.2)通解的方法，接下来就是如何求非齐次方程(9.4.1)的一个特解 y^{*} 的问题.

显然求特解是与它的自由项 $f(x)$ 有关，以下介绍自由项为两种简单形式的方程求特解的方法(**待定系数法**).

1. $f(x)=P_m(x)e^{\lambda x}$ 型

方程(9.4.1)的自由项 $f(x)=P_m(x)e^{\lambda x}$，其中，$P_m(x)$ 是 x 的 m 次多项式，λ 是实常数.

由于多项式函数与指数函数乘积的导数仍为多项式函数与指数函数的乘积，联系到非齐次方程(9.4.1)左端的系数均为常数的特点，它应该有多项式函数与指数函数的乘积形式的特解. 因此可设特解 $y^{*}=Q(x)e^{\lambda x}$，其中 $Q(x)$ 是待定的多项式函数. 对 y^{*} 求导，有

$$y^{*\prime}=e^{\lambda x}[Q'(x)+\lambda Q(x)],$$
$$y^{*\prime\prime}=e^{\lambda x}[Q''(x)+2\lambda Q'(x)+\lambda^2 Q(x)],$$

把 y^{*}，$y^{*\prime}$，$y^{*\prime\prime}$ 代入方程(9.4.1)，约去 $e^{\lambda x}$，得

$$Q''(x)+(2\lambda+p)Q'(x)+(\lambda^2+p\lambda+q)Q(x)=P_m(x). \tag{9.4.4}$$

以下我们分三种情况加以讨论：

(1) 当 λ 不是特征方程 $r^2+pr+q=0$ 的根时，即 $\lambda^2+p\lambda+q\neq 0$，由于(9.4.4)式的右端是 m 次多项式，因此 $Q(x)$ 也是 m 次多项式，所以特解可设为：$y^{*}=Q_m(x)e^{\lambda x}$. 其中，$Q_m(x)=b_0x^m+b_1x^{m-1}+\cdots+b_{m-1}x+b_m$，$b_i$，$i=0,1,2,\cdots,m$ 是待定系数，然后将所设特解代入(9.4.4)式，并通过比较两端 x 的同次幂系数来确定 b_i，$i=0,1,2,\cdots,m$.

(2) 当 λ 是特征方程的单根时，此时有：$\lambda^2+p\lambda+q=0$，而 $2\lambda+p\neq 0$. 由(9.4.4)式可见 $Q'(x)$ 必须是 m 次多项式，从而 $Q(x)$ 是 $m+1$ 次多项式，且可取常

数项为零,令 $Q(x)=xQ_m(x)$,所以特解可设为 $y^*=xQ_m(x)\mathrm{e}^{\lambda x}$,并用与(1)同样的方法确定 $Q_m(x)$ 的系数 b_i, $i=0,1,2,\cdots,m$.

(3) 当 λ 是特征方程的二重根时,必有:$\lambda^2+p\lambda+q=0$ 且 $2\lambda+p=0$. 由(9.4.4)式可见,$Q''(x)$ 必须是 m 次多项式,从而 $Q(x)$ 是 $m+2$ 次多项式,且可设 $Q(x)$ 的一次项系数和常数都为 0,则令 $Q(x)=x^2Q_m(x)$. 故特解可设为:$y^*=x^2Q_m(x)\mathrm{e}^{\lambda x}$,并用与(1)同样的方法确定 $Q_m(x)$ 的系数.

综上所述,如果 $f(x)=P_m(x)\mathrm{e}^{\lambda x}$,则可假设方程(9.4.1)有如下形式的特解:

$$y=x^kQ_m(x)\mathrm{e}^{\lambda x}$$

其中,$Q_m(x)$ 是与 $P_m(x)$ 同次(m 次)的待定多项式,而 k 的取值如下:

① 若 λ 不是特征方程的根,取 $k=0$;

② 若 λ 是特征方程的单根,取 $k=1$;

③ 若 λ 是特征方程的重根,取 $k=2$.

【例 9.4.4】 求微分方程 $y''+2y'-3y=2x-1$ 的通解.

解 所给方程是二阶常系数非齐次线性微分方程,且 $f(x)$ 是 $P_m(x)\mathrm{e}^{\lambda x}$ 型.

原方程对应的齐次方程为 $y''+2y'-3y=0$,

它的特征方程为 $r^2+2r-3=0$,

解得特征根为 $r_1=1$, $r_2=-3$,

所以对应齐次方程的通解为 $\tilde{y}=C_1\mathrm{e}^x+C_2\mathrm{e}^{-3x}$.

因为右端自由项是 $f(x)=2x-1=(2x-1)\mathrm{e}^{0\cdot x}$,且 $\lambda=0$ 不是特征方程的根,故设:$y^*=Q_1(x)=Ax+B$,因 $(y^*)'=A$,$(y^*)''=0$,将 y^*,$y^{*\prime\prime}$ 代入原方程,得

$$-3Ax+2A-3B=2x-1,$$

比较两端 x 同次幂的系数得

$$\begin{cases}-3A=2\\2A-3B=-1\end{cases},$$

故 $$A=-\frac{2}{3},\quad B=-\frac{1}{9},$$

于是 $$y^*=-\frac{2}{3}x-\frac{1}{9}.$$

所以原方程通解为

$$y=\tilde{y}+y^*=C_1\mathrm{e}^x+C_2\mathrm{e}^{-3x}-\frac{2}{3}x-\frac{1}{9}.$$

【例 9.4.5】 求微分方程 $y''+6y'+9y=5x\mathrm{e}^{-3x}$ 的通解.

解 所给方程是二阶常系数非齐次线性微分方程,且 $f(x)$ 是 $P_m(x)\mathrm{e}^{\lambda x}$ 型. 原方程对应的齐次方程为

$$y''+6y'+9y=0,$$

则特征方程为 $$r^2+6r+9=0.$$

特征根 $r_1=r_2=-3$,所以齐次方程的通解为

$$\tilde{y}=(C_1+C_2x)e^{-3x}.$$

因为方程右端 $f(x)=5xe^{-3x}$，属于 $P_1(x)e^{\lambda x}$ 型，其中，$P_1(x)=5x,\lambda=-3$，且 $\lambda=-3$是特征方程的重根，故设特解为

$$y^*=x^2(Ax+B)e^{-3x},$$

因为

$$y^{*\prime}=e^{-3x}[-3Ax^3+(3A-3B)x^2+2Bx],$$

$$y^{*\prime\prime}=e^{-3x}[9Ax^3+(-18A+9B)x^2+(6A-12B)x+2B],$$

将 $y^*,y^{*\prime},y^{*\prime\prime}$代入原方程并整理，得

$$6Ax+2B=5x,$$

比较两端 x 同次幂的系数，得 $A=\frac{5}{6},B=0$，于是，$y^*=\frac{5}{6}x^3e^{-3x}$.

所以原方程的通解为　　$y=(C_1+C_2x+\frac{5}{6}x^3)e^{-3x}$.

2. $f(x)=e^{\alpha x}(p_l(x)\cos\beta x+q_n(x)\sin\beta x)$ 类型

对于 $f(x)=e^{\alpha x}(p_l(x)\cos\beta x+q_n(x)\sin\beta x)$ 类型，其中，$p_l(x),q_n(x)$分别是 x 的 l,n 次多项式，α,β 都为实常数.

对于自由项　　$f(x)=e^{\alpha x}(p_l(x)\cos\beta x+q_n(x)\sin\beta x)$，

设其特解为

$$y^*=x^ke^{\alpha x}(A_m(x)\cos\beta x+B_m(x)\sin\beta x),$$

其中，$A_m(x),B_m(x)$是 x 的 m 次多项式，$m=\max\{l,n\}$，这里 k 的取值如下：

(1) 当 $\alpha+i\beta$(或 $\alpha-i\beta$)不是特征根时，取 $k=0$；

(2) 当 $\alpha+i\beta$(或 $\alpha-i\beta$)是特征根时，取 $k=1$.

上述推导比较复杂，这里略去.

【例 9.4.6】 求微分方程 $y''-y=e^{-x}\cos x$ 的通解.

解　所给方程是二阶常系数非齐次线性微分方程，并且自由项 $f(x)$满足 $e^{\alpha x}(p_l(x)\cos\beta x+q_n(x)\sin\beta x)$类型. 这里 $\alpha=-1,\beta=1,p_l(x)=1,q_n(x)=0$.

原方程对应的齐次方程为　　$y''-y=0$，

特征方程为　　$r^2-1=0$，

特征根是　　$r_{1,2}=\pm1$，

则齐次方程的通解　　$\tilde{y}=C_1e^x+C_2e^{-x}$，

而自由项可以写成　　$f(x)=e^{-x}(\cos x+0\sin x)$.

因为$-1\pm i$ 不是特征根，所以设特解为：$y^*=e^{-x}(A\cos x+B\sin x)$，则

$$(y^*)'=e^{-x}(-A\sin x+B\cos x)-e^{-x}(A\cos x+B\sin x),$$

$$(y^*)''=e^{-x}(-A\cos x-B\sin x)-e^{-x}(-A\sin x+B\cos x)$$
$$-e^{-x}(-A\sin x+B\cos x)+e^{-x}(A\cos x+B\sin x),$$

将 $y^*,(y^*)',(y^*)''$代入原方程得

$$(2A-B)\sin x-(A+2B)\cos x=\cos x.$$

等式两边对应项系数相等,有

$$\begin{cases} 2A - B = 0 \\ A + 2B = -1 \end{cases},$$

解得
$$A=-\frac{1}{5}, B=-\frac{2}{5},$$

所以方程的通解为

$$y = C_1 e^x + C_2 e^{-x} - \frac{1}{5} e^{-x} \cos x - \frac{2}{5} e^{-x} \sin x \quad (C_1, C_2 \text{ 为任意常数}).$$

定理 9.4 设二阶常系数非齐次线性微分方程(9.4.1)的右端 $f(x)$是两个函数之和,如

$$y''+py'+qy=f_1(x)+f_2(x)$$

而 y_1^* 与 y_2^* 分别是方程 $y''+py'+qy=f_1(x)$与 $y''+py'+qy=f_2(x)$的特解,则 $y_1^*+y_2^*$ 就是原方程 $y''+py'+qy=f_1(x)+f_2(x)$的特解.

定理 9.4 可根据微分方程解的定义直接验证,请读者自行完成.

【例 9.4.7】 求 $y''+y=x^2+\cos x$ 满足初始条件 $y|_{x=0}=0$,$y'|_{x=0}=1$ 的特解.

解 此题自由项是两种不同的形式,根据前面解的结构性质,可以把它分解为两个方程.

$$y'' + y = x^2 \tag{9.4.5}$$

$$y'' + y = \cos x \tag{9.4.6}$$

分别求它们的特解 y_1^*,y_2^*.

上述方程对应的特征方程为:$r^2+1=0$,特征根为:$r_{1,2}=\pm i$,对应齐次方程的通解为

$$\tilde{y} = C_1 \cos x + C_2 \sin x.$$

再分别设

$$y_1^* = Ax^2 + Bx + C,\ y_2^* = x(A_1 \cos x + B_1 \sin x)$$

是方程(9.4.5)、方程(9.4.6)的特解,并代入方程,用比较系数法分别可以求得

$$A = 1,\ B = 0,\ C = -2;\ A_1 = 0, B_1 = \frac{1}{2}.$$

所以它们对应的特解是

$$y_1^* = x^2 - 2,\ y_2^* = \frac{1}{2} x \sin x,$$

故原方程的通解为

$$y = \tilde{y} + y_1^* + y_2^* = C_1 \cos x + C_2 \sin x + x^2 - 2 + \frac{1}{2} x \sin x,$$

再把初始条件代入确定任意常数，得　$C_1=2,\ C_2=1.$
所以满足初始条件的特解为

$$y=2\cos x+\sin x+x^2+\frac{1}{2}x\sin x-2.$$

9.5　常微分方程在经济学中的应用

微分方程在物理学、力学、经济学和管理学等实际问题中具有广泛的应用，本节我们将集中讨论微分方程在经济学中的应用. 为了研究经济变量之间的联系及其内在规律，一般需要建立某些经济函数及其导数所满足的关系式，再根据一些已知的条件，从而确定所研究的函数表达式，从数学上讲，就是要建立微分方程并求解微分方程，下面我们将列举一些微分方程在经济学中应用的例子.

9.5.1　市场价格与供求函数

【例 9.5.1】　某商品的需求量 Q 对价格 p 的弹性为 $-p\ln 5$，若该商品的最大需求量为 1 500kg(即当 $p=0$ 元时，$Q=1\,500$kg)，试求需求量 Q 与价格 p 的函数关系，并指出当价格为 1 元时，市场对该商品的需求量.

解　由已知得

$$\frac{EQ}{Qp}=\frac{\mathrm{d}Q}{\mathrm{d}p}\cdot\frac{p}{Q}=-p\ln 5,$$

则

$$\frac{\mathrm{d}Q}{\mathrm{d}p}=-Q\ln 5,$$

分离变量

$$\frac{\mathrm{d}Q}{Q}=-\ln 5\mathrm{d}p,$$

两边积分得　$Q=C\mathrm{e}^{-p\ln 5}=C\cdot 5^{-p}$　(C 为任意常数).

当 $p=0$ 元时，$Q=1\,500$ kg，代入上式得 $C=1\,500$，所以

$$Q=1\,500\cdot 5^{-p}.$$

当价格为 $p=1$ 时，市场对该商品的需求量 $Q=300$ kg.

【例 9.5.2】　一般情况下，商品供给量 S 是价格 p 的单调增加函数，商品需求量 Q 是价格 p 的单调减少函数，现设商品的供给函数与需求函数分别为

$$S(p)=a+bp,\quad Q(p)=c-\mathrm{d}p,$$

其中，a,b,c,d 均为常数，且 $a<0,b,c,d>0$. 假定商品价格 p 为时间 t 的函数，已知初始价格 $p(0)=p_0$，且在任一时刻 t，价格 $p(t)$ 的变化率与这一时刻的超额需求量 $Q-S$ 成正比.

(1) 求供求平衡时的价格 p_e(均衡价格)；

(2) 求价格 $p(t)$ 的表达式；

(3) 分析价格 $p(t)$随时间的变化情况.

解 (1) 由 $S=Q$,即 $a+bp=c-dp$,所以

$$p_e=\frac{c-a}{d+b}.$$

(2) 由题意可知

$$\frac{\mathrm{d}p}{\mathrm{d}t}=k(Q-S)\quad(k>0),\tag{9.5.1}$$

将 $S(p)=a+bp$,$Q(p)=c-dp$ 代入上式,得

$$\frac{\mathrm{d}p}{\mathrm{d}t}=k(b+d)\left(\frac{c-a}{b+d}-p\right)=\lambda(p_e-p),$$

其中,常数 $\lambda=k(b+d)>0$,则方程(9.5.1)可化为

$$\frac{\mathrm{d}p}{\mathrm{d}t}+\lambda p=\lambda p_e,$$

这是一阶非齐次线性微分方程,得通解为

$$p(t)=p_e+C\mathrm{e}^{-\lambda t},$$

由 $p(0)=p_0$,得 $C=p_0-p_e$,则特解为

$$p(t)=p_e+(p_0-p_e)\mathrm{e}^{-\lambda t}.$$

(3) 因为 $\lambda=k(b+d)>0$,当时间 $t\to+\infty$时

$$\lim_{t\to+\infty}p(t)=\lim_{t\to+\infty}[p_e+(p_0-p_e)\mathrm{e}^{-\lambda t}]=p_e+(p_0-p_e)\lim_{t\to+\infty}\mathrm{e}^{-\lambda t}=p_e.$$

说明随着时间不断增长,实际价格 $p(t)$将逐渐趋近于均衡价格 p_e.

9.5.2 预测商品的销售量

【例 9.5.3】 假设某产品的销售量 $x(t)$是时间 t 的可导函数,如果商品的销售量对时间的增长速率$\frac{\mathrm{d}x}{\mathrm{d}t}$与销售量 $x(t)$及销售量接近于饱和水平的程度 $N-x(t)$之积成正比(N 为饱和水平,比例系数为 $k>0$),且当 $t=0$ 时,$x=\frac{1}{5}N$,求销售量$x(t)$.

解 由题意得

$$\frac{\mathrm{d}x}{\mathrm{d}t}=kx(N-x),\tag{9.5.2}$$

分离变量,得

$$\frac{\mathrm{d}x}{x(N-x)}=k\mathrm{d}t,$$

两边积分并化简得

$$\frac{x}{N-x}=C_1\mathrm{e}^{Nkt},$$

计算得

$$x(t)=\frac{NC_1e^{Nkt}}{C_1e^{Nkt}+1}=\frac{N}{1+Ce^{-Nkt}},\tag{9.5.3}$$

其中，$C=\frac{1}{C_1}$. 当 $t=0$ 时，$x=\frac{1}{5}N$，代入上式得 $C=4$，故

$$x(t)=\frac{N}{1+4e^{-Nkt}}.$$

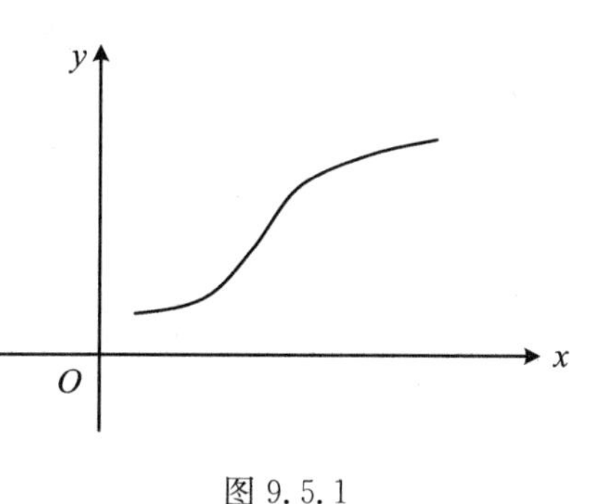

图 9.5.1

微分方程(9.5.2)称为 **Logistic 方程**，它是可分离变量的一阶微分方程，其解(9.5.3)的图像称为 **Logistic 曲线**，图 9.5.1 所示的是一条典型的 Logistic 曲线. 在生物学、经济学中，许多现象本质上都是符合 Logistic 曲线规律，例如，生物种群的繁殖、传染病的扩散、信息的传播以及商品的销售等.

9.5.3 储蓄与投资的关系问题

【例 9.5.4】 设某地区的国民收入 y，国民储蓄 S 和投资 I 均是时间 t 的函数. 且在任一时刻 t，储蓄额 $S(t)$是国民收入 $y(t)$的$\frac{1}{5}$倍，投资额 $I(t)$是国民收入增长率$\frac{dy}{dt}$的$\frac{1}{3}$倍，当 $t=0$ 时，国民收入为 5(亿元). 设在时刻 t 的储蓄额全部用于投资，试求国民收入函数.

解 由题意知

$$S(t)=\frac{1}{5}y(t),\quad I(t)=\frac{1}{3}\frac{dy}{dt},$$

在时刻 t 的储蓄额全部用于投资，则 $S=I$，所以

$$\frac{1}{5}y=\frac{1}{3}\frac{dy}{dt},$$

分离变量，再两边积分可得

$$y=Ce^{\frac{3}{5}t}.$$

当 $t=0$ 时，国民收入为 5(亿元)，即 $y\Big|_{t=0}=5$，代入上式得 $C=5$.

所以国民收入函数为

$$y=5e^{\frac{3}{5}t}.$$

9.6 差 分 方 程

微分方程所研究的变量一般是属于连续变化的类型，但是在经济管理及其他

实际问题中,许多数据都是以等间隔时间周期统计的.例如,银行中的定期存款是按所设定的时间等间隔计息,产品的产量按月统计,国民收入按年统计等.这些量也是变量,通常称这类变量为离散型变量,描述离散型变量之间的关系的数学模型称为离散型模型.差分方程是研究这类离散数学模型的常用方法.

9.6.1 差分方程的概念

设函数 $y=f(t)$,简记 $y_t=f(t)$.当自变量 t 取离散的等间隔整数值 $0,1,2,\cdots t,\cdots$ 时,相应的函数值 y_t 可排成一个序列 $y_0,y_1,y_2,\cdots y_t\cdots$.

当自变量由 t 改变到 $t+1$ 时,相应的函数值之差称为函数 $y_t=f(t)$ 在 t 的**一阶差分**,记作 Δy_t,即

$$\Delta y_t = y_{t+1} - y_t = f(t+1) - f(t).$$

通俗地说,差分就是函数值序列的相邻值之差.当函数 $y_t=f(t)$ 的一阶差分为正值时,表明序列是增加的,其值越大,表明序列增加得越快;当一阶差分为负值时,表明序列是减少的.

类似地,可定义函数的高阶差分.函数 $y_t=f(t)$ 在 t 的一阶差分的差分称为函数在 t 的**二阶差分**,记作 $\Delta^2 y_t$,即

$$\begin{aligned}\Delta^2 y_t &= \Delta(\Delta y_t) = \Delta y_{t+1} - \Delta y_t = (y_{t+2} - y_{t+1}) - (y_{t+1} - y_t)\\ &= y_{t+2} - 2y_{t+1} + y_t.\end{aligned}$$

依次定义函数 $y_t=f(t)$ 在 t 的三阶差分为

$$\begin{aligned}\Delta^3 y_t &= \Delta(\Delta^2 y_t) = \Delta^2 y_{t+1} - \Delta^2 y_t = \Delta y_{t+2} - 2\Delta y_{t+1} + \Delta y_t\\ &= y_{t+3} - 3y_{t+2} + 3y_{t+1} - y_t.\end{aligned}$$

一般地,函数 $y_t=f(t)$ 在 t 的 n 阶差分定义为

$$\begin{aligned}\Delta^n y_t &= \Delta(\Delta^{n-1} y_t) = \Delta^{n-1} y_{t+1} - \Delta^{n-1} y_t\\ &= \sum_{k=0}^{n} (-1)^k \frac{n(n-1)\cdots(n-k+1)}{k!} y_{t+n-k}.\end{aligned}$$

上式表明,函数 $y_t=f(t)$ 在 t 的 n 阶差分是该函数的 $n+1$ 个函数值 y_{t+n}, $y_{t+n-1},\cdots,y_t$ 的线性组合.

【例 9.6.1】 设函数 $y_t=t^2+2t-3$,求 $\Delta y_t,\Delta^2 y_t,\Delta^3 y_t$.

解 $\Delta y_t=y_{t+1}-y_t=[(t+1)^2+2(t+1)-3]-(t^2+2t-3)=2t+3$,

$\Delta^2 y_t=\Delta(\Delta y_t)=\Delta y_{t+1}-\Delta y_t=2(t+1)+3-(2t+3)=2$,

$\Delta^3 y_t=\Delta(\Delta^2 y_t)=\Delta^2 y_{t+1}-\Delta^2 y_t=2-2=0$.

由一阶差分的定义,可得出差分的以下性质:

(1) $\Delta(Cy_t)=C\Delta y_t$, C 为常数;

(2) $\Delta(y_t\pm z_t)=\Delta y_t\pm\Delta z_t$.

【例 9.6.2】 设函数 $y_t=e^{2t}$,求 $\Delta^2 y_t$.

解 $\Delta y_t=y_{t+1}-y_t=e^{2(t+1)}-e^{2t}=e^{2t}(e^2-1)$,

$$\Delta^2 y_t=\Delta(\Delta y_t)=\Delta[e^{2t}(e^2-1)]=(e^2-1)\Delta e^{2t}=(e^2-1)^2 e^{2t}.$$

与常微分方程类似，可给出差分方程定义.

定义 9.8　含有未知函数 $y_t=f(t)$ 差分的方程，称为差分方程.

例如，$\Delta^2 y_t-3\Delta y_t-3y_t-t=0$ 就是一个差分方程，按函数差分定义，任意阶的差分都可以表示为函数 $y_t=f(t)$ 在不同点的函数值的线性组合，即

$$\Delta y_t = y_{t+1}-y_t,\quad \Delta^2 y_t = y_{t+2}-2y_{t+1}+y_t.$$

所以上述差分方程又可分别表示为 $y_{t+2}-5y_{t+1}+y_t-t=0$. 因此，差分方程又可定义为：含有多个点的未知函数值的方程称为差分方程.

差分方程的一般形式可表示为

$$F(t,y_t,\Delta y_t,\cdots\Delta^n y_t)=0 \tag{9.6.1}$$

或

$$G(t,y_t,y_{t+1},\cdots y_{t+n})=0. \tag{9.6.2}$$

上述两种形式之间可以互相转化.

定义 9.9　差分方程(9.6.2)中未知函数下标的最大差数，称为差分方程的阶数.

如方程 $y_{t+2}-5y_{t+1}+y_t-t=0$ 为二阶差分方程. 方程 $y_{t+4}-4y_{t+2}+3y_{t+1}-2=0$ 为三阶差分方程.

而方程 $\Delta^3 y_t+\Delta^2 y_t=0$ 虽含有三阶差分 $\Delta^3 y_t$，但由于

$$\Delta^2 y_t = y_{t+2}-2y_{t+1}+y_t,\ \Delta^3 y_t = y_{t+3}-3y_{t+2}+3y_{t+1}-y_t,$$

该方程可化为 $y_{t+3}-2y_{t+2}+y_{t+1}=0$，因此它是一个二阶差分方程.

若差分方程是未知函数及其各阶差分的一次方程，则称该差分方程为**线性的**.

例如，$y_{t+2}-5y_{t+1}+y_t-t=0$，$y_{t+3}-2y_{t+2}+y_{t+1}=0$ 都是线性差分方程.

若一个函数 $y_t=f(t)$ 代入差分方程中，使其成为恒等式，则称此函数为**差分方程的解**.

如果差分方程的解中含有相互独立的任意常数，且任意常数的个数恰好等于方程的阶数，则这个解称为差分方程的**通解**.

实际问题中，往往会根据事物在初始时刻所处的状态对差分方程附加一定的条件，这种条件称为初始条件，满足初始条件的解称为**特解**.

如把函数 $y_t=2t+1$ 代入差分方程 $y_{t+1}-y_t=2$ 中，

$$\text{左边}=2(t+1)+1-(2t+1)=2=\text{右边},$$

则函数 $y_t=2t+1$ 是方程 $y_{t+1}-y_t=2$ 的解.

同理，可以验证函数 $y_t=2t+C$　(C 为任意常数)也是方程 $y_{t+1}-y_t=2$ 的解，

且含有一个任意常数,则 $y_t=2t+C$ 是该差分方程的通解.

9.6.2 一阶常系数线性差分方程

一阶常系数线性差分方程的一般形式为

$$y_{t+1}-ay_t=f(t), \tag{9.6.3}$$

其中,常数 $a\neq0$,$f(t)$为 t 的已知函数.

当 $f(t)$不恒为零时,(9.6.3)式称为一阶常系数非齐次线性差分方程;

当 $f(t)\equiv0$ 时,差分方程

$$y_{t+1}-ay_t=0 \tag{9.6.4}$$

称为与(9.6.3)式对应的一阶常系数齐次线性差分方程.

1. 一阶常系数齐次线性差分方程的通解

把方程(9.6.4)写作 $y_{t+1}=ay_t$,假设在初始时刻,即 $t=0$ 时,函数 y_t 取任意常数 C,分别以 $t=0,1,2,\cdots$代入上式,得

$$y_1=ay_0=Ca,\ y_2=ay_1=Ca^2,\ y_3=ay_2=Ca^3,\cdots$$

则方程(9.6.4)的通解为

$$y_t=Ca^t. \tag{9.6.5}$$

【例 9.6.3】 求差分方程 $2y_{t+1}+y_t=0$ 的通解.

解 方程可化为 $y_{t+1}+\frac{1}{2}y_t=0$,则 $a=-\frac{1}{2}$. 由公式(9.6.5)得,方程通解为

$$y_t=C\left(-\frac{1}{2}\right)^t.$$

2. 一阶常系数非齐次线性差分方程的通解

对于方程(9.6.3)与方程(9.6.4),与常微分方程类似有如下结论:

定理 9.5(叠加原理) 若函数 $y^*(t)$是非齐次方程(9.6.3)的一个特解,$y_C(t)$是对应的齐次方程(9.6.4)的通解,则非齐次方程(9.6.3)的通解为

$$y_t=y_C(t)+y^*(t).$$

该定理告诉我们,要求非齐次方程的通解,只需先求出对应齐次方程的通解,再找非齐次方程的一个特解,然后相加即可.

显然求解非齐次方程的特解与右端项 $f(t)$有关,下面对右端项 $f(t)$的几种特殊形式给出求其特解的方法(**待定系数法**).

Ⅰ. $f(t)=Ct^n$ (C 为常数)

由于 $f(t)$为幂函数形式,则可设特解 $y^*(t)=t^k(B_0+B_1t+\cdots+B_nt^n)$. 其中 $B_0,B_1,\cdots,B_n$ 为待定系数,而常数 k 的确定方法如下:

(1) 当 $a\neq1$ 时,令 $k=0$;

(2) 当 $a=1$ 时,令 $k=1$.(注:此处 a 为方程一般形式(9.6.3)中的常数 a.)

再把 $y^*(t)$ 代入方程(9.6.3),求出 $B_0,B_1,\cdots,B_n$,即得方程的特解.

【例 9.6.4】 求差分方程 $y_{t+1}+2y_t=5t^2$ 的通解.

解 根据方程形式可知 $a=-2$. 则对应齐次差分方程的通解为

$$y_C=C(-2)^t,$$

由于 $f(t)=5t^2,a\neq1$, 因此非齐次差分方程的特解可设为

$$y^*(t)=B_0+B_1t+B_2t^2,$$

将其代入已知方程得

$$3B_0+B_1+B_2+(3B_1+2B_2)t+3B_2t^2=5t^2.$$

比较上式两端 t 的同次幂的系数,可得

$$B_0=-\frac{5}{27},\quad B_1=-\frac{10}{9},\quad B_2=\frac{5}{3}.$$

故非齐次差分方程的特解为

$$y^*(t)=-\frac{5}{27}-\frac{10}{9}t+\frac{5}{3}t^2,$$

于是,所求非齐次差分方程的通解为

$$y_t=y_C+y^*(t)=C(-2)^t-\frac{5}{27}-\frac{10}{9}t+\frac{5}{3}t^2\quad(C\text{ 为任意常数}).$$

Ⅱ. $f(t)=Cb^t$　(C,b 为非零常数且 $b\neq1$)

此时 $f(t)$ 为指数函数形式,特解 $y^*(t)$ 可类似按以下两种情况进行假设.

(1) 当 $a\neq b$ 时,设 $y^*(t)=kb^t$,其中 k 为待定系数,将其代入方程(9.6.3),可计算得 $k=\dfrac{C}{b-a}$,则特解可表示为

$$y^*(t)=\frac{C}{b-a}b^t.$$

(2) 当 $a=b$ 时,设 $y^*(t)=ktb^t$,其中 k 为待定系数,将其代入方程(9.6.3),可计算得 $k=\dfrac{C}{b}$,则特解可表示为

$$y^*(t)=Ctb^{t-1}.$$

【例 9.6.5】 求差分方程 $y_{t+1}+y_t=2^t$ 的通解.

解 根据方程形式可知 $a=-1$. 则对应齐次差分方程的通解为

$$y_C=C(-1)^t,$$

由于 $f(t)=2^t,b=2,a\neq b$, 因此,非齐次差分方程特解形式可设为

$$y^*(t)=k2^t.$$

将其代入已知方程得

$$k2^{t+1}+k2^t=2^t,$$

解得 $k=\frac{1}{3}$,所以 $y^*(t)=\frac{1}{3}2^t$. 于是,所求非齐次差分方程的通解为

$$y_t = y_C + y^*(t) = C(-1)^t + \frac{1}{3}2^t \quad (C\text{ 为任意常数}).$$

Ⅲ. $f(t)=Cb^t\cdot t^n$ (C,b 为非零常数且 $b\neq 1$)

设特解 $y^*(t)=b^t t^k(B_0+B_1t+\cdots+B_nt^n)$. 其中,$B_0,B_1,\cdots,B_n$ 为待定系数,常数 k 的确定方法如下:

(1) 当 $a\neq b$ 时,令 $k=0$;

(2) 当 $a=b$ 时,令 $k=1$.

再把 $y^*(t)$代入方程(9.6.3),求出 $B_0,B_1,\cdots,B_n$,即得方程的特解.

【例 9.6.6】 求差分方程 $y_{t+1}-2y_t=t2^t$ 的通解.

解 根据方程形式可知 $a=2$,则对应齐次差分方程的通解为

$$y_C = C2^t,$$

由于 $f(t)=t2^t,b=2,a=b$, 因此非齐次差分方程特解形式可设为

$$y^*(t) = t2^t(B_0+B_1t),$$

将其代入已知方程得

$$2(B_0+B_1)+4B_1t = t,$$

解得 $B_0=-\frac{1}{4},B_1=\frac{1}{4}$,所以非齐次差分方程的特解

$$y^*(t) = t2^t\left(\frac{1}{4}t-\frac{1}{4}\right) = \frac{1}{4}(t^2-t)2^t,$$

于是,所求非齐次差分方程的通解为

$$y_t = y_C + y^*(t) = C2^t + \frac{1}{4}(t^2-t)2^t \quad (C\text{ 为任意常数}).$$

习　题　9

基　本　题

9.1 节

1. 指出下列微分方程的阶数.

(1) $xy''+2y'+y=0$;　　(2) $y''-y^3=0$;

(3) $xy'''+2y''+xy=0$;　　(4) $y^2\mathrm{d}y-xy\mathrm{d}x=0$;

(5) $(y'')^2+5(y')^3=x$;　　(6) $\frac{\mathrm{d}^2Q}{\mathrm{d}t^2}+2\frac{\mathrm{d}Q}{\mathrm{d}t}+t=0$.

2. 验证函数 $y=C_0\mathrm{e}^t$ (C_0 为任意常数),是否满足微分方程$\frac{\mathrm{d}P}{\mathrm{d}t}=P$.

3. 验证函数 $y=(C_1+C_2x)\mathrm{e}^x$ (C_1,C_2 为任意常数),是否满足微分方

程$y''-2y'+y=0$.

4. 若 $y=\cos at$ 是微分方程$\frac{d^2y}{dt^2}+9y=0$ 的解，求 a 的值.

5. 求下列初值问题的解.

(1) $\begin{cases}\frac{dy}{dx}=\sin x\\ y\big|_{x=0}=1\end{cases}$；　　(2) $\begin{cases}\frac{d^2S}{dt^2}=g \quad (g \text{ 为常数})\\ S(0)=10, S'(0)=-5\end{cases}$.

6. 给定一阶微分方程$\frac{dy}{dx}=2x$.

(1) 求出其通解；

(2) 求过点(1,4)的特解；

(3) 求出与直线 $y=2x+3$ 相切的解；

(4) 求出满足条件$\int_0^1 y dx = 2$ 的解.

9.2 节

1. 求下列微分方程的通解.

(1) $xyy'=1-x^2$；　　(2) $3x^2+5x-5y'=0$；

(3) $xdy+dx=e^y dx$；　　(4) $y'=x\sqrt{1-y^2}$；

(5) $(x^2-x^2y)dy+(y^2+xy^2)dx=0$.

2. 求下列微分方程满足初始条件的特解.

(1) $y'=e^{2x-y}$，　$y\big|_{x=0}=0$；　　(2) $y'\sin x=y\ln y$，　$y\big|_{x=\frac{\pi}{2}}=e$；

(3) $y'(x^2-4)=2xy$，　$y\big|_{x=0}=1$；　　(4) $\frac{dy}{dx}=(1+\ln x)y$，　$y\big|_{x=1}=1$.

3. 求下列齐次微分方程的通解(或特解).

(1) $\frac{dy}{dx}=e^{\frac{y}{x}}+\frac{y}{x}$；　　(2) $\frac{dy}{dx}=\frac{y}{x}(\ln y-\ln x)$；

(3) $y'=\frac{x}{y}+\frac{y}{x}, y\big|_{x=1}=2$；

(4) $(y^2-3x^2)dy+2xydx=0, y\big|_{x=0}=1$.

4. 求一曲线的方程，该曲线通过点(0,1)，且该曲线上任一点处的切线垂直于该点(任一点)与原点的连线.

9.3 节

1. 求下列微分方程的通解.

(1) $\frac{dy}{dx}+2xy=4x$；　　(2) $y'+y=e^{-x}$；

(3) $xy'+y=xe^x$；　　(4) $y'+y\cos x=e^{-\sin x}$；

(5) $\dfrac{dy}{dx}+3y=2$；　　(6) $y\ln y dx+(x-\ln y)dy=0$；

(7) $ydx+(1+y)xdy=e^y dy$；　　(8) $\dfrac{dy}{dx}=\dfrac{y}{y-x}$.

2. 求下列微分方程满足初始条件的特解.

(1) $y'+\dfrac{y}{x}=\dfrac{\sin x}{x}, y\Big|_{x=\pi}=1$；　　(2) $(1-x^2)y'+xy=1, y\Big|_{x=0}=1$；

(3) $y'-2xy=xe^{-x^2}, y\Big|_{x=0}=1$；　　(4) $\dfrac{dy}{dx}+\dfrac{2-3x^2}{x^3}y=1, y\Big|_{x=1}=0$.

3. 求一曲线的方程，该曲线通过原点，并且它在点(x,y)处的切线斜率等于$2x+y$.

4. 设$f(x)$可微且满足关系式$\int_0^x [2f(t)-1]dt=f(x)-1$，求$f(x)$.

9.4 节

1. 下列函数组在定义区间内哪些是线性无关的？

(1) $x, 3x^2$；　(2) $x^2, 4x^2$；　(3) $e^{2x}, 2e^{2x}$；　(4) $x^2\sin x, x^2\cos x$.

2. 求下列微分方程的通解.

(1) $y''+7y'+12y=0$；　　(2) $y''-4y'=0$；

(3) $y''-12y'+36y=0$；　　(4) $y''+y'+y=0$；

(5) $y''-4y'+5y=0$；　　(6) $y''+ay=0$，其中，a为常数.

3. 求下列微分方程满足初始条件的特解.

(1) $y''-3y'-4y=0, y\Big|_{x=0}=0, y'\Big|_{x=0}=-5$；

(2) $4y''+4y'+y=0, y\Big|_{x=0}=2, y'\Big|_{x=0}=0$；

(3) $y''+25y=0, y\Big|_{x=0}=2, y'\Big|_{x=0}=5$；

(4) $y''-4y'+13y=0, y\Big|_{x=0}=0, y'\Big|_{x=0}=3$.

4. 求下列微分方程的通解.

(1) $2y''+y'-y=2e^x$；　　(2) $y''+9y'=x-4$；

(3) $y''+3y'+2y=3xe^{-x}$；　　(4) $y''-6y'+9y=(x+1)e^{3x}$；

(5) $y''+4y=x\cos x$；　　(6) $y''-2y'+5y=e^x\sin 2x$；

(7) $y''+y=e^x+\cos x$.

5. 求下列微分方程满足初始条件的特解.

(1) $y''-4y'=5, y\Big|_{x=0}=1, y'\Big|_{x=0}=0$；

(2) $y''-3y'+2y=5, y\Big|_{x=0}=1, y'\Big|_{x=0}=2$;

(3) $y''-y=4xe^x, y\Big|_{x=0}=0, y'\Big|_{x=0}=1$;

(4) $y''+y+\sin 2x=0, y\Big|_{x=\pi}=1, y'\Big|_{x=\pi}=1$.

9.5 节

1. 已知某商品的需求量 Q 对价格 p 的弹性为 $-3p^3$，而市场对该商品的最大需求量为 1 万件，求需求量 Q 对价格 p 的函数关系.

2. 已知某商品的供给函数与需求函数分别为 $S(p)=ap, Q(p)=\dfrac{b}{p^2}$，其中，$a>0, b>0$ 为常数，价格 p 是时间 t 的函数，且满足 $\dfrac{dp}{dt}=k(Q-S)$，$k>0$，且当 $t=0$ 时，价格为 1. 试求：

(1) 需求量等于供给量的均衡价格 p_e；

(2) 求价格函数 $p(t)$ 的表达式；

(3) 求 $\lim\limits_{t\to\infty}p(t)$.

3. 某养殖场内最多能养 1000 尾鱼，设在 t 时刻该池塘内鱼数 y 是时间 t 的函数 $y=y(t)$，其变化率与鱼数 y 及 $1000-y$ 的乘积成正比（比例常数 $k>0$）. 已知养殖场内一开始有 100 尾鱼，3 个月后有 250 尾鱼，求放养 6 个月后有多少尾鱼？

4. 已知某地区在一个已知的时期内国民收入 y 增长率为 0.1，国民债务 D 的增长率为国民收入的 $\dfrac{1}{20}$，若 $t=0$ 时，国民收入为 5 亿元，国民债务为 0.1 亿元，试分别求出国民收入及国民债务与时间 t 的函数关系.

9.6 节

1. 求下列函数的一阶与二阶差分.

(1) $y_t=2t^3-t^2$；　(2) $y_t=e^{3t}$；　(3) $y_t=\ln t$.

2. 确定下列差分方程的阶数.

(1) $y_{t+3}-y_{t+1}+y_t=0$；　(2) $y_{t+3}-t^2y_{t+2}+3y_{t+1}=2$；

(3) $y_{t+2}=y_{t-2}-y_{t-4}$.

3. 设有差分方程 $y_{t+1}+y_t=a^t$，试验证

(1) 当 $a+1\neq 0$ 时，$y_t=\dfrac{1}{1+a}a^t$ 是方程的解；

(2) 当 $a+1=0$ 时，$y_t=ta^{t-1}$ 是方程的解.

4. 求下列一阶常系数线性差分方程的通解.

(1) $2y_{t+1}-3y_t=0$；　(2) $y_t+y_{t-1}=0$；

(3) $y_{t+1}-5y_t=3$；　　(4) $y_{t+1}+4y_t=2t^2+t+1$；

(5) $y_{t+1}-\frac{1}{2}y_t=2^t$；　　(6) $y_{t+1}-y_t=t2^t$.

5. 求下列差分方程的特解.

(1) $2y_{t+1}+5y_t=0, y_0=3$　　(2) $y_{t+1}+y_t=2^t, y_0=2$

自　测　题

一、填空题

1. 微分方程 $y^3\frac{d^2y}{dx^2}+1=0$ 是________阶微分方程.

2. 微分方程 $y'-3y=0$ 的通解为________.

3. 微分方程 $y'=x+y+1$ 满足初始条件 $y|_{x=0}=1$的特解为________.

4. 以 $y=C_1e^x+C_2e^{2x}$ (C_1, C_2 为任意常数)为通解的微分方程为________.

二、求下列微分方程的通解.

1. $y'+\frac{e^{y^3+x}}{y^2}=0$；　　2. $y'=\frac{y}{y-x}$；

3. $y''+y'=x^2$；　　4. $y''+4y=\sin x\cos x$.

三、求下列微分方程满足初始条件的特解.

1. $x^2y'+xy-\ln x=0, y\Big|_{x=1}=\frac{1}{2}$；

2. $y''-2y'=e^x(x^2+x-3), y\Big|_{x=0}=2, y'\Big|_{x=0}=2$.

四、设 $f(x)$ 可导,则满足$\int_0^x tf(t)dt=f(x)-x^2, f(0)=0$,求 $f(x)$.

五、已知 $y=e^x$ 是微分方程 $xy'+P(x)y=e^x$ 的一个解,求此微分方程满足条件 $y|_{x=\ln 2}=0$的特解.

附录1　简易积分表

一、含有 $a+bx$ 的积分

1. $\int \frac{dx}{a+bx} = \frac{1}{b}\ln|a+bx|+C$

2. $\int (a+bx)^n dx = \frac{(a+bx)^{n+1}}{b(n+1)}+C \quad (n\neq -1)$

3. $\int \frac{x}{a+bx}dx = \frac{1}{b^2}[a+bx-a\ln|a+bx|]+C$

4. $\int \frac{x^2}{a+bx}dx = \frac{1}{b^3}\left[\frac{1}{2}(a+bx)^2-2a(a+bx)+a^2\ln|a+bx|\right]+C$

5. $\int \frac{dx}{x(a+bx)} = -\frac{1}{a}\ln\left|\frac{a+bx}{x}\right|+C$

6. $\int \frac{dx}{x^2(a+bx)} = -\frac{1}{ax}+\frac{b}{a^2}\ln\left|\frac{a+bx}{x}\right|+C$

7. $\int \frac{xdx}{(a+bx)^2} = \frac{1}{b^2}\left[\ln|a+bx|+\frac{a}{a+bx}\right]+C$

8. $\int \frac{x^2dx}{(a+bx)^2} = \frac{1}{b^3}\left[a+bx-2a\ln|a+bx|+\frac{a^2}{a+bx}\right]+C$

9. $\int \frac{dx}{x(a+bx)^2} = \frac{1}{a(a+bx)}-\frac{1}{a^2}\ln\left|\frac{a+bx}{x}\right|+C$

二、含有 $a^2\pm x^2$ 的积分

10. $\int \frac{dx}{a^2+x^2} = \frac{1}{a}\arctan\frac{x}{a}+C$

11. $\int \frac{dx}{(x^2+a^2)^n} = \frac{x}{2(n-1)a^2(x^2+a^2)^{n-1}} + \frac{2n-3}{2(n-1)a^2}\int\frac{dx}{(x^2+a^2)^{n-1}} \quad (n\neq 1)$

12. $\int \frac{dx}{a^2-x^2} = \frac{1}{2a}\ln\left|\frac{a+x}{a-x}\right|+C$

13. $\int \frac{dx}{x^2-a^2} = \frac{1}{2a}\ln\left|\frac{x-a}{x+a}\right|+C$

三、含有 $a\pm bx^2$ 的积分

14. $\int \frac{dx}{a+bx^2} = \frac{1}{\sqrt{ab}}\arctan\sqrt{\frac{b}{a}}x+C \quad (a>0,b>0)$

15. $\int \frac{dx}{a-bx^2} = \frac{1}{2\sqrt{ab}} \ln\left|\frac{\sqrt{a}+\sqrt{b}x}{\sqrt{a}-\sqrt{b}x}\right| + C$

16. $\int \frac{x dx}{a+bx^2} = \frac{1}{2b} \ln|a+bx^2| + C$

17. $\int \frac{x^2 dx}{a+bx^2} = \frac{x}{b} - \frac{a}{b}\int \frac{dx}{a+bx^2}$

18. $\int \frac{dx}{x(a+bx^2)} = \frac{1}{2a} \ln\left|\frac{x^2}{a+bx^2}\right| + C$

19. $\int \frac{dx}{x^2(a+bx^2)} = -\frac{1}{ax} - \frac{b}{a}\int \frac{dx}{a+bx^2}$

20. $\int \frac{dx}{(a+bx^2)^2} = \frac{x}{2a(a+bx^2)} + \frac{1}{2a}\int \frac{dx}{a+bx^2}$

四、含有 $a+bx\pm cx^2\ (c>0)$ 的积分

21. $\int \frac{dx}{a+bx-cx^2} = \frac{1}{\sqrt{b^2+4ac}} \ln\left|\frac{\sqrt{b^2+4ac}+2cx-b}{\sqrt{b^2+4ac}-2cx+b}\right| + C$

22. $\int \frac{dx}{a+bx+cx^2} = \begin{cases} \frac{2}{\sqrt{4ac-b^2}} \arctan \frac{2cx+b}{\sqrt{4ac-b^2}} + C & (b^2<4ac) \\ \frac{1}{\sqrt{b^2-4ac}} \ln\left|\frac{2cx+b-\sqrt{b^2-4ac}}{2cx+b+\sqrt{b^2-4ac}}\right| + C & (b^2>4ac) \end{cases}$

五、含有 $\sqrt{a+bx}$ 的积分

23. $\int \sqrt{a+bx}\, dx = \frac{2}{3b}\sqrt{(a+bx)^3} + C$

24. $\int x\sqrt{a+bx}\, dx = -\frac{2(2a-3bx)\sqrt{(a+bx)^3}}{15b^2} + C$

25. $\int x^2\sqrt{a+bx}\, dx = -\frac{2(8a^2-12abx+15b^2x^2)\sqrt{(a+bx)^3}}{105b^3} + C$

26. $\int \frac{x}{\sqrt{a+bx}} dx = -\frac{2(2a-bx)}{3b^2}\sqrt{a+bx} + C$

27. $\int \frac{x^2 dx}{\sqrt{a+bx}} = \frac{2(8a^2-4abx+3b^2x^2)}{15b^3}\sqrt{a+bx} + C$

28. $\int \frac{dx}{x\sqrt{a+bx}} = \begin{cases} \frac{1}{\sqrt{a}} \ln \frac{|\sqrt{a+bx}-\sqrt{a}|}{\sqrt{a+bx}+\sqrt{a}} + C & (a>0) \\ \frac{2}{\sqrt{-a}} \arctan\sqrt{\frac{a+bx}{-a}} + C & (a<0) \end{cases}$

29. $\int \frac{dx}{x^2\sqrt{a+bx}} = -\frac{\sqrt{a+bx}}{ax} - \frac{b}{2a}\int \frac{dx}{x\sqrt{a+bx}}$

30. $\int \frac{\sqrt{a+bx}\, dx}{x} = 2\sqrt{a+bx} + a\int \frac{dx}{x\sqrt{a+bx}}$

六、含有 $\sqrt{x^2+a^2}$ 的积分

31. $\int \sqrt{x^2+a^2}\,\mathrm{d}x=\frac{x}{2}\sqrt{x^2+a^2}+\frac{a^2}{2}\ln(x+\sqrt{x^2+a^2})+C$

32. $\int \sqrt{(x^2+a^2)^3}\,\mathrm{d}x=\frac{x}{8}(2x^2+5a^2)\sqrt{x^2+a^2}+\frac{3a^4}{8}\ln(x+\sqrt{x^2+a^2})+C$

33. $\int x\sqrt{x^2+a^2}\,\mathrm{d}x=\frac{\sqrt{(x^2+a^2)^3}}{3}+C$

34. $\int x^2\sqrt{x^2+a^2}\,\mathrm{d}x=\frac{x}{8}(2x^2+a^2)\sqrt{x^2+a^2}-\frac{a^4}{8}\ln(x+\sqrt{x^2+a^2})+C$

35. $\int \frac{\mathrm{d}x}{\sqrt{x^2+a^2}}=\ln(x+\sqrt{x^2+a^2})+C$

36. $\int \frac{\mathrm{d}x}{\sqrt{(x^2+a^2)^3}}=\frac{x}{a^2\sqrt{x^2+a^2}}+C$

37. $\int \frac{x\mathrm{d}x}{\sqrt{x^2+a^2}}=\sqrt{x^2+a^2}+C$

38. $\int \frac{x^2\mathrm{d}x}{\sqrt{x^2+a^2}}=\frac{x}{2}\sqrt{x^2+a^2}-\frac{a^2}{2}\ln(x+\sqrt{x^2+a^2})+C$

39. $\int \frac{x^2\mathrm{d}x}{\sqrt{(x^2+a^2)^3}}=-\frac{x}{\sqrt{x^2+a^2}}+\ln(x+\sqrt{x^2+a^2})+C$

40. $\int \frac{\mathrm{d}x}{x\sqrt{x^2+a^2}}=\frac{1}{a}\ln\frac{|x|}{a+\sqrt{x^2+a^2}}+C$

41. $\int \frac{\mathrm{d}x}{x^2\sqrt{x^2+a^2}}=-\frac{\sqrt{x^2+a^2}}{a^2x}+C$

42. $\int \frac{\sqrt{x^2+a^2}\,\mathrm{d}x}{x}=\sqrt{x^2+a^2}-a\ln\frac{a+\sqrt{x^2+a^2}}{|x|}+C$

43. $\int \frac{\sqrt{x^2+a^2}\,\mathrm{d}x}{x^2}=-\frac{\sqrt{x^2+a^2}}{x}+\ln(x+\sqrt{x^2+a^2})+C$

七、含有 $\sqrt{x^2-a^2}$ 的积分

44. $\int \frac{\mathrm{d}x}{\sqrt{x^2-a^2}}=\ln\left|x+\sqrt{x^2-a^2}\right|+C$

45. $\int \frac{\mathrm{d}x}{\sqrt{(x^2-a^2)^3}}=-\frac{x}{a^2\sqrt{x^2-a^2}}+C$

46. $\int \frac{x\mathrm{d}x}{\sqrt{x^2-a^2}}=\sqrt{x^2-a^2}+C$

47. $\int \sqrt{x^2-a^2}\,\mathrm{d}x=\frac{x}{2}\sqrt{x^2-a^2}-\frac{a^2}{2}\ln\left|x+\sqrt{x^2-a^2}\right|+C$

48. $\int \sqrt{(x^2-a^2)^3}\,\mathrm{d}x=\frac{x}{8}(2x^2-5a^2)\sqrt{x^2-a^2}+\frac{3a^4}{8}\ln\left|x+\sqrt{x^2-a^2}\right|+C$

49. $\int x\sqrt{x^2-a^2}\,\mathrm{d}x=\frac{\sqrt{(x^2-a^2)^3}}{3}+C$

50. $\int x\sqrt{(x^2-a^2)^3}\,\mathrm{d}x=\frac{\sqrt{(x^2-a^2)^5}}{5}+C$

51. $\int x^2\sqrt{x^2-a^2}\,\mathrm{d}x=\frac{x}{8}(2x^2-a^2)\sqrt{x^2-a^2}-\frac{a^4}{8}\ln\left|x+\sqrt{x^2-a^2}\right|+C$

52. $\int \frac{x^2\mathrm{d}x}{\sqrt{x^2-a^2}}=\frac{x}{2}\sqrt{x^2-a^2}+\frac{a^2}{2}\ln\left|x+\sqrt{x^2-a^2}\right|+C$

53. $\int \frac{x^2\mathrm{d}x}{\sqrt{(x^2-a^2)^3}}=-\frac{x}{\sqrt{x^2-a^2}}+\ln\left|x+\sqrt{x^2-a^2}\right|+C$

54. $\int \frac{\mathrm{d}x}{x\sqrt{x^2-a^2}}=\frac{1}{a}\arccos\frac{a}{x}+C$

55. $\int \frac{\mathrm{d}x}{x^2\sqrt{x^2-a^2}}=\frac{\sqrt{x^2-a^2}}{a^2x}+C$

56. $\int \frac{\sqrt{x^2-a^2}}{x}\mathrm{d}x=\sqrt{x^2-a^2}-a\arccos\frac{a}{x}+C$

57. $\int \frac{\sqrt{x^2-a^2}}{x^2}\mathrm{d}x=-\frac{\sqrt{x^2-a^2}}{x}+\ln\left|x+\sqrt{x^2-a^2}\right|+C$

八、含有 $\sqrt{a^2-x^2}$ 的积分

58. $\int \frac{\mathrm{d}x}{\sqrt{a^2-x^2}}=\arcsin\frac{x}{a}+C$

59. $\int \frac{\mathrm{d}x}{\sqrt{(a^2-x^2)^3}}=\frac{x}{a^2\sqrt{a^2-x^2}}+C$

60. $\int \frac{x\mathrm{d}x}{\sqrt{a^2-x^2}}=-\sqrt{a^2-x^2}+C$

61. $\int \frac{x\mathrm{d}x}{\sqrt{(a^2-x^2)^3}}=-\frac{1}{\sqrt{a^2-x^2}}+C$

62. $\int \frac{x^2\mathrm{d}x}{\sqrt{a^2-x^2}}=-\frac{x}{2}\sqrt{a^2-x^2}+\frac{a^2}{2}\arcsin\frac{x}{a}+C$

63. $\int \sqrt{a^2-x^2}\,\mathrm{d}x=\frac{x}{2}\sqrt{a^2-x^2}+\frac{a^2}{2}\arcsin\frac{x}{a}+C$

64. $\int \sqrt{(a^2-x^2)^3}\,\mathrm{d}x=\frac{x}{8}(5a^2-2x^2)\sqrt{a^2-x^2}+\frac{3a^4}{8}\arcsin\frac{x}{a}+C$

65. $\int x\sqrt{a^2-x^2}\,\mathrm{d}x=-\frac{\sqrt{(a^2-x^2)^3}}{3}+C$

66. $\int x\sqrt{(a^2-x^2)^3}\,\mathrm{d}x=-\frac{\sqrt{(a^2-x^2)^5}}{3}+C$

67. $\int x^2\sqrt{a^2-x^2}\,\mathrm{d}x=\frac{x}{8}(2x^2-a^2)\sqrt{a^2-x^2}+\frac{a^4}{8}\arcsin\frac{x}{a}+C$

68. $\int\frac{x^2\,\mathrm{d}x}{\sqrt{(a^2-x^2)^3}}=\frac{x}{\sqrt{a^2-x^2}}-\arcsin\frac{x}{a}+C$

69. $\int\frac{\mathrm{d}x}{x\sqrt{a^2-x^2}}=\frac{1}{a}\ln\left|\frac{x}{a+\sqrt{a^2-x^2}}\right|+C$

70. $\int\frac{\mathrm{d}x}{x^2\sqrt{a^2-x^2}}=-\frac{\sqrt{a^2-x^2}}{a^2x}+C$

71. $\int\frac{\sqrt{a^2-x^2}}{x}\mathrm{d}x=\sqrt{a^2-x^2}-a\ln\left|\frac{a+\sqrt{a^2-x^2}}{x}\right|+C$

72. $\int\frac{\sqrt{a^2-x^2}}{x^2}\mathrm{d}x=-\frac{\sqrt{a^2-x^2}}{x}-\arcsin\frac{x}{a}+C$

九、含有$\sqrt{a+bx\pm cx^2}\ (c>0)$的积分

73. $\int\frac{\mathrm{d}x}{\sqrt{a+bx+cx^2}}=\frac{1}{\sqrt{c}}\ln\left|2cx+b+2\sqrt{c}\sqrt{a+bx+cx^2}\right|+C$

74. $\int\sqrt{a+bx+cx^2}\,\mathrm{d}x=\frac{2cx+b}{4c}\sqrt{a+bx+cx^2}-\frac{b^2-4ac}{8\sqrt{c^3}}\ln\left|2cx+b+2\sqrt{c}\sqrt{a+bx+cx^2}\right|+C$

75. $\int\frac{x\,\mathrm{d}x}{\sqrt{a+bx+cx^2}}=\frac{\sqrt{a+bx+cx^2}}{c}-\frac{b}{2\sqrt{c^3}}\ln\left|2cx+b+2\sqrt{c}\sqrt{a+bx+cx^2}\right|+C$

76. $\int\frac{\mathrm{d}x}{\sqrt{a+bx-cx^2}}=\frac{1}{\sqrt{c}}\arcsin\frac{2cx-b}{\sqrt{b^2+4ac}}+C$

77. $\int\sqrt{a+bx-cx^2}\,\mathrm{d}x=\frac{2cx-b}{\sqrt{b^2+4ac}}\sqrt{a+bx-cx^2}+\frac{b^2+4ac}{8\sqrt{c^3}}\arcsin\frac{2cx-b}{\sqrt{b^2+4ac}}+C$

78. $\int\frac{x\,\mathrm{d}x}{\sqrt{a+bx-cx^2}}=-\frac{\sqrt{a+bx-cx^2}}{c}+\frac{b}{2\sqrt{c^3}}\arcsin\frac{2cx-b}{\sqrt{b^2+4ac}}+C$

十、含有$\sqrt{\frac{a\pm x}{b\pm x}}$的积分和含有$\sqrt{(x-a)(b-x)}$的积分

79. $\int\sqrt{\frac{a+x}{b+x}}\mathrm{d}x=\sqrt{(a+x)(b+x)}+(a-b)\ln(\sqrt{a+x}+\sqrt{b+x})+C$

80. $\int\sqrt{\frac{a-x}{b+x}}\mathrm{d}x=\sqrt{(a-x)(b+x)}+(a+b)\arcsin\sqrt{\frac{x+b}{a+b}}+C$

81. $\int\sqrt{\frac{a+x}{b-x}}\mathrm{d}x=-\sqrt{(a+x)(b-x)}-(a+b)\arcsin\sqrt{\frac{b-x}{a+b}}+C$

82. $\int\frac{\mathrm{d}x}{\sqrt{(a-x)(b-x)}}=2\arcsin\sqrt{\frac{x-a}{b-a}}+C$

十一、含有三角函数的积分

83. $\int\sin x\mathrm{d}x=-\cos x+C$

84. $\int\cos x\mathrm{d}x=\sin x+C$

85. $\int\tan x\mathrm{d}x=-\ln|\cos x|+C$

86. $\int\cot x\mathrm{d}x=\ln|\sin x|+C$

87. $\int\sec x\mathrm{d}x=\ln|\sec x+\tan x|+C=\ln\left|\tan\left(\frac{\pi}{4}+\frac{x}{2}\right)\right|+C$

88. $\int\cot x\mathrm{d}x=\ln|\csc x-\cot x|+C=\ln\left|\tan\frac{x}{2}\right|+C$

89. $\int\sec^2x\mathrm{d}x=\tan x+C$

90. $\int\csc^2x\mathrm{d}x=-\cot x+C$

91. $\int\sec x\tan x\mathrm{d}x=\sec x+C$

92. $\int\csc x\cot x\mathrm{d}x=-\csc x+C$

93. $\int\sin^2x\mathrm{d}x=\frac{x}{2}-\frac{1}{4}\sin2x+C$

94. $\int\cos^2x\mathrm{d}x=\frac{x}{2}+\frac{1}{4}\sin2x+C$

95. $\int\sin^nx\mathrm{d}x=-\frac{\sin^{n-1}x\cos x}{n}+\frac{n-1}{n}\int\sin^{n-2}x\mathrm{d}x$

96. $\int\cos^nx\mathrm{d}x=\frac{\cos^{n-1}x\sin x}{n}+\frac{n-1}{n}\int\cos^{n-2}x\mathrm{d}x$

97. $\int\frac{\mathrm{d}x}{\sin^nx}=-\frac{1}{n-1}\frac{\cos x}{\sin^{n-1}x}+\frac{n-2}{n-1}\int\frac{\mathrm{d}x}{\sin^{n-2}x}$

98. $\int\frac{\mathrm{d}x}{\cos^nx}=-\frac{1}{n-1}\frac{\sin x}{\cos^{n-1}x}+\frac{n-2}{n-1}\int\frac{\mathrm{d}x}{\cos^{n-2}x}$

99. $$\begin{aligned}\int\cos^mx\sin^nx\mathrm{d}x&=\frac{\cos^{m-1}x\sin^{n+1}x}{m+n}+\frac{m-1}{m+n}\int\cos^{m-2}x\sin^nx\mathrm{d}x\\&=-\frac{\sin^{n-1}x\cos^{m+1}x}{m+n}+\frac{n-1}{m+n}\int\cos^mx\sin^{n-2}x\mathrm{d}x\end{aligned}$$

100. $\int \sin mx \cos nx \, dx = -\frac{\cos(m+n)x}{2(m+n)} - \frac{\cos(m-n)x}{2(m-n)} + C \quad (m \neq n)$

101. $\int \sin mx \sin nx \, dx = -\frac{\sin(m+n)x}{2(m+n)} - \frac{\sin(m-n)x}{2(m-n)} + C \quad (m \neq n)$

102. $\int \cos mx \cos nx \, dx = -\frac{\sin(m+n)x}{2(m+n)} - \frac{\sin(m-n)x}{2(m-n)} + C \quad (m \neq n)$

103. $\int \frac{dx}{a + b\sin x} = \frac{2}{\sqrt{a^2 - b^2}} \arctan \frac{a\tan\frac{x}{2} + b}{\sqrt{a^2 - b^2}} + C \quad (a^2 > b^2)$

104. $\int \frac{dx}{a + b\sin x} = \frac{1}{\sqrt{b^2 - a^2}} \ln \left| \frac{a\tan\frac{x}{2} + b - \sqrt{b^2 - a^2}}{a\tan\frac{x}{2} + b + \sqrt{b^2 - a^2}} \right| + C \quad (a^2 < b^2)$

105. $\int \frac{dx}{a + b\cos x} = \frac{2}{\sqrt{a^2 - b^2}} \arctan\left(\sqrt{\frac{a-b}{a+b}} \tan\frac{x}{2}\right) + C \quad (a^2 > b^2)$

106. $\int \frac{dx}{a + b\cos x} = \frac{1}{\sqrt{b^2 - a^2}} \ln \left| \frac{\tan\frac{x}{2} + \sqrt{\frac{b+a}{b-a}}}{\tan\frac{x}{2} + b - \sqrt{\frac{b+a}{b-a}}} \right| + C \quad (a^2 < b^2)$

107. $\int \frac{dx}{a^2 \cos^2 x + b^2 \sin^2 x} = \frac{1}{ab} \arctan\left(\frac{b\tan x}{a}\right) + C$

108. $\int \frac{dx}{a^2 \cos^2 x - b^2 \sin^2 x} = \frac{1}{2ab} \ln \left| \frac{b\tan x + a}{b\tan x - a} \right| + C$

109. $\int x \sin ax \, dx = \frac{1}{a^2} \sin ax - \frac{1}{a} x \cos ax + C$

110. $\int x^2 \sin ax \, dx = -\frac{1}{a^2} x^2 \cos ax + \frac{2}{a^2} x \sin ax + \frac{2}{a^3} \cos ax + C$

111. $\int x \cos ax \, dx = \frac{1}{a^2} \cos ax + \frac{1}{a} x \sin ax + C$

112. $\int x^2 \cos ax \, dx = \frac{1}{a^2} x^2 \sin ax + \frac{2}{a^2} x \cos ax - \frac{2}{a^3} \sin ax + C$

十二、含有反三角函数的积分

113. $\int \arcsin \frac{x}{a} \, dx = x \arcsin \frac{x}{a} + \sqrt{a^2 - x^2} + C$

114. $\int x \arcsin \frac{x}{a} \, dx = \left(\frac{x^2}{2} - \frac{a^2}{4}\right) \arcsin \frac{x}{a} + \frac{x}{4} \sqrt{a^2 - x^2} + C$

115. $\int x^2 \arcsin \frac{x}{a} \, dx = \frac{x^3}{3} \arcsin \frac{x}{a} + \frac{1}{9}(x^2 + 2a^2) \sqrt{a^2 - x^2} + C$

116. $\int \arccos \frac{x}{a} \, dx = x \arccos \frac{x}{a} - \sqrt{a^2 - x^2} + C$

117. $\int x \arccos \frac{x}{a} \, dx = \left(\frac{x^2}{2} - \frac{a^2}{4}\right) \arccos \frac{x}{a} - \frac{x}{4} \sqrt{a^2 - x^2} + C$

118. $\int x^2 \arccos\frac{x}{a}\mathrm{d}x = \frac{x^3}{3}\arccos\frac{x}{a} - \frac{1}{9}(x^2-2a^2)\sqrt{a^2-x^2}+C$

119. $\int \arctan\frac{x}{a}\mathrm{d}x = x\arctan\frac{x}{a} - \frac{a}{2}\ln(a^2+x^2)+C$

120. $\int x\arctan\frac{x}{a}\mathrm{d}x = \frac{1}{2}(a^2+x^2)\tan\frac{x}{a} - \frac{ax}{2}+C$

121. $\int x^2\arctan\frac{x}{a}\mathrm{d}x = \frac{x^3}{3}\arctan\frac{x}{a} - \frac{ax^2}{6}+\frac{a^3}{6}\ln(a^2+x^2)+C$

十三、含有指数函数的积分

122. $\int a^x\mathrm{d}x = \frac{a^x}{\ln a}+C$

123. $\int \mathrm{e}^{ax}\mathrm{d}x = \frac{\mathrm{e}^{ax}}{a}+C$

124. $\int \mathrm{e}^{ax}\sin bx\mathrm{d}x = \frac{\mathrm{e}^{ax}(a\sin bx - b\cos bx)}{a^2+b^2}+C$

125. $\int \mathrm{e}^{ax}\cos bx\mathrm{d}x = \frac{\mathrm{e}^{ax}(a\sin bx + b\cos bx)}{a^2+b^2}+C$

126. $\int x\mathrm{e}^{ax}\mathrm{d}x = \frac{\mathrm{e}^{ax}}{a^2}(ax-1)+C$

127. $\int x^n\mathrm{e}^{ax}\mathrm{d}x = \frac{x^n\mathrm{e}^{ax}}{a} - \frac{n}{a}\int x^{n-1}\mathrm{e}^{ax}\mathrm{d}x$

128. $\int xa^{mx}\mathrm{d}x = \frac{xa^{mx}}{m\ln a} - \frac{a^{mx}}{(m\ln a)^2}+C$

129. $\int x^n a^{mx}\mathrm{d}x = \frac{x^n a^{mx}}{m\ln a} - \frac{n}{m\ln a}\int x^{n-1}a^{mx}\mathrm{d}x$

130. $\int \mathrm{e}^{ax}\sin^n bx\mathrm{d}x = \frac{\mathrm{e}^{ax}\sin^{n-1}bx}{a^2+b^2n^2}(a\sin bx - nb\cos bx) + \frac{n(n-1)b^2}{a^2+b^2n^2}\int \mathrm{e}^{ax}\sin^{n-2}bx\mathrm{d}x$

131. $\int \mathrm{e}^{ax}\cos^n bx\mathrm{d}x = \frac{\mathrm{e}^{ax}\cos^{n-1}bx}{a^2+b^2n^2}(a\cos bx - nb\sin bx) + \frac{n(n-1)b^2}{a^2+b^2n^2}\int \mathrm{e}^{ax}\cos^{n-2}bx\mathrm{d}x$

十四、含有对数函数的积分

132. $\int \ln x\mathrm{d}x = x\ln x - x + C$

133. $\int \frac{1}{x\ln x}\mathrm{d}x = \ln\ln x + C$

134. $\int x^n\ln x\mathrm{d}x = x^{n+1}\left[\frac{\ln x}{n+1} - \frac{1}{(n+1)^2}\right]+C$

135. $\int \ln^n x\mathrm{d}x = x\ln^n x - n\int \ln^{n-1}x\mathrm{d}x$

136. $\int x^m \ln^n x \mathrm{d}x = \frac{x^{m+1}}{m+1}\ln^n x - \frac{n}{m+1}\int x^m \ln^{n-1} x \mathrm{d}x$

十五、定积分

137. $\int_{-\pi}^{\pi} \sin nx \mathrm{d}x = \int_{-\pi}^{\pi} \cos nx \mathrm{d}x = 0$

138. $\int_{-\pi}^{\pi} \cos mx \sin nx \mathrm{d}x = 0$

139. $\int_{-\pi}^{\pi} \cos mx \cos nx \mathrm{d}x = \begin{cases} 0, & m \neq n \\ \pi, & m = n \end{cases}$

140. $\int_{-\pi}^{\pi} \sin mx \sin nx \mathrm{d}x = \begin{cases} 0, & m \neq n \\ \pi, & m = n \end{cases}$

141. $\int_{0}^{\frac{\pi}{2}} \cos mx \cos nx \mathrm{d}x = \int_{0}^{\frac{\pi}{2}} \sin mx \sin nx \mathrm{d}x = \begin{cases} 0, & m \neq n \\ \frac{\pi}{2}, & m = n \end{cases}$

142. $I_n = \int_{0}^{\frac{\pi}{2}} \sin^n x \mathrm{d}x = \int_{0}^{\frac{\pi}{2}} \cos^n x \mathrm{d}x$

$$I_n = \frac{n-1}{n} I_{n-2}$$

$$I_n = \begin{cases} \frac{n-1}{n} \cdot \frac{n-3}{n-2} \cdots \frac{3}{4} \cdot \frac{1}{2} \cdot \frac{\pi}{2} = \frac{(n-1)!!}{n!!} \cdot \frac{\pi}{2} & (n\text{ 为正偶数}), I_0 = \frac{\pi}{2} \\ \frac{n-1}{n} \cdot \frac{n-3}{n-2} \cdots \frac{4}{5} \cdot \frac{2}{3} = \frac{(n-1)!!}{n!!} & (n\text{ 为大于 1 的奇数}), I_1 = 1 \end{cases}$$

附录2 习题参考答案

习 题 1

基 本 题

1.1 节

1. (1) $\frac{1}{8}$; (2) $\frac{4}{9}$; (3) $\frac{1}{8}$; (4) 9.

2. (1) $y=(2x-5)(2x+5)$; (2) $y=(x-3)(2x+1)$;
   (3) $y=(x-1)(x-2)(x+2)$.

3. (1) $y=2x^2+5x-3$; (2) $y=x^3-6x^2+12x-7$.

4. (1) $-2<x<1$; (2) $x\leqslant-1$ 或 $x\geqslant\frac{1}{3}$; (3) $0<x<3$.

5. (1) $\{x|x>3\}$; (2) $\{(x,y)|x^2+y^2<16\}$;
   (3) $\{(x,y)|y=x^2$ 且 $x-y=0\}$.

6. (1) $\{-1,0,1,2,3\}$; (2) $\{2,3\}$; (3) $\{(0,0),(1,1)\}$.

7. (1) $[1,3]$; (2) $(-\infty,-6)\cup(6,+\infty)$; (3) $(a-\varepsilon,a+\varepsilon)$.

1.2 节

1. (1)$(-2,1)\cup(1,+\infty)$; (2) $[0,4]$;
   (3) $(-\infty,-1)\cup(-1,1)\cup(1,+\infty)$; (4) $[1,4]$.

2. $f(2)=-2$, $f(2+h)=-(h^2+3h+2)$, $f(x+h)=x+h-x^2-2xh-h^2$,
   $\frac{f(x+h)-f(x)}{h}=1-2x-h$.

3. (1) 在$(-\infty,+\infty)$单调增函数; (2) 在$(-\infty,+\infty)$单调减函数;
   (3) 在$(0,+\infty)$单调增函数; (4) 在$[0,+\infty)$单调增函数.

4. (1) 奇函数; (2) 非奇非偶函数; (3) 偶函数;
   (4) 奇函数; (5) 奇函数; (6) 奇函数.

5. 证明从略.

6. 证明从略.

7. (1) 周期函数,周期 $T=2\pi$;　(2) 周期函数,周期 $T=\pi$;
(3) 不是周期函数.

8. (1) 有界;　(2) 无界;　(3) 无界;　(4) 有界.

1.3 节

1. (1) $y=\frac{1-x}{1+x}$;　(2) $y=x^3-1$;　(3) $y=-\frac{x}{(1+x)^2}, x(-1,1]$.

2. $f[g(x)]=\sin^2 3x+\sin 3x, g[f(x)]=\sin 3(x^2+x)$.

3. $f(x-1)=\begin{cases}1, x<1\\0, x=1\\-1, x>1\end{cases}, f(x^2-1)=\begin{cases}1, |x|<1\\0, |x|=1\\-1, |x|>1\end{cases}$.

4. $\varphi(x)=\sqrt{\ln(1-x)}$,定义域 $x\in(-\infty,0]$.

5. (1) $y=\sin u, u=x^3$;　(2) $y=\sqrt{u}, u=\lg v, v=x^2+1$;
(3) $y=e^u, u=\arctan v, v=x^2$;
(4) $y=u^2, u=\cos v, v=\ln w, w=1+t, t=\sqrt{h}, h=1+x^2$.

6. (1) $[-1,1]$;　(2) 当 $a>1$ 时,$x\geqslant 0$;当 $0<a<1$ 时,$x\leqslant 0$;　(3) $[1,e]$.

7. $f[f(x)]\equiv 1$.

1.4 节

1. $L=(200-x)(x-50), x\in[50,200]$.

2. (1) $C(x)=100+3x, C(0)=100$;　(2) $C(200)=700, \bar{C}(200)=3.5$.

3. $R(x)=\begin{cases}1250x, 0\leqslant x\leqslant 10000\\1250x-25000, 10000<x\leqslant 12000\end{cases}$.

4. (1) $L(q)=8q-7-q^2$;　(2) $L(4)=9, \bar{L}(4)=\frac{9}{4}$;　(3) 亏损.

5. $Q=20000-500P, R(Q)=40Q-\frac{Q^2}{500}$.

自　测　题

一、1. D;　2. C;　3. C;　4. B;　5. A.

二、1. $\{x \mid e^{-1}\leqslant x\leqslant e^4\}$;　2. $(x_0+\Delta x+1)^2+1$;　3. $y=\ln(x+\sqrt{x^2+1})$;
4. $f[g(x)]=\begin{cases}0 & x<0\\x^2 & x\geqslant 0\end{cases}$;　5. $\frac{c}{a^2-b^2}\left(\frac{a}{x}-bx\right)$.

三、1. $-1,3$;　2. $f(x)=\begin{cases}0 & x<0\\x^2-3x+2 & 0\leqslant x\leqslant 2\\0 & x>2\end{cases}$;　3. 偶函数;

4. $f^{-1}(x)=\begin{cases}\dfrac{x-1}{3} & (-8\leqslant x<1)\\ \log_3 x & (1\leqslant x<3)\\ \sqrt{x-2} & (3\leqslant x\leqslant 11)\end{cases}$；　　5. 18000 本， 28000 本.

习 题 2

基 本 题

2.1 节

1. (1) 0;　(2) 0;　(3) 1;　(4) 1;　(5) 0;
   (6) 不存在;　(7) $\dfrac{\pi}{2}$;　(8) 0.
2. (1) 收敛;　(2) 收敛;　(3) 发散;　(4) 收敛.
3. (1) 1;　(2) $n>4$.
4. 如:数列 $\{(-1)^n\}$.

2.2 节

1. (1) 0;　(2) 0;　(3) 0;　(4) 1.
2. (1) 0;　(2) 不存在;　(3) 0;　(4) cos 1.
3. (1) 4;　(2) 1;　(3) $-\dfrac{1}{2}$;　(4) 1;　(5) ln 2;　(6) 1.
4. (1) $\lim\limits_{x\to 1^+}f(x)=\lim\limits_{x\to 1^-}f(x)=1,\lim\limits_{x\to 1}f(x)=1$;
   (2) $\lim\limits_{x\to 2^+}f(x)=3,\lim\limits_{x\to 2^-}f(x)=8,\lim\limits_{x\to 2}f(x)$不存在;
   (3) $\lim\limits_{x\to 0^+}f(x)=\lim\limits_{x\to 0^-}f(x)=0,\lim\limits_{x\to 0}f(x)=0$,
   $\lim\limits_{x\to 2^+}f(x)=\lim\limits_{x\to 2^-}f(x)=2,\lim\limits_{x\to 2}f(x)=2$;
   (4) $\lim\limits_{x\to 1^+}f(x)=0,\lim\limits_{x\to 1^-}f(x)=1,\lim\limits_{x\to 1}f(x)$不存在,
   $\lim\limits_{x\to 5^+}f(x)=\lim\limits_{x\to 5^-}f(x)=4,\lim\limits_{x\to 5}f(x)=4$.
5. 证明从略.

2.3 节

1. (1) 当 $x\to 0^-$, $f(x)$为无穷小;当 $x\to 0^+$, $f(x)$为无穷大;
   $y=1$ 是水平渐近线, $x=0$ 是铅直渐近线.
   (2) 当 $x\to 3$ 时, $f(x)$为无穷小;当 $x\to 2^+$ 或 $x\to +\infty$, $f(x)$为无穷大;
   $x=2$ 是铅直渐近线.

(3) 当 $x\to-1$，$f(x)$为无穷小；当 $x\to2$，$f(x)$为无穷大；

$y=1$ 是水平渐近线，$x=2$ 是铅直渐近线.

2. (1) 0；　　(2) 0.

3. 无界；

因为若 $x=k\pi$，总有 $y=0$，所以当 $x\to+\infty$时，$y=x\sin x$ 不是无穷大.

2.4 节

1. (1) $\frac{1}{2}$；　(2) $\frac{5}{2}$；　(3) 2；　(4) $\frac{1}{5}$.

2. (1) $\frac{1}{3}$；　(2) 2；　(3) 3；　(4) ∞；　(5) 0 ；

(6) $\frac{1}{2}$；　(7) $2x$；　(8) $\frac{1}{2\sqrt{x}}$；　(9) 3；　(10) 0；

(11) -1；　(12) $\frac{1}{2}$；　(13) $\frac{2}{3}$；　(14) $\left(\frac{3}{2}\right)^{20}$.

3. (1) -1；　(2) 1；　(3) ∞；　(4) 0.

4. 提示：可用反证法.

2.5 节

1. (1) $\frac{2}{3}$；　(2) 2；　(3) 0；　(4) 0；

(5) 0；　(6) 1；　(7) $-\frac{1}{2}$；　(8) $\frac{1}{3}$.

2. (1) e^2；　(2) $e^{\frac{1}{4}}$；　(3) e^{-1}；　(4) e^{-1}；　(5) e^2；　(6) e^3.

3. $c=\ln 3$；　　4. 522.05 元.

2.6 节

1. (1) $(-\infty,-1)$与$(-1,+\infty)$；　　(2) $[0,2]$.

2. (1) 连续；　　(2) 不连续.

3. $a=3$.

4. 连续.

5. $(-\infty,-3)$，$(-3,2)$，$(2,+\infty)$，$\lim\limits_{x\to0}f(x)=-\frac{1}{\sqrt[3]{6}}$.

6. (1) $\sqrt{3}$ ；　(2) 0；　(3) 0；　(4) 1；　(5) 1；　(6) $\ln\frac{4}{3}$.

2.7 节

各题证明从略.

2.8 节

1. (1) 等价无穷小; (2) 同阶无穷小; (3) 高阶无穷小.
2. 证明从略.
3. 证明从略.
4. (1) 2; (2) 2; (3) $-\frac{2}{5}$; (4) $\frac{1}{2}$; (5) $\begin{cases}1, & m=n\\ \infty, & m<n;\\ 0, & m>n\end{cases}$ (6) $\frac{1}{2}$.

2.9 节

1. 证明从略.
2. 证明从略.
3. $\delta=0.0002$.

2.10 节

1. (1) $x=-2$ 是无穷间断点;(2) $x=2$ 是可去间断点,$x=3$ 是无穷间断点;
   (3) $x=1$ 是跳跃间断点;(4) $x=0$ 是可去间断点,$x=k\pi(k\neq0)$是无穷间断点.
2. (1) $x=0$ 是无穷间断点;(2) $x=\pm1$ 是跳跃间断点.

自 测 题

一、1. D; 2. B; 3. C; 4. A; 5. B.

二、1. 3; 2. 0; 3. 2; 4. 2; 5. $\{0\}\cup[1,+\infty)$;$[1,+\infty)$.

三、1. $-\frac{1}{2\sqrt{2}}$; 2. $\frac{1}{2}$; 3. 0; 4. 4;

5. 当 $a\geqslant b$ 时,a;当 $a<b$ 时,b; 6. 0; 7. $\frac{1}{2}$; 8. e^{-1}.

四、$x=\pm1$ 是第一类跳跃间断点.

五至七题证明从略.

习 题 3

基 本 题

3.1 节

1. 4.
2. $-1,-\frac{1}{4}$.

3. 1,e.

4. (1) $2f'(x_0)$;　　(2) $f'(x_0)$;　　(3) $2f'(x_0)$.

5. 2.

6. (1) 8;　　(2) 6.

7. 切线方程:$y-2=\frac{1}{4}(x-4)$;法线方程:$y-2=-4(x-4)$.

8. 连续不可导.

9. $a=2,b=-1$.

10. 连续且可导.

3.2 节

1. (1) $-\frac{20}{x^6}-\frac{28}{x^5}-\frac{2}{x^2}$;　　(2) $-\frac{1}{2\sqrt{x}}\left(1+\frac{1}{x}\right)$;　　(3) $\sec^2 x+3\csc x\cot x$;

(4) $x^2(3\lg x+\lg e)$;　　(5) $2e^x-2^x\ln 2$;　　(6) $e^x(\sin x+\cos x)$;

(7) $\frac{1-\ln x}{x^2}$;　　(8) $2x\arctan x+1$;　　(9) $\sin x\ln x+x\cos x\ln x+\sin x$;

(10) $-\frac{1}{1+\sin x}$;　　(11) $-\frac{1}{x(\ln x)^2}$;　　(12) $\frac{3^x[(1+x)\ln 3-1]}{(1+x)^2}$;

(13) $\frac{4x}{(x^2-1)^2}$;　　(14) $\frac{\sin x-\cos x}{1+\sin 2x}$;

(15) $2x(\cos x+\sqrt{x})-x^2\sin x+\frac{1}{2}x\sqrt{x}$;

(16) $\frac{1}{3}x^{-\frac{2}{3}}\sin x+\sqrt[3]{x}\cos x+e^x a^x\ln a+a^x e^x$.

2. (1) $\frac{3}{2}$;　　(2) $\frac{(\pi-4)\sqrt{2}}{8}$;　　(3) -2;

(4) $\frac{9}{4}(\ln 3-1)$;　　(5) $(1+\ln x)-\frac{1}{2x\sqrt{x}},\frac{1}{2}$.

3. (1) $12-10t$;　　(2) 1.2s.

4. $\left(\frac{3}{4},-\frac{3}{16}\right)$.

5. $\frac{1}{2e}$.

3.3 节

1. (1) $3\sin(4-3x)$;　　(2) $-6xe^{-3x^2}$;　　(3) $\frac{1}{2}\sec^2\frac{x}{2}$;　　(4) $\frac{e^x}{1+e^{2x}}$;

(5) $-\tan x$;　　(6) $-\frac{1}{x}\sin\ln x$;　　(7) $-\frac{10^{\frac{1}{x}}\ln 10}{x^2}$;　　(8) $\frac{2\arcsin x}{\sqrt{1-x^2}}$;

(9) $\dfrac{2x+3}{(x^2+3x+5)\ln 3}$; (10) $\dfrac{1}{x\ln x}$; (11) $\sec x$.

2. (1) $\csc x$; (2) $\dfrac{n\sin x}{\cos^{n+1}x}$; (3) $6\sin^2(2x-1)\cos(2x-1)$;

(4) $-2e^{\tan(1-2x)}\sec^2(1-2x)$; (5) $-\dfrac{2}{x^2}\sec^2\dfrac{1}{x}\tan\dfrac{1}{x}$;

(6) $\dfrac{e^{\arctan\sqrt{x}}}{2\sqrt{x}(1+x)}$; (7) $(3x+5)^2(5x+4)^4(120x+161)$;

(8) $\dfrac{1}{2x}\left(1+\dfrac{1}{\sqrt{\ln x}}\right)$; (9) $\sin^3 x+3x\sin^2 x\cos x$;

(10) $\dfrac{1}{3}(x+\sqrt{x})^{-\frac{2}{3}}\left(1+\dfrac{1}{2\sqrt{x}}\right)$; (11) $\dfrac{x}{\sqrt{1+x^2}}-1$;

(12) $-\dfrac{2x}{(1+x^2)^2}\sqrt{\dfrac{1+x^2}{1-x^2}}$; (13) $-\dfrac{1}{\sqrt{x^2+a^2}}$;

(14) $-\dfrac{\sqrt{2x(1-x)}}{2x(1-x^2)}$; (15) $10^{x\ln x}\ln 10\cdot(1+\ln x)$; (16) $\dfrac{1}{\mathrm{ch}^2 x}$.

3. (1) $2xf'(x^2)$; (2) $\sin 2x[f'(\sin^2 x)-f'(\cos^2 x)]$;

(3) $f'(e^x+x^e)\cdot(e^x+ex^{e-1})$; (4) $e^{f(x)}[f'(e^x)e^x+f(e^x)\cdot f'(x)]$.

4. (1) $\dfrac{f(x)\cdot f'(x)+g(x)\cdot g'(x)}{\sqrt{f^2(x)+g^2(x)+1}}$; (2) $f'(e^x)\cdot e^x$;

(3) $\dfrac{f'(\ln x)}{x}+\dfrac{2g'(x)}{g(x)}$; (4) $e^{f(x)}f'(x)f[f(x)]+e^{f(x)}f'[f(x)]\cdot f'(x)$.

3.4 节

1. (1) $12x-\dfrac{1}{x^2}$; (2) $9e^{-3x+4}$; (3) $-\sec^2 x$; (4) $-2e^{-t}\cos t$;

(5) $4(1-x)^{-3}$; (6) $-\dfrac{a^2}{(a^2-x^2)\sqrt{a^2-x^2}}$; (7) $2\arctan x+\dfrac{2x}{1+x^2}$;

(8) $-x(1+x^2)^{-\frac{3}{2}}$; (9) $\dfrac{e^x(x^2-2x+2)}{x^3}$; (10) $\sec x\tan^2 x+\sec^3 x$.

2. 2.

3. $\dfrac{2-\ln x}{x\ln^3 x}$.

4. 证明从略.

5. (1) $(-2)^n e^{-2x}$; (2) $(-1)^{n-1}(n-1)!\,(x-1)^{-n}$;

(3) $\dfrac{1}{2}(-1)^n n!\,[(x+1)^{-(n+1)}-(x-1)^{-(n+1)}]$; (4) $-2^{n-1}\cos\left(2x+\dfrac{n\pi}{2}\right)$.

3.5 节

1. (1) $\dfrac{\sin x}{\cos y}$； (2) $\dfrac{ay-x^2}{y^2-ax}$； (3) $\dfrac{e^{x+y}-y}{x-e^{x+y}}$； (4) $\dfrac{x+y}{x-y}$.

2. 切线：$y\mp\sqrt{3}=\mp\dfrac{2\sqrt{3}}{9}\left(x-\dfrac{3}{2}\right)$；法线：$y\mp\sqrt{3}=\pm\dfrac{3\sqrt{3}}{2}\left(x-\dfrac{3}{2}\right)$.

3. (1) $-\dfrac{b^4x^2+b^2a^2y^2}{a^4y^3}$； (2) $-\dfrac{4\sin y}{(2-\cos y)^3}$； (3) $\dfrac{1}{e^2}$.

4. (1) $x^{\sin x}\left[\cos x\ln x+\dfrac{\sin x}{x}\right]$； (2) $\left(\dfrac{x}{1+x}\right)^x\left(\ln\dfrac{x}{1+x}+\dfrac{1}{1+x}\right)$；

   (3) $\dfrac{xe^{2x}}{(x-1)(3x+2)}\left(\dfrac{1}{x}+2-\dfrac{1}{x-1}-\dfrac{3}{3x+2}\right)$.

5. (1) $\dfrac{3+3t^2}{(1+t)e^t}$； (2) $\dfrac{\cos\theta-\theta\sin\theta}{1-\sin\theta-\theta\cos\theta}$.

6. 切线：$y-\dfrac{1}{5}=\dfrac{4}{3}\left(x-\dfrac{2}{5}\right)$；法线：$y-\dfrac{1}{5}=-\dfrac{3}{4}\left(x-\dfrac{2}{5}\right)$.

3.6 节

1. (1) $2x+C$； (2) $\dfrac{3}{2}x^2+C$； (3) $-\dfrac{1}{\omega}\cos\omega x+C$；

   (4) $\ln(1+x)+C$； (5) $-\dfrac{1}{2}e^{-2x}+C$； (6) $2\sqrt{x}+C$；

   (7) $\dfrac{1}{3}\tan 3x+C$.

2. Δy 分别为：9，0.72，0.0702；dy 分别为：7，0.7，0.07.

3. (1) $(\sin 2x+2x\cos 2x)dx$； (2) $2(e^{2x}-e^{-2x})dx$； (3) $\dfrac{2\ln(1-x)}{x-1}dx$；

   (4) $-\dfrac{2x}{1+x^4}dx$； (5) $-\dfrac{a^2}{x^2}dx$； (6) $\dfrac{e^y}{2-y}dx$.

4. (1) 0.01； (2) 0.87476 ； (3) $30°0.83''$； (4) 1.9875.

5. $2.01\pi\,(cm^2)$； $2\pi\,(cm^2)$

6. 约 $-52.36\,(cm^2)$；约 $104.72\,(cm^2)$.

自 测 题

一、1. A； 2. C； 3. D； 4. B； 5. C.

二、1. $2(m-n)$； 2. $\left(\dfrac{3}{2},\dfrac{7}{4}\right)$； 3. 1； 4. $-\dfrac{\sqrt{3}}{4}\pi,\dfrac{\pi^2}{24}$； 5. 0.01；

   6. $-\csc^2 x$； 7. $(32x^2+160x+160)e^{2x}$； 8. $\dfrac{2}{e}$.

三、1. $\dfrac{x^3+2xa^2}{(x^2+a^2)^{\frac{3}{2}}}\mathrm{d}x$； 2. $\dfrac{\mathrm{e}^{\frac{\sin 2x}{x}}[2x\cos 2x-\sin 2x]}{x^2}$；

3. $\csc^2 x\cdot\ln(1+\sin x)\mathrm{d}x$； 4. $(\cos x)^{\sin x}[\cos x\ln\cos x-\tan x\sin x]$；

5. $-\dfrac{1}{2(1-x)^2}-\dfrac{1-x^2}{(1+x^2)^2}$.

四、$-\mathrm{e}^{-1}$.

五、$\left(\ln 2,\dfrac{\pi}{4}\right)$.

习　题　4

基　本　题

4.1 节

1. $\xi=2$.
2. 4 个根,分别位于区间(1,2),(2,3),(3,4),(4,5);3 个根.

3 至 6 题证明从略.

4.2 节

(1) k； (2) 3； (3) $\dfrac{3}{2}$； (4) $-\dfrac{1}{8}$； (5) $\dfrac{1}{3}$； (6) -1；

(7) $+\infty$； (8) 0； (9) 3； (10) $\mathrm{e}^{-\frac{1}{2}}$； (11) e^3； (12) 2.

4.3 节

1. 证明从略.
2. (1) 在区间$(0,+\infty)$内单调增加,在区间$(-\infty,0)$内单调减少；
   (2) 在区间$(0,+\infty)$内单调增加.
3. 证明从略.
4. (1) 极大值$y|_{x=\frac{3}{4}}=\dfrac{5}{4}$； (2) 无极值.
5. (1) 极大值$y|_{x=\frac{7}{3}}=\dfrac{4}{27}$,极小值$y|_{x=3}=0$；
   (2) 极小值$y|_{x=-\frac{1}{2}\ln 2}=2\sqrt{2}$.

4.4 节

1. (1) 最大值$\sqrt{2}$,最小值$-\sqrt{2}$； (2) 最大值$\dfrac{1}{2}$,最小值 0.

2. 长为 10，宽为 5.

3. 地面半径为$\sqrt[3]{\dfrac{150}{\pi}}$，高为 $2\cdot\sqrt[3]{\dfrac{150}{\pi}}$.

4. 产量为 3 000 时，平均成本最小，最小值为 46.

4.5 节

1. (1) 在区间$(-\infty,2)$内上凸，在区间$(2,+\infty)$内下凸.
   (2) 在区间$(-\infty,+\infty)$内下凸.
   (3) 在区间$(-\infty,-1)$与$(1,+\infty)$内上凸，在区间$(-1,1)$内下凸.
   (4) 在区间$\left(-\infty,\dfrac{1}{2}\right)$内下凸，在区间$\left(\dfrac{1}{2},+\infty\right)$内上凸.

2. 图形(略).

4.6 节

1. $f(x)=-56+21(x-4)+37(x-4)^2+11(x-4)^3+(x-4)^4$.

2. $\sqrt{x}=2+\dfrac{1}{4}(x-4)-\dfrac{1}{64}(x-4)^2+\dfrac{1}{512}(x-4)^3+o((x-4)^3)$.

3. $\dfrac{1}{3-x}=\dfrac{1}{2}+\dfrac{x-1}{2^2}+\dfrac{(x-1)^2}{2^3}+\cdots+\dfrac{(x-1)^n}{2^{n+1}}+o((x-1)^n)$.

4. $\sin^2x=\dfrac{2x^2}{2!}-\dfrac{2^3x^4}{4!}+\cdots+(-1)^{n-1}\dfrac{2^{2n-1}x^{2n}}{(2n)!}+o(x^{2n+1})$.

4.7 节

1. $\dfrac{2}{3\sqrt{3}}$;

2. $K=\dfrac{1}{13\sqrt{26}}$，$\rho=13\sqrt{26}$;

3. $\mathrm{d}s=\sqrt{1+\cos^2x}\,\mathrm{d}x$.

4.8 节

1. $\dfrac{1}{\sqrt{x}}$，$\dfrac{5}{(x+1)^2}$，$\dfrac{5}{(x+1)^2}-\dfrac{1}{\sqrt{x}}$.

2. 15.

3. (1) $\dfrac{ES}{Ep}=\dfrac{3p}{3p+2}$;

   (2) 当 $p=3$ 时的供给弹性为$\left.\dfrac{ES}{Ep}\right|_{p=3}=\left.\dfrac{3p}{3p+2}\right|_{p=3}=\dfrac{9}{11}=0.82$，它表示：当 $p=3$ 时，价格上涨 1%，供给增加 0.82%，或者说当价格下降 1%时，供给将减少

0.82%.

4. 当一次批量为 $Q_0=250$ 时,一年总费用最小为 $E_0=40\,000$(元).

自 测 题

一、1. A;　2. A;　3. C;　4. D;　5. D;　6. D.

二、1. $\frac{1}{4}$;　2. $\frac{1}{\ln 2}-1$;　3. $(-\infty,+\infty)$;　4. $(-\infty,2)$;

5. $(0,2)$;　6. 3,1;　7. -8;　8. $C'(x)=0.02x+10$.

三、1. (1) 2;　(2) $\ln a-\ln b$;　(3) $\frac{1}{3}$;　(4) 0;

(5) $-\frac{1}{2}$;　(6) e^{-1}.

2. 单调增加区间为$(-\infty,-\frac{1}{3})$和$(1,+\infty)$;单调减少区间为$(-\frac{1}{3},1)$;

极大值 $y|_{x=-\frac{1}{3}}=\frac{32}{27}$;极小值 $y|_{x=1}=0$;下凸区间为$(\frac{1}{3},+\infty)$;

上凸区间为$(-\infty,\frac{1}{3})$;拐点$(\frac{1}{3},\frac{16}{27})$.

3. $a=1,b=-6,c=9,d=2$.

4. 250,425,0.

四、1 至 3 题证明从略.

习 题 5

基 本 题

5.1 节

1. (1) 不成立;　(2) 成立;　(3) 成立;　(4) 不成立.

2. $-\frac{1}{x\sqrt{1-x^2}}$.

3. $C_1x-\sin x+C_2$.

4. (1) e^{3x};　(2) $\sin 3x\mathrm{d}x$;　(3) $e^{2x}+C$;　(4) $\sin 3x+C$.

5. $y=\arcsin x+\frac{\pi}{2}$.

6. $y=\ln|x|+1$.

5.2 节

1. (1) $\frac{1}{3}x^3-\frac{3}{2}x^2+2x+C$;　(2) $\frac{3}{4}x^{\frac{4}{3}}-2x^{\frac{1}{2}}+C$;

(3) $-\frac{1}{x}-6\ln|x|+12x-4x^2+C$；　(4) $2\arctan x-x+C$；

(5) $\frac{4(x^2+7)}{7\sqrt[4]{x}}+C$；　(6) $\frac{3^x e^x}{\ln 3+1}+C$；

(7) $2x-\frac{5\ (2/3)^x}{\ln 2-\ln 3}+C$；　(8) $-\frac{1}{x}-\arctan x+C$；

(9) $-3\cos x-4\sin x+C$；　(10) $-\cot x-x+C$；

(11) $\frac{x+\sin x}{2}+C$；　(12) $\tan x-\sec x+C$；

(13) $\frac{1}{2}\tan x+C$；　(14) $-(\cot x+\tan x)+C$；

(15) $3\arcsin x-\ln|x|+C$.

2. 27m，$\sqrt[3]{360}\approx 7.11$s.

3. $Q=1000\left(\frac{1}{3}\right)^P$.

4. $C(x)=x^2+10x+20$.

5.3节

1. (1) $\frac{1}{a}$；　(2) $\frac{1}{2}$；　(3) 2；　(4) $-\frac{1}{9}$；　(5) $\frac{1}{2}$；

(6) $-\frac{1}{2}$；　(7) $-\frac{1}{3}$；　(8) $\frac{1}{2}$；　(9) $\frac{1}{2}$；　(10) -1.

2. (1) $-\frac{1}{2}(2-3x)^{\frac{2}{3}}+C$；　(2) $\frac{1}{2}\ln|3+2x|+C$；　(3) $\frac{1}{3}\cdot\frac{a^{3x}}{\ln a}+C$；

(4) $-e^{-x}+C$；　(5) $-\frac{1}{3}\cos x^3+C$；　(6) $\frac{1}{3}(\ln x)^3+C$；

(7) $-e^{\frac{1}{x}}+C$；　(8) $-\frac{1}{2}(\arccos x)^2+C$；　(9) $\sqrt{2+x^2}+C$；

(10) $-2\cos(\sqrt{x}+1)+C$；　(11) $\frac{1}{2}\ln|1+2\ln x|+C$；　(12) $\ln(1+e^x)+C$；

(13) $\arctan e^x+C$；　(14) $\frac{1}{3}\arcsin\frac{3x}{2}+C$；　(15) $\frac{1}{3}\ln\left|\frac{x-2}{x+1}\right|+C$；

(16) $\frac{1}{12}\ln\left|\frac{2+3x}{2-3x}\right|+C$；　(17) $\frac{1}{3}\arctan\frac{x-4}{3}+C$；　(18) $\arcsin\frac{x+1}{\sqrt{6}}+C$；

(19) $\frac{1}{2}\arcsin\frac{2x}{3}+\frac{1}{4}\sqrt{9-4x^2}+C$；　(20) $-\frac{1}{1+x}+\frac{1}{2\ (1+x)^2}+C$；

(21) $\frac{1}{2}x^2-\frac{9}{2}\ln(9+x^2)+C$；　(22) $-\frac{1}{x^2+3x+4}+C$；

(23) $\arcsin x+\sqrt{1-x^2}+C$；　(24) $2\arcsin\frac{1-x}{2}-\sqrt{4-(1-x)^2}+C$；

(25) $\ln|\ln\ln x|+C$； (26) $-\frac{1}{2}(x\ln x)^{-2}+C$； (27) $(\arctan\sqrt{x})^2+C$.

3. (1) $\sin x-\frac{\sin^3 x}{3}+C$； (2) $\frac{x}{2}+\frac{1}{8}\sin[2(2x+3)]+C$； (3) $-\frac{\cos^3(\omega t)}{3\omega}+C$；

(4) $e^{\sin x}+C$； (5) $-\frac{1}{2}(\sin x-\cos x)^{-2}+C$； (6) $\frac{1}{11}\tan^{11}x+C$；

(7) $\frac{1}{3}\sec^3 x-\sec x+C$； (8) $\frac{1}{4}\tan^4 x+\frac{1}{6}\tan^6 x+C$；

(9) $\frac{\tan^2 x}{2}+\ln|\cos x|+C$； (10) $-\frac{\cot^3 x}{3}-\cot x+C$；

(11) $\frac{2}{\sqrt{\cos x}}+C$； (12) $\frac{10^{\arcsin x}}{\ln 10}+C$；

(13) $-\ln(1+\cos^2 x)+C$； (14) $\tan\frac{x}{2}+C$；

(15) $-\ln\left|\cos\sqrt{1+x^2}\right|+C$； (16) $-\frac{1}{10}\cos 5x+\frac{1}{2}\cos x+C$.

4. (1) $(\sqrt{x}-1)^2+2\ln(1+\sqrt{x})+C$； (2) $\frac{3}{7}(x+1)^{\frac{7}{3}}-\frac{3}{4}(x+1)^{\frac{4}{3}}+C$；

(3) $\frac{1}{5}(4-x^2)^{\frac{5}{2}}-\frac{4}{3}(4-x^2)^{\frac{3}{2}}+C$； (4) $\arcsin x-\frac{1-\sqrt{1-x^2}}{x}+C$；

(5) $\frac{x}{\sqrt{1-x^2}}+C$； (6) $\sqrt{x^2-9}-3\arccos\frac{3}{x}+C$；

(7) $\arccos\frac{1}{x}+C$； (8) $3\sqrt[3]{x}-6\sqrt[6]{x}+6\ln(\sqrt[6]{x}+1)+C$；

(9) $\frac{1}{3}(a^2+x^2)^{\frac{3}{2}}-a^2\sqrt{a^2+x^2}+C$； (10) $\frac{x}{\sqrt{1+x^2}}+C$；

(11) $\frac{1}{2}\left(\arctan x+\frac{x}{x^2+1}\right)+C$.

5.4 节

1. (1) $\frac{1}{2}xe^{2x}-\frac{1}{4}e^{2x}+C$； (2) $2x\sin\frac{x}{2}+4\cos\frac{x}{2}+C$；

(3) $x\ln(x^2+1)-2x+2\arctan x+C$； (4) $x\arcsin x+\sqrt{1-x^2}+C$；

(5) $\frac{1}{5}e^x(\cos 2x+2\sin 2x)+C$； (6) $x\ln^2 x-2x\ln x+2x+C$；

(7) $\frac{x^3}{6}+\frac{1}{2}x^2\sin x+x\cos x-\sin x+C$； (8) $x\tan x-\frac{1}{2}x^2+\ln|\cos x|+C$；

(9) $\frac{1}{2}x(\cos\ln x+\sin\ln x)+C$； (10) $-\sqrt{1-x^2}\arcsin x+x+C$；

(11) $x\arcsin^2 x+2\sqrt{1-x^2}\arcsin x-2x+C$； (12) $2\sqrt{x}e^{\sqrt{x}}-2e^{\sqrt{x}}+C$.

2. $\frac{1}{4}\tan^4 x-\frac{1}{2}\tan^2 x-\ln|\cos x|+C.$

5.5 节

(1) $-5\ln|x-2|+6\ln|x-3|+C$; (2) $-\ln\frac{(x+1)^2}{(x^2+x+1)}+C$;

(3) $\frac{1}{2}\ln(x^2+2x+3)-\frac{3}{\sqrt{2}}\arctan\frac{x+1}{\sqrt{2}}+C$;

(4) $\ln\frac{(x-1)^2}{\sqrt{x^2-x+1}}+\frac{5}{\sqrt{3}}\arctan\frac{2x-1}{\sqrt{3}}+C$;

(5) $\arctan x+\frac{1}{2(x^2+1)}+C$;

(6) $\ln|x|-\frac{1}{x}-\frac{1}{2}\ln|x^2-2x+3|+\sqrt{2}\arctan\frac{x-1}{\sqrt{2}}+C$;

(7) $\tan\frac{x}{2}+C$; (8) $\frac{1}{2}(\ln|\sin x+\cos x|+x)+C$;

(9) $\ln\left|1+\tan\frac{x}{2}\right|+C.$

自 测 题

一、1. D; 2. C; 3. B; 4. D; 5. D.

二、1. $x-\tan x+C$; 2. e^{x^2}, $x\tan x+C$; 3. $1-\frac{1}{2}e^{-2x}$; 4. $2\arctan\sqrt{x}+C$;

5. $\frac{1}{1-f(x)}+C$; 6. $x\cos x-\sin x+C$; 7. $\cos\frac{x}{2}+C$; 8. $-\frac{1}{x\ln x}+C.$

三、1. $\cos\left(1+\frac{1}{x}\right)+C$; 2. $-\frac{2}{3}(1-x)\sqrt{1-x}-x+C$;

3. $\frac{1}{48}(2x-3)^{12}+\frac{3}{44}(2x-3)^{11}+C$; 4. $2\tan x+2\sec x-x+C$;

5. $-2\sqrt{1-x}\arcsin\sqrt{x}+2\sqrt{x}+C$; 6. $\arcsin\frac{x}{\sqrt{2}}-\frac{x}{2}\sqrt{2-x^2}+C$;

7. $\frac{1}{2}e^{\arcsin x}(x+\sqrt{1-x^2})+C$;

8. $\sqrt{x^2-4x+3}+4\ln\left|x-2+\sqrt{x^2-4x+3}\right|+C.$

四、$C(q)=10\,000e^{0.01q}-9\,880.$

习　题　6

基　本　题

6.1 节

1. e−1.

2. (1) 1；　(2) 0.

3. $\frac{1}{3}(b^3-a^3)+(b-a)$.

6.2 节

1. (1) $<$；　(2) $>$.

2. 证明从略.

3. 证明从略.

6.3 节

1. 0，　$\frac{\sqrt{2}}{2}$.

2. (1) $\sec^2 x$；　(2) $3x^2\tan x^3-2x\tan x^2$；

   (3) $\int_0^x \sin t\mathrm{d}t+x\sin x$；　(4) 0.

3. $(1+x)\mathrm{e}^x$.

4. (1) $\frac{2}{3}$；　(2) $\frac{1}{2}$.

5. (1) 1；　(2) $\frac{\pi}{3}$；　(3) $\frac{227}{12}$；　(4) 2；　(5) $\frac{17}{2}$.

6.4 节

1. (1) $\frac{51}{512}$；　(2) $\pi-\frac{4}{3}$；　(3) $\frac{\pi}{6}-\frac{\sqrt{3}}{8}$；　(4) 0；

   (5) $\mathrm{e}-\sqrt{\mathrm{e}}$；　(6) $2(\sqrt{3}-1)$；　(7) $3\ln 3$；

   (8) $1-\frac{\pi}{4}$；　(9) $\sqrt{2}-\frac{2}{3}\sqrt{3}$；　(10) $\frac{1}{6}$；

   (11) $\arccos\frac{1}{3}-\frac{\pi}{3}$；　(12) $\frac{\pi}{2}$；　(13) $\frac{\pi}{4}+\frac{1}{2}$；　(14) $2\left(1-\frac{\pi}{4}\right)$.

2. (1) $\frac{\pi}{4}$；　(2) $4(2\ln 2-1)$；　(3) $\frac{1}{5}(\mathrm{e}^{\pi}-2)$；

(4) $\frac{e(\sin 1-\cos 1)+1}{2}$;　(5) $2-\frac{2}{e}$;　(6) $\frac{\pi}{12}+\frac{\sqrt{3}}{2}-1$.

3. (1) 0;　(2) $\frac{3\pi}{2}$.

4 至 7 题证明从略.

6.5 节

1. 21.　2. $\frac{32}{3}$.　3. $\frac{3}{2}-\ln 2$.　4. $e+\frac{1}{e}-2$.

5. (1) $\frac{15}{2}\pi,\frac{124}{5}\pi$;　(2) $\frac{1}{4}\pi^2,2\pi$.

6.6 节

1. $Q(t)=\frac{1}{3}at^3+\frac{1}{2}bt^2+ct$.　2. $C(x)=10e^{0.2x}+80$.

3. $R(x)=3x-0.1x^2$, 22.5.　4. 75.

5. (1) 400 台;　(2) $\frac{1}{2}$.

6.8 节

1. (1) $\frac{1}{3}$;　(2) $\frac{1}{a}$;　(3) 发散;

(4) $\frac{8}{3}$;　(5) π;　(6) $\frac{\pi}{2}$.

2. 当 $k>1$ 时,广义积分 $\int_2^{+\infty}\frac{dx}{x(\ln x)^k}$ 收敛;当 $k\leqslant 1$ 时,该广义积分发散.

自 测 题

一、1. C;　2. C;　3. A;　4. C;　5. D.

二、1. $\frac{1}{2}$.　2. (1) $<$;(2) $>$.　3. (1) 0;(2) 6.

4. 2,54.　5. $2-x,x-2$.

三、1. 最小值 $F(0)=0$,最大值 $F(4)=-\frac{32}{3}$.

2. (1) $\frac{29}{6}$;　(2) $\left(\frac{1}{4}-\frac{\sqrt{3}}{9}\right)\pi+\ln\frac{\sqrt{6}}{2}$;　(3) $\frac{1}{\sqrt{2}}\arctan\frac{\sqrt{2}}{2}$;

(4) $\sqrt{2}(\pi+2)$;　(5) $\frac{\pi}{6}$;　(6) $-\frac{1}{216}$.

3. 证明从略.

4. $S=3(2-\ln 3)$，$V=12\pi$.

5. $R(x)=100x\mathrm{e}^{-\frac{x}{10}}$.

习 题 7

基 本 题

7.1 节

1. $\sqrt{21},2\sqrt{5},1$.

2. $\left(x+\frac{1}{2}\right)^2+(y-2)^2+\left(z+\frac{3}{2}\right)^2=\frac{13}{2}$.

3. (1) 抛物柱面； (2) 球面.

4. (1) $z^2+y^2=4x^4$； (2) $4(x^2+z^2)+y^2=4$.

7.2 节

1. (1) $\{(x,y)\mid y\geqslant x^2\}$； (2) $\{(x,y)\mid x\in\mathrm{R},y\in\mathrm{R}\}$； (3) $\{(x,y)\mid y^2>2x\}$.

2. t^2.

3. (1) 0； (2) $-\frac{1}{4}$； (3) 1； (4) 2.

4. 证明从略.

5. (1) $\{(x,y)\mid x^2+y^2=1\}\cup\{(0,0)\}$； (2) $\{(x,y)\mid y^2=2x\}$.

7.3 节

1. (1) $f'_x=4x$， $f'_y=-3$； (2) $f'_x=3x^2y-y^3$， $f'_y=x^3-3xy^2$；

   (3) $f'_x=yx^{y-1}+y^x\ln y$， $f'_y=x^y\ln x+xy^{x-1}$；

   (4) $f'_x=y[\cos(xy)-\sin(2xy)]$， $f'_y=x[\cos(xy)-\sin(2xy)]$.

2. (1) $\frac{\partial z}{\partial x}=4x^3-8xy^2$； $\frac{\partial z}{\partial y}=4y^3-8x^2y$； $\frac{\partial^2 z}{\partial x^2}=12x^2-8y^2$；

   $\frac{\partial^2 z}{\partial y^2}=12y^2-8x^2$； $\frac{\partial^2 z}{\partial x\partial y}=\frac{\partial^2 z}{\partial y\partial x}=-16xy$.

   (2) $\frac{\partial z}{\partial x}=\frac{1}{x}$； $\frac{\partial z}{\partial y}=\frac{2}{y}$； $\frac{\partial^2 z}{\partial x^2}=-\frac{1}{x^2}$； $\frac{\partial^2 z}{\partial y^2}=-\frac{2}{y^2}$； $\frac{\partial^2 z}{\partial x\partial y}=\frac{\partial^2 z}{\partial y\partial x}=0$.

   (3) $\frac{\partial z}{\partial x}=\frac{\partial z}{\partial y}=-\frac{1}{(x+y)^2}$； $\frac{\partial^2 z}{\partial x^2}=\frac{\partial^2 z}{\partial y^2}=\frac{\partial^2 z}{\partial x\partial y}=\frac{\partial^2 z}{\partial y\partial x}=\frac{2}{(x+y)^3}$.

3. (1) $f''_{xx}(0,0,1)=2$； (2) $f''_{xz}(1,0,2)=2$；

   (3) $f''_{yz}(0,-1,0)=0$； (4) $f'''_{zzx}(2,0,1)=0$.

4. $\frac{\partial^3 z}{\partial x^2\partial y}=0$， $\frac{\partial^3 z}{\partial x\partial y^2}=-\frac{1}{y^2}$.

7.4 节

1. (1) $\frac{\partial z}{\partial s}=3s^2t^3\cos(s^3t^3)$, $\frac{\partial z}{\partial t}=3s^3t^2\cos(s^3t^3)$;

(2) $\frac{\mathrm{d}z}{\mathrm{d}t}=\frac{4\mathrm{e}^{4t}+\sin 2t}{1+4\mathrm{e}^{4t}+\sin^2 t}$; (3) $\frac{\mathrm{d}z}{\mathrm{d}t}=\mathrm{e}^{\sin t-2t^3}(\cos t-6t^2)$.

2. (1) $\frac{\partial z}{\partial x}=\frac{1}{x}f_1'+\cos(x+y)f_2'$, $\frac{\partial z}{\partial y}=\frac{1}{y}f_1'+\cos(x+y)f_2'$;

(2) $\frac{\partial u}{\partial x}=f_1'+yf_2'+yzf_3'$, $\frac{\partial u}{\partial y}=xf_2'+xzf_3'$, $\frac{\partial u}{\partial z}=xyf_3'$.

3. $\frac{\partial u}{\partial x}=2x^2y(x^2+y^2)^{xy-1}+y(x^2+y^2)^{xy}\ln(x^2+y^2)$,

$\frac{\partial u}{\partial y}=2xy^2(x^2+y^2)^{xy-1}+x(x^2+y^2)^{xy}\ln(x^2+y^2)$.

7.5 节

1. (1) $\frac{\mathrm{d}y}{\mathrm{d}x}=-\frac{y}{x}$. (2) $\frac{\partial z}{\partial x}=-\frac{\sqrt{xyz}-yz}{3\sqrt{xyz}-xy}$, $\frac{\partial z}{\partial y}=-\frac{2\sqrt{xyz}-xz}{3\sqrt{xyz}-xy}$.

(3) $\frac{\partial z}{\partial x}=\frac{yz}{e^z-xy}=\frac{z}{xz-x}$, $\frac{\partial z}{\partial y}=\frac{xz}{\mathrm{e}^z-xy}=\frac{z}{yz-y}$,

$\frac{\partial^2 z}{\partial x^2}=\frac{-z^3+2z^2-2z}{x^2(z-1)^3}$, $\frac{\partial^2 z}{\partial x\partial y}=-\frac{z}{xy(z-1)^3}$.

2. 证明从略.

7.6 节

1. (1) $\mathrm{d}z=\left(y+\frac{1}{y}\right)\mathrm{d}x+\left(x-\frac{x}{y^2}\right)\mathrm{d}y$; (2) $\mathrm{d}z=\cos(ax+by)(a\mathrm{d}x+b\mathrm{d}y)$;

(3) $\mathrm{d}z=-\frac{1}{x}\mathrm{e}^{\frac{y}{x}}\left(\frac{y}{x}\mathrm{d}x-\mathrm{d}y\right)$; (4) $\mathrm{d}z=\frac{1}{1+x^2y^2}(y\mathrm{d}x+x\mathrm{d}y)$.

2. $\mathrm{d}f=yx^{y-1}\mathrm{d}x+x^y\ln x\mathrm{d}y$, $\mathrm{d}f|_{(1,1)}=1\cdot\mathrm{d}x+0\cdot\mathrm{d}y=\mathrm{d}x$.

3. 0.005.

4. $\Delta z\approx-0.119$, $\mathrm{d}z=-0.125$.

7.7 节

1. (1) 极小值为 $f(1,1)=-1$, $f(-1,-1)=-1$;(2) 极大值 $f(2,-2)=8$;
(3) 极小值 $f(-4,1)=-1$.

2. 最大(极大)值为 5,最小(极小)值为 −5.

3. 极小值$\frac{a^2b^2}{a^2+b^2}$.

4. 当两边都是$\dfrac{l}{\sqrt{2}}$时,可得最大周长.

7.8 节

1. 证明从略.

2. (1) $\iint_D (x+y)^2\mathrm{d}\sigma \leqslant \iint_D (x+y)^3\mathrm{d}\sigma$;

   (2) $\iint_D \ln(x+y)\mathrm{d}\sigma \leqslant \iint_D [\ln(x+y)]^2\mathrm{d}\sigma$.

3. (1) $0\leqslant I\leqslant \pi^2$; (2) $36\pi\leqslant I\leqslant 100\pi$.

4. (1) $\iint_D f(x,y)\mathrm{d}\sigma = \int_0^1\mathrm{d}x\int_{x^2}^{x} f(x,y)\mathrm{d}y = \int_0^1\mathrm{d}y\int_y^{\sqrt{y}} f(x,y)\mathrm{d}x$;

   (2) $\iint_D f(x,y)\mathrm{d}\sigma = \int_0^1\mathrm{d}x\int_0^x f(x,y)\mathrm{d}y + \int_1^2\mathrm{d}x\int_0^{2-x} f(x,y)\mathrm{d}y = \int_0^1\mathrm{d}y\int_y^{2-y} f(x,y)\mathrm{d}x$;

   (3) $\iint_D f(x,y)\mathrm{d}\sigma = \int_{-R}^{R}\mathrm{d}x\int_0^{\sqrt{R^2-x^2}} f(x,y)\mathrm{d}y = \int_0^R\mathrm{d}y\int_{-\sqrt{R^2-y^2}}^{\sqrt{R^2-y^2}} f(x,y)\mathrm{d}x$.

5. (1) $\dfrac{8}{3}$; (2) $\dfrac{20}{3}$; (3) $\dfrac{16}{45}$.

6. (1) $\int_0^2\mathrm{d}y\int_{y^2}^{2y} f(x,y)\mathrm{d}x$; (2) $\int_{-1}^{1}\mathrm{d}x\int_0^{\sqrt{1-x^2}} f(x,y)\mathrm{d}y$; (3) $\int_1^e\mathrm{d}x\int_0^{\ln x} f(x,y)\mathrm{d}y$;

   (4) $\int_{-1}^{0}\mathrm{d}y\int_{-\sqrt{y+1}}^{\sqrt{y+1}} f(x,y)\mathrm{d}x + \int_0^1\mathrm{d}y\int_{-\sqrt{1-y}}^{\sqrt{1-y}} f(x,y)\mathrm{d}x$.

7.9 节

1. $\pi(\mathrm{e}^4-1)$; 2. $\dfrac{45}{2}\pi$; 3. $\dfrac{\pi}{4}(2\ln 2-1)$.

自 测 题

一、1. A; 2. A; 3. C; 4. B; 5. A.

二、1. $\sqrt{14}$; 2. e; 3. $\mathrm{d}z = y\mathrm{e}^{xy^2}[y\mathrm{d}x+2x\mathrm{d}y]$; 4. $\dfrac{2}{3}\pi a^3$.

三、1. $x^2+\left(y-\dfrac{1}{4}\right)^2+z^2=\dfrac{65}{16}$.

2. $\dfrac{\partial z}{\partial x}=-2xy\sin(x^2y)$, $\dfrac{\partial^2 z}{\partial x\partial y}=-2x\sin(x^2y)-2x^3y\cos(x^2y)$.

3. 驻点为(0,0)与(2,2),其中(0,0)为极大值点,极大值为3,(2,2)为非极值点.

4. 当$p_1=80$,$p_2=120$时,总利润最大,最大利润为605.

四、1. 略; 2. 略.

习　题　8

基　本　题

8.1 节

1. (1) $\dfrac{1}{2n-1}$;　(2) $\dfrac{x^{n/2}}{2\cdot 4\cdot\cdots\cdot(2n)}$.

2. (1) 收敛；(2) 发散；(3) 收敛；(4) 收敛.

3. (1) 发散；(2) 发散；(3) 收敛；(4) 收敛.

8.2 节

1. (1) 收敛；(2) 收敛；(3) 发散；(4) $a>1$ 时收敛，$a\leqslant 1$ 时发散.

2. (1) 发散；(2) 收敛；(3) 收敛；(4) 收敛；(5) 发散.

3. (1) 收敛；(2) 发散；(3) 发散；(4) 发散.

4. 略.

5. 略.

8.3 节

1. (1) 条件收敛；　(2) 发散；　(3) 绝对收敛；
   (4) 条件收敛；　(5) 绝对收敛.

2. 证明从略.

8.4 节

1. (1) $R=\dfrac{1}{2},\left(-\dfrac{1}{2},\dfrac{1}{2}\right)$;　(2) $R=2,(-1,3)$;
   (3) $R=1,(-1,1)$;　(4) $R=\infty,(-\infty,\infty)$.

2. (1) $s(x)=\dfrac{1}{(1-x)^2}\quad(-1<x<1)$;

   (2) $s(x)=-\dfrac{9x^2+6x}{(1+3x)^2}\quad\left(-\dfrac{1}{3}<x<\dfrac{1}{3}\right)$;

   (3) $s(x)=\dfrac{1}{2}\ln\dfrac{1+x}{1-x}\quad(-1<x<1)$;

   (4) $s(x)=\dfrac{1}{4}\ln\dfrac{1+x}{1-x}+\dfrac{1}{2}\arctan x-x\quad(-1<x<1)$.

8.5 节

1. (1) $xe^{x+1}=ex+\dfrac{e}{1!}x^2+\dfrac{e}{2!}x^3+\cdots+\dfrac{e}{n!}x^{n+1}+\cdots\quad(-\infty<x<+\infty)$;

(2) $\sin^2 x=\frac{2}{2!}x^2-\frac{2^3}{4!}x^4+\cdots+(-1)^{n+1}\frac{2^{2n-1}}{(2n)!}x^{2n}+\cdots \quad (-\infty<x<+\infty)$;

(3) $\ln(3+x)=\ln 3+\frac{x}{3}-\frac{1}{2}\left(\frac{x}{3}\right)^2+\cdots+(-1)^{n-1}\frac{1}{n}\left(\frac{x}{3}\right)^n+\cdots$

$(-3<x\leqslant 3)$;

(4) $\frac{1}{x^2+3x+2}=\frac{1}{2}-(1-\frac{1}{2^2})x+(1-\frac{1}{2^3})x^2+\cdots+(-1)^n(1-\frac{1}{2^{n+1}})x^n+\cdots$

$(-1<x<1)$.

2. $\frac{1}{x}=\frac{1}{3}\sum_{n=0}^{\infty}(-1)^n\frac{(x-3)^n}{3^n}$, $x\in(0,6)$.

3. $\frac{1}{x^2+3x+2}=\sum_{n=0}^{\infty}\left(\frac{1}{2^{n+1}}-\frac{1}{3^{n+1}}\right)(x+4)^n$, $x\in(-6,-2)$.

自测题

一、1. C; 2. B; 3. C; 4. B; 5. A; 6. D.

二、1. $\frac{1}{3}$; 2. $1-\frac{1}{n+1}$; 3. $-1\leqslant q\leqslant 1$ 且 $q\neq 0$; 4. $\sqrt{R}$; 5. 收敛,发散.

三、1. (1) 绝对收敛; (2) 条件收敛; (3) 发散; (4) 条件收敛.

2. (1) $R=1$,收敛区间$(-1,1)$,收敛域$[-1,1]$; (2) $R=0$,收敛域$\{4\}$;

(3) $R=\sqrt{2}$,收敛区间和收敛域都是$(-\sqrt{2},\sqrt{2})$.

3. $\frac{x-1}{x+3}=\frac{1}{4}(x-1)-\frac{1}{4^2}(x-1)^2+\cdots+(-1)^{n+1}\frac{1}{4^n}(x-1)^n+\cdots$

或 $=\sum_{n=1}^{\infty}(-1)^{n+1}\frac{1}{4^n}(x-1)^n$, $x\in(-3,5)$.

4. (1) 当 $0<|x|<1$ 时,$s(x)=\frac{1}{x}[x+(1-x)\ln(1-x)]$;当 $x=0$ 时,$s(x)=0$;

(2) $s(x)=\frac{1}{2}\ln\frac{1+x}{1-x}$, $-1<x<1$.

5. $s(x)=xe^{x^2}$, $\sum_{n=0}^{\infty}\frac{2n+1}{n!}=3e$.

6. (1) $f(x)=\ln(1+x)+\ln(3-x)$

$$=\sum_{n=1}^{\infty}\frac{(-1)^{n+1}}{n}x^n+\ln 3+\sum_{n=1}^{\infty}\frac{(-1)^{n+1}}{n}\left(-\frac{x}{3}\right)^n$$

$$=\ln 3+\sum_{n=1}^{\infty}\left[(-1)^{n+1}-\frac{1}{3^n}\right]\frac{x^n}{n};$$

收敛域是$(-1,1]\cap[-3,3)=(-1,1]$.

(2) $\lim_{n\to\infty}\frac{a_{n+1}}{a_n}=\lim_{n\to\infty}\frac{n}{(n+1)\cdot 3}=\frac{1}{3}<1 \Rightarrow \sum_{n=1}^{\infty}\frac{1}{3^n\cdot n}$ 收敛,

$$\sum_{n=1}^{\infty}\frac{1}{3^n\cdot n}=\ln 3+\sum_{n=1}^{\infty}\frac{(-1)^{n+1}}{n}-f(1).$$

四、1. 证明从略； 2. 提示：$0\leqslant(u_n+v_n)^2=u_n+v_n+2u_nv_n\leqslant 2(u_n+v_n)$.

习 题 9

基 本 题

9.1 节

1. (1) 2； (2) 2； (3) 3； (4) 1； (5) 2； (6) 2.
2. 验证略.
3. 验证略.
4. $a=\pm 3$.
5. (1) $y=-\cos x+2$； (2) $S=\frac{1}{2}gt^2-5t+10$.
6. (1) $y=x^2+C$； (2) $y=x^2+3$； (3) $y=x^2+4$； (4) $y=x^2+\frac{5}{3}$.

9.2 节

1. (1) $y^2=2\ln x-x^2+C$； (2) $y=\frac{1}{5}x^3+\frac{1}{2}x^2+C$；

   (3) $y=-\ln(1-Cx)$； (4) $y=\sin\left(\frac{x^2}{2}+C\right)$；

   (5) $\frac{1}{x}+\frac{1}{y}+\ln\frac{y}{x}+C=0$.
2. (1) $e^y=\frac{e^{2x}+1}{2}$； (2) $\ln y=\tan\frac{x}{2}$； (3) $y=-\frac{x^2}{4}+1$； (4) $y=x^x$.
3. (1) $e^{-\frac{y}{x}}+\ln x+C=0$； (2) $\ln\frac{y}{x}=Cx+1$；

   (3) $y=\sqrt{2x^2(\ln x+2)}$； (4) $y^3=y^2-x^2$.
4. $x^2+y^2=1$.

9.3 节

1. (1) $y=2+Ce^{-x^2}$； (2) $y=e^{-x}(x+C)$； (3) $y=\frac{1}{x}[(x-1)e^x+C]$；

   (4) $y=(x+C)e^{-\sin x}$； (5) $3y=2+Ce^{-3x}$； (6) $2x\ln y=\ln^2 y+C$；

   (7) $x=\frac{Ce^{-y}}{y}+\frac{e^y}{2y}$； (8) $y^2-2xy=C$.

2. (1) $y=\frac{\pi-1-\cos x}{x}$;　(2) $y=x+\sqrt{1-x^2}$;

(3) $y=-\frac{1}{4}e^{-x^2}+\frac{5}{4}e^{x^2}$;　(4) $2y=x^3(1-e^{\frac{1}{x^2}-1})$.

3. $y=2(e^x-x-1)$.

4. $y=\frac{1}{2}(e^{2x}+1)$.

9.4 节

1. (1) 线性无关; (2) 线性相关; (3) 线性相关; (4) 线性无关.

2. (1) $y=C_1e^{-3x}+C_2e^{-4x}$;　(2) $y=C_1+C_2e^{4x}$;

(3) $y=(C_1+C_2x)e^{6x}$;　(4) $y=e^{-\frac{1}{2}x}\left(C_1\cos\frac{\sqrt{3}}{2}x+C_2\sin\frac{\sqrt{3}}{2}x\right)$;

(5) $y=e^{2x}(C_1\cos x+C_2\sin x)$;

(6) 当 $a>0$ 时,$y=C_1\cos\sqrt{a}x+C_2\sin\sqrt{a}x$;
当 $a=0$ 时,$y=C_1+C_2x$;
当 $a<0$ 时,$y=C_1e^{\sqrt{-a}x}+C_2e^{-\sqrt{-a}x}$.

3. (1) $y=e^{-x}-e^{4x}$;　(2) $y=(2+x)e^{-\frac{x}{2}}$;
(3) $y=2\cos 5x+\sin 5x$;　(4) $y=e^{2x}\sin 3x$.

4. (1) $y=C_1e^{\frac{x}{2}}+C_2e^{-x}+e^x$;　(2) $y=C_1+C_2e^{-9x}+x\left(\frac{1}{18}x-\frac{37}{81}\right)$;

(3) $y=C_1e^{-x}+C_2e^{-2x}+\left(\frac{3}{2}x^2-3x\right)e^{-x}$;

(4) $y=(C_1+C_2x)e^{3x}+\frac{x^2}{2}\left(\frac{1}{3}x+1\right)e^{3x}$;

(5) $y=C_1\cos 2x+C_2\sin 2x+\frac{1}{3}x\cos x+\frac{2}{9}\sin x$;

(6) $y=e^x(C_1\cos 2x+C_2\sin 2x)-\frac{1}{4}xe^x\cos 2x$;

(7) $y=C_1\cos x+C_2\sin x+\frac{e^x}{2}+\frac{x}{2}\sin x$.

5. (1) $y=\frac{11}{16}+\frac{5}{16}e^{4x}-\frac{5}{4}x$;　(2) $y=-5e^x+\frac{7}{2}e^{2x}+\frac{5}{2}$;

(3) $y=e^x-e^{-x}+e^x(x^2-x)$;　(4) $y=-\cos x-\frac{1}{3}\sin x+\frac{1}{3}\sin 2x$.

9.5 节

1. $Q=e^{-P^3}$.

2. (1) $p_e=\left(\frac{b}{a}\right)^{\frac{1}{3}}$； (2) $p(t)=[p_e^3+(1-p_e^3)e^{-3kat}]^{\frac{1}{3}}$； (3) $\lim\limits_{t\to\infty}p(t)=p_e$.

3. 500(尾).

4. $y=\frac{1}{10}t+5$， $D=\frac{1}{400}t^2+\frac{1}{4}t+\frac{1}{10}$.

9.6节

1. (1) $\Delta y_t=6t^2+4t+1, \Delta^2 y_t=12t+10$；
   (2) $\Delta y_t=e^{3t}(e^3-1), \Delta^2 y_t=e^{3t}(e^3-1)^2$；
   (3) $\Delta y_t=\ln\frac{1+t}{t}, \Delta^2 y_t=\ln\frac{t(2+t)}{(1+t)^2}$.

2. (1) 三阶； (2) 二阶； (3) 六阶.

3. 验证略.

4. (1) $y_t=C\left(\frac{3}{2}\right)^t$； (2) $y_t=C(-1)^t$；
   (3) $y_t=C5^t-\frac{3}{4}$； (4) $y_t=C(-4)^t+\frac{2}{5}t^2+\frac{1}{25}t+\frac{14}{125}$；
   (5) $y_t=C\left(\frac{1}{2}\right)^t+\frac{1}{3}2^{t+1}$； (6) $y_t=C+(t-2)2^t$.

5. (1) $y_t=3\left(-\frac{5}{2}\right)^t$； (2) $y_t=\frac{5}{3}(-1)^t+\frac{1}{3}2^t$.

自 测 题

一、1. 2； 2. $y=Ce^{3x}$； 3. $y=3e^x-x-2$； 4. $y''-3y'+2y=0$.

二、1. $\frac{1}{3}e^{-y^3}=e^x+C$； 2. $2xy+y^2=C$；
   3. $y=\frac{1}{3}x^3-x^2+2x+C_1+C_2e^{-x}$； 4. $y=C_1\cos 2x+C_2\sin 2x-\frac{x}{8}\cos 2x$.

三、1. $y=\frac{1}{2x}(1+\ln^2 x)$；
   2. $y=e^{2x}+(-x^2-x+1)e^x$.

四、$f(x)=2(e^{\frac{x^2}{2}}-1)$.

五、$y=e^x-e^{x+e^{-x}-\frac{1}{2}}$.

参考文献

[1] 侯凤波. 高等数学[M]. 北京:高等教育出版社,2018.

[2] 同济大学数学教研室. 高等数学[M]. 北京:高等教育出版社,2014.

[3] 吴传生. 经济数学:微积分[M]. 北京:高等教育出版社,2020.

[4] 中国科学技术大学高等数学教研室. 高等数学导论:上册[M]. 3 版. 合肥:中国科学技术大学出版社,2009.

[5] 中国科学技术大学高等数学教研室. 高等数学导论:下册[M]. 3 版. 合肥:中国科学技术大学出版社,2009.

[6] 杨桂元. 经济数学基础[M]. 北京:中国物资出版社,2000.

[7] 陆庆乐. 高等数学[M]. 北京:高等教育出版社,1998.

[8] 盛祥耀. 高等数学[M]. 北京:高等教育出版社,1995.

[9] 冯宁. 高等数学[M]. 北京:高等教育出版社,2005.

[10] 李卫国. 高等数学实验[M]. 北京:高等教育出版社,2000.

[11] 严忠,刘之行,杨爱琴. 高等数学[M]. 合肥:中国科学技术大学出版社,2010.

[12] Gleason A M,Flath D E,等. 实用微积分[M]. 3 版. 朱来义,刘刚,黄志勇,等译. 北京:人民邮电出版社,2010.